AF900341

ERDSTRÖME

GRUNDLAGEN DER ERDSCHLUSS- UND ERDUNGSFRAGEN

VON

DR.-ING. FRANZ OLLENDORFF

MIT 164 TEXTABBILDUNGEN

BERLIN
VERLAG VON JULIUS SPRINGER
1928

ISBN 978-3-642-50644-4 ISBN 978-3-642-50954-4 (eBook)
DOI 10.1007/978-3-642-50954-4

ALLE RECHTE, INSBESONDERE DAS DER ÜBERSETZUNG
IN FREMDE SPRACHEN, VORBEHALTEN.

COPYRIGHT 1928 BY JULIUS SPRINGER IN BERLIN.
SOFTCOVER REPRINT OF THE HARDCOVER 1ST EDITION 1928

MEINER MUTTER

Vorwort.

Elektrische Ströme in der Erde, die sich aus vorgegebenen Leitungsbahnen lösen und eigene Wege aufsuchen, galten noch vor wenigen Jahren dem rechnenden und konstruierenden Elektrotechniker als „Vagabunden“, deren Wirkungen man nur in den wenigsten Fällen nachzugehen brauchte. Mit dem Ausbau der Hochspannungs-Freileitungen hat sich diese Sachlage verändert: Neben zahllosen Schwachströmen durchdringen Starkströme die Erde, der vordem unbegrenzte Raum wird kleiner, die Ausnutzung wächst; an Stelle verschwenderischer Überfülle im Verbrauch des Stoffes „Erde“ muß rechnende Beschränkung treten.

Mit dem in solcher Forderung liegenden Aufgabenkreise wurde ich im Rahmen der Berufstätigkeit bei den Siemens-Schuckert-Werken bekannt; den dort gesammelten Kenntnissen, ergänzt durch einige neue Untersuchungen, entstammen die folgenden Blätter.

Sie schildern ein Gebiet, das erst in jüngster Zeit in den Vorstellungskreis der Technik eindringt. Denn der Elektrotechniker formuliert seine Überlegungen zumeist an Vorgängen in linearen Leitern und vereinfacht sich womöglich die Kontinuumsströmung durch ein passendes Ersatzbild, das die Aufgabe letzthin in das gewohnte Schema eines linearen Netzwerkes bringen soll. Demgegenüber erfordert das Verständnis der Erdströme, wenn den Problemen nicht Zwang angetan werden soll, das Rechnen mit räumlich ausgebreiteten Strömen. Die Sprache der Mathematik erfaßt diesen Unterschied, indem sie an Stelle der gewöhnlichen Differentialgleichungen der linearen Stromkreise die Erdströmung grundsätzlich durch partielle Differentialgleichungen beschreibt, und vielleicht ist es dieser Erschwerung des Rechnungsganges zuzuschreiben, daß die bisherige Lehrbuchliteratur der technischen Erdströme über einige wenige Ansätze nicht hinausgekommen ist.

Obwohl also gewisse Schwierigkeiten in der Natur der Sache liegen und durch keine irgendwie geartete Darstellung zu umgehen sind, ist doch ein erheblicher Teil der hierher gehörigen Aufgaben durch die von der klassischen Physik entwickelte Potentialtheorie in vollendeter Weise gelöst worden und ist als solche dem Techniker, wenn auch meist in Form gewisser Gesetze der Elektrostatik, wohlbekannt. In der Tat konnten daher diese Ergebnisse für die vorliegende Arbeit weitgehend übernommen werden, nachdem ihnen eine geeignete technische Form gegeben war; nur an wenigen Stellen, wie beispielsweise in dem Kapitel über Inhomogenitäten, mußten eigene Untersuchungen ergänzend einsetzen.

In weit geringerem Grade standen Voruntersuchungen dem zweiten Teil der Arbeit zur Verfügung, in welchem die Rückleitung zeitlich veränderlicher Strömung durch die Erde geschildert wird. Es liegt dies zum Teil daran, daß die Lösungen der Feldgleichungen hier meist in nicht unmittelbar auswertbarer Form erscheinen, aus denen erst das zwingende Bedürfnis der Technik in den letzten Jahren brauchbare Näherungen entwickelt hat. Die exakte Formulierung gewisser Erscheinungen rasch veränderlicher Strahlung und elektromagnetischer Schaltvorgänge in der Erde ist wohl für diese Arbeit zum ersten Male versucht worden; das gleiche gilt von dem im Schlußkapitel gegebenen Abriß einer Erwärmungsberechnung der Erder. In diesen neuen Untersuchungen konnte ich mich mit Erfolg der Heavisideschen Operatorenrechnung bedienen, deren wenige, für das Verständnis notwendige Elemente ohne ausführlichen Beweis kurz angegeben sind.

Wenngleich ich im ganzen mich bemüht habe, die Aufgaben in möglichster physikalischer Strenge durchzuführen, ist doch in der Fassung der Ergebnisse von Näherungsformeln, ja oft von nur rohen Abschätzungen weitgehend Gebrauch gemacht worden. Wenn hierin das sonst in der Elektrotechnik übliche Maß überschritten wurde, so rechtfertigt sich ein solches Verfahren durch die großen Abweichungen der wirklichen Struktur des Erdreiches von der im physikalischen Ansatz notwendig angenommenen; zu weit getriebene Genauigkeit der Rechnung würde daher nur über den wahren Sinn der theoretischen Ergebnisse täuschen. Die gleiche Einschränkung gilt für die Zahlenbeispiele, die in großer Menge den allgemeinen Entwicklungen beigegeben sind, um die Größenordnung der wirklich auftretenden Strom-, Spannungs- und Widerstandswerte zu erkennen und sich ein Gefühl hierfür anzueignen.

Für die Praxis folgt aus dieser Unsicherheit der Grundannahmen, die sich jeder Rechnung entziehen, der nachdrückliche Verweis auf Versuchsergebnisse und Kontrollmessungen. Sie überschreiten den Rahmen dieses Werkes, das in erster Linie das theoretische Verständnis räumlicher Strömungsvorgänge vermitteln soll, und konnten daher nur in den Literaturangaben dringender Beachtung empfohlen werden. Ebenso sind alle Fragen der „Erdstromchemie“, wie sie einerseits in den Erscheinungen der Korrosion, andererseits in den Bestrebungen zur Verbesserung der elektrischen Erdeigenschaften auf chemischem Wege ihren praktischen Niederschlag gefunden haben, und welche zunächst nur auf erfahrungsmäßigem Wege zuverlässig beantwortet werden können, geflissentlich ausgelassen worden; auch hier möge der Leser im Literaturverzeichnis weitere Anleitung suchen.

Die Technik der Erdströme ist noch in vollem Flusse begriffen. Schon während der Niederschrift dieser Arbeit mußten wiederholt ergänzende Nachträge eingefügt werden, die der Verleger in entgegenkommender Weise noch in das im Druck befindliche Werk einfügte; ihm sei an dieser Stelle herzlichst gedankt! Doch trotz dieses Strebens, ein möglichst umfassendes Ganzes zu geben, sind zahlreiche Lücken unausgefüllt geblieben: So können diese Blätter nur ein Bild der drängenden Gegenwart sein, des in ihr wirksamen Denkens und Planens. Mögen die hier niedergelegten Ergebnisse helfen, die Wege zu weiterem Fortschritt zu weisen!

Berlin, im Februar 1928.

Franz Ollendorff.

Inhaltsverzeichnis.

VIII. Quasistationäre Erdströmung.

IX. Erdstrahlung.

X. Einfluß der Erdströme auf die Vorgänge des stationären Erdschlusses in Starkstromnetzen.

XI. Elektromagnetische Ausgleichsvorgänge in der Erde.

XII. Grundzüge der Erwärmungsberechnung von Erdern.

Einleitung.

1. Bedeutung der Erdströme. Erdströme werden durch die natürliche Leitfähigkeit des Erdreiches ermöglicht, das sich in Vielem ähnlich wie ein metallischer Leiter der Elektrizität verhält; insbesondere kann man, von Feinheiten abgesehen, die Strömung ohne Rücksicht auf die besondere Struktur der stromtragenden Medien durch eine skalare Ohmsche Leitfähigkeit darstellen, die innerhalb der praktisch vorkommenden Feldstärken als kennzeichnende Konstante des Stoffes betrachtet werden kann. Die Größe dieser Leitfähigkeit schwankt innerhalb der verschiedenen, im Erdreich enthaltenen Bodenarten und Wasserläufe in weiten Grenzen, sie ist mit der Witterung veränderlich; doch ist sie stets sehr viel kleiner als die Leitfähigkeit der Metalle. Für mittlere Verhältnisse (mittelfeuchter Boden) kann man damit rechnen, daß eine Feldstärke von 1 Volt pro cm durch das Erdreich einen Strom von 10^{-4} Amp. pro cm^2 stromführenden Querschnitt treibt, so daß die Leitfähigkeit solchen Bodens 10^{-4} Siemens/cm beträgt. Inwieweit die einzelnen Stoffe Abweichungen hiervon zeigen, läßt die folgende Zahlentafel erkennen, in welcher die Leitfähigkeiten für eine Reihe häufig vorkommender Stoffe zusammengestellt sind.

Leitfähigkeit im Erdreich enthaltener Stoffe.

Stoff	Siemens/cm
Seewasser	$1 \div 5 \cdot 10^{-2}$
Süßwasser	10^{-5}
Feuchter Boden	$10^{-5} \div 10^{-4}$
Trockener Boden	10^{-4}
Quarzit, Kalkstein, Sandstein, Granite	10^{-11}
Leptit, Schiefer	10^{-9}
Grünsteine	10^{-8}
Hämatit und Spateisenstein	10^{-8}
Zinkblende (nicht eisenhaltig)	10^{-8}
Eisenglanz	$10^{-1} \div 10^{-2}$
Magnetit	$10^{-2} \div 1$
Schiefer mit Magnetkiesimprägnation	$10^{-1} \div 0{,}5$
Bleiglanz	1
Kupferkies	10
Schwefelkies	10

Zum Vergleich sei angeführt, daß die Leitfähigkeit warmen Kupfers rund $5 \cdot 10^5$ Siemens/cm beträgt, also etwa fünf Milliarden mal größer als die mittleren Erdreiches ist.

Die Erdströme sind zum Teil natürlichen Ursprunges, zum Teil werden sie aus technischen Anlagen in die Erde eingeführt. Die erstgenannten entstehen durch Schwankungen des erdmagnetischen Feldes, welches in den leitenden Erdmassen Wirbelströme induziert; ebenfalls erregen starke Temperaturdifferenzen im Erdreich im Zusammenhang mit der Wärmeströmung solche Erdströme. Sie besitzen stets sehr kleine Stärken und sind zur Zeit lediglich für die geologische Forschung von Interesse; im folgenden werden sie nicht behandelt.

Wir beschäftigen uns ausschließlich mit den Erdströmen technischer Anlagen.

Man benutzt die Erde als Träger elektrischer Arbeitsströme schon seit den ersten Anfängen der Elektrotechnik. Der erfolgreiche Ausbau des Telegraphen über Land und der Seekabeltelegraphen beruhte auf der Erkenntnis, daß man zur Übertragung der Signale vom Sendeort zum Empfänger nur eines metallischen Drahtes bedürfe, während die Erde die Rückleitung übernehmen könne. Die Konstruktion wirkungssicherer Blitzableiteranlagen benutzt ebenfalls die Leitfähigkeit der Erde, um die atmosphärische Elektrizität von den Gebäuden fernzuhalten. Bei diesen ersten Anwendungsgebieten handelte es sich stets um relativ schwache oder kurzzeitige Erdströme, so daß man den Erdstromerscheinungen keine Beachtung zu schenken brauchte.

Diese Sachlage änderte sich mit einem Schlage, als man zum Bau großer elektrischer Kraftübertragungen mit hochgespannten elektrischen Strömen überging. Die Höhe der zu übertragenden Stromstärken ließ es hier von vornherein als aussichtslos erscheinen, die Erde als Ersatz eines Leitungsdrahtes heranzuziehen, so daß im störungsfreien Netze die Erde praktisch stromlos bleibt. Es ist indessen im Betriebe unvermeidlich, daß Schäden in der Anlage auftreten, durch welche einer der spannungführenden Drähte in leitende Berührung mit der Erde kommt. Durch die Fehlerstelle ergießen sich Erdschlußströme großer Intensität, die insbesondere in neuzeitlichen Kraftübertragungsanlagen mit Sternpunktserdung gewaltige Ausmaße annehmen können. Zu den Kraftübertragungen gesellen sich die zahlreichen elektrischen Bahnanlagen, bei welchen schon im regulären Betriebe der Fahrstrom durch die Schienen zurückgeleitet wird und hierdurch ebenfalls in leitende Berührung mit der Erde kommt; bei Erd- oder Kurzschlüssen entstehen daher besonders kräftige Erdströme. Während somit die Erde in früheren Zeiten lediglich als Leiter elektrischer Schwachströme benutzt wurde, muß sie in neuerer Zeit in steigendem Maße auch Starkströme führen. Der gemeinsame Transport beider Stromarten im selben Medium zieht gegenseitige Beeinflussungen nach sich, die insbesondere als

Schwachstromstörungen durch Erdfelder benachbarter Starkstromleitungen gefürchtet sind. Um sie wirksam zu bekämpfen, müssen die Gesetze dieser Beeinflussung genau bekannt sein.

Die Erfahrung hat gezeigt, daß der Erdschluß in Starkstromanlagen über die genannten Fernwirkungen hinaus zu schweren Schäden in der eigenen Anlage führen kann. In der Umgebung der Erdungsstelle bilden sich hohe Erdspannungen aus, die für Menschen und Tiere lebensgefährlich werden können. Die Leistung, welche an der Erdungsstelle umgesetzt wird, erzeugt gewaltige Wärmemengen und kann hierbei das Erdreich austrocknen, wobei die genannte Lebensgefahr wächst.

Gleichzeitig werden die elektrodynamischen Eigenschaften der Erdungsstelle ungünstig verändert, so daß dieser Prozeß zum Zusammenbruch der gesamten Anlage führen kann. Diese Vorgänge verlangen daher zwingend die rechnerische Erfassung der Starkstromerdfelder, damit die Anlage auch einem Erdschluß gewachsen ist.

Die Erde als elektrischer Stromleiter wird in besonderer Art in der drahtlosen Telegraphie benutzt. Man kann hierbei zwei Zonen unterscheiden: in der sogenannten Wellenzone, in großer Entfernung vom Sender, werden die nach außen eilenden elektromagnetischen Wellen an das Erdreich gefesselt, so daß zugleich mit den Wellen im leeren Raum sich Erdstromwellen ausbreiten. Diese Erdströme sind so schwach, daß sie außer den beabsichtigten Wirkungen auf die Empfänger keinerlei Einfluß ausüben; daher bietet ihre Kenntnis allein für die Hochfrequenztechnik Interesse. Sie sind von vorliegender Untersuchung ausgeschlossen[1]. In der Umgebung der Sendestation dagegen müssen die gesamten Sendeströme in das Erdreich geleitet werden. Die richtige Ausführung der Erdungsanlage ist daher bestimmend für die in der Erde vergeudete Wärmeleistung, sie entscheidet den Wirkungsgrad des Strahlers. Ähnliche Überlegungen gelten auch für die Antennen von Empfängern, wenngleich hier der Gütegrad des Luftdrahtes lange nicht die gleiche Bedeutung wie bei Sendeanlagen besitzt, weil man alle Verlustwiderstände durch Elektronenröhren weitgehend kompensieren kann.

Wir wollen im folgenden die Gesetze der Erdströme untersuchen, um aus ihnen die Wirkungen der Erdstromfelder auf Stark- und Schwachstromanlagen sowie auf Sendeanlagen drahtlos-telegraphischer Stationen quantitativ vorauszubestimmen.

---

[1] Vgl. hierüber z. B. F. Ollendorff: Die Grundlagen der Hochfrequenztechnik; insbesondere Nr. 247—256. Berlin: Julius Springer 1926.

I. Stationäre Strömung in der Erde.

2. Die Grundgleichungen des stationären Erdfeldes[1]. Das elektrische Feld in der Erde heißt stationär, wenn Stromdichte und Feldstärke zeitlich konstant sind. Die hinreichende und notwendige Bedingung des stationären Zustandes liefert das Induktionsgesetz: Mit der zeitlichen Schwankung der magnetischen Induktion muß das Arbeitsintegral der elektrischen Feldstärke $\mathfrak{E}$ längs jeder beliebigen, in sich geschlossenen Kurve verschwinden. Die Spannung E zwischen irgend zwei Punkten A und B ist daher unabhängig von dem Wege, längs dessen sie bestimmt wird:

$$E_{AB} \equiv -\int_A^B \mathfrak{E}\, d\mathfrak{s} = \varphi_B - \varphi_A \,. \tag{1}$$

Hierin bedeutet $\mathfrak{E}\, d\mathfrak{s}$ das „skalare Produkt“ der Feldstärke mit dem Wegelement $d\mathfrak{s}$, also das Produkt ihrer Beträge multipliziert mit dem cos des Winkels zwischen ihnen.

Nach der gegebenen Erklärung sind als stationär nur Gleichströme zu betrachten; für Wechselströme gelten daher die hier folgenden Überlegungen nicht streng, doch kann man sie für niedrige Frequenzen als erste Näherung betrachten (vgl. Kap. VII).

Gl. (1) definiert — bis auf eine additive Konstante — eine skalare Funktion φ, das Potential. Durch Anwendung der Definitionsgleichung auf ein einziges Linienelement folgt die Feldstärkenkomponente nach einer vorgegebenen Richtung $d\mathfrak{s}$ aus dem Potential

$$\mathfrak{E}_{\mathfrak{s}} = -\frac{\partial \varphi}{\partial \mathfrak{s}} \,. \tag{2}$$

Man erhält hiernach die Feldstärke selbst, wenn $d\mathfrak{s}$ in Richtung der Feldstärke gewählt wird. Diese Operation heißt Gradientenbildung

$$\mathfrak{E} = -\operatorname{grad} \varphi \,. \tag{2a}$$

Bei den elektrostatischen Problemen, in denen man das Feld eines über der Erdoberfläche gegen die Erde aufgeladenen Körpers untersucht, vernichtet die natürliche Leitfähigkeit $\varkappa$ das Feld in der Erde; diese besitzt daher ein einheitliches elektrostatisches Potential, welches konventionell gleich Null gesetzt wird.

---

[1] Bei der ersten Lektüre kann man ohne Schaden für das Verständnis mit Nr. 4 beginnen.

Im elektrostationären Felde dagegen erfordert die endliche Stromdichte $\mathfrak{i}$ eine endliche Feldstärke entsprechend dem Ohmschen Gesetz

$$\mathfrak{i} = \varkappa \cdot \mathfrak{E} . \tag{3}$$

Nach (1) ist somit das Potential der stationären Erdströmung von Ort zu Ort veränderlich. Man verfügt über die unbestimmte Konstante der Potentialfunktion zweckmäßig, indem man sich das Feld durch eine unendlich große, vollkommen leitende Hüllkugel abgeschlossen denkt; ihr wird das Potential Null zugeschrieben. Das Potential des elektrostationären Erdfeldes ist somit für einen beliebigen Punkt identisch mit der Spannung jenes Punktes gegen die Hüllkugel.

Die Kontinuitätsgleichung des Stromes fordert, daß Stromlinien nirgends entstehen oder verschwinden können. Die Menge der pro Raumeinheit entstehenden Zahl von Vektorlinien heißt Divergenz dieses Vektors. Daher lautet das Kontinuitätsgesetz

$$\operatorname{div} \mathfrak{i} = 0 . \tag{4}$$

In einem homogenen Raumteil folgt hieraus mit Rücksicht auf das Ohmsche Gesetz (3)

$$\operatorname{div} \mathfrak{E} = 0 \tag{4a}$$

und durch Einsetzen von (2a)

$$\operatorname{div} \operatorname{grad} \varphi \equiv \Delta \varphi = 0 . \tag{5}$$

Zur Ableitung quantitativer Gesetzmäßigkeiten ist es notwendig, die erhaltene Differentialgleichung des Potentiales auf bestimmte Koordinatensysteme zu spezialisieren.

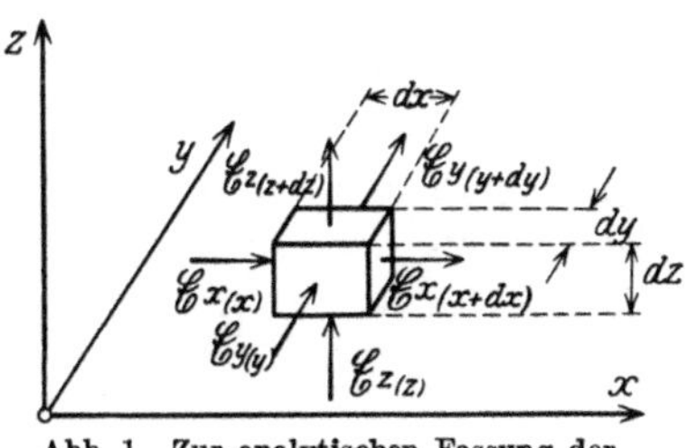

Abb. 1. Zur analytischen Fassung der Strömungsgleichung.

Für ein rechtwinkliges Koordinatensystem x, y, z ergeben sich durch Anwendung der Gl. (2) sogleich die Feldstärkenkomponenten in den Achsenrichtungen

$$\mathfrak{E}_x = -\frac{\partial \varphi}{\partial x}; \quad \mathfrak{E}_y = -\frac{\partial \varphi}{\partial y}; \quad \mathfrak{E}_z = -\frac{\partial \varphi}{\partial z} . \tag{6}$$

Einem Parallelepiped der Längen dx, dy, dz entquillt nach Abb. 1 die Feldlinienzahl

$$dN = (\mathfrak{E}_{x(x+dx)} - \mathfrak{E}_{x(x)}) dy \cdot dz + (\mathfrak{E}_{y(y+dy)} - \mathfrak{E}_{y(y)}) dz\, dx + (\mathfrak{E}_{z(z+dz)} - \mathfrak{E}_{z(z)}) dx\, dy$$

$$\equiv \left(\frac{\partial \mathfrak{E}_x}{\partial x} + \frac{\partial \mathfrak{E}_y}{\partial y} + \frac{\partial \mathfrak{E}_z}{\partial z} \right) dx\, dy\, dz . \tag{7}$$

Das Volumen des Parallelepipeds ist

$$d\tau = dx\,dy\,dz \tag{8}$$

so daß gemäß Definition

$$\operatorname{div}\mathfrak{E} = \frac{dN}{d\tau} = \frac{\partial \mathfrak{E}_x}{\partial x} + \frac{\partial \mathfrak{E}_y}{\partial y} + \frac{\partial \mathfrak{E}_z}{\partial z}. \tag{9}$$

Mit Rücksicht auf (6) findet sich hieraus die Potentialgleichung

$$\frac{\partial^2 \varphi}{\partial x^2} + \frac{\partial^2 \varphi}{\partial y^2} + \frac{\partial^2 \varphi}{\partial z^2} = 0. \tag{10}$$

Krummlinige Orthogonalkoordinaten u, v, w seien aus den rechtwinkligen Koordinaten mittels der Funktionen

$$\left.\begin{aligned} x &= x(u, v, w) \\ y &= y(u, v, w) \\ z &= z(u, v, w) \end{aligned}\right\} \tag{11}$$

definiert, mit der Zusatzbedingung, daß die Flächen $u =$ konst, $v =$ konst, $w =$ konst einander rechtwinklig schneiden. Die Bogenlänge eines von zwei Punkten im „Abstand“ du begrenzten Elementes beträgt

$$ds_u = \sqrt{\left(\frac{\partial x}{\partial u}\right)^2 + \left(\frac{\partial y}{\partial u}\right)^2 + \left(\frac{\partial z}{\partial u}\right)^2}\,du = U\cdot du. \tag{12}$$

Ebenso berechnen sich die Längen der Elemente dv und dw

$$ds_v = V\cdot dv;\; V = \sqrt{\left(\frac{\partial x}{\partial v}\right)^2 + \left(\frac{\partial y}{\partial v}\right)^2 + \left(\frac{\partial z}{\partial v}\right)^2}, \tag{12a}$$

$$ds_w = W\cdot dw;\; W = \sqrt{\left(\frac{\partial x}{\partial w}\right)^2 + \left(\frac{\partial y}{\partial w}\right)^2 + \left(\frac{\partial z}{\partial w}\right)^2}. \tag{12b}$$

Gemäß (2) leiten sich jetzt die Feldstärken aus dem Potential nach den Formeln ab

$$\left.\begin{aligned} \mathfrak{E}_u &= -\frac{\partial \varphi}{\partial s_u} = -\frac{1}{U}\cdot\frac{\partial \varphi}{\partial u}, \\ \mathfrak{E}_v &= -\frac{\partial \varphi}{\partial s_v} = -\frac{1}{V}\cdot\frac{\partial \varphi}{\partial v}, \\ \mathfrak{E}_w &= -\frac{\partial \varphi}{\partial s_w} = -\frac{1}{W}\cdot\frac{\partial \varphi}{\partial w}. \end{aligned}\right\} \tag{13}$$

An Stelle der Gl. (7) tritt jetzt

$$\begin{aligned} dN &= (ds_v\cdot ds_w\cdot\mathfrak{E}_u)_{(u+du)} - (ds_v\cdot ds_w\cdot\mathfrak{E}_u)_{(u)} + (ds_w\cdot ds_u\cdot\mathfrak{E}_v)_{(v+dv)} \\ &\quad - (ds_w\cdot ds_u\cdot\mathfrak{E}_v)_{(v)} + (ds_u\cdot ds_v\cdot\mathfrak{E}_w)_{(w+dw)} - (ds_u\cdot ds_v\cdot\mathfrak{E}_w)_{(w)} \\ &= \left(\frac{\partial}{\partial u}\{V\cdot W\cdot\mathfrak{E}_u\} + \frac{\partial}{\partial v}\{W\cdot U\cdot\mathfrak{E}_v\} + \frac{\partial}{\partial w}\{U\cdot V\cdot\mathfrak{E}_u\}\right) du\,dv\,dw. \end{aligned} \tag{14}$$

Das Volumelement des (krummlinigen) Parallelepipeds ist nach (12), (12a), (12b)

$$d\tau = ds_u \cdot ds_v \cdot ds_w \equiv U \cdot V \cdot W \cdot du \cdot dv \cdot dw. \tag{15}$$

durch Division von (14) und (15) entsteht

$$\operatorname{div} \mathfrak{E} = \frac{dN}{d\tau} = \frac{1}{U \cdot V \cdot W} \cdot \left(\frac{\partial}{\partial u}\{VW\mathfrak{E}_u\} + \frac{\partial}{\partial v}\{WU\mathfrak{E}_v\} + \frac{\partial}{\partial w}\{UV\mathfrak{E}_w\} \right) \tag{16}$$

und mit (13) als Potentialgleichung

$$\Delta \varphi = \frac{1}{U \cdot V \cdot W}\left[\frac{\partial}{\partial u}\left(\frac{VW}{U}\frac{\partial \varphi}{\partial u}\right) + \frac{\partial}{\partial v}\left(\frac{WU}{V} \cdot \frac{\partial \varphi}{\partial v}\right) + \frac{\partial}{\partial w}\left(\frac{UV}{W}\frac{\partial \varphi}{\partial w}\right)\right] = 0. \tag{17}$$

3. Das Verhalten der stationären Strömung an der Grenze zweier Medien. Wir suchen die Bedingungen, welche die Potentiale φ_1 und φ_2 an der Grenze zweier Feldräume 1 und 2 mit verschiedenen Leitfähigkeiten $\varkappa_1$ und $\varkappa_2$ verknüpfen.

Die Anwendung der für ein beliebig inhomogenes Medium gültigen Definitionsgleichung 1 auf ein ganz in der Grenzfläche liegendes Linienelement ds_t verlangt

$$\frac{\partial \varphi_1}{\partial s_t} = \frac{\partial \varphi_2}{\partial s_t}; \quad \mathfrak{E}_{t_1} = \mathfrak{E}_{t_2}. \tag{18}$$

Diese erste Grenzbedingung fordert also die Gleichheit der zur Grenzfläche tangentiellen Feldstärkekomponenten. Sie ist erfüllt, wenn überall

$$\varphi_1 = \varphi_2. \tag{18a}$$

Das Gesetz (4) spricht die Stetigkeit der die Grenzfläche normal durchsetzenden stationären Strömung aus; bezeichnet n die Normalenrichtung einer Stelle der Grenzfläche, so gilt

$$\varkappa_1 \cdot \mathfrak{E}_{n_1} = \varkappa_2 \cdot \mathfrak{E}_{n_2}; \quad \varkappa_1 \cdot \frac{\partial \varphi_1}{\partial s_{n1}} = \varkappa_2 \cdot \frac{\partial \varphi_2}{\partial s_{n2}}. \tag{19}$$

Das Verhältnis der tangentiellen zur normalen Feldstärkenkomponente gibt den Tangens des Einfallswinkels α der Stromlinien gegen die Normalenrichtung an. Die Verbindung von (18) mit (19) liefert daher in

$$\operatorname{tg} \alpha_1 : \operatorname{tg} \alpha_2 = \frac{\mathfrak{E}_{t_1}}{\mathfrak{E}_{n_1}} : \frac{\mathfrak{E}_{t_2}}{\mathfrak{E}_{n_2}} = \varkappa_1 : \varkappa_2 \tag{20}$$

das Brechungsgesetz der Stromlinien an der Grenzfläche.

4. Erder; das Potential eines Quellpunktes. Ein Erder ist ein endlicher, metallischer Leiter, der zur Einführung des Stromes in das Erdreich dient. Der Strom wird durch eine an den Erder geschlossene Leitung zugeführt, sein Übertritt zur Erde findet von allen dem Erdreich satt anliegenden Oberflächenelementen des Erders aus statt; alle in der Erde liegenden blanken Teile der Zuleitung bilden somit einen Anteil des Erders.

Die Leitfähigkeit des Erdermateriales ist stets sehr groß gegen die des umgebenden Erdreiches; wir setzen sie stets als unendlich groß voraus. Nach (3) verschwindet dann das Feld im Erder, solange die Ströme endlich bleiben: Auf der gesamten Erderoberfläche herrscht das konstante Erderpotential

$$\varphi = \varphi_0 = \text{konst.} \tag{21}$$

Definitionsgemäß mißt es die Spannung des Erders gegen die unendlich große Hüllkugel, so daß sein Produkt mit dem in die Erde übertretenden Gesamtstrom J die Erderleistung angibt

$$N = \varphi_0 \cdot J. \tag{22}$$

Das Verhältnis des Erderpotentiales zum Erderstrom heißt Ausbreitungswiderstand des Erders

$$R = \frac{\varphi_0}{J}, \tag{23}$$

sein Kehrwert ist der Ausbreitungsleitwert

$$G = \frac{J}{\varphi_0}. \tag{23a}$$

Betrachtet man den Erder als Fremdkörper relativ zur Erde, so wirkt er als Stromquelle; sie ist in der Dichte

$$\mathfrak{i} = -\varkappa \cdot \frac{\partial \varphi}{\partial n} \tag{24}$$

über die mit der Erde in Berührung stehenden Erderelemente flächenhaft verteilt:

$$J = \int_F \mathfrak{i}\, d f, \tag{25}$$

wo df ein Erderoberflächenelement, F seine gesamte Oberfläche bedeutet. Die Linearität der Potentialgleichung gestattet es, das Gesamtfeld aus den Teilpotentialen der elementaren „Quellpunkte“

$$d J = \mathfrak{i}\, d f \tag{25a}$$

zusammenzusetzen.

Abb. 2. Stromlinienbild eines Quellpunktes.

Wir bestimmen das Quellpunktspotential im allseitig unendlich ausgedehnten, homogenen Erdreich. Aus Symmetriegründen ziehen nach Abb. 2 sämtliche Stromlinien gleichmäßig radial vom Strömungszentrum nach außen; die Kontinuitätsgleichung liefert somit für die Strömungsdichte $d\mathfrak{i}$ im Abstand ϱ von der Quelle die Beziehung

$$d\mathfrak{i} \cdot 4\pi\varrho^2 = dJ; \quad d\mathfrak{i} = \frac{dJ}{4\pi\varrho^2}. \tag{26}$$

Durch Integration längs einer Stromlinie folgt nach (1) das Potential

$$d\varphi = -\int_{\infty}^{\varrho} \frac{di}{\varkappa} \cdot d\varrho = \frac{dJ}{4\pi\varkappa} \cdot \frac{1}{\varrho}. \tag{27}$$

Indem man jetzt über sämtliche Quellpunkte summiert, erhält man das Potential eines Erders im allseitig unendlich ausgedehnten, homogenen Erdreich

$$\varphi = \frac{1}{4\pi\varkappa} \cdot \int_F \frac{i\,df}{\varrho}. \tag{27a}$$

Das Feld des Erders wäre bereits durch diese Gleichung gegeben und unsere Aufgabe zu einem wesentlichen Teile gelöst, wenn die Verteilung der Stromquellen von vornherein bekannt wäre; dies aber trifft nur in wenigen Fällen zu, sondern man muß sie meist umgekehrt gemäß (24) aus dem Potentialfeld ermitteln. Dennoch enthält Gl. (27a) ein grundlegendes Ergebnis: Für Aufpunkte, deren Abstand $\bar{\varrho}$ groß gegen die Abmessungen des Erders ist, kann man mit sehr geringem Fehler sämtliche in (27a) eingehende Quellpunktsabstände ϱ durch $\bar{\varrho}$ ersetzen; mit Beachtung von (25) findet man dann, unabhängig von der Gestalt der Fläche

$$\lim_{\bar{\varrho}\to\infty} \varphi = \frac{F1}{4\pi\varkappa} \frac{1}{\bar{\varrho}} \cdot \int_F i\,df = \frac{J}{4\pi\varkappa} \cdot \frac{1}{\varrho}. \tag{27b}$$

Das Feld eines beliebigen Erders im allseitig ausgedehnten, homogenen Erdreich nähert sich also, wie durch Vergleich von (27) mit (27b) hervorgeht, mit wachsendem Abstand dem Quellpunktspotentiale des gesamten Erderstromes.

5. Berücksichtigung der Erdoberfläche. Alle technisch ausführbaren Erder sind — entgegen den bisherigen Annahmen eines allseitig unendlich ausgedehnten Erdreiches — an oder in unmittelbarer Nähe der Erdoberfläche angeordnet; sie sind stets verschwindend klein gegen die Abmessungen der ganzen Erdkugel.

Die Erde wird daher durch einen unendlichen Halbraum, ihre Oberfläche durch eine Ebene ersetzt. Hügel, Bodensenkungen und Bauten werden vernachlässigt; sie können nötigenfalls durch geeignete, längs der ebenen Erdoberfläche verteilte Inhomogenitäten in Rechnung gestellt werden. Von den Unregelmäßigkeiten der Leitfähigkeit, welche durch Pflanzenwuchs oder Tätigkeit erdbewohnender Tiere verursacht werden, wird abgesehen.

Die natürliche Leitfähigkeit der Luft (durch Ionen) ist gegenüber der Erdbodenleitfähigkeit überaus klein; sie wird gleich Null gesetzt, so daß die Luft als Isolator gilt. Durch Spezialisierung von (19) ergibt sich somit als Grenzbedingung längs der Erdoberfläche die Forderung: Die Normalkomponente der Feldstärke muß längs der Erdoberfläche verschwinden. Kennt man daher eine Lösung der Potentialgleichung des stationären Feldes von der Eigenschaft, daß längs einer Ebene die normalen Feldkomponenten verschwinden, so stellt die entsprechende Strömung ein mögliches System elektrischer Stromleitung in der Erde dar. Hierbei darf natürlich nur ein von jener Ebene abgegrenzter Halbraum mit der Erde identifiziert werden.

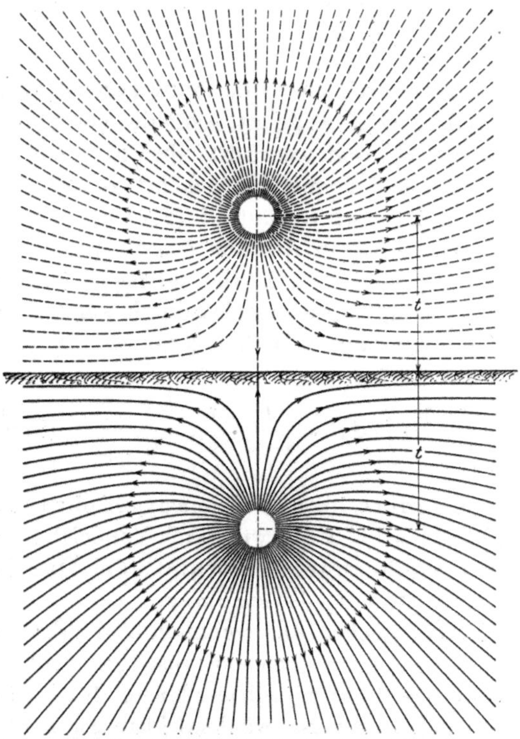

Abb. 3. Zur Herleitung des elektrischen Ersatzbildes für eine unter der Erdoberfläche befindliche Stromquelle.

Wir wenden diesen Satz zunächst auf das im vorigen Abschnitt entwickelte Quellpunktspotential an. Hier besitzt nach Abb. 2 jede durch die Quelle gehende Ebene die oben geforderte Eigenschaft; dieses Potential liefert somit die stationäre Strömung einer in der Erdoberfläche gelegenen Quelle.

Eine nach Abb. 3 in der Tiefe t befindliche Quelle erfüllt daher zunächst nicht die Grenzbedingungen an der Erdoberfläche; man kann indes eine diesen Bedingungen genügende Strömung leicht dadurch erhalten, daß man über die Erdoberfläche hinaus das Erdreich nach oben fortgesetzt denkt und in ihm eine zweite (fingierte) Quelle gleicher Stärke und gleichen Vorzeichens senkrecht über der ersten in der Höhe

$$h = t \tag{28}$$

anordnet; denn in dem resultierenden Felde beider Quellen wird die Symmetrieebene nach Abb. 3 von Stromlinien erfüllt. Zusammen mit der Zerlegung (23) erkennt man hieraus:

Man erfaßt die Wirkung der Erdoberfläche auf das Feld eines Erders, indem man das Erdreich über die Oberfläche hinaus nach oben fortsetzt und in ihm den Erder symmetrisch zur Oberfläche ergänzt (vgl. Abb. 4).

Durch diesen Satz sind alle Erderprobleme formal auf das Strömungsfeld im allseitig unbegrenzten Erdreich zurückgeführt; da man indes nur die in den unteren Halbraum ziehenden Stromlinien als real betrachten darf, muß man dem symmetrisch ergänzten Erder nach Abb. 4 den doppelten Strom des wahren Erders zuführen

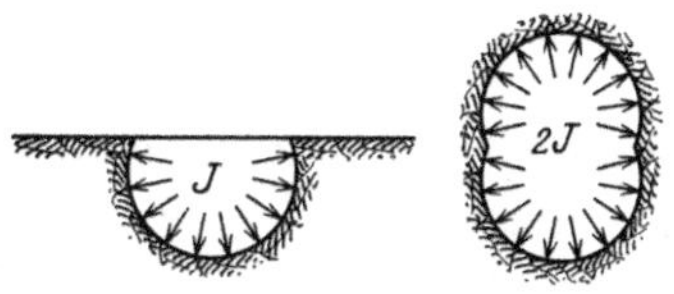

Abb. 4. Elektrisches Ersatzbild zur Berücksichtigung der Erdoberfläche.

$$\bar{J} = 2\,J \tag{29}$$

Die Beziehung (26b) für das Feld in großer Entfernung vom Erder (29) lautet also mit Rücksicht auf die Anwesenheit der Erdoberfläche

$$\lim_{\bar{\varrho}\to\infty} \varphi = \frac{\bar{J}}{4\,\pi\,\varkappa}\cdot\frac{1}{\bar{\varrho}} = \frac{J}{2\,\pi\,\varkappa}\cdot\frac{1}{\bar{\varrho}}\,. \tag{27c}$$

Die hier für homogenes Erdreich entwickelte „Spiegelungsmethode" läßt sich sogleich auf inhomogenes Erdreich erweitern; man hat hierzu nur die Grenzflächen der Inhomogenitäten im Sinne der Gl. (24) als Stromquellen mit Bezug auf das homogene Erdreich anzusehen und erkennt aus der Spiegelungsmethode unmittelbar, daß man sie richtig berücksichtigt, wenn nach Abb. 5 in dem fingierten Erdreich oberhalb der Erdoberfläche spiegelbildlich zu ihr die gleichen Inhomogenitäten vorgesehen werden.

6. Physiologische Kenngrößen des Feldes längs der Erdoberfläche. Die Größe des Potentiales längs der Erdoberfläche kann nach den Ergebnissen des vorigen Abschnittes aus dem berechneten Felde des allseitig unendlich ausgedehnten Erdreiches entnommen werden; sie bestimmt die physiologische Wirkung des Feldes auf Menschen und Tiere, welche sich auf der Erdoberfläche befinden.

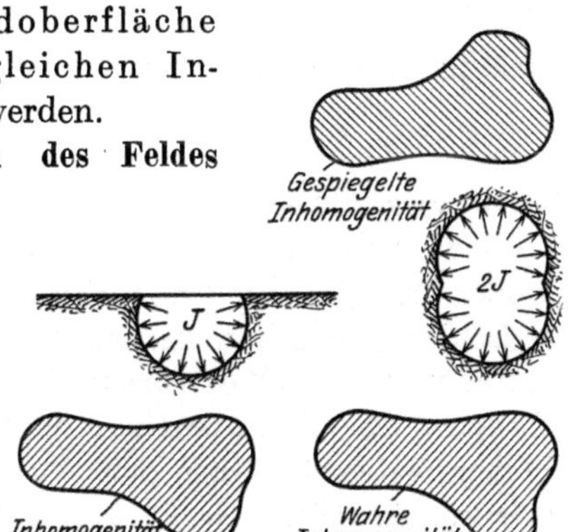

Abb. 5. Inhomogenität unter der Erdoberfläche (links) und ihr elektrisches Ersatzbild (rechts).

Die Funktion, welche das Potential φ für die Gesamtheit der in der Erderumgebung liegenden Oberflächenpunkt angibt, heißt ihrer Form wegen der Spannungstrichter; das Erderpotential als Kenngröße des Spannungstrichters wird Berührungsspannung genannt.

Die auf dem Spannungstrichter für die Schrittweite zwischen den Füßen des Lebewesens nach Abb. 6 bestimmte Potentialdifferenz in Feldrichtung heißt Schrittspannung E_s; sie treibt nach Maßgabe des Körperwiderstandes einen Körperstrom von Fuß zu Fuß. Derjenige Erderstrom, für den der Körperstrom in dem für das Lebewesen ungünstigsten Falle gerade eine lebensgefährliche Höhe annimmt, wird als Gefahrstrom des Erders bezeichnet; bei seiner Überschreitung herrscht Lebensgefahr innerhalb einer gewissen, den Erder umschließenden Gefahrzone. Gefahrstrom und Gefahrzone treten als physiologische Kenngrößen des Erdoberflächenfeldes neben die in Nr. 4 definierten physikalischen Kenngrößen des Erders selbst; ihre Gesamtheit bestimmt die Ausführung des Erders für vorgegebenen Erderstrom.

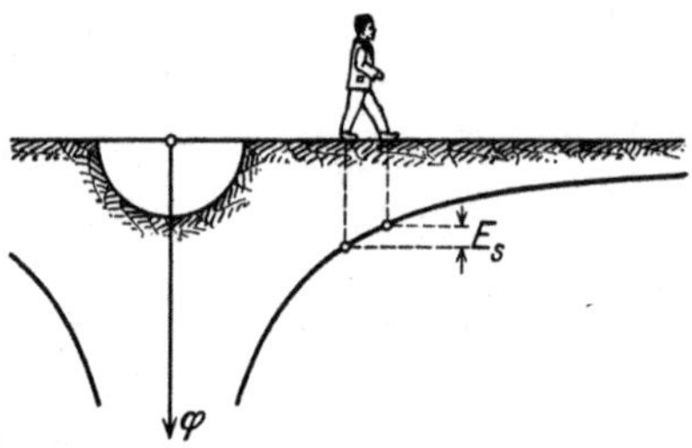

Abb. 6. Definition des Spannungstrichters und der Schrittspannnng.

Zur zahlenmäßigen Festsetzung der physiologischen Kenngrößen sind Erfahrungswerte über die Größe des Gefahrstromes und des Körperwiderstandes notwendig. Da sich die Individuen sehr verschieden gegenüber den Stromwirkungen verhalten, muß man sich mit einer rohen Schätzung begnügen, welche möglichst die unterste Grenze des gefährlichen Körperstromes angibt: Man betrachtet einen Strom von

$$i = \frac{1}{20}\,\text{Amp.} = 50\,\text{mA} \tag{30}$$

als lebensgefährlich. Ebenso schwankt der Körperwiderstand nicht nur individuell, sondern ist außerdem von dem jeweiligen Körperzustande stark abhängig; aus Sicherheitsgründen muß man daher mit dem theoretisch ungünstigsten Fall eines verschwindenden Widerstandes innerhalb des Körpers rechnen, so daß der Körperwiderstand der Summe der Ausbreitungswiderstände der „Erder“ gleicht, also in den häufigsten Fällen dem Ausbreitungswiderstand der Füße. Wir werden später (Nr. 9) für den Ausbreitungswiderstand eines Fußes den Ausdruck ableiten

$$r = \frac{1}{4\varkappa}\cdot\frac{1}{{}^1/_2\, d}, \tag{31}$$

wo d den mittleren Sohlendurchmesser angibt. Für den menschlichen Fuß findet man mit $d = \sim 20$ cm in mittlerem Erdreich ($\varkappa = 10^{-4}$ Siemens/cm) zahlenmäßig

$$r = \frac{10^4}{4\cdot 10} = 250\,\Omega, \tag{31a}$$

so daß ein Mensch, der mit beiden Füßen die Erde berührt, im Mittel den Gesamtwiderstand besitzt

$$2r = 500\,\Omega. \tag{31b}$$

7. Abbildung des stationären Strömungsfeldes in der Erde auf ein elektrostatisches Feld[1]. Wir vergleichen das Feld der stationären elektrischen Strömung in einem Medium der Leitfähigkeit $\varkappa$ mit dem elektrostatischen Felde in einem Isolator der Dielektrizitätskonstanten ε. Im Isolator bewirkt die Feldstärke $\mathfrak{E}$ eine dielektrische Verschiebung

$$\mathfrak{D} = \varepsilon \cdot \mathfrak{E}. \tag{32}$$

Verschiebungslinien können nur an Orten aufgehäufter elektrischer Ladung entstehen oder verschwinden; im Isolator gilt daher das Kontinuitätsgesetz

$$\operatorname{div} \mathfrak{D} = 0. \tag{33}$$

Leiter, welche in das Feld eingebracht werden, bringen es an den von ihnen erfüllten Bereichen zum Zusammenbruch; hierbei sammelt sich an der Grenzfläche gegen den Isolator Ladung in der Dichte

$$\sigma = \mathfrak{D} = \varepsilon \cdot \mathfrak{E} = -\varepsilon \cdot \frac{\partial \varphi}{\partial n}. \tag{34}$$

Die Gesamtladung der Leiter ist also

$$Q = \int \sigma\, df. \tag{35}$$

Die Gleichungen (32, 33, 34, 35) werden mit (3, 4, 24, 25) identisch, wenn man ε mit $\varkappa$, $\mathfrak{D}$ mit $\mathfrak{i}$, Q mit J vertauscht:

Das Potentialfeld einer stationären elektrischen Strömung wird nach Ersatz der Stromquellen J durch Ladungsquellen Q, der Stromlinien $\mathfrak{i}$ durch Induktionslinien $\mathfrak{D}$, der Leitfähigkeit $\varkappa$ durch dielektrische Verschiebbarkeit ε auf ein elektrostatisches Potential gleicher Feldverteilung abgebildet.

Gehen wir von dem mittels der Spiegelungsmethode symmetrisch oberhalb der Erdoberfläche ergänzten Strömungsfelde aus, so tritt bei der Abbildung an Stelle des Erders ein im allseitig unendlich ausgedehnten Dielektrikum befindlicher Körper von gleicher Gestalt, aber unendlich hoher Dielektrizitätskonstante. In diesem muß nach (32) das Feld verschwinden, er ist einem Leiter gleichwertig. Das Verhältnis seiner symmetrisch ergänzten Ladung $\overline{Q}$ zu seinem Potential φ_0 gibt somit seine Kapazität gegen die unendlich ferne Hüllkugel an

$$C = \frac{\overline{Q}}{\varphi_0}. \tag{36}$$

[1] Dieser Abschnitt kann bei der ersten Lektüre übergangen werden.

Mit Rücksicht auf (3) und (32) erhalten wir durch Vergleich von (23a) und (36)

$$\frac{C}{G} = \frac{\varepsilon}{\varkappa}. \qquad (37)$$

Man bezeichnet dieser Beziehung wegen den Ausbreitungsleitwert eines Erders auch als dessen Widerstandskapazität. Definitionsgemäß enthält dieser Begriff eine Regel, Ausbreitungsleitwert und Ausbreitungswiderstand aus einer Kapazität gemäß (37) abzuleiten; hierin ist eine einfache Modellmethode zur experimentellen Ermittelung der Erderkonstanten aus einer Kapazitätsmessung ausgesprochen.

II. Einfache Erder im homogenen Erdreich.

8. Der Halbkugelerder. In vielen Fällen besitzt der Erder sehr angenähert die Gestalt einer nach Abb. 7 unmittelbar an der Erdoberfläche befindlichen Halbkugel vom Radius ϱ_0. Die Spiegelungsmethode liefert als gleichwertiges System einen kugelförmigen Erder im allseitig unendlich ausgedehnten Erdreich, welchem der Strom $\overline{J}$ nach (29) zugeführt wird.

Abb. 7. Halbkugelerder und sein elektrisches Spiegelbild.

Im Felde eines Quellpunktes sind nach (27) die Flächen konstanten Potentiales Kugeln um die Quelle als Zentrum. Auf jeder dieser Flächen ist die Grenzbedingung (21) erfüllt; sie darf mit der Erdoberfläche identifiziert werden: das Potential

$$\varphi = \frac{\overline{J}}{4\pi\varkappa} \cdot \frac{1}{\varrho} = \frac{J}{2\pi\varkappa} \cdot \frac{1}{\varrho} \qquad (38)$$

gibt das Feld des Halbkugelerders an. Insbesondere findet sich für $\varrho = \varrho_0$ das Erderpotential

$$\varphi_0 = \frac{\overline{J}}{4\pi\varkappa} \cdot \frac{1}{\varrho_0} = \frac{J}{2\pi\varkappa} \cdot \frac{1}{\varrho_0}. \qquad (39)$$

Die Erderleistung beträgt daher

$$N = \varphi_0 \cdot J = \frac{J^2}{2\pi\varkappa} \cdot \frac{1}{\varrho_0} \qquad (40)$$

und der Ausbreitungswiderstand

$$R = \frac{\varphi_0}{J} = \frac{1}{2\pi\varkappa\varrho_0}. \qquad (41)$$

Man erkennt durch Vergleich dieser Widerstandsformel mit dem bekannten Ausdruck für den Widerstand eines Drahtes, daß zunächst beide Größen dem Kehrwert der Leitfähigkeit, also dem spezifischen Widerstand des feldtragenden Materiales proportional sind; während indes der Widerstand eines **Drahtes** gegebener Länge umgekehrt proportional dem stromführenden **Querschnitt** ist, verringert sich der Ausbreitungswiderstand des **Erders** nur mit den **linearen Abmessungen**. Man benötigt daher zu einer merklichen Verkleinerung des Ausbreitungswiderstandes eine sehr erhebliche Steigerung der Erderoberfläche. Für das Beispiel eines Erders vom Radius

$$\varrho_0 = 1{,}50 \text{ m} = 150 \text{ cm}$$

in mittlerem Erdreich ($\varkappa = 10^{-4}$ Siemens/cm) ergibt sich nach (41)

$$R = \frac{10^4}{2\,\pi \cdot 150} = 10{,}6\,\Omega = \sim 10\,\Omega\,,$$

also ein recht großer Wert.

Diese grundlegenden Eigenschaften sind allen Erdern beliebig vorgegebener Gestalt gemeinsam.

Der **Spannungstrichter** des halbkugelförmigen Erders ist unmittelbar durch (38) gegeben. Sei s die Schrittweite des Menschen, so erhalten wir aus ihm die **Schrittspannung** nach der in Nr. 6 gegebenen Definition

$$E_s = \varphi_{\varrho - \frac{1}{2}s} - \varphi_{\varrho + \frac{1}{2}s} = \frac{J}{2\,\pi\,\varkappa}\left[\frac{1}{\varrho - \frac{1}{2}s} - \frac{1}{\varrho + \frac{1}{2}s}\right]$$

$$= \frac{J}{2\,\pi\,\varkappa} \cdot \frac{s}{\varrho^2 - \frac{1}{4}s^2}\,. \tag{42}$$

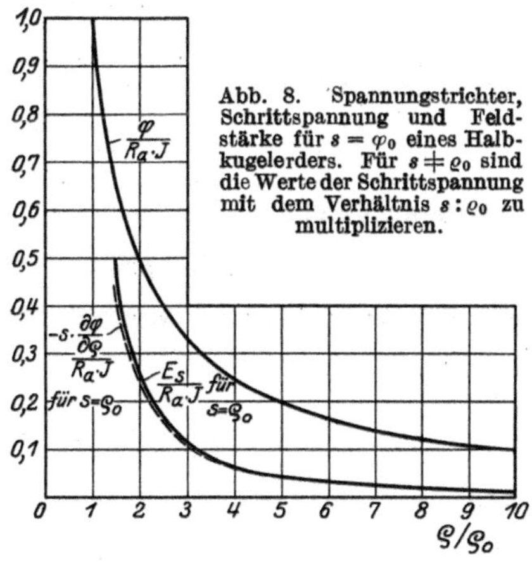

Abb. 8. Spannungstrichter, Schrittspannung und Feldstärke für $s = \varphi_0$ eines Halbkugelerders. Für $s \neq \varrho_0$ sind die Werte der Schrittspannung mit dem Verhältnis $s : \varrho_0$ zu multiplizieren.

In Abb. 8 ist der Verlauf des Spannungstrichters und der Schrittspannung für $s = \varrho_0$ zur Darstellung gebracht. Man erkennt, daß die Schrittspannung unmittelbar an der Elektrode für $\varrho = \varrho_0 + \frac{1}{2}s$ ihren höchsten Wert annimmt

$$E_{s_{\max}} = \frac{J}{2\,\pi\,\varkappa} \cdot \frac{s}{\varrho_0^2 + s\,\varrho_0}\,, \tag{42a}$$

während sie sich mit wachsendem Abstand vom Erder dem Produkt der **Feldstärke** mit der Schrittweite nähert (vgl. Abb. 8, gestrichelte Kurve)

$$\lim_{\varrho \to \infty} E_s = s \cdot \mathfrak{E} = \frac{J}{2\,\pi\,\varkappa} \cdot \frac{s}{\varrho^2}\,, \tag{42b}$$

also mit der Entfernung sehr rasch absinkt.

Zur Berechnung des Gefahrstromes müssen wir den gefährlichsten Fall voraussetzen, daß der Mensch mit einem Fuß den Erder berührt; der Ausbreitungswiderstand dieses Fußes verschwindet dann, und der Körperwiderstand sinkt auf den Betrag (31). Man erhält daher als Körperstrom

$$i_{max} = \frac{E_{s_{max}}}{r} = \frac{J}{2\pi\varkappa} \cdot \frac{s}{\varrho_0^2 + s\varrho_0} \cdot 4\varkappa \cdot \frac{1}{2} d = J \cdot \frac{1}{\pi} \cdot \frac{s\,d}{\varrho_0^2 + s\varrho_0} \,. \tag{43}$$

unabhängig von der Leitfähigkeit des Erdbodens. Das Gleiche gilt daher für den Gefahrstrom, den wir mit Benutzung des Wertes (30) aus (43) finden

$$J_g \cdot \frac{1}{\pi} \cdot \frac{s\,d}{\varrho_0^2 + s\varrho_0} = \frac{1}{20}; \qquad J_g = \frac{\pi}{20} \cdot \frac{\varrho_0^2 + s\varrho_0}{s\,d} \text{ Amp.} \tag{43a}$$

Mit $s = 100$ cm und $d = 20$ cm ergibt sich für den oben genannten Erder

$$J_g = \frac{\pi}{20} \cdot \frac{150^2 + 100 \cdot 150}{100 \cdot 20} = 2{,}96 \text{ Amp.}$$

also ein relativ sehr kleiner Strom.

Zur Bestimmung der Gefahrzone für stärkere Ströme dürfen wir den Näherungswert (42b) der Schrittspannung benutzen. Beachten wir, daß sich jetzt der Körperwiderstand aus beiden Fuß-Ausbreitungswiderständen zusammensetzt, so ergibt sich der Körperstrom

$$i = \frac{E_s}{2r} = \frac{J}{2\pi\varkappa} \cdot \frac{s}{\varrho^2} \cdot 4\varkappa d = J \cdot \frac{2}{\pi} \cdot \frac{s\,d}{\varrho^2} \,. \tag{44}$$

Die Gefahrzone ist also ein um den Erdermittelpunkt beschriebener Kreis, dessen Radius sich mit Gl. (30) berechnet

$$\varrho_g = \sqrt{\frac{40}{\pi} \cdot J \cdot s\,d} \text{ cm} \tag{44a}$$

und deren Fläche

$$F_g = \pi\varrho_g^2 = 40\,J \cdot s\,d \text{ cm}^2 \tag{44b}$$

beträgt. Beispielsweise entsteht für $J = 200$ Amp. mit den oben benutzten Zahlenwerten

$$\varrho_g = \sqrt{\frac{40}{\pi} \cdot 200 \cdot 100 \cdot 20} \text{ cm} = 22{,}6 \text{ m},$$

wobei sich am Erder die Berührungsspannung einstellt

$$\varphi_0 = 100 \cdot 10{,}6 = 1060 \text{ Volt.}$$

9. Der Kreisplattenerder. Da die Ausführung eines halbkugelförmigen Erders nicht unerhebliche konstruktive Schwierigkeiten bereitet, liegt es nahe, ihn durch eine ebene Platte zu ersetzen. Wir behandeln die Erdung mittels einer an der Erdoberfläche liegenden Kreisplatte vom Radius ϱ_0 nach Abb. 9; sie kann nach Ergänzung des Strömungsfeldes mittels der Spiegelungsmethode als Grenzfall eines abgeplatteten Rotationellipsoides aufgefaßt werden.

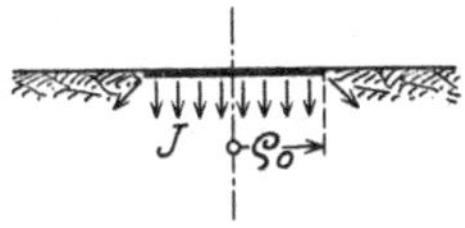

Abb. 9. Anordnung des Kreisplattenerders.

Wir spezialisieren die in Nr. 2 eingeführten krummlinigen Orthogonalkoordinaten auf ein rotationssymmetrisches Feld; in die Symmetrieachse wird die z-Achse eines rechtwinkligen Koordinatensystems gelegt, dessen xz-Ebene mit der Meridianebene $\psi = 0$ zusammenfällt. Wählen wir ψ als dritte Koordinate eines krummlinigen Koordinatensystemes, so ist

$$x = \varrho \cdot \cos\psi; \qquad y = \varrho \cdot \sin\psi; \qquad z = z(u, v) \tag{45}$$

und nach (12b)

$$W = \sqrt{\left(\frac{\partial x}{\partial \psi}\right)^2 + \left(\frac{\partial y}{\partial \psi}\right)^2 + \left(\frac{\partial z}{\partial \psi}\right)^2} = \varrho \,. \tag{46}$$

In dem rechtwinkligen Koordinatensystem z, ϱ einer Meridianebene ist nun

$$z = z(u, v); \qquad \varrho = \varrho(u, v) . \tag{45a}$$

also wegen (12, 12a)

$$U = \sqrt{\left(\frac{\partial z}{\partial u}\right)^2 + \left(\frac{\partial \varrho}{\partial u}\right)^2}; \qquad V = \sqrt{\left(\frac{\partial z}{\partial v}\right)^2 + \left(\frac{\partial \varrho}{\partial v}\right)^2} \tag{47}$$

und Gl. (17) nimmt die Form an

$$\frac{\partial}{\partial u}\left(\varrho \cdot \frac{V}{U} \cdot \frac{\partial \varphi}{\partial u}\right) + \frac{\partial}{\partial v}\left(\varrho \cdot \frac{U}{V} \cdot \frac{\partial \varphi}{\partial v}\right) = 0 \,. \tag{48}$$

Elliptische Koordinaten des abgeplattet-rotationsellipsoidischen Feldes nach Abb. 10 sind durch die konfokalen Ellipsen $u =$ konst der Exzentrizität l' definiert

$$\frac{\varrho^2}{u^2} + \frac{z^2}{u^2 - l'^2} = 1 \tag{49}$$

und die konfokalen Hyperbeln $v =$ konst

$$\frac{\varrho^2}{v^2} - \frac{z^2}{l'^2 - v^2} = 1 \,. \tag{50}$$

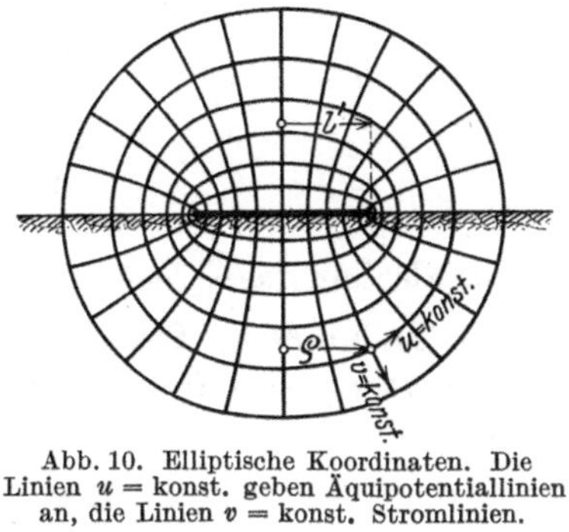

Abb. 10. Elliptische Koordinaten. Die Linien $u =$ konst. geben Äquipotentiallinien an, die Linien $v =$ konst. Stromlinien.

Hiernach gilt

$$\varrho = \frac{u\,v}{l'}; \qquad z = \frac{\sqrt{u^2 - l'^2} \cdot \sqrt{l'^2 - v^2}}{l'} \,, \tag{51}$$

also nach (47)

$$U = \sqrt{\frac{u^2 - v^2}{u^2 - l'^2}}; \qquad V = \sqrt{\frac{u^2 - v^2}{l'^2 - v^2}} \,. \tag{47a}$$

Die Ellipsoide $u =$ konst müssen, um die Grenzbedingung (21) zu erfüllen, Niveauflächen des Potentiales sein, so daß die Hyperboloide

$v =$ konst die **Stromflächen** darstellen; hierfür reduziert sich (48) mit (51, 47a) auf die totale Differentialgleichung

$$\frac{d}{du}\left[\frac{u\,v}{l'}\cdot\sqrt{\frac{u^2-l'^2}{l'^2-v^2}}\cdot\frac{d\varphi}{du}\right] = 0\,. \tag{52}$$

Das im Unendlichen verschwindende Integral dieser Gleichung lautet, da v hierbei als Konstante zu betrachten ist, mit einer willkürlichen Konstanten A

$$\varphi = A\cdot\arcsin\frac{l'}{u}\,. \tag{53}$$

Die Oberfläche der Kreisplatte ist nach (51) wegen $l' = \varrho_0$ und $z = 0$ durch

$$u_0 = l' = \varrho_0 \tag{51a}$$

gegeben; somit folgt aus (53) das **Erderpotential**

$$\varphi_0 = A\cdot\arcsin\frac{\varrho_0}{u_0} = A\cdot\arcsin 1 = A\cdot\frac{\pi}{2}\,; \qquad A = \frac{2}{\pi}\,\varphi_0\,, \tag{53a}$$

so daß man für das Strömungsfeld den Ausdruck erhält

$$\varphi = \frac{2}{\pi}\cdot\varphi_0\cdot\arcsin\frac{\varrho_0}{u}\,. \tag{53b}$$

Es ist also

$$\lim_{u\to\infty}\varphi = \frac{2}{\pi}\cdot\varphi_0\cdot\frac{\varrho_0}{u} = \frac{2}{\pi}\varphi_0\cdot\frac{\varrho_0}{\sqrt{\varrho^2+z^2}} \tag{53c}$$

und da dies dem Werte (27c) gleichen muß, erhält man den **Erderstrom** zu

$$J = 2\,\pi\,\varkappa\cdot\varrho_0\cdot\frac{2}{\pi}\cdot\varphi_0 = 4\,\varkappa\varrho_0\cdot\varphi_0\,. \tag{54}$$

Als **Ausbreitungswiderstand** des Kreisplattenerders finden wir somit

$$R = \frac{\varphi_0}{J} = \frac{1}{4\,\varkappa\,\varrho_0} \tag{54a}$$

er ist also um das $\frac{\pi}{2}$ fache größer als der eines Halbkugelerders von gleichem Halbmesser. Beispielsweise besitzt ein Kreisplattenerder vom Halbmesser $\varrho_0 = 150$ cm in mittlerem Erdreich den Ausbreitungswiderstand

$$R = \frac{10^4}{4\cdot 150} = 16{,}7\ \Omega\,.$$

Ersetzt man in (53b) das Erderpotential mittels (54) durch den Erderstrom, so entsteht

$$\varphi = \frac{J}{2\,\pi\,\varkappa}\cdot\frac{1}{\varrho_0}\cdot\arcsin\frac{\varrho_0}{u}\,. \tag{55}$$

Man entnimmt aus (51) für $z = 0 : v = l$, $u = \varrho$ und erhält aus (55) den Spannungstrichter (Abb. 11)

$$\varphi = \frac{J}{2\pi\varkappa}\cdot\frac{1}{\varrho_0}\arcsin\frac{\varrho_0}{\varrho} \tag{55a}$$

und die Schrittspannung

$$E_s = \varphi_{\varrho-\frac{1}{2}s} - \varphi_{\varrho+\frac{1}{2}s} = \frac{J}{2\pi\varkappa\varrho_0}\left(\arcsin\frac{\varrho_0}{\varrho-\frac{1}{2}s} - \arcsin\frac{\varrho_0}{\varrho+\frac{1}{2}s}\right)$$

$$= \frac{J}{2\pi\varkappa\varrho_0}\arcsin\left(\frac{\varrho_0}{\varrho^2-\frac{1}{4}s^2}\left\{\sqrt{\left(\varrho+\frac{1}{2}s\right)^2-\varrho_0^2} - \sqrt{\left(\varrho-\frac{1}{2}s\right)^2-\varrho_0^2}\right\}\right)$$

$$= \sim\frac{J}{2\pi\varkappa\varrho_0}\arcsin\frac{\varrho_0}{\varrho^2-\frac{1}{4}s^2}\cdot\frac{\varrho s}{\sqrt{\varrho^2+\frac{1}{4}s^2-\varrho_0^2}}, \tag{56}$$

wo in der letzten Umformung die Wurzeln binomisch entwickelt wurden. Die größte Schrittspannung ergibt sich wieder für unmittelbare Nähe am Erder $\left(\varrho = \varrho_0 + \frac{1}{2}s\right)$

$$E_{s_{\max}} = \frac{J}{2\pi\pi\varrho_0}\cdot\left[\frac{\pi}{2} - \arcsin\frac{\varrho_0}{\varrho_0+s}\right]$$

$$= \frac{J}{2\pi\varkappa\varrho_0}\arccos\frac{\varrho_0}{\varrho_0+s}, \tag{56a}$$

so daß der Gefahrstrom sich analog (43), (43a) berechnet

$$J_g\cdot\frac{1}{\pi}\cdot\frac{d}{\varrho_0}\cdot\arccos\frac{\varrho_0}{\varrho_0+s} = \frac{1}{20};$$

$$J_g = \frac{\pi}{20}\frac{\varrho_0}{d}\cdot\frac{1}{\arccos\frac{\varrho_0}{\varrho_0+s}}. \tag{56b}$$

Setzt man die im vorigen Abschnitt benutzten Zahlen ein, so entsteht

$$J_g = \frac{\pi}{20}\cdot\frac{150}{20}\cdot\frac{1}{\arccos\frac{150}{150+100}}$$

$$= \frac{\pi}{20}\cdot\frac{150}{20}\cdot\frac{1}{\arccos 0{,}6} = 1{,}26 \text{ Amp.}$$

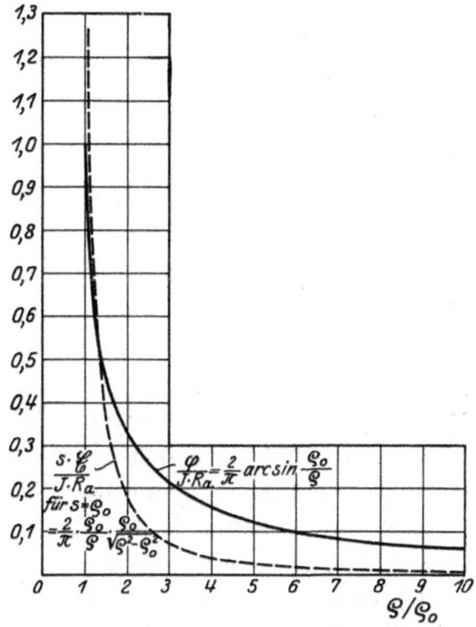

Abb. 11. Spannungstrichter und Näherungswert der Schrittspannung für $s = \varrho_0$ eines Kreisplattenerders. Für $s \neq \varrho_0$ sind die Schrittspannungswerte mit dem Verhältnis $s : \varrho_0$ zu multiplizieren.

Man darf also mit Rücksicht auf die Gefährdung von Lebewesen unmittelbar am Kreisplattenerder diesen nur weit schwächer belasten als einen Halbkugelerder; es steht dies im Zusammenhang mit der Eigenschaft des Feldes, an der Erdoberfläche gemäß

$$\mathfrak{E}_u = -\frac{1}{U}\cdot\frac{d\varphi}{du} = -\sqrt{\frac{u^2-l'^2}{u^2-v^2}}\cdot\frac{2}{\pi}\,\varphi_0\,\frac{1}{\sqrt{1-\frac{\varrho_0^2}{u^2}}}\left(-\frac{\varrho_0}{u^2}\right)$$

$$= \frac{J}{2\pi\varkappa\varrho}\cdot\frac{1}{\sqrt{\varrho^2-\varrho_0^2}} \tag{57}$$

bei Annäherung an den scharfen Rand der Scheibe ($\varrho \to \varrho_0$) über alle Grenzen zu wachsen; man erkennt indes, daß diese gefährliche Randwirkung mit wachsendem Abstand vom Erder rasch verschwindet (vgl. Abb. 11, gestrichelte Kurve). In der Tat findet man als analytischen Ausdruck der Schrittspannung in jenem Bereiche aus (56) oder (57)

$$\lim_{\varrho\to\infty} E_s = \frac{J}{2\pi\varkappa}\cdot\frac{s}{\varrho^2} \tag{56c}$$

in Übereinstimmung mit (42b): Der Kreisplattenerder besitzt — bei gleichem Erderstrom — die gleiche Gefahrzone wie der Halbkugelerder. Da bei der Herleitung dieses Satzes die Abmessungen der Erder völlig herausgefallen sind, ist er nicht an die Voraussetzung gleicher Halbmesser geknüpft; er gilt vielmehr, wie aus (27c) hervorgeht, mit mehr oder minder großer Näherung universell für alle Erder.

Als Erder der hier beschriebenen Form können näherungsweise die Fußsohlen von Menschen und Tieren betrachtet werden, welche auf der Erdoberfläche stehen. Ersetzt man die Sohlenfläche durch einen Kreis vom Halbmesser $\varrho_0 = \frac{d}{2}$, wo d den mittleren Sohlendurchmesser bedeutet, so erhält man aus Gl. (54a) sogleich ihren Ausbreitungswiderstand

$$r = \frac{1}{4\varkappa}\cdot\frac{1}{{}^1/_2\,d}. \tag{58}$$

Dieser Wert ist es, den wir in (31) bereits genannt haben; bei seiner Anwendung hat man natürlich die Abweichungen der Wirklichkeit von den Voraussetzungen dieser Rechnung zu berücksichtigen; dies geschieht durch passende Wahl des mittleren Sohlendurchmessers in praktisch hinreichender Weise.

10. Rohrerder. Diese Erderform entsteht durch senkrechtes Eintreiben relativ dünner Rohre in das Erdreich entsprechend Abb. 12; elektrisch gleichwertig sind die zuweilen des bequemeren Eintreibens halber bevorzugten Erdbohrer.

Um das Strömungsfeld der Rohrerder nach Ergänzung mittels der Spiegelungsmethode in einfacher Weise zu erfassen, ersetzen wir sie durch gestreckte Rotationsellipsoide, deren kleine Halbachse dem Rohrhalbmesser ϱ_0, und deren Exzentrizität der Rohrlänge $l \gg \varrho_0$ gleicht.

Wir stellen das Feld mittels krummliniger Orthogonalkoordinaten des gestreckt-rotationsellipsoidischen Feldes dar, welche in jeder Meridianebene durch die Ellipsen $u =$ konst

$$\frac{z^2}{u^2} + \frac{\varrho^2}{u^2 - l^2} = 1 \tag{59}$$

und die konfokalen Hyperbeln $v =$ konst

$$\frac{z^2}{v^2} - \frac{\varrho^2}{l^2 - v^2} = 1 \tag{60}$$

definiert sind. Gemäß (47) gelten die Ausdrücke (47 a) unverändert für das gestreckt-rotationsellipsoidische Feld; dagegen sind in den Beziehungen (51) entsprechend (59), (60) ϱ und z miteinander zu vertauschen, so daß

$$\varrho = \frac{\sqrt{u^2 - l^2} \cdot \sqrt{l^2 - v^2}}{l}; \quad z = \frac{u \cdot v}{l}. \tag{61}$$

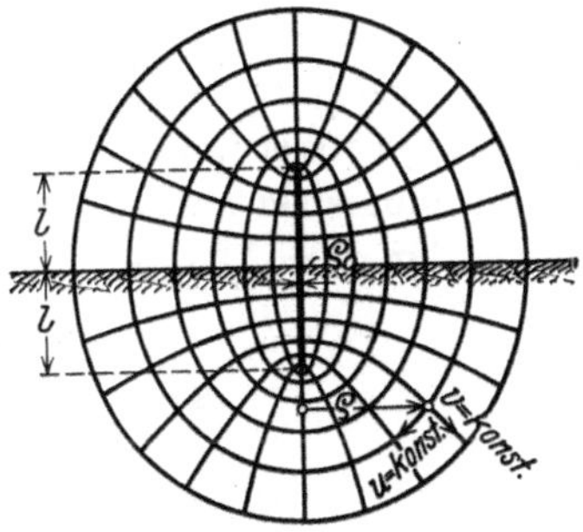

Abb. 12. Elliptische Koordinaten. Die Linien $u =$ konst geben die Äquipotentiallinien, die Linien $v =$ konst die Stromlinien an.

Um die Grenzbedingung (21) zu befriedigen, darf das Potential nur von u abhängen, so daß die zweischaligen Hyperboloide $v =$ konst Stromflächen werden; die Differentialgleichung (48) geht daher über in

$$\frac{d}{du}\left[\frac{u^2 - l^2}{l} \cdot \frac{d\varphi}{du}\right] = 0, \tag{62}$$

deren im Unendlichen verschwindende Lösung lautet

$$\varphi = A \cdot \ln \frac{u + l}{u - l}. \tag{63}$$

Zur Ermittelung der Integrationskonstanten wenden wir diese Beziehung auf die Erderoberfläche an, deren Koordinate aus (61) mit $z = 0$, $\varrho = \varrho_0$ zu $\sqrt{l^2 + \varrho_0^2}$ folgt, und erhalten das Erderpotential

$$\varphi_0 = A \cdot \ln \frac{\sqrt{l^2 + \varrho_0^2} + l}{\sqrt{l^2 + \varrho_0^2} - l} = \sim A \cdot 2 \ln \frac{2l}{\varrho_0}; \quad A = \frac{\varphi_0}{2 \ln \frac{2l}{\varrho_0}}, \tag{63a}$$

wo von der Voraussetzung $l \gg \varrho_0$ Gebrauch gemacht ist. In großen Entfernungen vom Erder ist

$$\lim_{u \to \infty} \varphi = A \cdot \ln \frac{1 + \frac{l}{u}}{1 - \frac{l}{u}} = \frac{\varphi_0}{2 \ln \frac{2l}{\varrho_0}} \cdot 2 \frac{l}{u} = \frac{\varphi_0}{\ln \frac{2l}{\varrho_0}} \cdot \frac{l}{\sqrt{\varrho^2 + z^2}} \tag{63b}$$

durch Vergleich mit (27c) ergibt sich der Erderstrom

$$J = \varphi_0 \cdot \frac{2\pi\varkappa l}{\ln \frac{2l}{\varrho_0}} \tag{64}$$

und also der Ausbreitungswiderstand

$$R = \frac{\varphi_0}{J} = \frac{\ln \frac{2l}{\varrho_0}}{2\pi\varkappa l}. \tag{65}$$

Diese Beziehung zeigt, daß die Leistungsfähigkeit eines Rohrerders in erster Linie durch seine Länge bestimmt wird, während der Rohrhalbmesser weit weniger ins Gewicht fällt. Man berechnet beispielsweise für $\varrho_0 = 2$ cm, $l = 200$ cm und mittleres Erdreich sogleich

$$R = \frac{\ln \frac{2 \cdot 200}{2}}{2\pi\varkappa \cdot 200} = \frac{10^4 \cdot 5{,}3}{2\pi \cdot 200} = 42{,}2\ \Omega.$$

Durch Verdoppelung des Rohrhalbmessers würde dieser Wert nur auf

$$R = \frac{\ln \frac{2 \cdot 200}{4}}{2\pi\varkappa \cdot 200} = \frac{10^4 \cdot 4{,}6}{2\pi \cdot 200} = 36{,}6\ \Omega,$$

also um etwa 13% gesenkt werden können; dagegen erzielt man durch doppelte Rohrlänge einen Widerstandsrückgang um

$$R = \frac{\ln \frac{2 \cdot 400}{2}}{2\pi\varkappa \cdot 400} = \frac{10^4 \cdot 6{,}0}{2\pi \cdot 400} = 23{,}9\ \Omega.$$

also um etwa 44%. Dünne, lange Rohre sind also zur Konstruktion eines Rohrerders von geringem Ausbreitungswiderstande vorteilhafter als kurze, dicke Rohre.

Durch Einsetzen von (64) in (63a, 63) ergibt sich das Strömungsfeld

$$\varphi = \frac{J}{4\pi\varkappa l} \cdot \ln \frac{u+l}{u-l} \tag{66}$$

und mit $u = \sqrt{l^2 + \varrho^2}$ für $z = 0$

der Spannungstrichter

$$\varphi = \frac{J}{4\pi\varkappa l} \cdot \ln \frac{\sqrt{l^2+\varrho^2}+l}{\sqrt{l^2+\varrho^2}-l} = \frac{J}{2\pi\varkappa l} \cdot \ln \frac{\sqrt{l^2+\varrho^2}+l}{\varrho}. \tag{66a}$$

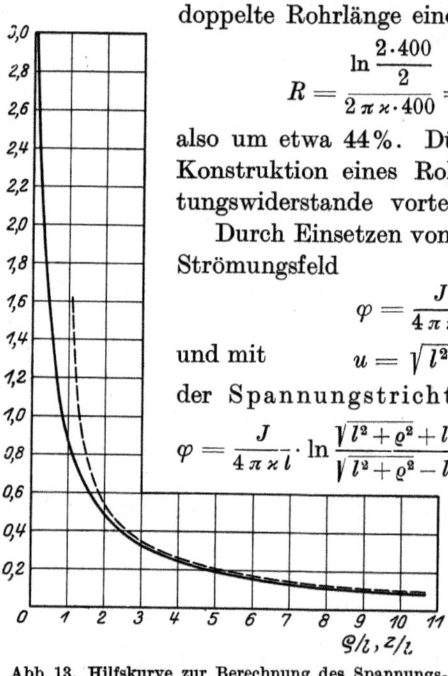

Abb. 13. Hilfskurve zur Berechnung des Spannungstrichters eines Rohrerders und eines gestreckten Banderders in den beiden Hauptrichtungen.

(Abb. 13 und 14). In der Umgebung des Erders kann man für $\varrho \ll l$ binomisch entwickeln

$$\varphi = \sim \frac{J}{2\pi\varkappa l} \cdot \ln \frac{2l}{\varrho}, \tag{66b}$$

so daß mit $\varrho = \varrho_0 + \frac{1}{2}s = \sim \frac{1}{2}s$

die größte Schrittspannung sich bestimmt

$$E_{s\max} = \varphi_{\varrho-\frac{1}{2}s} - \varphi_{\varrho+\frac{1}{2}s} = \sim \frac{J}{2\pi\varkappa l}\left[\ln \frac{2l}{\varrho_0} - \ln \frac{2l}{s}\right] = \frac{J}{2\pi\varkappa l} \ln \frac{s}{\varrho_0} \tag{67}$$

Der Gefahrstrom des Rohrerders folgt daher entsprechend (43a)

$$J_g = \frac{\pi}{20} \cdot \frac{l}{d} \cdot \frac{1}{\ln \frac{s}{\varrho_0}} \tag{67a}$$

Mit $l = 200$ cm, $d = 20$ cm, $\varrho_0 = 2$ cm, $s = 100$ cm findet man

$$J_g = \frac{\pi}{20} \cdot \frac{200}{20} \cdot \frac{1}{\ln \frac{100}{20}} = \frac{\pi}{20} \cdot \frac{200}{20} \cdot \frac{1}{3{,}92} = 0{,}4 \text{ Amp.}$$

Für Entfernungen $\varrho \gg l$ liefert (66a), wie man sich leicht durch Entwicklung der logarithmischen Reihe überzeugt, das Quellpunktspotential (27c); für die Gefahrzone gilt daher die Formel (27c).

Rohrerder werden neben ihrem Hauptanwendungsgebiet als Starkstromerder häufig als sogenannte Sonden zur experimentellen Ausmessung von Strömungsfeldern in der Erde benutzt. Hierbei muß man, um richtige Ergebnisse zu erhalten, den Ausbreitungswiderstand der Sonden nach (65) beachten; wird sehr große Genauigkeit verlangt, so empfiehlt es sich, die Leitfähigkeit des die Erde unmittelbar umschließenden Erdreiches entweder nach Entnahme einer Erdprobe gesondert zu bestimmen, oder sie aus (65) durch einen Vorversuch unmittelbar zu ermitteln. Diese Gleichung dient dann nicht mehr zur Berechnung des Ausbreitungswiderstandes, sondern definiert eine gewisse, während der Messung in der Sondenumgebung vorherrschende Leitfähigkeit; in diesem Sinne ist die experimentelle Methode nicht mehr an homogenes Erdreich gebunden, sie liefert in stark inhomogenem Erdreich als Mittelwert die örtlich wirksame Leitfähigkeit.

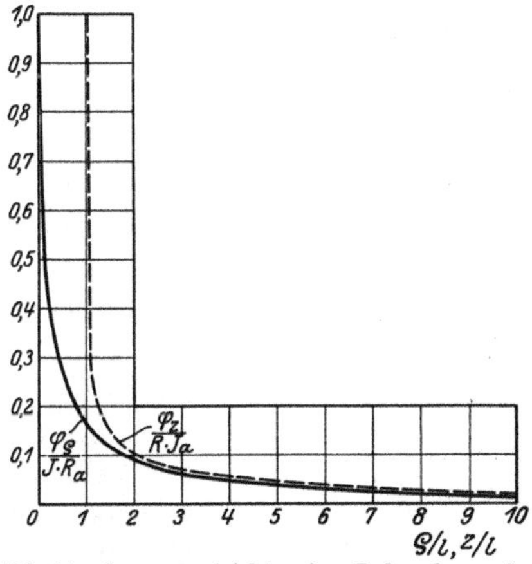

Abb. 14. Spannungstrichter eines Rohrerders und eines gestreckten Banderders nach den beiden Hauptrichtungen hin für $\frac{l}{\varrho_0} = 100$.

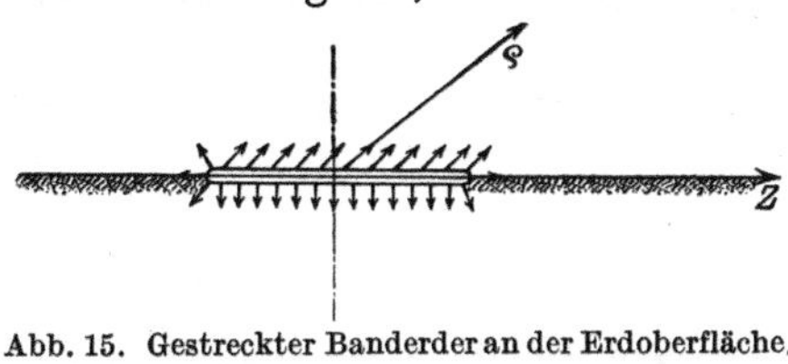

Abb. 15. Gestreckter Banderder an der Erdoberfläche.

11. Banderdung mittels gestreckten Bandes. Wegen ihrer besonders leichten Herstellung verwendet man als Erder zuweilen langgestreckte Drähte oder Bänder, welche nach Abb. 15 längs der Erdoberfläche verlegt werden. Wir setzen voraus, daß der Querschnitt näherungsweise die Form eines Halbkreises vom Radius ϱ_0 besitzt; der bei abweichenden Querschnittsformen wirksame Halbmesser ϱ_0 wird später angegeben werden (Nr. 16, 17). Das gleiche Bild beschreibt das Erdfeld einer gerissenen Leitung.

Die Spiegelungsmethode führt das vorausgesetzte Band sogleich in einen Vollzylinder über; gemäß den Entwickelungen des vorigen Abschnittes können wir ihn durch ein gestrecktes Rotationsellipsoid ersetzen. Daher beschreibt die im vorigen Abschnitt gegebene Potentialfunktion zugleich das Strömungsfeld des gestreckten Bandes. Insbesondere gilt also für den Ausbreitungswiderstand eines solchen Erders Gl. (65), in welcher aber jetzt l die halbe Länge des real vorhandenen Erders bedeutet.

Im Gegensatz zum Rohrerder geht die Symmetrieebene, welche die Erdoberfläche bei dem hier behandelten Erder vertritt, durch die Achse des gestreckten Rotationsellipsoides; daher weicht der Spannungstrichter des Banderders von dem Spannungstrichter des Rohrerders ab.

Da der Schnitt der Erdoberfläche mit dem Band eine (sehr langgestreckte) Ellipse ergibt, verläuft der Spannungstrichter nicht mehr rotationssymmetrisch; wir untersuchen sein Verhalten längs der beiden Vorzugsrichtungen. welche die Fortsetzung der kleinen und der großen Halbachse bilden.

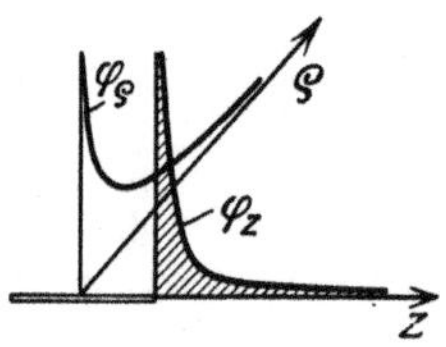

Abb. 16. Räumliche Darstellung des Spannungstrichters eines gestreckten Banderders.

Längs der verlängerten kleinen Halbachse ist der Verlauf des Spannungstrichters durch (66) gegeben. Um seine Größe in Richtung der verlängerten großen Halbachse kennen zu lernen, haben wir (63) für $\varrho = 0$, z variabel auszuwerten; aus (61) folgt hierfür sogleich $u = z$, so daß mit (63a) und (64) (Abb. 13, 14 und 16)

$$\varphi = \frac{J}{4\pi\varkappa l}\cdot\ln\frac{z+l}{z-l}. \tag{68}$$

Die größte Schrittspannung ergibt sich in der unmittelbaren Umgebung des Erders mit $z = \sqrt{l^2+\varrho_0^2}+\frac{1}{2}s$ mit Beachtung von $\varrho_0 \ll l$

$$E_{s\,\max} = \varphi_{z-\frac{1}{2}s} - \varphi_{z+\frac{1}{2}s} = \sim \frac{J}{4\pi\varkappa l}\left[\ln\frac{2l}{\frac{1}{2}\frac{\varrho_0^2}{l}} - \ln\frac{2l+s}{s}\right]$$

$$= \frac{J}{2\pi\varkappa l}\cdot\ln\frac{2l}{\varrho_0}\cdot\sqrt{\frac{s}{2l+s}}. \tag{69}$$

Ist, wie üblich, $2l \gg s$, so vereinfacht sich (69) zu

$$E_{s\,\max} = \frac{J}{2\pi\varkappa l}\cdot\ln\frac{\sqrt{2ls}}{\varrho_0}. \tag{69a}$$

Durch Vergleich mit (67) erkennt man, daß diese Schrittspannung stets größer ist als die längs der verlängerten kleinen Halbachse maximal auftretende Schrittspannung, eine Folge der Feldkonzentration an der Spitze. Daher ist für den Gefahrstrom des gestreckten Banderders Gl. (69a) maßgebend

$$J_g = \frac{\pi}{20} \cdot \frac{l}{d} \cdot \frac{1}{\ln \frac{\sqrt{2 l s}}{\varrho_0}} . \tag{69b}$$

Für $2\,l = 400$ cm, $d = 20$ cm, $\varrho_0 = 2$ cm, $s = 100$ cm wird

$$J_g = \frac{\pi}{20} \cdot \frac{200}{20} \cdot \frac{1}{\ln \frac{\sqrt{2 \cdot 200 \cdot 100}}{2}} = \frac{\pi}{20} \cdot \frac{200}{20} \frac{1}{4{,}6} = 0{,}34 \text{ Amp.}$$

Der Gefahrstrom und damit die Leistungsfähigkeit des Banderders ist also merklich kleiner als die eines Rohrerders gleicher Abmessungen; diese Spitzenwirkung verschwindet indessen rasch mit zunehmender Entfernung vom Erder, so daß sich nach Entwicklung von (68) in eine logarithmische Reihe näherungsweise für die beiden betrachteten Feldrichtungen der gleiche Gefahrbereich einstellt: Die Gefahrzone ist der durch (44a) bestimmte Kreis.

12. Kreisbanderder. Aus Gründen der Raumersparnis zieht man dem gestreckten Banderder gelegentlich den kreisförmig nach Abb. 17 mit dem Halbmesser ϱ_t verlegten Banderder vor. Der Bandquerschnitt wird als Halbkreis vom Radius $\varrho_0 \ll \varrho_t$ vorausgesetzt; nach Ergänzung des Strömungsfeldes

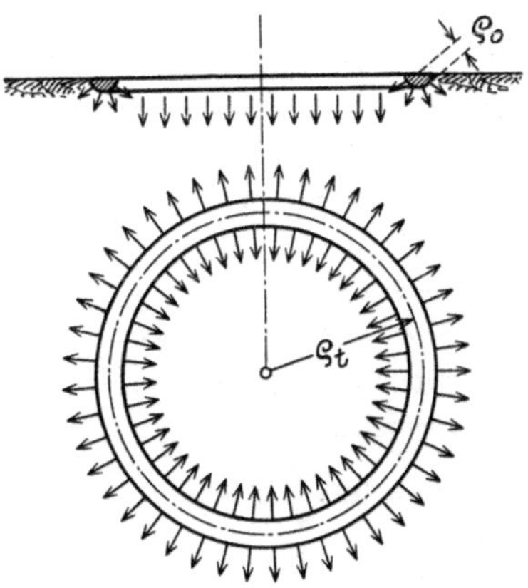

Abb. 17. Schema eines Kreisbanderders.

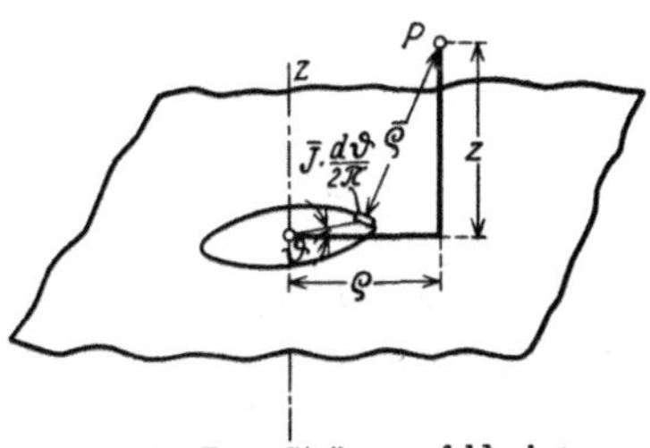

Abb. 18. Zum Strömungsfeld eines Kreisbanderders.

mittels der Spiegelungsmethode geht der Erder in ein Toroid über.

Wir führen Zylinderkoordinaten z, ϱ, ϑ ein; die Ebene $z = 0$ stellt die Erdoberfläche dar, die z-Achse liegt in der Symmetrieachse des Toroides. Dem vom Zentrimittel $d\vartheta$ im Winkelabstand ϑ von einer willkürlich festgesetzten Meridianebene $\vartheta = 0$ ausgeschnittenen Element entquillt aus Symmetriegründen der Elementarstrom

$$d\bar{J} = \frac{\bar{J}}{2\pi} \cdot d\vartheta . \tag{70}$$

Der Aufpunkt P (z, ϱ, o) besitzt von diesem Stromelement nach Abb. 18 die Entfernung

$$\bar{\varrho} = \sqrt{\varrho^2 + \varrho_t^2 - 2\,\varrho\,\varrho_t \cos\vartheta + z^2}\,. \tag{71}$$

Nach (27a) erzeugt also der Strom $\bar{J}$ im Aufpunkt das Potential

$$\varphi = \int_0^{2\pi} \frac{d\,\bar{J}}{4\,\pi\,\varkappa} \cdot \frac{1}{\bar{\varrho}} = \frac{\bar{J}}{4\,\pi\,\varkappa} \cdot \frac{1}{2\,\pi} \cdot \int_0^{2\pi} \frac{d\,\vartheta}{\sqrt{\varrho^2 + \varrho_t^2 - 2\,\varrho\,\varrho_t \cos\vartheta + z^2}}\,. \tag{72}$$

Mit den Substitutionen

$$\vartheta = \pi - 2\,\eta; \quad k = \sqrt{\frac{4\,\varrho\,\varrho_t}{(\varrho + \varrho_t)^2 + z^2}} \tag{73}$$

entsteht aus (72)

$$\varphi = \frac{\bar{J}}{4\,\pi\,\varkappa} \cdot \frac{2}{\pi} \frac{k}{2\sqrt{\varrho\,\varrho_t}} \cdot \int_0^{\frac{\pi}{2}} \frac{d\,\eta}{\sqrt{1 - \varkappa^2 \sin^2\eta}} = \frac{\bar{J}}{4\,\pi\,\varkappa} \frac{2}{\pi} \cdot \frac{k}{2\sqrt{\varrho\,\varrho_t}} \cdot F, \tag{72a}$$

wo F das vollständige elliptische Integral erster Gattung bedeutet; seine Größe ist in Abb. 19 in Abhängigkeit von k dargestellt.

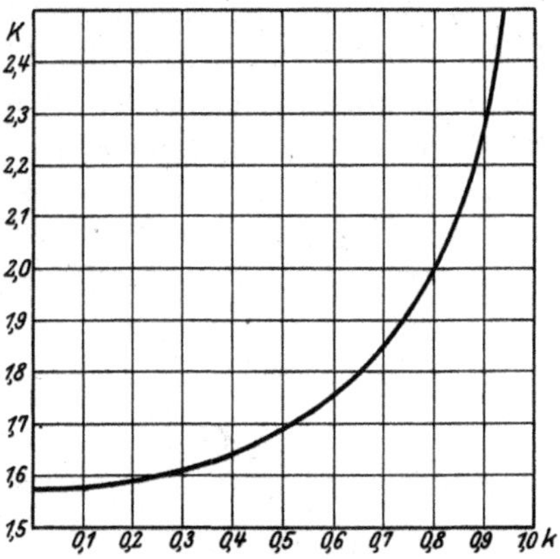

Abb. 19. Das vollständige elliptische Integral. (In der Abb. mit K bezeichnet.)

Zur Berechnung des Erderpotentiales beziehen wir (72a) auf den Oberflächenpunkt $(O, \varrho_t + \varrho_0, O)$ und finden mit Beachtung der Voraussetzung $\varrho_0 \ll \varrho_t$

$$\varphi_0 = \frac{\bar{J}}{4\,\pi\,\varkappa} \cdot \frac{2}{\pi} \cdot \frac{1}{2\,\varrho_t} \cdot F;$$

$$k^2 = \frac{4\,(\varrho_t + \varrho_0)\,\varrho_t}{(2\,\varrho_t + \varrho_0)^2} = 1 - \frac{1}{4}\left(\frac{\varrho_0}{\varrho_t}\right)^2. \tag{72b}$$

Nun gilt für kleine $k' = \sqrt{1 - k^2}$ die Entwicklung

$$F = \ln \cdot \frac{4}{k'} + \cdots, \tag{74}$$

so daß

$$\varphi_0 = \frac{\bar{J}}{4\,\pi\,\varkappa} \cdot \frac{1}{\pi\,\varrho_t} \cdot \ln 8\,\frac{\varrho_t}{\varrho_0} = \frac{J}{2\,\pi\,\varkappa} \cdot \frac{1}{\pi\,\varrho_t} \cdot \ln 8\,\frac{\varrho_t}{\varrho_0}\,. \tag{72c}$$

Der Kreisbanderder besitzt also den Ausbreitungswiderstand

$$R = \frac{\varphi_0}{J} = \frac{1}{2\,\pi\,\varkappa} \cdot \frac{1}{\pi\,\varrho_t} \cdot \ln 8\,\frac{\varrho_t}{\varrho_0}\,. \tag{75}$$

Bedenkt man, daß hierin $\pi\varrho_t$ die halbe Länge l des verlegten Bandes bedeutet, so kann man diese Formel auch schreiben

$$R = \frac{1}{2\,\pi\,\varkappa\,l} \ln \frac{4}{\pi} \cdot \frac{2\,l}{\varrho_0} = \frac{1}{2\,\pi\,\varkappa\,l}\left[\ln \frac{2\,l}{\varrho_0} + \ln \frac{4}{\pi}\right] = \frac{1}{2\,\pi\,\varkappa\,l}\left[\ln \frac{2\,l}{\varrho_0} + 0{,}239\right] \tag{75a}$$

und erkennt durch Vergleich mit dem Ausbreitungswiderstand (65) des gestreckten Bandes, daß der verringerte Raumbedarf durch Zusammenbiegung zu einem Bande mit erhöhtem Ausbreitungswiderstande erkauft werden muß, weil die Stromlinien sich gegenseitig in der freien Ausbreitung behindern. Dieser Nachteil fällt indes um so weniger ins Gewicht, je größer der Toroidhalbmesser gegen den Leiterradius gewählt wird. So ergibt sich für $\varrho_0 = 2$ cm, $l = 200$ cm in mittlerem Erdreich beispielsweise

$$R = \frac{\ln \frac{2 \cdot 200}{2} + 0{,}239}{2\,\pi\,\varkappa \cdot 200} = \frac{10^4\,(5{,}3 + 0{,}239)}{2\,\pi \cdot 200} = 44{,}1\,\Omega\,,$$

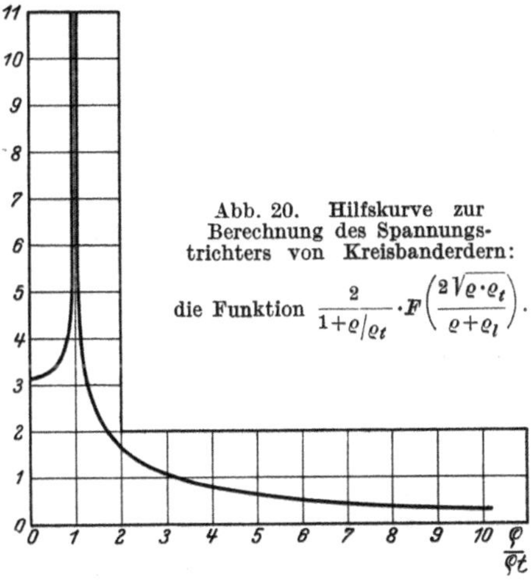

Abb. 20. Hilfskurve zur Berechnung des Spannungstrichters von Kreisbanderdern: die Funktion $\frac{2}{1+\varrho/\varrho_t} \cdot F\left(\frac{2\sqrt{\varrho \cdot \varrho_t}}{\varrho + \varrho_t}\right)$.

also nur 5% mehr als der entsprechende Rechenwert in Nr. 10.

Für $z = 0$ resultiert sogleich aus (72a) der Spannungstrichter (Abb. 20 und 21)

$$\varphi = \frac{J}{2\,\pi\,\varkappa} \cdot \frac{2}{\pi} \cdot \frac{1}{\varrho + \varrho_t} \cdot F; \quad k = \frac{2\sqrt{\varrho\,\varrho_t}}{\varrho + \varrho_t}. \tag{72d}$$

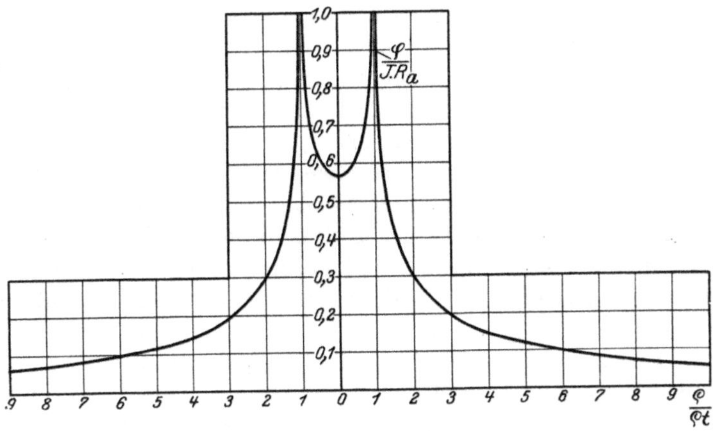

Abb. 21. Spannungstrichter eines Kreisbanderders für $\frac{\pi\,\varrho_t}{\varrho_0} = 100$.

Da meist die Schrittweite s klein gegen ϱ_t ist, kann man die maximale Schrittspannung aus der Entwicklung (74) ermitteln und erhält mit $\varrho_0 \ll s$

$$E_{s\,\max} = (\varphi_{\varrho-\frac{1}{2}s} - \varphi_{\varrho+\frac{1}{2}s})_{\varrho=\varrho_t+\frac{1}{2}s+\varrho_0}$$
$$= \frac{J}{2\pi\varkappa} \cdot \frac{2}{\pi} \cdot \left[\frac{1}{2\varrho_t} \cdot \ln 8\frac{\varrho_t}{\varrho_0} - \frac{1}{2\varrho_t+s} \cdot \ln 8\frac{\varrho_t}{s}\right] = \sim \frac{J}{2\pi\varkappa} \cdot \frac{1}{\pi\varrho_t} \cdot \ln\frac{s}{\varrho_0} \quad (76)$$

in Übereinstimmung mit der maximalen Schrittspannung (67) des Rohrerders gleicher Länge $l = \pi\varrho_t$; daher ergibt die Formel für den Gefahrstrom des Kreisbanderders

$$J_g = \frac{\pi}{20} \cdot \frac{\pi\varrho_t}{d} \cdot \frac{1}{\ln\frac{s}{\varrho_0}} \quad (76\,\text{a})$$

bei gleichen Abmessungen die gleichen Stromwerte wie der Gefahrstrom (67a) des Rohrerders. Für große ϱ nähert sich das elliptische Integral rasch dem Grenzwert $\frac{\pi}{2}$ (vgl. Abb. 19). Man erhält daher aus (72d) sogleich

$$\lim_{\varrho\to\infty} \varphi = \frac{J}{2\pi\varkappa} \cdot \frac{1}{\varrho}, \quad (77)$$

so daß auch für den Kreisbanderder Gl. (44a) die Größe der Gefahrzone angibt. R o h r e r d e r u n d K r e i s b a n d e r d e r sind somit bei g l e i c h e m M a t e r i a l a u f w a n d praktisch g l e i c h w e r t i g.

III. Mehrfacherder im homogenen Erdreich.

13. Grundeigenschaften des Mehrfacherders. Die bisher durchgeführten Rechnungen haben gezeigt, daß einem Erder normaler Abmessungen mit Rücksicht auf die Gefährdung von Lebewesen und die Höhe der Erderleistung nur relativ geringe Ströme zugeführt werden können. Zur Einführung kräftiger Ströme in die Erde ist es daher notwendig, den Strom auf mehrere Erder derart zu verteilen, daß jeder einen ihm angemessenen Strom führt. Die hiernach aus der elektrischen Zusammenfassung mehrerer, räumlich getrennter Erder zu einem einzigen Erder entstehenden Leitersysteme werden dann als M e h r f a c h e r d e r bezeichnet, wenn durch hinreichend starke oberirdische Leitungsverbindungen dafür gesorgt wird, daß im stationären Zustande auf allen Einzelerdern merklich gleiches und konstantes Potential herrscht.

Denkt man sich die Einzelerder in sehr (unendlich) große Entfernung voneinander gebracht, so kann sich jedes Strömungsfeld nach den in Nr. 8—12 geschilderten Gesetzen entwickeln; bezeichnet daher $R_\varkappa$ den hiermit berechneten Ausbreitungswiderstand des $k$ten Erders, so würde der Kombinationswiderstand des aus n Einzelerdern bestehenden Mehrfacherders nach dem Verhalten parallelgeschalteter Widerstände den Wert annehmen

$$\frac{1}{R_\infty} = \sum_{\varkappa-1}^{n} \frac{1}{R_\varkappa}. \quad (78)$$

Sobald indes die Einzelerder endlichen Abstand voneinander besitzen, entwickelt jeder zu einem vorhandenen Erdersystem hinzutretende Erder neue Stromlinien und beschränkt damit den wirksamen Querschnitt für die von den andern Erdern entsandten Stromlinien. Der Verringerung des Ausbreitungswiderstandes durch die Parallelschaltung mehrerer Erder steht somit die Erhöhung des Ausbreitungswiderstandes an jedem Einzelerder gegenüber, so daß der Ausbreitungswiderstand R des Mehrfacherders den Grenzwert (78) stets übersteigt. Das Verhältnis $\frac{R_\infty}{R}$ bildet daher ein Maß für die bei endlichem Geländeaufwand erzielte Annäherung an den Grenzwert (78), der sich bei unbegrenztem Geländeaufwand einstellen würde; wir definieren dieses Verhältnis als Gütegrad des Mehrfacherders

$$\eta = \frac{R_\infty}{R}. \tag{79}$$

Wenn insbesondere sämtliche n Einzelerder gleichen Ausbreitungswiderstand R_0 besitzen, folgt

$$R_\infty = \frac{R_0}{n}; \quad \eta = \frac{R_0}{n \cdot R}. \tag{79a}$$

Zur Berechnung dieses Gütegrades für einen vorgelegten Mehrfacherder muß die Verteilung des gesamten Erderstromes auf die Einzelerder bekannt sein. Der Strom jedes Einzelerders ist maßgebend für das Feld in der unmittelbaren Umgebung des Erders; daher gelten bei hinreichendem Abstand der Einzelerder voneinander mit guter Annäherung die früher entwickelten Formeln der maximalen Schrittspannung und des Gefahrstromes für den Einzelerder. Als Gefahrstrom des Mehrfacherders gilt demnach derjenige Erderstrom, der an einem Einzelerder gerade den Gefahrstrom hervorbringt. Die Größe der Gefahrzone ist nach (27c) bei gegebener Strombelastung des Mehrfacherders ebenso groß wie bei einem Einfacherder; sie ist durch (44a) gegeben. Wir dürfen uns hiernach auf Berechnung des Gütegrades für eine Reihe häufig benutzter Anordnungen beschränken.

14. Einzelerder in großem Abstand. Wir setzen den mittleren Abstand $d_{\varkappa l}$ irgend zweier Einzelerder $\varkappa$ und l eines Mehrfacherders groß gegen ihre linearen Abmessungen voraus. Das Fremdpotential, welches der Erder $\varkappa$ am Ort des Erders l hervorruft, kann dann aus der Quellpunktslösung (27c) entnommen werden

$$\varphi_{l\varkappa} = \frac{J_\varkappa}{2\pi\varkappa} \cdot \frac{1}{d_{\varkappa l}}. \tag{80}$$

Durch Summation über sämtliche Nachbarerder findet sich das gesamte Fremdpotential

$$\varphi_l = \sum{}' \frac{J_\varkappa}{2\pi\varkappa} \cdot \frac{1}{d_{\varkappa l}}, \tag{80a}$$

wo der Apostroph am Summenzeichen verlangt, daß bei der Summation der Index l auszulassen ist.

Zufolge der genannten Voraussetzungen über die Abmessungsverhältnisse ist das Potential (80a) merklich konstant im Bereiche des $l$ten Erders. Man erfüllt daher die Grenzbedingung (21), indem man diesem Fremdpotential das früher für den Einzelerder gefundene Eigenfeld überlagert. Mit Benutzung des nach Nr. 8—12 bekannten Ausbreitungswiderstandes R_l des Einzelerders ist dieses Eigenpotential

$$\varphi_l' = J_l \cdot R_l, \tag{81}$$

so daß sich durch Addition von (80a) und (81) das resultierende Erderpotential ergibt

$$\varphi_{l_0} = J_l \cdot R_l + \sum{}' \frac{J_k}{2\pi\varkappa} \cdot \frac{1}{d_{\varkappa l}} = \varphi_0 \,. \tag{82}$$

Das Fremdpotential (80a) ist in Strenge nicht genau konstant längs der Erderoberfläche; vielmehr ergibt die Überlagerung des Eigenfeldes mit dem Fremdfeld in der Umgebung der Erderoberfläche als Fläche konstanten Potentiales eine von dem gegebenen Erder abweichende Oberflächengestalt, so daß (82) für einen gegenüber der ursprünglichen Form etwas deformierten Erder gilt. Bei Benutzung der Gl. (82) vernachlässigt man also diese Deformation, eine praktisch stets zulässige Vereinfachung.

Indem man in (82) l sämtliche Werte von 1 bis n durchlaufen läßt, entstehen n lineare Gleichungen, die genau zur Berechnung der n Erderströme aus dem Erderpotential φ_0 ausreichen.

Wir führen diese Auswertung zunächst für den wichtigsten Sonderfall des symmetrischen Mehrfacherders durch: Die Einzelerder besitzen unter sich gleichen Ausbreitungswiderstand R_0 und sind auf einem Kreise vom Halbmesser ϱ_m gleichmäßig verteilt. Jeder Einzelerder führt daher den $n$ten Teil des gesamten Erderstromes J

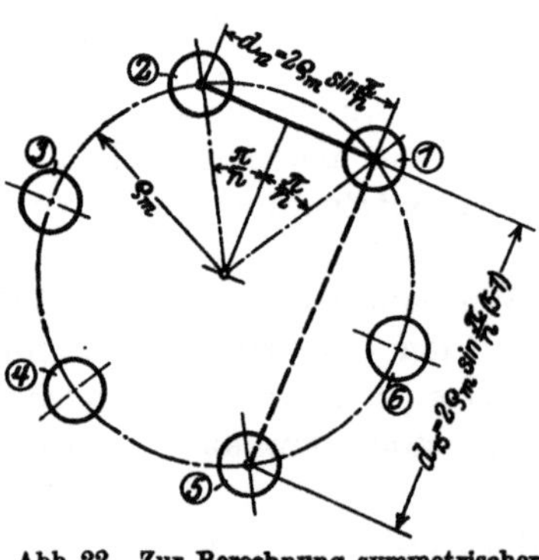

Abb. 22. Zur Berechnung symmetrischer Mehrfacherder.

$$J_\varkappa = \frac{J}{n} \tag{83}$$

und da nach Abbildung 22

$$d_{\varkappa l} = 2\,\varrho_m \cdot \left|\sin\frac{\pi}{n}(k-l)\right|, \tag{84}$$

so ergibt (82)

$$\varphi_0 = \frac{J}{n} \cdot \left(R + \sum_{\varkappa=1}^{n-1} \frac{1}{2\,\pi\varkappa \cdot 2\,\varrho_m \cdot \sin\frac{\pi}{n} \cdot k}\right). \tag{82a}$$

Der resultierende Erderwiderstand berechnet sich also aus

$$R = \frac{R_0}{n} + \frac{1}{2\pi\varkappa\cdot 2\varrho_m}\cdot\frac{1}{n}\cdot\sum_{\varkappa=1}^{n-1}\frac{1}{\sin\frac{\pi}{n}\cdot\varkappa} = R_\infty\left(1+\frac{1}{2\pi\varkappa\cdot 2\varrho_m\cdot R_\infty}f(n)\right), \quad (82\,\mathrm{b})$$

wo $f(n) = \frac{1}{n}\cdot\sum_{\varkappa=1}^{n-1}\frac{1}{\sin\frac{\pi}{n}\cdot\varkappa}$ der folgenden Zahlentafel oder Abb. 23 zu entnehmen ist; hierbei gilt für große $n: f(n) = \sim\frac{2}{\pi}[\ln n + 0{,}12]$

n	2	3	4	5	6	7	8	9	10	15	20
$f(n)$	0,50	0,77	0,96	1,10	1,22	1,32	1,41	1,48	1,55	1,81	1,98

Der Gütegrad eines solchen Erders beträgt nach Gl. (79)

$$\eta = \frac{1}{1+\frac{1}{2\pi\varkappa\cdot 2\varrho_m\cdot R_\infty}\cdot f(n)}. \quad (82\,\mathrm{c})$$

Wegen der symmetrischen Verteilung des Stromes auf die Einzelerder gibt der Gütegrad hier nicht nur die Verschlechterung des Gesamterderwiderstandes gegenüber dem Grenzfall an, sondern er läßt sich auch als Verhältnis des früher berechneten Ausbreitungswiderstandes eines Einzelerders zu seinem im Mehrfacherder resultierenden Ausbreitungswiderstand deuten.

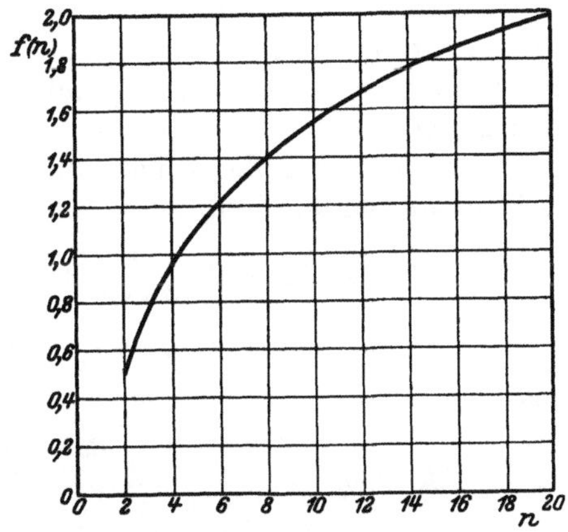

Abb. 23. Hilfskurve zur Berechnung des Gütegrades symmetrischer Mehrfacherder.

Als Beispiel behandeln wir einen in mittlerem Erdreich erstellten Mehrfacherder, der aus 10 gleichmäßig auf einem Kreise mit $\varrho_m = 500$ cm Halbmesser verteilten Rohrerdern mit den Abmessungen $\varrho_0 = 2$ cm, $l = 200$ cm zusammengesetzt ist. Der Ausbreitungswiderstand eines Einzelerders beträgt nach Nr. 10 $R_0 = 42{,}2\,\Omega$; es ist also

$$R_\infty = \frac{42{,}2}{10} = 4{,}22\,\Omega$$

und nach (82c)

$$\eta = \frac{1}{1+\frac{10^4}{2\pi\cdot 2\cdot 500\cdot 4{,}22}\cdot 1{,}55} = \frac{1}{1+0{,}585} = 63\,\%,$$

so daß sich der Erderwiderstand auf

$$R = \frac{R_\infty}{0{,}63} = \frac{4{,}22}{0{,}63} = 6{,}7\ \Omega$$

erhöht. Bei doppeltem Halbmesser des Mehrfacherders, also vierfachem Geländeaufwand, steigt der Gütegrad auf

$$\eta = \frac{1}{1 + \frac{10^4}{2\pi \cdot 2 \cdot 1000 \cdot 4{,}22} \cdot 1{,}55} = \frac{1}{1 + 0{,}293} = 77{,}5\,\%$$

entsprechend einem Erderwiderstand

$$R = \frac{4{,}22}{0{,}775} = 5{,}45\ \Omega .$$

Bei Anwendung normaler Abmessungen büßt man also durch die gegenseitige Beeinflussung der Einzelerder einen recht erheblichen Teil des durch die Parallelschaltung erzielten Vorteiles wieder ein.

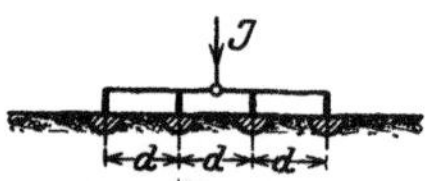

Abb. 24. Mehrfacherder aus vier nebeneinander angeordneten Einzelerdern.

Wenn die Einzelerder nach Abb. 24 in einer Reihe angeordnet werden, verteilt sich der Strom nicht mehr gleichmäßig auf sie. Wir wollen in diesem Fall die Gl. (82) für Einzelerder auswerten, welche unter sich gleichen Ausbreitungswiderstand R_0 besitzen und voneinander um den konstanten Abstand d entfernt sind. Um das Wesentliche zu erkennen, beschränken wir die Rechnung auf einen aus 4 Einzelerdern bestehenden Erder.

Bezeichnen wir die beiden inneren Erder mit dem Index 1, die beiden äußeren mit dem Index 2, so erhalten wir

$$\left.\begin{aligned} \varphi_0 &= J_1 \cdot R_0 + J_1 \cdot \frac{1}{2\pi\varkappa \cdot d} + J_2 \cdot \frac{1}{2\pi\varkappa \cdot d} + J_2 \cdot \frac{1}{2\pi\varkappa \cdot 2d} \\ \varphi_0 &= J_2 \cdot R_0 + J_2 \cdot \frac{1}{2\pi\varkappa\, 3d} + J_1 \cdot \frac{1}{2\pi\varkappa\, d} + J_1 \cdot \frac{1}{2\pi\varkappa\, 2d}, \end{aligned}\right\} \tag{82d}$$

also

$$\left.\begin{aligned} J_1 &= \varphi_0 \cdot \frac{R_0 - \frac{1}{2\pi\varkappa d} \cdot \frac{7}{6}}{\left(R_0 + \frac{1}{2\pi\varkappa d}\right) \cdot \left(R_0 + \frac{1}{2\pi\varkappa \cdot 3d}\right) - \frac{9}{4}\,\frac{1}{(2\pi\varkappa d)^2}} \\ J_2 &= \varphi_0 \cdot \frac{R_0 - \frac{1}{2\pi\varkappa d} \cdot \frac{1}{2}}{\left(R_0 + \frac{1}{2\pi\varkappa d}\right) \cdot \left(R_0 + \frac{1}{2\pi\varkappa \cdot 3d}\right) - \frac{9}{4}\,\frac{1}{(2\pi\varkappa d)^2}} \end{aligned}\right\} \tag{82e}$$

Man erkennt hieraus, daß die äußeren Erder einen größeren Strom führen als die inneren, deren Stromlinien durch jene teilweise abgeschirmt werden; die Erderbelastung wird um so verschiedener, je näher die Erder aneinander rücken. Der gesamte Erderstrom ergibt sich zu

$$J = (J_1 + J_2)\,2 = \varphi_0 \cdot \frac{4\,R_0 - \frac{1}{2\,\pi\,\varkappa\,d} \cdot \frac{10}{3}}{\left(R_0 + \frac{1}{2\,\pi\,\varkappa\,d}\right) \cdot \left(R_0 + \frac{1}{2\,\pi\,\varkappa \cdot 3\,d}\right) - \frac{9}{4} \cdot \frac{1}{(2\,\pi\,\varkappa\,d)^2}} \tag{82f}$$

so daß

$$R = \frac{\left(R_0 + \frac{1}{2\,\pi\,\varkappa\,d}\right)\left(R_0 + \frac{1}{2\,\pi\,\varkappa \cdot 3\,d}\right) - \frac{9}{4} \cdot \frac{1}{(2\,\pi\,\varkappa\,d)^2}}{4\,R_0 - \frac{1}{2\,\pi\,\varkappa\,d} \cdot \frac{10}{3}}$$

$$= R_\infty \cdot \frac{\left(1 + \frac{1}{2\,\pi\,\varkappa\,d\,R_0}\right)\left(1 + \frac{1}{2\,\pi\,\varkappa\,3\,d\,R_0}\right) - \frac{9}{4\,(2\,\pi\,\varkappa\,d\,R)^2}}{1 - \frac{1}{2\,\pi\,\varkappa\,d\,R_0} \cdot \frac{5}{6}} = \frac{R_\infty}{\eta} \tag{82g}$$

resultierenden Erdungswiderstand und Gütegrad bestimmt. Für das früher benutzte Zahlenbeispiel und $d = 300$ cm findet sich

$$R_\infty = \frac{42{,}2}{4} = 10{,}55\ \Omega$$

und

$$\eta = \frac{1 - \frac{10^4}{2\,\pi \cdot 300 \cdot 42{,}2} \cdot \frac{5}{6}}{\left(1 + \frac{10^4}{2\,\pi \cdot 300 \cdot 42{,}2}\right)\left(1 + \frac{10^4}{2\,\pi \cdot 900 \cdot 42{,}2}\right) - \frac{9}{4}\left(\frac{10^4}{2\,\pi \cdot 300 \cdot 42{,}2}\right)^2}$$

$$= \frac{1 - 0{,}105}{1{,}126 \cdot 1{,}042 - 0{,}0355} = 79\,\%.$$

Hierbei herrscht nach (82e) ein Stromverhältnis

$$\frac{J_1}{J_2} = \frac{42{,}2 - \frac{10^4}{2\,\pi \cdot 300} \cdot \frac{7}{6}}{42{,}2 - \frac{10^4}{2\,\pi \cdot 300} \cdot \frac{1}{2}} = \frac{36{,}0}{39{,}6} = 0{,}91,$$

so daß auf die inneren Erder je 23,8 %, auf die äußeren je 26,2 % des Gesamtstromes entfällt.

Die hier entwickelte Methode kann stets angewandt werden, wenn die Einzelerder nahezu halbkugelförmige Gestalt besitzen; sie versagt für Rohrerder und Banderder, wenn die Einzelerder sehr nahe benachbart liegen, weil dann die Berechnung des an jedem Erder wirksamen Fremdpotentiales als Summe von Quellpunktspotentialen gemäß (81) nicht mehr zulässig ist. Um auch diese Aufgabe in einfacher Form zu lösen, benutzen wir die

15. Hilfsmittel aus der Theorie des ebenen Potentiales. Ein Potentialfeld heißt in einem rechtwinkligen Koordinatensystem x, y, z eben, wenn es von einer Koordinate, z. B. z, unabhängig ist. Die Differentialgleichung des ebenen Potentiales entsteht also aus (10) durch Streichen der Potentialableitung nach z

$$\frac{\partial^2 \varphi}{\partial x^2} + \frac{\partial^2 \varphi}{\partial y^2} = 0 \tag{85}$$

Die Existenz eines ebenen Potentiales ist an Stromquellen geknüpft, welche längs der z-Richtung gleichmäßig verteilt sind; dem Quellpunktspotential (25a) des räumlichen Feldes entspricht daher ein Quelllinienpotential des ebenen Feldes.

Wir beschreiben die Stärke der Stromquelle durch den pro Längeneinheit erzeugten Strom i, die Liniendichte der Quelle. Da das Potential von der z-Koordinate unabhängig ist, besitzt das Feld keinerlei Komponente in z-Richtung; die Ebenen z = konst werden von Stromlinien erfüllt, die Flächen gleichen Potentiales sind im allseitig unbegrenzten, homogenen Medium zur Quellinie konzentrische Zylinder. Durch die Längeneinheit einer solchen Fläche vom Halbmesser ϱ treten die von i erzeugten Stromlinien aus Symmetriegründen gleichmäßig hindurch; es ergibt sich daher ihre Dichte

$$\mathfrak{i} = \frac{i}{2\pi\varrho} \tag{86}$$

und also das Feld

$$\mathfrak{E} = \frac{i}{2\pi\varkappa\varrho}. \tag{86a}$$

Durch Integration finden wir das Potential der Quellinien

$$\varphi = -\frac{i}{2\pi\varkappa}\cdot\ln\varrho. \tag{87}$$

Es unterscheidet sich von dem Quellpunktspotential (25a) wesentlich dadurch, daß es im Unendlichen nicht verschwindet, sondern (logarithmisch) negativ unendlich wird; man muß daher, um ein physikalisch realisierbares Feld zu erhalten, das Feld durch einen leitenden Zylinder von beliebig großem, aber endlichem Radius nach außen abschließen.

Eine viel allgemeinere Lösung der Gleichung (85) läßt sich aus den Eigenschaften einer komplexen Funktion $w \equiv u + jv$ des komplexen Argumentes[1] $z \equiv x + jy$ ableiten

$$w \equiv u + jv = f(z) \equiv f(x + jy) \tag{88}$$

Die Differentiation nach $dz = dx$ und $dz = j\,dy$ ergibt

$$\frac{\partial w}{\partial z} = \frac{\partial u}{\partial x} + j\frac{\partial v}{\partial x} = -j\frac{\partial u}{\partial y} + \frac{\partial v}{\partial y}, \tag{88a}$$

da der Differentialquotient eindeutig sein muß; diese Bedingung der analytischen Funktion zieht durch Vergleich von Real- und Imaginärteil in (88a) die Cauchy-Riemannschen Gleichungen nach sich

$$\frac{\partial u}{\partial x} = \frac{\partial v}{\partial y}; \qquad \frac{\partial v}{\partial x} = -\frac{\partial u}{\partial y} \tag{88b}$$

oder

$$\frac{\partial^2 u}{\partial x^2} + \frac{\partial^2 u}{\partial y^2} = 0; \qquad \frac{\partial^2 v}{\partial x^2} + \frac{\partial^2 v}{\partial y^2} = 0. \tag{88c}$$

[1]) z ist natürlich nicht mit der oben benutzten Koordinate des rechtwinkligen, räumlichen Koordinatensystemes zu verwechseln!

Real- und Imaginärteil einer beliebigen komplexen analytischen Funktion sind also, wie aus dem Vergleich mit (85) hervorgeht, Lösungen der Differentialgleichung des ebenen Potentiales.

16. Mehrfacherder in geringem Abstande. Um die Einzelerder eines Mehrfacherders in einen gegen ihre Abmessungen kleinen Abstand zu bringen, muß man Rohre oder Bänder als Erdungselement verwenden; auf sie ist die folgende Untersuchung beschränkt.

Die in Nrn. 10, 11, 12 durchgeführten Rechnungen haben gezeigt, daß das Potential dieser Erder senkrecht zur Längserstreckung von der Erderoberfläche aus zunächst logarithmisch abfällt, um sich mit wachsendem Abstand vom Erder dem Quellpunktspotentiale (27c) zu nähern. Das ebene Potential (87) beschreibt also — nach Hinzufügung einer geeigneten Additionskonstanten — das in der Erderumgebung wirksame Feld.

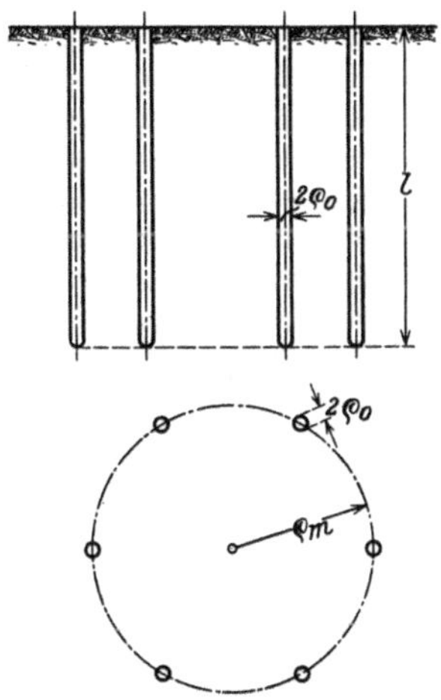

Abb. 25. Symmetrischer Mehrfacherder.

Wir machen von diesem Satze Gebrauch, um einen symmetrischen Mehrfacherder nach Abb. 25 zu berechnen; dieser bestehe aus n gleichen Rohren vom Halbmesser ϱ_0 und der Länge $l \gg \varrho_0$, welche auf einem Kreise vom Halbmesser $\varrho_m < l$ verteilt sind.

Sei $z_\varkappa$ die (komplexe) Achsenkoordinate des $\varkappa$ten Rohres, so lautet sein Feld (87) in komplexer Schreibweise (88), da $|z - z_\varkappa| = \varrho$

$$\varphi = \frac{i}{2\pi\varkappa} \Re \ln (z - z_\varkappa) \tag{89}$$

und also das Potential aller Erder

$$\varphi = \frac{i}{2\pi\varkappa} \Re \sum_{\varkappa=1}^{n} \ln (z - z_\varkappa) \cdots =$$

$$= \frac{i}{2\pi\varkappa} \cdot \Re \ln (z - z_1)(z - z_2) \cdots (z - z_n). \tag{89a}$$

Hierbei sind die $z_\varkappa$, wenn der Koordinatenursprung in das Zentrum der ganzen Anordnung gelegt wird, durch die Kreisteilungsgleichung gegeben

$$z^n = \varrho_m^n, \tag{90}$$

so daß aus (89a) entsteht

$$\varphi = \frac{i}{2\pi\varkappa} \cdot \Re \ln (z^n - \varrho_m^n) \equiv \frac{i \cdot n}{2\pi\varkappa} \cdot \Re \ln \sqrt[n]{(z^n - \varrho_m^n)}. \tag{89b}$$

Mit $z = \varrho_m + \varrho_0$, $\varrho_0 \ll \varrho_m$ ergibt sich das Erderpotential

$$\varphi_0 = \frac{i\,n}{2\pi\varkappa}\cdot\ln\sqrt[n]{n\,\varrho_m^{n-1}\cdot\varrho_0} = \frac{i\,n}{2\pi\varkappa}\cdot\ln\varrho_m\cdot\sqrt[n]{n\frac{\varrho_0}{\varrho_m}}. \tag{89c}$$

Nun ist $i\cdot n$ der Strom, der dem Längenelement des Mehrfacherders entquillt. Er würde auf einem Rohr vom Halbmesser ϱ_w, welches allein als Erder wirkt, nach (89) das Potential erzeugen

$$\varphi_0' = \frac{i\,n}{2\pi\varkappa}\ln\varrho_w. \tag{89d}$$

Wählt man

$$\varrho_w = \sqrt[n]{n\,\varrho_m^{n-1}\cdot\varrho_0} = \varrho_m\cdot\sqrt[n]{n\frac{\varrho_0}{\varrho_m}}, \tag{91}$$

so werden die Potentiale (89c) und (89d) auf der Erderoberfläche identisch. Da sie für großes z ebenfalls ineinander übergehen, kann man an Stelle des Mehrfacherders einen einzigen Rohrerder mit dem durch (91) bestimmten Ersatzhalbmesser substituieren. Mit Benutzung dieses Begriffes erhält man aus (65) sogleich den Ausbreitungswiderstand des Mehrfacherders

$$R = \frac{\ln\frac{2l}{\varrho_w}}{2\pi\varkappa l} = \frac{\ln\frac{2l}{\varrho_m\sqrt[n]{n\frac{\varrho_0}{\varrho_m}}}}{2\pi\varkappa l}. \tag{92}$$

Da nach (65)

$$R_\infty = \frac{\frac{1}{n}\cdot\ln\frac{2l}{\varrho_0}}{2\pi\varkappa l}, \tag{93}$$

so ergibt sich der Gütegrad

$$\eta = \frac{R_\infty}{R} = \frac{\ln\frac{2l}{\varrho_0}}{n\ln\frac{2l}{\varrho_m\sqrt[n]{n\frac{\varrho_0}{\varrho_m}}}} = \frac{\ln\frac{2l}{\varrho_0}}{n\ln\frac{2l}{\varrho_m} - \ln n\frac{\varrho_0}{\varrho_m}} \tag{93a}$$

Für einen aus 10 Rohren vom Halbmesser $\varrho_0 = 2$ cm und der Länge $l = 200$ cm erstellten Erder, welche längs eines Kreises vom Radius $\varrho_m = 100$ cm verteilt sind, ergibt sich nach Nr. 10

$$R_\infty = \frac{42{,}2}{10} = 4{,}22\ \Omega.$$

Der Gütegrad berechnet sich aus (93a)

$$\eta = \frac{\ln\frac{2\cdot 200}{2}}{10\cdot\ln\frac{2\cdot 200}{100} - \ln 10\cdot\frac{2}{100}} = \frac{5{,}3}{10\cdot 1{,}39 + 1{,}61} = 34{,}2\,\%,$$

so daß der Erderwiderstand auf

$$R = \frac{4{,}22}{0{,}342} = 12{,}3\ \Omega$$

ansteigt. Um den Gültigkeitsbereich der Formel (93a) zu prüfen, untersuchen wir einen gleichen Erder, bei welchem aber die Rohre auf einem Kreise vom Radius $\varrho_m = 200$ cm angeordnet sind:

$$\eta = \frac{\ln\frac{2\cdot 200}{2}}{10\cdot\ln\cdot\frac{2\cdot 200}{100} - \ln 10\cdot\frac{2}{200}} = \frac{5{,}3}{10\cdot 0{,}694 + 2{,}3} = 57{,}4\,\%$$

während die für Einzelerder in großem Abstand hergeleitete Gl. (82c) für den gleichen Fall

$$\eta = \frac{1}{1 + \frac{10^4}{2\,\pi\cdot 400\cdot 4{,}22}\cdot 1{,}55} = \frac{1}{1+1{,}46} = 40{,}6\,\%$$

liefert. Da hier weder die Voraussetzung großen, noch die kleinen Abstandes der Einzelerder erfüllt ist, muß man sich mit dem Mittelwert $\eta = \sim 48\,\%$ begnügen; die hiermit erzielte Genauigkeit reicht indes für alle praktisch vorkommenden Zwecke völlig aus.

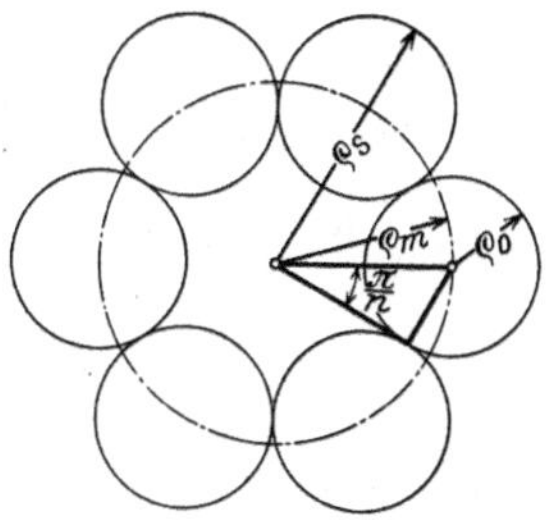

Abb. 26. Zum Ersatzhalbmesser eines Seiles.

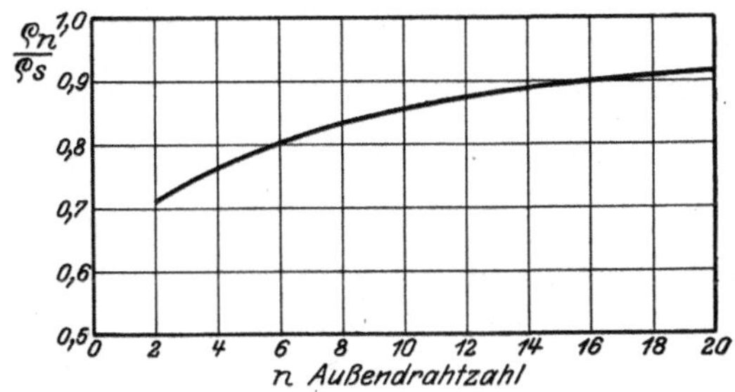

Abb. 27. Zur Berechnung des wirksamen Halbmessers für ein Seil.

Wir bestimmen mittels Gl. (91) den Ersatzhalbmesser eines Seiles mit n Außendrähten nach Abb. 26, wie es zur Herstellung von Banderdern häufig benutzt wird. Hier ist

$$\varrho_0 = \varrho_m \cdot \sin\frac{\pi}{n} \tag{94}$$

und also

$$\varrho_w = \varrho_m \cdot \sqrt[n]{n \sin\frac{\pi}{n}} = \varrho_s \cdot \frac{\sqrt[n]{n\sin\frac{\pi}{n}}}{1 + \sin\frac{\pi}{n}}, \tag{91a}$$

wo der Seilhalbmesser $\varrho_1 = \varrho_m + \varrho_0$ eingeführt ist. In Abb. 27 ist der hierdurch vermittelte Zusammenhang zwischen dem Ersatzhalbmesser und dem Seilhalbmesser als Funktion der längs des Umfanges verlegten Drahtzahl gemäß der Zahlentafel wiedergegeben

n	2	3	4	5	6	7	8	9	10	15	20
ϱ_w/ϱ_s	0,707	0,738	0,761	0,782	0,800	0,819	0,831	0,845	0,856	0,894	0,916

Um die Wirkungsweise eines Mehrfacherders zu übersehen, bei welchem gleichartige Rohre in einer Reihe nebeneinander eingeschlagen sind, behandeln wir den Grenzfall so dicht gesetzter Rohre, daß ihre Gesamtheit nahezu eine ebene Platte nach Abb. 28 darstellt. Wir erhalten hiermit zugleich das mittels der Spiegelungsmethode symmetrisch ergänzte Feld eines Mehrfacherders, dessen Einzelerder dicht nebeneinander längs der Erdoberfläche verlegt sind.

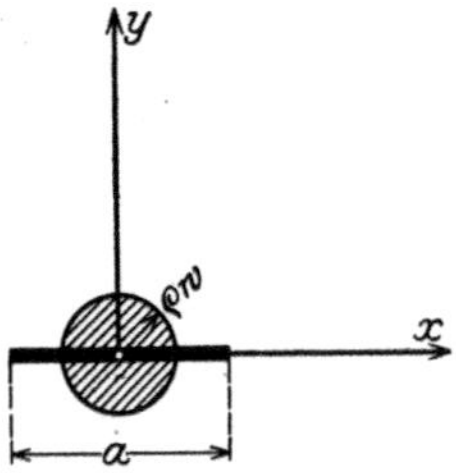

Abb. 28. Ebene Platte und ihr Ersatzhalbmesser.

Über allgemeinere Anordnungen von Mehrfacherdern vgl. Nr. 50.

17. Der Ersatzhalbmesser einer ebenen Platte. Auf der nach Abb. 28 in der Realachse gelegenen ebenen Platte der Länge a besitzt die durch

$$z = \frac{a}{2} \sin j\,w \tag{95}$$

bestimmte Funktion w einen konstanten Realteil. Denn aus (95) folgt

$$\frac{a}{2} \sin j\,w = \frac{a}{2} \sin (j\,u - v) = \frac{a}{2} (-\,j\,\mathfrak{Sin}\,u \cos v + \mathfrak{Cos}\,u \sin v)$$

$$= x + j\,y\,, \tag{95a}$$

also nimmt u auf den Ellipsen

$$\frac{x^2}{\left(\frac{a}{2}\right)^2 \mathfrak{Cos}^2 u} + \frac{y^2}{\left(\frac{a}{2}\right)^2 \cdot \mathfrak{Sin}^2 u} = 1$$

konstante Werte an; insbesondere ergibt sich für $u = 0$ die ebene Platte als Grenzfall einer Ellipse, deren große Halbachse gleich $\frac{a}{2}$, deren kleine gleich Null ist.

Für sehr große $|z|$ gilt

$$\lim_{|z|\to\infty} \frac{a}{2} \sin j\,w = \frac{a}{2} \lim_{|z|\to\infty} \frac{e^{j\,(j\,w)} - e^{-j\,(j\,w)}}{2\,j} = \frac{a}{4}\,j\,e^{w} \tag{95b}$$

und es entsteht aus (95)

$$\lim_{|z|\to\infty} w = \ln z \cdot \frac{4}{a} \cdot \frac{1}{j} = \ln z - \ln \frac{a}{4} - \ln j\,. \tag{95c}$$

Die Funktion

$$u = \mathfrak{Re}\,(w) = \mathfrak{Re}\left\{-\left(-\,j \arcsin \frac{2\,z}{a} + \ln \frac{a}{4} + \ln j\right)\right\} \frac{i}{2\,\pi\,\varkappa} \tag{95d}$$

erfüllt also einerseits die auf der Platte herrschenden Grenzbedingungen (21) und geht anderseits mit wachsendem $|z|$ in das Quellinienpotential (87) über. Für $z = \frac{a}{2}$ erhält man somit das Erderpotential

$$\varphi_0 = u_{z=\frac{a}{2}} = -\frac{i}{2\pi\varkappa}\cdot\ln\frac{a}{4}. \tag{95e}$$

Nach (87) würde sich das gleiche Potential auf einem runden Erder einstellen, dessen Ersatzhalbmesser ϱ_w man aus

$$\ln\frac{a}{4} = \ln\varrho_w\,; \qquad \varrho_w = \frac{a}{4} \tag{96}$$

bestimmt. Der Ersatzhalbmesser einer Platte ist also gleich dem vierten Teil der Plattenbreite, vgl. Abb. 28. Dieses Ergebnis führt jetzt die Berechnung von Erdern, die aus Flachband hergestellt sind, auf die in Nr. 10—12 behandelten Fälle zurück, indem man den vierten Teil der Flachbandbreite als wirksamen Runddrahthalbmesser einsetzt.

Für einen Mehrfacherder nach Abb. 29 erhält man mit Benutzung von (96) den Ausbreitungswiderstand näherungsweise zu

$$R = \frac{\ln\frac{2l}{a/4}}{2\pi\varkappa l} = \frac{\ln\frac{8l}{a}}{2\pi\varkappa l}, \tag{97}$$

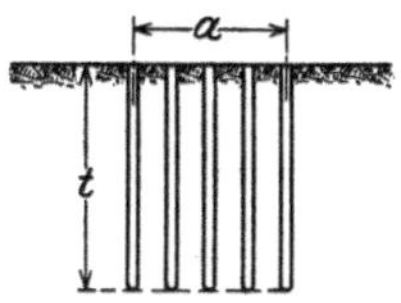

Abb. 29. Mehrfacherder mit dicht nebeneinander eingeschlagenen Rohren.

so daß der Gütegrad eines solchen Erders beträgt

$$\eta = \frac{\ln\frac{2l}{\varrho_0}}{n\ln\frac{8l}{a}}. \tag{97a}$$

Beispielsweise ergeben 10 Rohre ($\varrho_0 = 2$ cm, $l = 200$ cm), welche längs einer Strecke von $a = 1$ m dicht nebeneinander eingeschlagen sind, mit Benutzung der Werte der Nr. 10

$$R_\infty = \frac{42{,}2}{10} = 4{,}22\ \Omega\,; \qquad \eta = \frac{\ln\frac{2\cdot 200}{2}}{10\cdot\ln\frac{8\cdot 200}{100}} = \frac{5{,}30}{10\cdot 2{,}78} = 19\,\%,$$

also einen Widerstand von

$$R = \frac{4{,}22}{0{,}19} = 22{,}2\ \Omega$$

rund die Hälfte eines Einzelerders; würde man a auf 600 cm vergrößern, so erhöht sich der Gütegrad beträchtlich auf

$$\eta = \frac{\ln\frac{2\cdot 200}{2}}{10\cdot\ln\frac{8\cdot 200}{600}} = \frac{5{,}30}{10\cdot 1{,}04} = 51\,\%,$$

so daß dieser Erder, wie zu erwarten, etwas günstiger ist als die Anordnung auf einem gleich großen Kreisumfang (vgl. den vorigen Abschnitt).

Der geringe Gütegrad eines aus dicht zusammengelegten Rohren oder Bändern bestehenden Mehrfacherders rührt von der überaus geringen Beteiligung der mittelsten Einzelerder an der gesamten Überleitung des Stromes in die Erde her. Um hierfür ein quantitatives Maß zu gewinnen, berechnen wir einen Erder nach Abb. 30, bei welchem die mittleren Rohre innerhalb einer Strecke $d < a$ ausgelassen sind. Bei hinreichender Einschlagdichte der Rohre kann man das System zunächst durch zwei Platten annähern, welche je die Länge

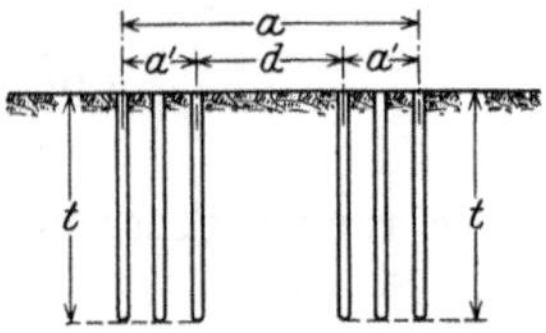

Abb. 30. Mehrfacherder, mittelste Rohre entfernt.

$$a' = \frac{1}{2}(a - d) \tag{98}$$

aufweisen, und diese lassen sich nach (96) durch zwei Rohre vom Halbmesser

$$\varrho_w = \frac{1}{4} a' = \frac{a - d}{8} \tag{98a}$$

ersetzen, welche um

$$d' = a - a' = \frac{1}{2}(a + d) \tag{98b}$$

voneinander entfernt sind. Endlich gestatten diese beiden Ersatzrohre nach (91) die Zusammenfassung zu einem einzigen, dessen Ersatzhalbmesser

$$\bar{\varrho}_w = \frac{d'}{2} \cdot \sqrt[2]{2 \cdot \frac{\varrho_w}{\frac{1}{2} d'}} = \sqrt[2]{d' \varrho_w} = \frac{1}{4} \sqrt{a^2 - d^2} \tag{98c}$$

beträgt. Der Gütegrad eines solchen Erders ist

$$\eta = \frac{\ln \frac{2l}{\varrho_0}}{n \cdot \ln \frac{2l}{\bar{\varrho}_w}} = \frac{\ln \frac{2l}{\varrho_0}}{n \cdot \ln \frac{8l}{\sqrt{a^2 - d^2}}}.$$

Für den oben genannten Erder erhält man nach Entfernung der mittelsten 4 Stäbe ($n = 10 - 4 = 6$, $a = 100$ cm, $d = 3 \,.\, 11{,}1 = 33{,}3$ cm)

$$R_\infty = \frac{42{,}2}{6} = 7{,}05\ \Omega; \qquad \eta = \frac{\ln \frac{2 \cdot 200}{2}}{6 \cdot \ln \frac{8 \cdot 200}{\sqrt{100^2 - 33^2}}} = \frac{5{,}3}{6 \cdot 2{,}82} = 31{,}3\,\%,$$

so daß

$$R = \frac{7{,}05}{0{,}313} = 22{,}5\ \Omega.$$

Durch Vergleich mit der entsprechenden Rechnung des vorigen Abschnittes erkennt man, daß in der Tat der Widerstand trotz Entfernung der vier Rohre nur ganz unwesentlich gewachsen ist; die mittelsten Rohre können demnach ohne merklichen Schaden für den Mehrfacherder fortgelassen werden.

Eine ähnliche Überlegung zeigt die Verteilung des Stromes eines Kreisplattenerders (Nr. 9) über die zur Verfügung stehende Oberfläche hin. Schneidet man aus einer Scheibe vom Halbmesser ϱ_0 eine konzentrische Scheibe vom Halbmesser ϱ_1 heraus, so besitzt der übrigbleibende Ring die Breite

$$a = \varrho_0 - \varrho_1 \tag{99}$$

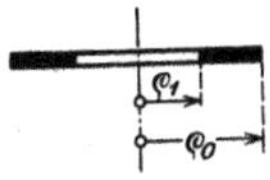

Abb. 31. Ringförmiger Plattenerder.

und den mittleren Halbmesser (Abb. 31)

$$\varrho_m = \frac{\varrho_0 + \varrho_1}{2} \tag{99a}$$

Ersatz des Bandes durch einen Runddraht vom Halbmesser

$$\varrho_w = \frac{a}{4} = \frac{\varrho_0 - \varrho_1}{4} \tag{99b}$$

gestattet sogleich zur angenäherten Berechnung des Ring-Ausbreitungswiderstandes die Anwendung der Gl. (75)

$$R_r = \sim \frac{1}{2\pi\varkappa} \cdot \frac{2}{\pi(\varrho_0 + \varrho_1)} \ln 8 \cdot \frac{\frac{\varrho_0 + \varrho_1}{2}}{\frac{\varrho_0 - \varrho_1}{4}} = \frac{1}{2\pi\varkappa} \cdot \frac{2}{\varrho_0 + \varrho_1} \cdot \ln 16 \frac{\varrho_0 + \varrho_1}{\varrho_0 - \varrho_1} \tag{100}$$

Durch Einführung von (54a) erhält man den Ringwiderstand relativ zum Kreisscheibenwiderstand

$$\frac{R_r}{R} = \sim \frac{2}{\pi^2} \cdot \frac{2}{1 + \frac{\varrho_1}{\varrho_0}} \cdot \ln 16 \frac{1 + \varrho_1/\varrho_0}{1 - \varrho_1/\varrho_0} . \tag{100a}$$

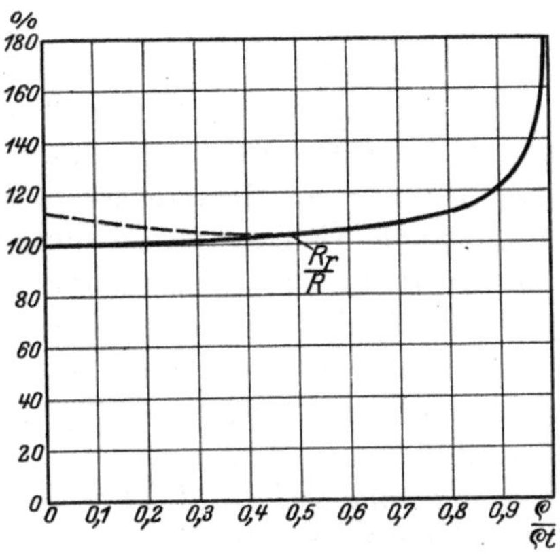

Abb. 32. Ausnutzung eines ringförmigen Plattenerders nach Abb. 31.

Diese Beziehung ist in Abb. 32 dargestellt, wobei zu beachten ist, daß sie für kleine ϱ_1 naturgemäß ungültig wird; in diesem Bereiche ist daher die gezeichnete Kurve graphisch extrapoliert. Man erkennt hieraus, daß die mittleren Flächenteile außerordentlich wenig zur gesamten Überleitung des Stromes in das Erdreich beitragen; diese ist vielmehr auf die Randzonen beschränkt. Dieses Ergebnis läßt sich auf Mehrfacherder anwenden, bei welchen die Einzelerder über eine große Fläche hin verteilt sind: Die im Zentrum der Fläche befindlichen Einzelerder sind von sehr geringer Wirksamkeit. Man sieht daher besser von der Ausfüllung der gesamten Fläche ab und versieht lediglich die Randzone mit Erdern, welche dann ringartig oder linienartig angeordnet werden.

IV. Tiefenerder im homogenen Erdreich.

18. Aufgabe der Tiefenerder. Unter Tiefenerdern versteht man Erder, deren Berührungsfläche mit dem Erdreich vollständig unter der Erdoberfläche liegt. Dieser Definition zufolge muß man eine Berührung der Erderzuleitungen mit der Erde ausschließen: Diese sind isoliert durch das Erdreich bis zum Erder zu führen, so daß sich die grundsätzliche Konstruktion eines Tiefenerders nach Abb. 33 ergibt.

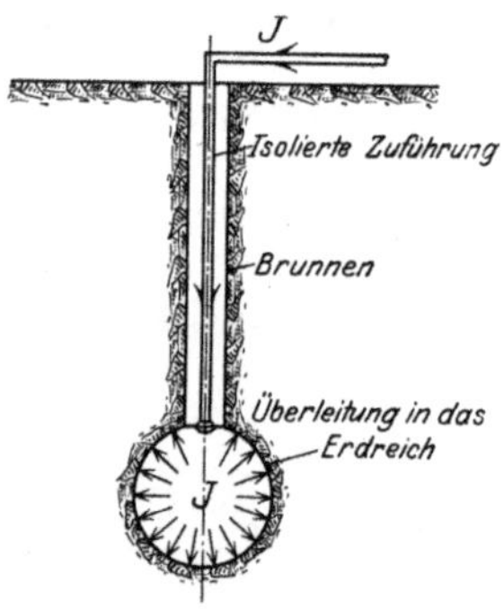

Abb. 33. Grundsätzliche Konstruktion eines Tiefenerders.

Während die Mehrfacherder zur Herstellung eines möglichst niedrigen Ausbreitungswiderstandes dienen, ohne daß man mit ihrer Hilfe Gefahrstrom und Gefahrzone wirksam vergrößern kann, sollen die Tiefenerder vornehmlich das Feld an der Erdoberfläche tunlichst herabsetzen, um so bei festgehaltenen Größen des Gefahrstromes und der Gefahrzone die zulässige Strombelastung des Erders zu erhöhen.

Nach symmetrischer Ergänzung des Strömungsfeldes mittels der Spiegelungsmethode erhält man als gleichwertiges System einen Erder mit zwei spiegelbildlich zur Erdoberfläche gelegenen Stromsystemen. Der Ausbreitungswiderstand eines Tiefenerders kann hiernach aus den Gesetzen des Mehrfacherders hergeleitet werden; das definierende Merkmal der Tiefenerder gegenüber den Mehrfacherdern ist vielmehr die Gestalt des Spannungstrichters. Während bei den bisher behandelten, an der Erdoberfläche angeordneten Erdern das Maximum der Schrittspannung in der unmittelbaren Nähe des Erders auftrat, bleibt jetzt das Spannungsgefälle in der Erderumgebung ohne Einfluß auf den Spannungstrichter; die höchste Schrittspannung tritt in einiger Entfernung vom Erder auf. Der Körperwiderstand eines Menschen, der von dem Felde eines Tiefenerders gefährdet ist, setzt sich daher unter den Annahmen der Nr. 6 stets aus dem Ausbreitungswiderstand beider Füße zusammen; der Gefahrstrom eines Tiefenerders steigt somit unter sonst gleichen Umständen auf das Doppelte des Gefahrstromes eines an der Erdoberfläche befindlichen Erders; darüber hinaus wächst er mit zunehmender Eingrabtiefe des Erders infolge der immer größer werdenden Entfernung vom Erder an.

19. Tiefenerder in großer Eingrabtiefe. Wir setzen eine gegen die linearen Erderabmessungen große Eingrabtiefe t (vgl. Nr. 14) voraus; zur Berechnung des Ausbreitungswiderstandes können wir dann die Gl. (82b, 82c) heranziehen und erhalten mit $n = 2$, $\varrho_m = t$

$$R = \frac{R_0}{2}\left(1 + \frac{1}{2\pi\varkappa \cdot 2t \cdot R_0}\right). \tag{101}$$

Hierin bedeutet R_0 den früher berechneten Ausbreitungswiderstand des an der Erdoberfläche befindlichen Erders, wobei dieser sowohl als Einfacherder wie als Mehrfacherder ausgeführt sein kann.

Um den Spannungstrichter darzustellen, verbinden wir den Erder mit seinem Spiegelbilde und zählen auf der Erdoberfläche die radialen Entfernungen ϱ von dieser Achse. Die Entfernung eines Aufpunktes der Erdoberfläche von Erder und Spiegelbild ist dann

$$\bar{\varrho} = \sqrt{t^2 + \varrho^2}. \tag{102}$$

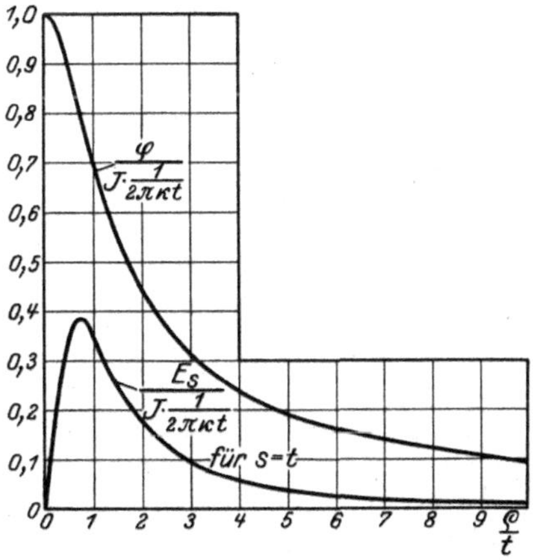

Abb. 34. Spannungstrichter und Schrittspannung eines Tiefenerders für $s = t$. Für $s \neq t$ sind die Werte der Schrittspannung mit dem Verhältnis $s:t$ zu multiplizieren.

Mit Rücksicht auf (27b) ergibt sich der Spannungstrichter als Summe des vom Erder und von seinem Spiegelbild herrührenden Quellpunktspotentiales (Abb. 34)

$$\varphi = 2 \cdot \frac{J}{4\pi\varkappa} \cdot \frac{1}{\bar{\varrho}} = \frac{J}{2\pi\varkappa} \cdot \frac{1}{\sqrt{t^2 + \varrho^2}}. \tag{103}$$

Innerhalb der hier benutzten Näherung können wir die Schrittspannung als Produkt der Feldstärke mit der Schrittweite darstellen

$$E_s = -s \cdot \frac{\partial \varphi}{\partial \varrho} = \frac{J}{2\pi\varkappa} \cdot \frac{s \cdot \varrho}{(t^2 + \varrho^2)^{3/2}}. \tag{103a}$$

Sie verschwindet nach Abb. 34 für $\varrho = 0$ und $\varrho \to \infty$ und erreicht ein Maximum an dem durch

$$\frac{\partial E_s}{\partial \varrho} = \frac{J}{2\pi\varkappa} \cdot s\left(\frac{(t^2 + \varrho^2)^{3/2} - 3\varrho^2 (t^2 + \varrho^2)^{1/2}}{(t^2 + \varrho^2)^3}\right) = 0; \qquad \varrho_g = \frac{t}{\sqrt{2}} \tag{103b}$$

bestimmten Orte:

$$E_{s_{\max}} = \frac{J}{2\pi\varkappa} \cdot \frac{2\sqrt{2}}{3 \cdot \sqrt{3}} \cdot \frac{s}{t^2}, \tag{103c}$$

Ihr Verlauf weicht daher in der Tat von dem Verlauf der Schrittspannung eines Oberflächenerders völlig ab. Der höchste Körperstrom beträgt

$$i_{\max} = \frac{E_{s\max}}{2r} = \frac{J}{2\pi\varkappa}\cdot\frac{2\sqrt{2}}{3\cdot\sqrt{3}}\cdot\frac{s}{t^2}\cdot 4\varkappa d = \frac{J}{\pi}\cdot\frac{4\sqrt{2}}{3\cdot\sqrt{3}}\cdot\frac{s\,d}{t^2}. \tag{103d}$$

Mit (30) errechnet sich der Gefahrstrom des Tiefenerders

$$J_g = \frac{\pi}{20}\cdot\frac{3\cdot\sqrt{3}}{4\sqrt{2}}\cdot\frac{t^2}{s\cdot d}. \tag{103e}$$

Beispielsweise ist für $t = 10$ m, $s = 1$ m und $d = 20$ cm $= 0{,}2$ m

$$J_g = \frac{\pi}{20}\cdot\frac{3\cdot\sqrt{3}}{4\sqrt{2}}\cdot\frac{100}{1\cdot 0{,}2} = 72 \text{ Amp.}$$

die in der Entfernung

$$\varrho_g = \frac{10}{\sqrt{2}} = 7{,}07 \text{ m}$$

lebensgefährlich wird. Der Gefahrstrom eines Tiefenerders ist also in der Tat viel größer als der Gefahrstrom eines an der Erdoberfläche angeordneten Erders, und dieser Erfolg des Eingrabens wächst nach (103c) quadratisch mit der Eingrabtiefe an.

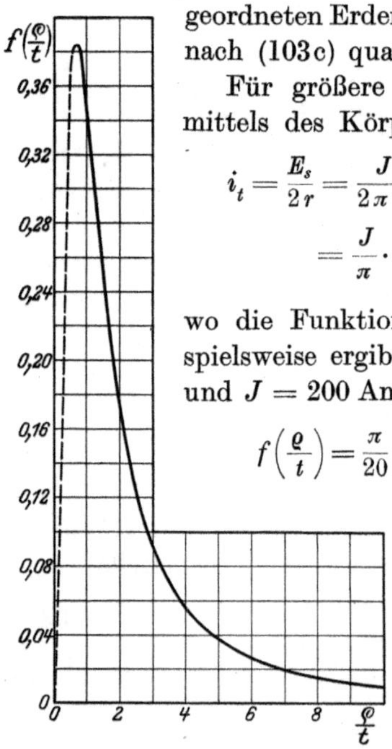

Abb. 35. Hilfskurve für die Ermittelung der Gefahrzone eines kugelförmigen Tiefenerders.

Für größere Ströme bestimmt sich die Gefahrzone mittels des Körperstromes

$$i_t = \frac{E_s}{2r} = \frac{J}{2\pi\varkappa}\cdot\frac{s\cdot\varrho}{(t^2+\varrho^2)^{3/2}}\cdot 4\varkappa d = \frac{J}{\pi}\cdot\frac{2\,s\,d}{t^2}\cdot\frac{\varrho/t}{(1+\varrho^2/t^2)^{3/2}}$$

$$= \frac{J}{\pi}\cdot\frac{2\,s\,d}{t^2}\cdot f(\varrho/t) \leqq \frac{1}{20}\text{ Amp.}, \tag{103f}$$

wo die Funktion f aus Abb. 35 zu entnehmen ist. Beispielsweise ergibt sich für $t = 10$ m, $s = 1$ m, $d = 0{,}2$ m und $J = 200$ Amp. die Gefahrzone aus

$$f\left(\frac{\varrho}{t}\right) = \frac{\pi}{20}\cdot\frac{t^2}{2\,s\,d}\cdot\frac{1}{J} = \frac{\pi}{20}\cdot\frac{100}{2\cdot 1\cdot 0{,}2}\cdot\frac{1}{200} = 0{,}196\,,$$

also $\varrho/t = 1{,}85$; $\varrho = 18{,}5$ m.

Obwohl also die Gefahrzone etwas kleiner ist als der Wert nach Gl. (44a), der sich für den gleichen Erderstrom zu 22,6 m ergab, ist der Vorteil durch das Eingraben doch lange nicht so groß, als es auf Grund des Gefahrstromes den Anschein hat. Selbst dieser kleine Vorteil verschwindet aber, wenn man zu größeren Strömen übergeht.

Um für diese Folgerung einen quantitativen Anhalt zu haben, beachten wir, daß nach Abb. 34 und 35 der Gefahrstrom vollständig zum Verschwinden gebracht werden kann, wenn

$$\frac{J}{\pi}\cdot\frac{2\,s\,d}{t^2}\cdot f\left(\frac{1}{\sqrt{2}}\right)=\frac{J}{\pi}\cdot\frac{2\,s\,d}{t^2}\cdot 386\leqq\frac{1}{20};$$

$$t\geqq\sqrt{\frac{40}{\pi}\cdot 386\cdot s\cdot d\cdot J}=\sqrt{4{,}92\cdot s\cdot d\cdot J}, \tag{103g}$$

gewählt wird. Für $J = 1000$ Amp. folgt hieraus als Größenordnung der zur wirksamen Verkleinerung der Gefahrzone notwendigen Eingrabtiefe

$$t\geqq\sqrt{4{,}92\cdot 1\cdot 0{,}2\cdot 1000}=\sim 30\text{ m}.$$

Ihrer hohen Kosten wegen können derartige Tiefenerder praktisch nicht mehr hergestellt werden. Für Hochstromerder muß man also stets mit einer Gefahrzone nach Gl. (44a) rechnen, so daß das Eingraben lediglich eine Verkleinerung des Ausbreitungswiderstandes nach sich zieht. Im allgemeinen erreicht man das Gleiche einfacher durch Übergang zu einem an der Erdoberfläche erstellten Mehrfacherder. Man erkennt hieraus, daß Tiefenerder nur für relativ kleine Erderströme von Nutzen sind.

20. Verkleinerung des Ausbreitungswiderstandes bei geringer Eingrabtiefe. Die im vorigen Abschnitt gegebene Darstellung versagt, wenn Eingrabtiefe und lineare Erderabmessungen von gleicher Größenordnung werden; das Feld darf dann nicht mehr aus der Quellpunktslösung abgeleitet werden, sondern seinem Verlauf ist die Strömung der jeweils vorliegenden Erderform zugrunde zu legen, nachdem das Feld gemäß Nr. 5 symmetrisch ergänzt ist. Wir untersuchen, inwieweit man durch Anwendung mäßiger Eingrabtiefen unter Verzicht auf eine Verkleinerung der Gefahrzone die Eigenschaften der Erder verbessern kann.

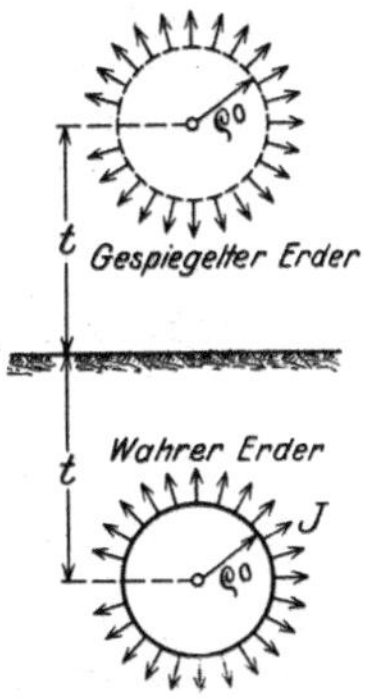

Abb. 36. Ausbreitungswiderstand eines Kugelerders.

Um zu einer einfachen Lösung dieser Aufgabe zu gelangen, vernachlässigen wir analog den in Nr. 14 durchgeführten Überlegungen die Deformation der Erderform, die die Überlagerung des vom Erder und von seinem Spiegelbilde herrührenden Potentiales nach sich zieht. Für den Vollkugelerder vom Halbmesser ϱ_0, der in die Tiefe t nach Abb. **36** eingesenkt ist, erhält man auf diesem Wege das Erderpotential aus der Quellpunktslösung (38)

$$\varphi_0=\sim\frac{J}{4\pi\varkappa}\cdot\frac{1}{\varrho_0}+\frac{J}{4\pi\varkappa}\cdot\frac{1}{2t}=\frac{J}{2\pi\varkappa}\cdot\frac{1}{2\varrho_0}\left(1+\frac{\varrho_0}{2t}\right), \tag{104}$$

so daß

$$R=\sim\frac{1}{2\pi\varkappa}\cdot\frac{1}{\varrho_0}\cdot\frac{1+\frac{\varrho_0}{2t}}{2}=R_0\cdot\frac{1+\frac{\varrho_0}{2t}}{2} \tag{104a}$$

den Ausbreitungswiderstand des kugelförmigen Tiefenerders mißt. Hierin ist R_0 der in Nr. 8 berechnete Ausbreitungswiderstand des Halbkugelerders; man erkennt, daß schon bei einer Eingrabtiefe von $t = \varrho_0$ der Widerstand auf

$$R = R_0 \cdot \frac{1 + \frac{1}{2}}{2} = R_0 \cdot 0{,}75$$

zurückgeht, während für $t = 5\varrho_0$ bereits der Grenzwert

$$R_\infty = \frac{R_0}{2}$$

bis auf 10% erreicht wird.

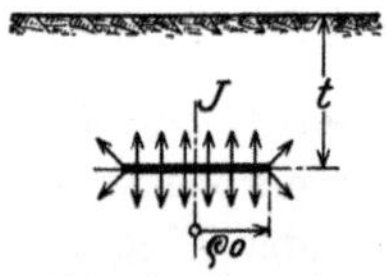

Abb. 37. Zum Ausbreitungswiderstand eines Kreisplatten-Tiefenerders.

Das Potential einer Kreisplatte im allseitig unendlich ausgedehnten Erdreich ist nach (53), (53a) und (54) mit Rücksicht auf den jetzt halbierten Strom

$$\varphi = \frac{J}{4\pi\varkappa\varrho_0} \cdot \arcsin\frac{\varrho_0}{u}. \qquad (105)$$

Hieraus leitete sich das Erderpotential einer parallel zur Erdoberfläche in die Tiefe t nach Abb. 37 versenkten Kreisplatte ab: Dem Eigenpotential des Erders $(u = \varrho_0)$

$$\varphi = \frac{J}{4\pi\varkappa\varrho_0} \cdot \frac{\pi}{2} \qquad (105\,\mathrm{a})$$

ist das Potential des Spiegelbildes zu überlagern, welches mit $\varrho = 0$, $z = 2t$ mit (51) wird

$$\varphi' = \frac{J}{4\pi\varkappa\varrho_0} \cdot \arcsin\frac{\varrho_0}{\sqrt{(2t)^2 + \varrho_0^2}}. \qquad (105\,\mathrm{b})$$

Als Erderpotential resultiert

$$\varphi_0 = \frac{J}{2\pi\varkappa\varrho_0} \cdot \frac{1}{2} \cdot \left(\frac{\pi}{2} + \arcsin\frac{\varrho_0}{\sqrt{(2t)^2 + \varrho_0^2}}\right)$$
$$= \frac{J}{4\varkappa\varrho_0} \cdot \frac{1}{2}\left(1 + \frac{2}{\pi}\arcsin\frac{\varrho_0}{\sqrt{(2t)^2 + \varrho_0^2}}\right), \qquad (105\,\mathrm{c})$$

so daß der Ausbreitungswiderstand sich findet

$$R = R_0 \cdot \frac{1 + \frac{2}{\pi}\arcsin\frac{\varrho_0}{\sqrt{(2t)^2 + \varrho_0^2}}}{2}. \qquad (105\,\mathrm{d})$$

Für $t = \frac{1}{2}\varrho_0$ erhält man also

$$R = R_0 \cdot \frac{1 + \frac{2}{\pi} \cdot \arcsin\frac{1}{\sqrt{2}}}{2} = R_0 \cdot 0{,}75\,,$$

so daß man beim Kreisplattenerder schon durch sehr mäßige Eingrabtiefen den Ausbreitungswiderstand stark heruntersetzt.

Die entsprechende Rechnung gibt beim Rohrerder (Nr. 10) aus (63), (63a), (63b), (64) mit halbiertem Strom jedes Rohres als Potential

$$\varphi = \frac{J}{8\pi\varkappa l}\ln\frac{u+l}{u-l}, \tag{106}$$

wo l jetzt die halbe Rohrlänge bedeutet. Das Eigenpotential ist ($n = \sqrt{l^2+\varrho_0^2}$)

$$\varphi = \frac{J}{4\pi\varkappa l}\cdot\ln\frac{2l}{\varrho_0} \tag{106a}$$

und das Potential des Spiegelbildes mit $u = z = 2t$ nach (61)

$$\varphi' = \frac{J}{8\pi\varkappa l}\cdot\ln\frac{2t+l}{2t-l}, \tag{106b}$$

so daß das Erderpotential wird

$$\varphi_0 = \frac{J}{2\pi\varkappa l}\cdot\frac{1}{2}\left(\ln\frac{2l}{\varrho_0}+\frac{1}{2}\ln\frac{2t+l}{2t-l}\right) \tag{106c}$$

und der Ausbreitungswiderstand

$$R = \frac{1}{2\pi\varkappa l}\cdot\frac{1}{2}\left(\ln\frac{2l}{\varrho_0}+\frac{1}{2}\ln\frac{2t+l}{2t-l}\right). \tag{106d}$$

Um die Wirkung des Eingrabens bei konstanter Rohrlänge zu erkennen, haben wir diesen Ausdruck mit dem Widerstande R_0 nach (65) zu vergleichen, wobei aber $2l$ als ganze Rohrlänge einzuführen ist. Es ist demnach

$$R_0 = \frac{\ln\frac{4l}{\varrho_0}}{2\pi\varkappa\cdot 2l}; \qquad \frac{R}{R_0} = \frac{\ln\frac{2l}{\varrho_0}+\frac{1}{2}\ln\frac{2t+l}{2t-l}}{\ln\frac{4l}{\varrho_0}}. \tag{106e}$$

Beispielsweise verringert sich der Ausbreitungswiderstand eines Rohres von $2l = 200$ cm Länge und $\varrho_0 = 2$ cm Halbmesser durch das Eingraben um $t = 2l$ im Verhältnis

$$\frac{R}{R_0} = \frac{\ln 100 + \frac{1}{2}\ln\frac{5}{3}}{\ln 200} = 0{,}965$$

und da man unter

$$\frac{R_\infty}{R_0} = \frac{\ln\frac{2l}{\varrho_0}}{\ln\frac{4l}{\varrho_0}} = \frac{\ln 100}{\ln 200} = 0{,}87$$

bei gleichem Materialaufwand nicht herunterkommen kann, erzielt man durch das Einsenken eines Rohrerders in die Erde keinen nennenswerten Vorteil.

Um den Ausbreitungswiderstand eines in mäßiger Tiefe unter der Erde verlegten Banderders der Länge $2l$ zu finden, spezialisieren wir

Gl. (93a) auf $n = 2\varrho_m = t$ und erhalten

$$R = \frac{R_0}{2}\left[\frac{2\ln\frac{2l}{t} - \ln\frac{2\varrho_0}{t}}{\ln\frac{2l}{\varrho_0}}\right] = \frac{R_0}{2}\left[1 + \frac{\ln\frac{l}{t}}{\ln\frac{2l}{\varrho_0}}\right]. \tag{107}$$

Insbesondere ergibt sich für $t = \varrho_0$ größenordnungsmäßig die Wirkung des vollen Eindrückens eines zunächst an der Erdoberfläche verlegten Bandes in die Erde

$$R = \sim \frac{R_0}{2}\left[1 + \frac{\ln\frac{l}{\varrho_0}}{\ln\frac{2l}{\varrho_0}}\right], \tag{107a}$$

also beispielsweise für $2l = 400$ cm, $\varrho_0 = 2$ cm eine Widerstandsverringerung im Verhältnis

$$\frac{R}{R_0} = \frac{1 + \frac{\ln 100}{\ln 200}}{2} = 0{,}94\,.$$

Dagegen würde man durch Eingraben in einer Tiefe von $t = \frac{l}{2} = 200$ cm den Widerstand nach (107) im Verhältnis

$$\frac{R}{R_0} = \frac{1 + \frac{\ln 2}{\ln 200}}{2} = 0{,}565$$

herabsetzen können; hier erzielt man also durch das Eingraben erhebliche Vorteile. Die gleiche Überlegung gilt gemäß (75a) für Kreisbanderder, sofern man die l durch die halbe Länge $\pi\varrho t$ des verlegten Bandes ersetzt.

Für den Spannungstrichter eines in mäßiger Tiefe verlegten Tiefenerders ergibt sich qualitativ der Verlauf nach Abb. **34**; man erkennt hieraus, daß die Gefahrzone eines solchen Erders durch das Eingraben praktisch nicht verkleinert wird. **Lediglich der Gefahrstrom des Erders steigt je nach der benutzten Erderform und der Eingrabtiefe an; da es hierbei nur auf die Größenordnung ankommt, kann man sich im allgemeinen mit einem Mittelwert des Gefahrstromes für den Erder an der Erdoberfläche und des Gefahrstromes (103c) begnügen.**

V. Wirkung Ohmscher Spannungsabfälle im Erdersystem.

21. Bedeutung des endlichen Widerstandes der Metalle für die Vorgänge in Erdersystemen. In den bisher betrachteten Erdersystemen haben wir die Leitfähigkeit sowohl der Erder als auch etwaige Verbindungsleitungen zwischen den Elementen eines Mehrfacherders als unendlich groß gegenüber der natürlichen Leitfähigkeit des Erdbodens vorausgesetzt; da sich in einem solchen Leiter kein Feld aufrecht erhalten läßt, besitzt ein derartiges System ein konstantes Erderpotential, aus welchem insbesondere für den Einzelerder die Grundforderung (21) folgt.

Bei dem Bestreben, den Ausbreitungswiderstand für einen in die Erde überzuleitenden Strom mehr und mehr zu verringern, muß man indes räumlich immer ausgedehntere Leitersysteme in die Erde betten; gleichzeitig wächst ihr Ohmscher Widerstand an. Von einer gewissen Grenze der räumlichen Erstreckung an können daher die innerhalb des Leitersystemes auftretenden Ohmschen Spannungsabfälle die Größenordnung der im Erdreich abfallenden Spannung erreichen; das Potential wird von Element zu Element veränderlich, das System zerfällt in mehrere, durch Leitungsbahnen von endlichem Ohmschen Widerstand gekoppelte Erder. Diese Erscheinung bewirkt, daß die von der Zuführungsstelle des Stromes meist entfernten Erder nur einen sehr geringen Bruchteil des Gesamtstromes in die Erde überleiten, so daß man den Ausbreitungswiderstand des Gesamtgebildes nicht beliebig verringern kann. Der endliche Widerstand der Metalle setzt somit eine untere Grenze des erreichbaren Ausbreitungswiderstandes räumlich ausgedehnter Leitersysteme.

22. Verteilung des Erdschlußstromes längs Hochspannungs-Freileitungen. Überschlag oder Kurzschluß zwischen einer Leitung und dem Mast leitet den Erdschlußstrom ein; dieser fließt zum Teil unmittelbar über den betroffenen Mast zur Erde, der Rest strömt durch das längs der Mastspitzen verlegte Erdseil auf die Nachbarmasten und von diesen ebenfalls zur Erde.

Der Abstand der Maste voneinander wird als konstant längs der Leitung vorausgesetzt; er sei so groß, daß die Erdstromfelder benachbarter Masten einander nicht beeinflussen. Jeder Mastfuß besitzt dann einen von der Stromverteilung unabhängigen Ausbreitungswiderstand R, der für alle Masten als gleichgroß vorausgesetzt wird. Das Erdseil wird durch seinen längs der Leitung konstanten Widerstand r zwischen benachbarten Masten beschrieben.

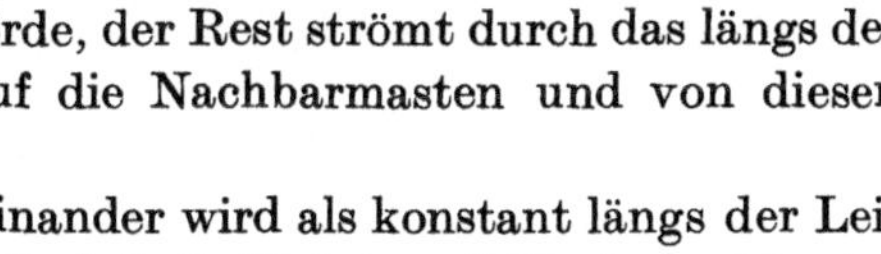

Abb. 38. Zur Stromverteilung längs einseitig unendlich langer Leitung[1].

Wir behandeln zunächst den Erdschluß einer einseitig sehr (unendlich) langen Leitung nach Abb. 38. Der Fehlermast wird als Ursprung der Mastzählung gewählt; J_n sei der Ererstrom des $n$ten Mastes, φ_n sein Erderpotential, also

$$\varphi_n = J_n \cdot R. \qquad (108)$$

[1] Nach G. Rüdenberg: Elektrische Schaltvorgänge. 2. Aufl., S. 165.

Der Spannungsabfall zwischen dem $n$ten und dem $(n+1)$ten Mast wird durch den Seilstrom i_{n+1} verursacht

$$\varphi_n - \varphi_{n+1} = i_{n+1} \cdot r, \tag{109}$$

wobei wegen der Kontinuität der Strömung

$$i_n - i_{n+1} = J_n. \tag{110}$$

Elimination des Seilstromes aus (109) mittels (110) ergibt

$$\varphi_{n+1} - 2\varphi_n + \varphi_{n-1} = J_n \cdot r = \varphi_n \cdot \frac{r}{R}, \tag{111}$$

wo (108) berücksichtigt wurde. Die im Unendlichen herrschende Grenzbedingung verschwindenden Potentiales erfüllt die Lösung

$$\varphi_n = \varphi_0 \cdot e^{-\alpha n} \tag{112}$$

mit

$$e^{-\alpha} - 2 + e^{\alpha} \equiv \left(2 \operatorname{Sin} \frac{\alpha}{2}\right)^2 = \frac{r}{R};$$

$$\operatorname{Sin} \frac{\alpha}{2} = \frac{1}{2}\sqrt{\frac{r}{R}}; \quad \alpha = \sim \sqrt{\frac{r}{R}}, \tag{113}$$

wo in der Näherungsformel für α die Voraussetzung $r \ll R$ gemacht wurde. Der Erderstrom des Fehlermastes ist wegen (108)

$$J_0 = \frac{\varphi_0}{R} \tag{112a}$$

und der in das Erdseil ziehende Strom nach (109)

$$i_1 = \frac{\varphi_0 - \varphi_1}{r} = \frac{\varphi_0 (1 - e^{-\alpha})}{r} = \frac{\varphi_0 \cdot e^{-\frac{\alpha}{2}}}{\sqrt{rR}}. \tag{112b}$$

Die Summe beider Ströme gleicht dem Fehlerstrom J_f

$$J_f = \frac{\varphi_0}{R}\left(1 + \sqrt{\frac{R}{r}}\, e^{-\frac{\alpha}{2}}\right)$$

$$= \frac{\varphi_0}{R}\left(1 + \sqrt{\frac{R}{r}}\left\{\sqrt{1 + \frac{1}{4}\frac{r}{R}} - \frac{1}{2}\sqrt{\frac{r}{R}}\right\}\right) = \frac{\varphi_0}{R}\left(\frac{1}{2} + \sqrt{\frac{R}{r} + \frac{1}{4}}\right). \tag{112c}$$

Das Gesamtsystem besitzt somit den Ausbreitungswiderstand

$$R_a = \frac{\varphi_0}{J_f} = \frac{R}{\frac{1}{2} + \sqrt{\frac{R}{r} + \frac{1}{4}}} \leqq R. \tag{112d}$$

Der Fehlermast hat jetzt nicht mehr den gesamten Erdschlußstrom in die Erde überzuleiten, sondern nur den Bruchteil

$$J_0 = J_f \cdot \frac{R_a}{R} = J_f \cdot \frac{1}{\frac{1}{2} + \sqrt{\frac{R}{r} + \frac{1}{4}}} \leqq J_f. \tag{112e}$$

Der Erdschlußstrom kann also den Strom des Fehlermastes im Verhältnis (112e) übertreffen, ohne daß die Gefahrzone des Mastes wächst; ebenso ist der Gefahrstrom des Systemes im gleichen Verhältnis größer als der Gefahrstrom des Mastes.

Diese Beziehungen mögen für ein Beispiel ausgewertet werden. Der Ausbreitungswiderstand eines Mastfußes sei $R = 8\ \Omega$, der Erdseilwiderstand zwischen benachbarten Masten $r = 1{,}63\ \Omega$. Es ist dann nach (112d)

$$R_a = \frac{8}{\frac{1}{2} + \sqrt{\frac{8}{1{,}63} + \frac{1}{4}}} = \frac{8}{2{,}77} = 2{,}88\ \Omega$$

und nach (112c)

$$\frac{J_0}{J_f} = \frac{2{,}88}{8} = 0{,}36\,.$$

Für einen Erdschlußstrom $J_f = 200$ Amp. strömt also durch den Fehlermast nur $J_0 = 72$ Amp., und die Gefahrzone wird nach (44a)

$$\varrho_g = \sqrt{\frac{40}{\pi} \cdot 72 \cdot 100 \cdot 20}\ \text{cm} = 13{,}5\ \text{m}$$

ist also nur etwa halb so groß wie bei der Überleitung des gesamten Erdschlußstromes durch den Mast allein gemäß der Zahlenrechnung in Nr. 8.

Wenn der Erdschluß etwa in der Mitte einer sehr langen Leitung stattfindet, kann man die entwickelten Strom- und Spannungsverteilungs-Gleichungen auf jedes der beiden vom Fehlermast abgehenden Leitungs-

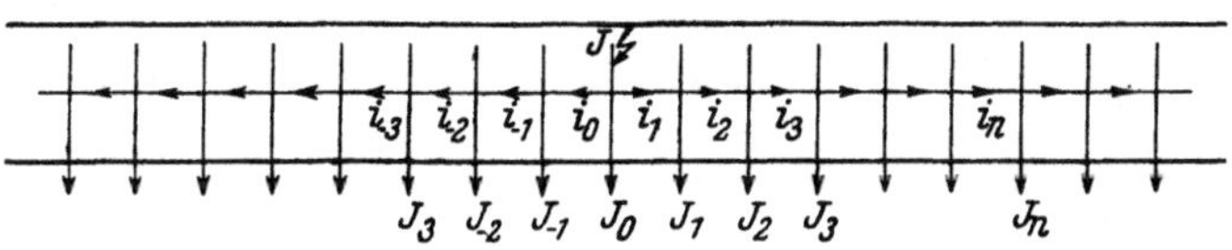

Abb. 39. Zur Stromverteilung längs beiderseitig unendlich langer Leitung[1].

stücke nach Abb. 39 anwenden. In den gesamten Fehlerstrom geht daher außer dem Strom (112a) des Fehlermastes der Erdseilstrom (112b) zweimal ein, so daß an Stelle von (112c)

$$J_f = \frac{\varphi_0}{R}\left(1 + 2\sqrt{\frac{R}{r}} \cdot e^{-\frac{a}{2}}\right)$$

$$= \frac{\varphi_0}{R}\left(1 + 2\sqrt{\frac{R}{r}}\left\{\sqrt{1 + \frac{1}{4}\frac{r}{R}} - \frac{1}{2}\sqrt{\frac{r}{R}}\right\}\right) = \frac{\varphi_0}{R} \cdot \sqrt{1 + 4\frac{R}{r}}\,. \tag{112e}$$

Der Ausbreitungswiderstand des Systems beträgt

$$R_a = \frac{\varphi_0}{J_f} = \frac{R}{\sqrt{1 + 4\frac{R}{r}}} \leqq R \tag{112f}$$

[1] Nach R. Rüdenberg: Elektrische Schaltvorgänge. 2. Aufl., S. 139.

und der Fehlermast leitet den Bruchteil

$$\frac{J_0}{J_f} = \frac{R_a}{R} = \frac{1}{\sqrt{1 + 4\frac{R}{r}}} \leqq 1 \tag{112g}$$

des Erdschlußstromes in die Erde über. Mit den oben benutzten Zahlen findet sich

$$R_a = \frac{8}{\sqrt{1 + 4 \cdot \frac{8}{1{,}63}}} = 1{,}76\ \Omega\,; \qquad \frac{J_0}{J_f} = \frac{1}{\sqrt{1 + 4 \cdot \frac{8}{1{,}63}}} = 0{,}22\,,$$

so daß bei einem Erdschlußstrom von 200 Amp. ein Maststrom von 44 Amp. fließt, dem nach (44a) die Gefahrzone entspricht

$$\varrho_g = \sqrt{\frac{40}{\pi} \cdot 44 \cdot 100 \cdot 20 \text{ cm}} = 10{,}6 \text{ m}\,.$$

Durch Vergleich mit den oben für die einseitig unendliche Leitung berechneten Werten erkennt man, daß der Erdschluß in der Leitungsmitte erheblich kleineren Ausbreitungswiderstand und verringerte Gefahrzone ergibt. Bei der Berechnung der Gefährdung, die durch einen Erdschlußstrom in der Umgebung der Leitung hervorgerufen wird, hat man daher stets den gefährlichsten Fall des Erdschlusses am Anfang (oder Ende) der Mastreihe anzunehmen.

Um zu prüfen, inwieweit die hier für unendlich lange Leitungen abgeleiteten Beziehungen auf Leitungen endlicher Länge anwendbar sind, suchen wir denjenigen Mast, für welchen das Erderpotential auf $\frac{1}{100}$ des Erderpotentiales des Fehlermastes gesunken ist. Aus (112) folgt hierfür mit Benutzung der Näherung $\alpha = \sqrt{\frac{r}{R}}$ (Gl. 113)

$$\frac{1}{100} = e^{-\alpha n}\,; \qquad n = \frac{\ln 100}{\alpha} = \sim 4{,}6 \cdot \sqrt{\frac{R}{r}}\,, \tag{113}$$

also in dem genannten Zahlenbeispiel

$$n = 4{,}6 \cdot \sqrt{\frac{8}{1{,}63}} = \sim 10\,.$$

Wenn also die Leitung mehr als etwa 20 Maste hat, so sind sowohl bei Erdschluß am Leitungsende als auch in der Leitungsmitte die abgeleiteten Formeln mit einem Fehler von höchstens 1% richtig; diese Bedingung ist stets erfüllt. Hieraus folgt zugleich, daß die Gefährdung der Mastumgebung mit wachsender Entfernung vom Fehlermast außerordentlich rasch abnimmt.

Man benutzt das durch Mast und Erdseil dargestellte Erdersystem zuweilen absichtlich, um eine etwa vorhandene Erderanlage zu verbessern, indem man das Erdseil mit dem Erder widerstandsfrei verbindet.

In diesem Falle führen Mast und Erdseil naturgemäß nicht den entsprechenden Anteil des Erdschlußstromes, sondern der gesamte, in die Erde überzuleitende Strom verteilt sich zunächst auf Erder und Mastreihe nach Maßgabe ihrer Ausbreitungswiderstände R_0 (Erder) und R_a (Mastreihe). Bei hinreichender Entfernung zwischen Erder und Mastreihe beeinflussen die Strömungsfelder einander nicht, und der Gesamtausbreitungswiderstand R_g berechnet sich aus der Parallelschaltung beider Ausbreitungswiderstände

$$\frac{1}{R_g} = \frac{1}{R_0} + \frac{1}{R_a} = \frac{R_a + R_0}{R_a R_0}; \qquad R_g = \frac{R_a \cdot R_0}{R_a + R_0}. \tag{114}$$

Sei J jetzt der Gesamtstrom, so strömt durch den Erder der Anteil

$$J_e = J \cdot \frac{R_a}{R_0 + R_a} \tag{115}$$

und in die Mastreihe

$$J_f = J \cdot \frac{R_0}{R_0 + R_a}. \tag{115a}$$

Dieser Strom ist es, für welchen die Gl. (112e) und (112g) den größten Maststrom angeben, und der daher für die Gefährdung von Lebewesen in der Umgebung dieses Mastes maßgebend ist.

Die hier genannte Maßnahme zur Verbesserung von Erderanlagen ist besonders wirkungsvoll, wenn hierzu etwa mehrere, von einem Kraftwerk abziehende Leitungen zur Verfügung stehen, weil dann ihr resultierender Widerstand im Verhältnis der Leitungszahl kleiner wird als der Wert (112d).

23. Der Ausbreitungswiderstand langgestreckter Leiter. In Hochspannungskabelnetzen findet häufig durch äußere mechanische Beschädigung oder elektrische Überbeanspruchung ein Durchschlag von der Kabelseele zum Mantel statt. Der Fehlerstrom ergießt sich von der Durchschlagsstelle aus in den Kabelmantel und strömt zum Teil durch diesen, zum Teil durch das umgebende Erdreich zur Stromquelle zurück. Ähnliche Vorgänge treten an den Geleisen elektrischer Bahnen auf, welche mit der Erde in leitender Berührung stehen; hier sind es neben den Strömen bei Kurzschluß oder Bruch der Fahrleitung die kräftigen Anfahrströme elektrischer Triebfahrzeuge, welche betriebsmäßig in die Schienen eingeführt werden. Bei hinreichender Länge der mit der Erde in Berührung stehenden Leiter treten in diesen erhebliche Ohmsche Spannungsabfälle auf, deren Wirkung auf die Vorgänge am Leiter untersucht werden soll.

Um die auftretenden Erscheinungen in voller Reinheit zu erkennen, setzen wir die Länge des stromführenden Leiters beiderseits der Stromzuführungsstelle als sehr (unendlich) groß voraus. Um dennoch mit den wirklichen Verhältnissen in Einklang zu bleiben, haben wir uns an dieser Stelle eine Quelle endlicher Stromintensität J vorzustellen, wobei J mit dem wirklichen Fehlerstrom übereinstimmt. Über die Art, wie diese Stromquelle an den Leiter angeschlossen ist, lassen sich freilich keine allgemein gültigen Angaben machen; denn sie ist beispielsweise beim Kabel durch die Eigentümlichkeiten des Durchschlages gegeben, durch den sogleich mit der Stromentwicklung einsetzenden Schmelzprozeß indes fortwährenden Änderungen unterworfen. Die Ergebnisse der Rechnung verlieren daher an der Stromzuführungsstelle selbst ihre Bedeutung; aber dort interessieren sie auch kaum. Daß dennoch die Rechnung eindeutige Aussagen liefert, hat seinen Grund in der schon in sehr kleiner Entfernung vom Fehlerort von diesen Feinheiten praktisch unabhängigen Stromverteilung: Der überwiegende Teil des Stromes verläßt den Leiter in engbegrenzter Strecke rings um den Fehlerort. Infolgedessen sind beispielsweise auch die Einzelheiten des inneren Kabelaufbaues von untergeordneter Bedeutung, und wir begehen nur einen kleinen Fehler, wenn wir uns den ganzen Innenraum des Mantels mit homogenem Leitermaterial ausgefüllt denken, dessen Leitfähigkeit $\varkappa_i$ aus der Leitfähigkeit $\varkappa_i'$ des Mantels durch Umrechnung im Verhältnis des Mantelquerschnittes F_m zum Vollquerschnitt F_0 hervorgeht:

$$\varkappa_i = \varkappa_i' \cdot \frac{F_m}{F_0} < \varkappa_i' . \tag{116}$$

Schwerer wiegt die Unsicherheit, in der man sich über den Kontakt zwischen stromführendem Leiter und Erdreich befindet. Beim Kabel ist die mehr oder minder dichte Eisenbandarmierung zu beachten, über welcher häufig noch ein isolierender Anstrich angebracht ist; während man diesen unbedenklich außer Betracht lassen kann — seine Isolierfähigkeit geht unter der Einwirkung der Erdfeuchtigkeit nach der Verlegung rasch verloren —, hat man die Eisenbandarmierung zu berücksichtigen. Ganz ähnliche Fragen ergeben sich beim Stromübergang aus Eisenbahnschienen: Hier sind es hölzerne oder gar eiserne Schwellen, welche die Stromübergangsfläche gegen Erde vergrößern, während andererseits die Steinbettung sich zwischen den stromführenden Leiter und das eigentliche Erdreich als mehr oder minder schlechter Leiter einschiebt. Von allen diesen Einzelheiten kann die Theorie nicht Rechenschaft geben. Sie sieht sowohl den stromführenden Leiter als auch das umgebende Erdreich als elektrisch homogene Körper an, welche durch ihre Leitfähigkeiten $\varkappa_i$ (Kabel oder Schiene) und $\varkappa_a$ (Erdreich) als gegeben anzunehmen sind. Durch besondere Überlegungen, welche an die genannten Verhältnisse anschließen, wird man die im Einzelfalle zu benutzenden Zahlenwerte dieser Leitfähigkeiten leicht ermitteln können.

Wir betrachten zunächst den Fall des erdgeschlossenen Kabels im allseitig unendlich ausgedehnten Erdreich. Das Feld ist dann aus einem skalaren Potential φ abzuleiten, welches aus Symmetriegründen meridianeben um das Kabel als Achse ausgebildet ist. Daher empfiehlt sich die Einführung eines Zylinderkoordinatensystems, dessen Meridiankoordinaten ϱ, z ihren Ursprung nach Abb. 40 in der Stromquelle besitzen mögen. Wir erhalten also, wenn ϱ und z als rotationssymmetrische krummlinige Koordinaten aufgefaßt werden, mit (47) und (48) als Potentialgleichung

$$\frac{\partial}{\partial z}\left(\varrho\cdot\frac{\partial\varphi}{\partial z}\right)+\frac{\partial}{\partial\varrho}\left(\varrho\cdot\frac{\partial\varphi}{\partial\varrho}\right)=0;$$

$$\frac{\partial^2\varphi}{\partial z^2}+\frac{1}{\varrho}\frac{\partial\varphi}{\partial\varrho}+\frac{\partial^2\varphi}{\partial\varrho^2}=0. \tag{117}$$

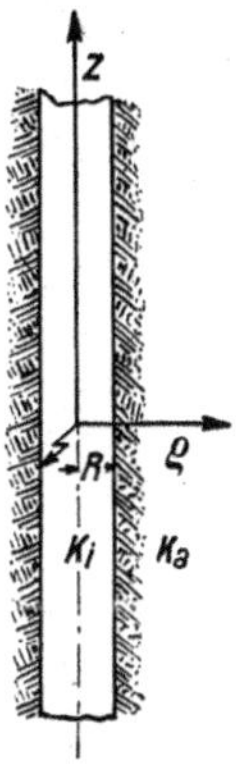

Abb. 40. Zur Beschreibung des Feldes eines langgestreckten Leiters[1].

Entsprechend den verschiedenen Leitfähigkeiten $\varkappa_a$ des Erdreiches und $\varkappa_i$ des Kabelmantels haben wir die Potentialfelder φ_a des Außenraumes und φ_i des Innenraumes zu unterscheiden; sie sind durch die Grenzbedingungen an der Mantelaußenfläche $\varrho = R$ miteinander verknüpft (Gl. 18a und 19)

$$\varphi_i=\varphi_a \quad \text{für} \quad \varrho=R \tag{118}$$

$$\varkappa_i\frac{\partial\varphi_i}{\partial\varrho}=\varkappa_a\cdot\frac{\partial\varphi_a}{\partial\varrho}. \tag{119}$$

Im Ursprung kann sich das Potential nur durch eine stetige Funktion von dem Quellpunktspotential (27) unterscheiden, so daß

$$\varphi_i=\frac{J}{4\pi\varkappa_i}\frac{1}{\bar\varrho}+\text{f. c.} \quad \text{für} \quad \bar\varrho=\sqrt{\varrho^2+z^2}\to 0. \tag{120}$$

Anderseits muß das Potential im Unendlichen verschwinden:

$$\left.\begin{aligned}\varphi_i&\to 0 \quad \text{für} \quad \varrho\leqq R,\ z\to\infty\\ \varphi_a&\to 0 \quad \text{für} \quad \varrho\geqq R,\ z\to\infty\end{aligned}\right\} \tag{121}$$

Da das Quellpunktspotential die Bedingungen (118), (119) nicht erfüllt, ist die Manteloberfläche als Ursprung zweier Sekundärpotentiale φ_{i_s}, φ_{a_s} anzusehen, derart, daß die Gesamtfelder

$$\varphi_i=\frac{J}{4\pi\varkappa_i}\cdot\frac{1}{\bar\varrho}+\varphi_{i_s};\quad \varphi_a=\frac{J}{4\pi\varkappa_i}\cdot\frac{1}{\bar\varrho}+\varphi_{a_s} \tag{122}$$

diesen Grenzbedingungen genügen. Hierzu suchen wir zunächst Partikularlösungen der Gl. (117), welche den Achsensymmetriebedingungen $\varphi(-z)=\varphi(+z)$ gerecht werden. Der entsprechende Ansatz

$$\varphi=\cos\lambda z\cdot f(\varrho), \tag{123}$$

wo λ einen beliebigen Parameter bedeutet, führt nach Einsetzen in (117) für $f(\varrho)$ auf die Besselsche Differentialgleichung

$$\frac{d^2f}{d\varrho^2}+\frac{1}{\varrho}\frac{df}{d\varrho}+(j\lambda)^2\cdot f=0;\qquad j=\sqrt{-1}, \tag{117a}$$

[1] S. Fußnote S. 57.

welche durch Zylinderfunktionen des rein imaginären Argumentes $j\lambda\varrho$ gelöst wird. Für das Innenpotential ist wegen (120) die Besselsche Funktion, für das Außenpotential wegen (121) die Hankelsche Funktion $H_0^{(1)}$ zu benutzen. Durch Superposition von Partikularintegralen der Form (123) erhalten wir somit unter Hinzufügung zweier zunächst beliebiger Funktionen die Sekundärpotentiale

$$\varphi_{i_s} = \frac{J}{4\pi\varkappa_i}\int\limits_0^\infty g(\lambda)\, J_0(j\lambda\varrho)\cos\lambda z\, d\lambda\,, \tag{122a}$$

$$\varphi_{a_s} = \frac{J}{4\pi\varkappa_i}\int\limits_0^\infty h(\lambda)\cdot H_0^{(1)}(j\lambda\varrho)\cos\lambda z\, d\lambda\,. \tag{122b}$$

Um hier die Grenzbedingungen in bequemer Weise einzuführen, schreiben wir das Quellpunktspotential mittels der Identität

$$\frac{J}{4\pi\varkappa_i}\cdot\frac{1}{\sqrt{\varrho^2+z^2}} = \frac{J}{4\pi\varkappa_i}\int\limits_0^\infty j\, H_0^{(1)}(j\lambda\varrho)\cos\lambda z\, d\lambda \tag{117b}$$

in gleicher Form und erhalten nach (122)

$$\varphi_i = \frac{J}{4\pi\varkappa_i}\int\limits_0^\infty [g(\lambda)\, J_0(j\lambda\varrho) + j\, H_0^{(1)}(j\lambda\varrho)]\cos\lambda z\, d\lambda\,, \tag{122c}$$

$$\varphi_a = \frac{J}{4\pi\varkappa_i}\int\limits_0^\infty [h(\lambda) + j]\, H_0^{(1)}(j\lambda\varrho)\cos\lambda z\, d\lambda\,,$$

$$= \frac{J}{4\pi\varkappa_i}\int\limits_0^\infty \bar{h}(\lambda)\, H_0^{(1)}(j\lambda\varrho)\cos\lambda z\, d\lambda\,, \tag{122d}$$

mit

$$\frac{h(\lambda)}{j} + 1 = \bar{h}(\lambda)\,.$$

Nunmehr fordert (118)

$$g(\lambda)\, J_0(j\lambda R) + H_0^{(1)}(j\lambda R) = \bar{h}(\lambda)\, j\, H_0^{(1)}(j\lambda R)\,, \tag{118a}$$

während (119) unter Benutzung der Relation[1]

$$J_0'(x) = -J_1(x)\,;\quad H_0'(x) = -H_1(x) \tag{124}$$

in

$$-j\lambda\varkappa_i[g(\lambda)\, J_1(j\lambda R) + H_1(j\lambda R)] = \lambda\varkappa_a\bar{h}(\lambda)\, H_1^{(1)}(j\lambda R) \tag{119a}$$

[1] Jahnke-Emde: Funktionentafeln, S. 165. Dieses Werk wird im folgenden mit „Funktionentafeln" zitiert.

übergeht. Durch Auflösung von (118a), (119a) erhält man sogleich

$$g(\lambda) = -\frac{[\varkappa_a - \varkappa_i]\, H_0^{(1)}(j\lambda R)\cdot H_1^{(1)}(j\lambda R)}{\varkappa_a\cdot J_0(j\lambda R)\cdot H_1^{(1)}(j\lambda R) - \varkappa_i\cdot J_1(j\lambda R)\, H_0(j\lambda R)} \tag{125}$$

$$\bar{h}(\lambda) = \frac{\varkappa_i\,[J_0(j\lambda R)\cdot H_1^{(1)}(j\lambda R) - J_1(j\lambda R)\cdot H_0^{(1)}(j\lambda R)]}{\varkappa_a\, J_0(j\lambda R)\cdot H_1^{(1)}(j\lambda R) - \varkappa_i\cdot J_1(j\lambda R)\cdot H_0(j\lambda R)}\,. \tag{126}$$

Mit Rücksicht auf (122) läßt sich der Ausbreitungswiderstand des Systems

$$R_a = \frac{\varphi_0}{J} \tag{127}$$

in einen vom Quellpunkt herrührenden Quellpunktswiderstand und einen durch die Anwesenheit des Mantels erzeugten Zusatzwiderstand zerlegen. Aus den oben genannten Gründen können wir den Quellpunktswiderstand zahlenmäßig nicht angeben; er liegt indes in jedem Falle erheblich unterhalb des Zusatzwiderstandes. Indem wir das Sekundärpotential wegen (120) auf den Quellpunkt selbst beziehen dürfen, ergibt sich also mit ausreichender Genauigkeit

$$\left.\begin{aligned} R_a &= \frac{\varphi_{is}}{J} \quad \text{für} \quad \varrho = 0,\ z = 0; \quad R_a = \frac{1}{4\pi\varkappa_i}\int_0^\infty g(\lambda)\,d\lambda \\ &= \frac{1}{4\pi\varkappa_a}\,\frac{1}{R}\cdot\int_0^\infty \frac{j\,H_0^{(1)}(j\Lambda)\cdot H_1^{(1)}(j\Lambda)\,d\Lambda}{J_0(j\Lambda)\,H_1^{(1)}(j\Lambda) - \frac{\varkappa_i}{\varkappa_a}\cdot J_1(j\Lambda)\cdot H_0^{(1)}(j\Lambda)} \end{aligned}\right\} \tag{128}$$

Das hier eingehende Integral ist durch bekannte Funktionen nicht ausdrückbar. Unter der Voraussetzung $\varkappa_i \gg \varkappa_a$ erhält man die Abschätzung[1]

$$\int_0^\infty \frac{j\,H_0^{(1)}(j\Lambda)\cdot H_1^{(1)}(j\Lambda)\,d\Lambda}{J_0(j\Lambda)\,H_1^{(1)}(j\Lambda) - \frac{\varkappa_i}{\varkappa_a}\cdot J_1(j\Lambda)\,H_0^{(1)}(j\Lambda)} = \sim \frac{\sqrt{\frac{\varkappa_a}{\varkappa_i}}}{0{,}18} \tag{128a}$$

und also

$$R_a = \sim \frac{1}{2{,}25\sqrt{\varkappa_a\cdot\varkappa_i}}\cdot\frac{1}{R}\,. \tag{129}$$

Wir vergleichen diesen Wert mit dem Ausbreitungswiderstand eines Erders bekannter Form.

Zunächst sei die Vollkugel gewählt, welche in homogenes Erdreich eingelagert ist. Sei R_k ihr Halbmesser, so ist ihr Ausbreitungswiderstand nach (104) mit $t \to \infty$

$$R_a = \frac{1}{4\pi\varkappa_a R_k}\,. \tag{130}$$

[1] Ollendorff, F.: Der Stromübergang aus langgestreckten Leitern in die Erde. Wiss. Veröff. a. d. Siemens-Konzern. Bd. 5, H. 3, S. 12. Vgl. insbesondere S. 14 und 15.

Die Gleichsetzung von (129) und (130) liefert daher für den „äquivalenten Kugelhalbmesser“ R_k die Beziehung

$$\frac{R_k}{R} = \frac{2{,}25\sqrt{\varkappa_a \varkappa_i}}{4\,\pi\,\varkappa_a} = \frac{0{,}18}{\sqrt{\dfrac{\varkappa_a}{\varkappa_i}}}. \qquad (130\,\mathrm{a})$$

Nach Abb. 41 ist demnach der äquivalente Kugelhalbmesser unter praktisch vorliegenden Verhältnissen stets außerordentlich viel größer als der Kabelhalbmesser; beispielsweise ergibt sich für Blei ($\varkappa_i = 47500$ Siemens/cm) und mittleres Erdreich ($\varkappa_a = 10^{-4}$ Siemens/cm) ein Verhältnis $\varkappa_a/\varkappa_i = 2{,}1 \cdot 10^{-9}$, also nach Abb. 41

$$\frac{R_k}{R} = 4000.$$

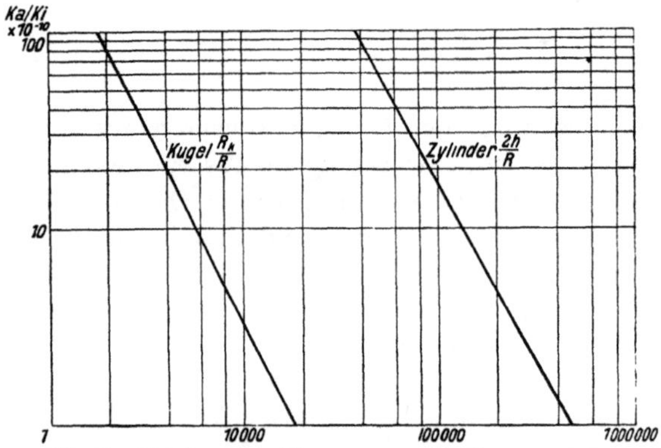

Abb. 41. Gleichwertige Abmessungen von Kugel- und Zylinderelektrode im Vergleich zum Ausbreitungswiderstand langgestreckter Leiter[1].

Zum zweiten sei das Kabel mit einem unendlich gutleitenden Zylinder gleichen Querschnittes verglichen, welcher in endlicher Länge $2l$ dem Erdreich eingelagert ist. Seinen Ausbreitungswiderstand erhält man durch Halbierung des Wertes (65)

$$R_a = \frac{1}{4\,\pi\,\varkappa_a} \cdot \frac{\ln 2\,\dfrac{l}{R}}{l}. \qquad (130\,\mathrm{b})$$

Der Vergleich mit (129) liefert für die äquivalente Zylinderlänge $2l$ die Reduktionsformel

$$\frac{2\,l}{R} = \frac{2{,}25\sqrt{\varkappa_a \varkappa_i}\,\ln\dfrac{2\,l}{R}}{2\,\pi\,\varkappa_a} = \frac{0{,}36}{\sqrt{\dfrac{\varkappa_a}{\varkappa_i}}} \cdot \ln\frac{2\,l}{R}, \qquad (130\,\mathrm{c})$$

welche ebenfalls in Abb. 41 dargestellt ist.

Aus ihr findet man für die schon oben genannten Zahlenwerte der Leitfähigkeiten ein Verhältnis $2l/R = 90000$. Für praktisch in Frage kommende Abmessungen ergeben sich nach dieser Formel Längen von wenigen Kilometern. Man darf also Leiter endlicher Länge $l' \ll l$ als Erder betrachten und nach den in Nr. 11 entwickelten Beziehungen berechnen; umgekehrt ist die Annahme sehr (unendlich) großer Leiterlänge für $l' \gg l$ als berechtigt erwiesen.

[1] S. Fußnote S. 57.

Die Gl. (130a), (131a) lassen sich in der gemeinsamen Form schreiben

$$\frac{R_k}{R} = K\left(\frac{\varkappa_a}{\varkappa_i}\right); \qquad \frac{2\,l}{R} = Z\left(\frac{\varkappa_a}{\varkappa_i}\right). \tag{132}$$

Dividieren wir den Ausbreitungswiderstand (129) durch die gleichwertige Zylinderlänge $2l$, so entsteht unter Benutzung von (132)

$$\frac{R_a}{2\,l} = \frac{1}{2{,}25\,R^2} \cdot \frac{1}{\sqrt{\varkappa_a \varkappa_i} \cdot Z\left(\frac{\varkappa_a}{\varkappa_i}\right)}, \tag{129a}$$

Hier besitzt die linke Seite die Dimension eines Widerstandes pro Längeneinheit, welche bei gegebenen Leitfähigkeiten umgekehrt proportional dem Querschnitt des stromführenden Leiters ist; diese Rechengröße ist also formal ähnlichen Gesetzen wie ein Drahtwiderstand unterworfen.

Als Beispiel behandeln wir den Erdschluß eines sehr tief eingegrabenen Kabels mit Bleimantel. Hier sei, als Mittelwert von Bleimantel- und Eisenbandarmierungs-Leitfähigkeit, auf den Vollquerschnitt gemäß (116) umgerechnet, $\varkappa_i = 47\,500$ Siemens/cm, während wir für $\varkappa_a$ den Wert 10^{-4} Siemens/cm mittleren Erdreiches benutzen. Mit $R = 5$ cm folgt als Ausbreitungswiderstand

$$R_a = \frac{1}{2{,}25 \cdot 5 \cdot \sqrt{4{,}75}} = 0{,}0407\ \Omega\,.$$

Der gleichwertige Kugelhalbmesser ist nach Abb. 41

$$R = 5 \cdot 4000 = 20000\ \text{cm} = 200\ \text{m},$$

während als Länge des gleichwertigen Zylinders nach Abb. 41 entsteht

$$2\,l = 5 \cdot 90000\ \text{cm} = 450000\ \text{cm} = 4{,}5\ \text{km}.$$

Demnach gibt

$$\frac{R_a}{2\,l} = \frac{0{,}0407}{4{,}5} = 0{,}00905\ \Omega/\text{km}$$

die als Widerstand pro Längeneinheit bezeichnete Größe.

Wir können die gleiche Rechnung auf einen an der Erdoberfläche ausgelegten Leiter anwenden, nachdem das Feld mittels der Spiegelungsmethode symmetrisch ergänzt ist; als Quellpunktsstrom haben wir hier $2\,J$ zu betrachten, so daß an Stelle von (129) tritt

$$R_a = \frac{1}{1{,}125\,\sqrt{\varkappa_a \varkappa_i}}\,\frac{1}{R}\,. \tag{129b}$$

Für eine elektrische Vollbahnschiene möge als Leitfähigkeit des Eisens $\varkappa_i = 60000$ Siemens/cm angenommen werden, während die Sohlbreite der Schiene $b = 8$ cm betrage. Nach Nr. 17, Gl. (96) ist die langgestreckte ebene Platte der Breite b einem Runddraht vom Halbmesser $R_w = \frac{1}{4}\, b = 2$ cm gleichwertig, so daß aus (129b)

$$R_a = \frac{1}{1{,}125 \cdot \sqrt{6}} \cdot \frac{1}{2} = 0{,}182\ \Omega\,.$$

Die äquivalente Zylinderlänge folgt aus Abb. 41 zu

$$\frac{2\,l}{R} = 65\,000; \quad 2\,l = 2 \cdot 65\,000 \text{ cm} = 1{,}3 \text{ km},$$

so daß

$$\frac{R_a}{2\,l} = \frac{0{,}182}{1{,}3} = 0{,}14\ \Omega/\text{km},$$

was mit Meßwerten größenordnungsmäßig übereinstimmt.

24. Das Potentialfeld in der Umgebung langgestreckter Leiter. Nachdem wir im vorigen Abschnitt den Ausbreitungswiderstand eines sehr tief vergrabenen und eines an der Oberfläche ausgelegten langgestreckten Leiters bestimmt haben, gehen wir zur Beschreibung des Feldes in der Leiterumgebung über. In der Ebene $z = 0$ ist das Außenpotential nach (122b) und (126)

$$\varphi_a = \frac{J}{4\,\pi\,\varkappa_i} \cdot \int\limits_0^\infty \frac{\varkappa_i\,[J_0(j\,\lambda\,R) \cdot H_1^{(1)}(j\,\lambda\,R) - J_1(j\,\lambda\,R) \cdot H_0^{(1)}(j\,\lambda\,R)]\, j\, H_0^{(1)}(j\,\lambda\,\varrho)\, d\,\lambda}{\varkappa_a\, J_0(j\,\lambda\,R)\, H_1^{(1)}(j\,\lambda\,R) - \varkappa_i\, J_1(j\,\lambda\,R) \cdot H_0^{(1)}(j\,\lambda\,R)}$$

$$\equiv \frac{J}{4\,\pi\,\varkappa_a} \cdot \frac{1}{R} \cdot \int\limits_0^\infty \frac{2}{\pi\,\Lambda} \cdot \frac{j\, H_0^{(1)}\left(j\,\Lambda\,\frac{\varrho}{R}\right) d\,\Lambda}{J_0(j\,\Lambda)\, H_1^{(1)}(j\,\Lambda) - \frac{\varkappa_i}{\varkappa_a} \cdot J_1(j\,\Lambda) \cdot H_1^{(1)}(j\,\Lambda)} \tag{131}$$

wo eine bekannte Beziehung zwischen Besselschen und Hankelschen Funktionen benutzt wurde[1]. Das Integral muß abgeschätzt werden; für $\varkappa_a \ll \varkappa_i$ entsteht[2]

$$\varphi_a = \frac{J}{4\,\pi\,\varkappa_a} \cdot \frac{1}{R}\left(1 + \frac{4}{\pi}\right)\left(\sqrt{\frac{\varkappa_a}{\varkappa_i}} \cdot 2{,}44 + 0{,}205 \cdot \sqrt{\frac{\varkappa_a}{\varkappa_i}} \ln \frac{R}{\varrho}\right). \tag{131a}$$

Um hieraus die Schrittspannung zu berechnen, welcher ein auf die Fehlerstelle zuschreitender Mensch ausgesetzt ist, muß man natürlich eine endliche Eingrabtiefe unter der Erdoberfläche voraussetzen. Wir gehen sogleich zu dem gefährlichsten Fall des an der Erdoberfläche ausgelegten Leiters über, welcher das Kabel sehr angenähert, die Schiene exakt erfaßt. Nach symmetrischer Ergänzung des Strömungsbildes entsprechend einer Verdoppelung des Stromes entsteht dann aus (131a) der Spannungstrichter

$$\varphi_a = \frac{J}{2\,\pi\sqrt{\varkappa_a\,\varkappa_i}} \cdot \frac{1}{R}\left(1 + \frac{4}{\pi}\right)\left(2{,}44 + 0{,}205 \ln \frac{R}{\varrho}\right). \tag{131b}$$

---

[1] Funktionentafeln S. 165.

[2] Ollendorff, F.: Der Stromübergang aus langgestreckten Leitern in die Erde. L. c., S. 18 und 19.

Die Schrittspannung ergibt sich also zu

$$E_s = \frac{J}{2\pi\sqrt{\varkappa_a \varkappa_i}} \frac{1}{R}\left(1+\frac{4}{\pi}\right)\cdot 0{,}205 \cdot \ln \frac{1+\frac{1}{2}\frac{s}{\varrho}}{1-\frac{1}{2}\frac{s}{\varrho}}$$

$$= \frac{J}{R}\cdot 0{,}074 \cdot \frac{1}{\sqrt{\varkappa_a \varkappa_i}} \ln \frac{1+\frac{1}{2}\frac{s}{\varrho}}{1-\frac{1}{2}\frac{s}{\varrho}} \qquad (131\text{c})$$

und für $\varrho = \frac{1}{2}s + R$ die Maximalgefährdung

$$E_{s_{\max}} = \frac{J}{R}\cdot 0{,}074 \cdot \frac{1}{\sqrt{\varkappa_a \varkappa_i}} \cdot \ln\left(1+\frac{s}{R}\right). \qquad (131\text{d})$$

Mit (31) folgt der größtmögliche Körperstrom

$$i_{\max} = \frac{E_{s_{\max}}}{r} = \frac{J}{R}\cdot 0{,}074 \cdot \frac{1}{\sqrt{\varkappa_a \varkappa_i}} \ln\left(1+\frac{s}{R}\right)\cdot 2\,\varkappa_a d$$

$$= J \cdot \frac{d}{R}\cdot 0{,}148 \cdot \sqrt{\frac{\varkappa_a}{\varkappa_i}} \ln\left(1+\frac{s}{R}\right), \qquad (131\text{e})$$

so daß aus (30) der Gefahrstrom bestimmt ist

$$J_g = \frac{1}{2{,}96}\cdot\frac{R}{d}\cdot\frac{\sqrt{\frac{\varkappa_i}{\varkappa_a}}}{\ln\left(1+\frac{s}{R}\right)} \text{ Amp.} \qquad (131\text{f})$$

In größerer Entfernung vom Fehlerorte kann hinreichend genau die Schrittspannung als Produkt der Schrittweite mit der Feldstärke ermittelt werden, so daß aus (131b)

$$E_s = \frac{J}{R}\cdot 0{,}074 \cdot \frac{1}{\sqrt{\varkappa_a \varkappa_i}} \frac{1}{\varrho}. \qquad (131\text{g})$$

Die Gefährdung nimmt also mit der Entfernung vom Fehlerort viel langsamer ab als bei einem Erder (vgl. Gl. 42b). Die Gefahrzone folgt mit Rücksicht darauf, daß jetzt der Ausbreitungswiderstand beider Füße für den Körperwiderstand maßgebend ist, zu

$$\varrho_g = J \cdot 1{,}48 \cdot \frac{s\,d}{R}\cdot\sqrt{\frac{\varkappa_a}{\varkappa_i}}, \qquad (131\text{h})$$

sie wächst also zum Unterschied gegen Gl. (44a) mit dem Strome direkt proportional an. Die entwickelten Formeln zeigen gegenüber den entsprechenden Erderformeln eine starke Abhängigkeit der physiologischen Kenngrößen vom Material des stromführenden Leiters: Durch Wahl hinreichend gut leitenden Leitermaterials kann der Gefahrstrom beliebig heraufgesetzt, die Gefahrzone beliebig verkleinert werden.

Wir benutzen Gl. (131a) zur Ermittelung des Ausbreitungswiderstandes eines in mäßiger Tiefe t unter der Erde verlegten Leiters. Nach symmetrischer Ergänzung des Strömungsbildes ist die Anordnung identisch mit dem System zweier im Abstand $2t$ paralleler Leiter. Vernachlässigt man entsprechend Nr. 20 die geringe Änderung der Äquipotentialflächen bei Superposition der vom realen Leiter und von seinem Spiegelbilde herrührenden Einzelleiter, so ergibt sich das Sekundärpotential des Quellpunktes aus (129) und (131a)

$$\varphi_a' = J\left[\frac{1}{2{,}25\cdot\sqrt{\varkappa_a\varkappa_i}}\cdot\frac{1}{R}+\frac{1}{2{,}25\cdot\sqrt{\varkappa_a\varkappa_i}}\cdot\frac{1}{R}+0{,}0367\ln\frac{R}{2t}\right]$$
$$=\frac{J}{2{,}25\cdot\sqrt{\varkappa_a\varkappa_i}\cdot R_\infty}\left[2-0{,}082\cdot\ln\frac{2t}{R}\right]. \qquad (131\text{i})$$

Der Ausbreitungswiderstand ist also von dem Werte $R_{a\infty}$ bei unendlicher Eingrabtiefe nach (129) auf

$$R_{a_t} = R_{a_\infty}\left[2-0{,}082\cdot\ln\frac{2t}{R}\right] \qquad (131\text{k})$$

gestiegen. Dieses Ergebnis stimmt formal mit (107) überein, nachdem für l passende Werte eingesetzt werden. Man erkennt aus Abb. 42, daß hiernach selbst für beträchtliche Eingrabtiefen der Ausbreitungswiderstand erheblich größer ist, als er im allseitig unendlich ausgedehnten Erdreich sein würde; man muß daher für Kabel stets mit Gl. (131k) rechnen.

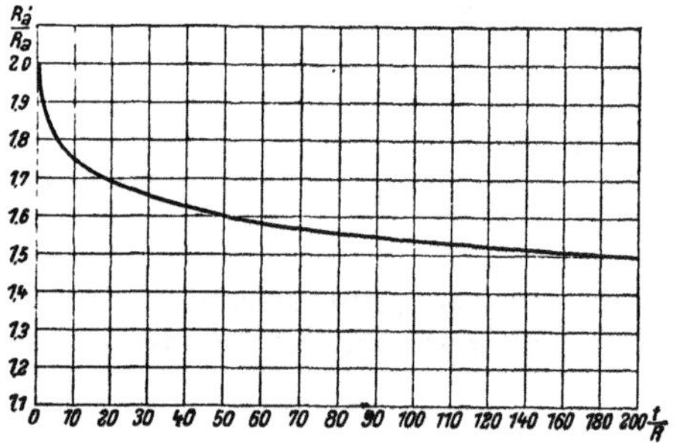

Abb. 42. Ausbreitungswiderstand langgestreckter Leiter in endlicher Eingrabtiefe[1].

Um das Feld im Innern des stromführenden Leiters zu beschreiben, berechnen wir die **Abnahme des Leitungsstromes**. Zunächst folgt die axiale Stromdichte durch Differentiation von (122)

$$\mathfrak{i} = -\varkappa_i\frac{\partial\varphi_i}{\partial z} = \frac{J}{4\pi}\int_0^\infty\left[g(\lambda)\cdot J_0(j\lambda\varrho)+jH_0^{(1)}(j\lambda\varrho)\right]\sin\lambda z\,\lambda\,dz\,. \qquad (132)$$

Die gesamte Stromführung des Leiters ist

$$\left.\begin{aligned} J_z &= \int_0^R 2\pi\varrho\,\mathfrak{i}\,d\varrho \\ &= \frac{J}{2}\cdot\int_0^\infty\left[Rg(\lambda)\cdot\frac{1}{j}J_1(j\lambda R)+R\cdot H_1^{(1)}(j\lambda R)+\frac{2}{\pi\lambda}\right]\sin\lambda z\,d\lambda \\ &= \frac{J}{2}\int_0^\infty\left[-\frac{2}{\pi\lambda}\cdot\frac{H_1^{(1)}(j\lambda R)}{J_0(j\lambda R)H_1^{(1)}(j\lambda R)-\frac{\varkappa_i}{\varkappa_a}J_1(j\lambda R)H_0^{(1)}(j\lambda R)}+\frac{2}{\pi\lambda}\right]\sin\lambda z\,d\lambda \end{aligned}\right\} \qquad (132\text{a})$$

[1] S. Fußnote S. 57.

Nun ist

$$\int_0^\infty \frac{2}{\pi \lambda} \sin \lambda z \, d\lambda = 1,$$

so daß

$$J = \frac{J}{2}\left(1 - \int_0^\infty \frac{2}{\pi \Lambda} \cdot \frac{H_1^{(1)}(j\Lambda) \sin \Lambda \frac{z}{R} \cdot d\Lambda}{J_0(j\Lambda) \cdot H_1^{(1)}(j\Lambda) - \frac{\varkappa_i}{\varkappa_a} J_1(j\Lambda) \cdot H_1^{(1)}(j\Lambda)}\right) \qquad (132\text{b})$$

wobei das Integralglied offenbar den gesamten, bis zum Orte z des stromführenden Leiters in die Erde entwichenen Strom J_d darstellt. Die Abschätzung des Integrales liefert[1]

$$J_d = \frac{J}{2}\left(1 - e^{-0{,}41 \cdot \sqrt{\frac{\varkappa_a}{\varkappa_i}} \frac{z}{R}}\right), \qquad (132\text{c})$$

so daß

$$J_z = \frac{J}{2} e^{-0{,}41 \cdot \sqrt{\frac{\varkappa_a}{\varkappa_i}} \cdot \frac{z}{R}}. \qquad (132\text{d})$$

Der Strom ist hiernach in der Entfernung

$$z_{gr} = \frac{R}{0{,}41 \cdot \sqrt{\frac{\varkappa_a}{\varkappa_i}}} = 2{,}45 \cdot \sqrt{\frac{\varkappa_i}{\varkappa_a}} \cdot R \qquad (132\text{e})$$

auf ⅓ seines Anfangswertes $\frac{J}{2}$ abgesunken; für normale Abmessungen ergibt sich hierfür die Größenordnung einiger Kilometer.

Wir werten diese Beziehungen für die im vorigen Abschnitt genannten Beispiele aus. Für das Kabel ergibt sich der Gefahrstrom mit $s = 100$ cm, $d = 20$ cm aus (131f)

$$J_g = \frac{1}{2{,}96} \cdot \frac{5}{20} \cdot \frac{2{,}18 \cdot 10^4}{\ln\left(1 + \frac{100}{5}\right)} = 605 \text{ Amp.}$$

Ein Strom von 6000 Amp. erzeugt nach (131h) die Gefahrzone

$$\varrho_g = 6000 \cdot 1{,}48 \cdot \frac{100 \cdot 20}{5} \cdot 0{,}46 \cdot 10^4 = 162 \text{ cm} = 1{,}62 \text{ m},$$

so daß also nur eine sehr kleine Umgebung des Leiters gefährdet ist. Die Abnahme des Leitungsstromes im Kabelmantel folgt nach Gl. (132d)

$$J = \frac{J}{2} \cdot e^{-0{,}41 \cdot 0{,}46 \cdot 10^{-4} \cdot \frac{z}{R}} = \frac{J}{2} \cdot e^{-1{,}88 \cdot 10^{-5} \frac{z}{R}},$$

so daß er nach (132e) in

$$z_{gr} = \frac{2{,}45}{0{,}46 \cdot 10^{-4}} \cdot 5 = 2{,}66 \cdot 10^5 \text{ cm} = 2{,}66 \text{ km}$$

[1] F. Ollendorff, l. c. Nr. 7.

Entfernung vom Fehlerort auf ⅓ des Anfangswertes gesunken ist. Dieses für die Erhitzung des Mantels durch Stromwärme ungünstige Ergebnis wird dadurch verschärft, daß bei Anwendung der Gl. (132d) nur der halbe Querschnitt als stromführend angenommen wird, während in Wahrheit der ganze Querschnitt hierfür in Frage kommt.

Wenn das Kabel an der Oberfläche liegt, erhöht sich sein Ausbreitungswiderstand auf den Wert (129b), also

$$R_{a_0} = \frac{1}{1{,}225 \cdot 5 \cdot \sqrt{4{,}75}} = 0{,}814\ \Omega.$$

Ist das Kabel $t = 100$ cm unter der Erdoberfläche vergraben, so wird $t/R = 20$, und der Ausbreitungswiderstand wird nach (131k)

$$R_{a_t} = 0{,}00905 \cdot 1{,}68 = 0{,}0688\ \Omega,$$

so daß man in der Tat durch das Eingraben nur eine mäßige Verringerung des Ausbreitungswiderstandes erzielt. Will man daher in Erde verlegte Seile zur Überleitung des Stromes in die Erde benutzen, so hat es bezüglich des zu erreichenden Ausbreitungswiderstandes keinen Zweck, das Seil sehr tief zu vergraben.

Für die Schiene ergibt sich mit den im vorigen Abschnitt genannten Zahlen der Gefahrstrom

$$J_g = \frac{1}{2{,}96} \cdot \frac{2}{20} \cdot \frac{2{,}45 \cdot 10^4}{\ln\left(1 + \frac{100}{2}\right)} = 210 \text{ Amp.},$$

er ist also erheblich kleiner als beim Kabel. Die Gefahrzone beträgt bei Einführung eines Stromes von 2000 Amp. nach (131b)

$$\varrho_g = 2000 \cdot 1{,}48 \cdot \frac{100 \cdot 20}{2} \cdot 0{,}403 \cdot 10^{-4} = \sim 120 \text{ cm} = 1{,}20 \text{ m}.$$

Bei der Anwendung dieser Zahlen auf anfahrende elektrische Triebfahrzeuge hat man selbstverständlich zu beachten, daß der gesamte Fahrstrom sich auf zahlreiche Kontaktstellen (Räder) verteilt; es kann daher der Anfahrstrom ein Vielfaches der obengenannten Werte betragen, ohne gefährlich zu werden.

Betrachten wir zum Schlusse noch den Verlauf des Stromes in den Schienen, so ergibt sich das Abnahmegesetz

$$J = \frac{J}{2} \cdot e^{-0{,}41 \cdot 0{,}408 \cdot 10^{-4} \cdot \frac{z}{R}} = \frac{J}{2} \cdot e^{-1{,}66 \cdot 10^{-4} \cdot \frac{z}{R}},$$

wonach also eine Reduktion auf ein Sechstel des Gesamtstromes erst in der Entfernung

$$z_{gr} = \frac{2}{1{,}66} \cdot 10^5 \text{ cm} = 1{,}2 \text{ km}$$

erreicht wird.

Alle die auf Eisenbahnschienen bezüglichen Werte sind mit einer großen Unsicherheit behaftet; insbesondere dürfte die Berücksichtigung der Bettung zu günstigeren Ergebnissen führen. Man muß daher experimentell ermittelte Werte der wirksamen Leitfähigkeiten $\varkappa_a$ und $\varkappa_i$ einführen, wobei man in dem Gesetz für die Abnahme des Schienenstromes ein geeignetes Meßverfahren besitzt.

VI. Inhomogenitäten im Erdreich.

25. Folgen einer Stromüberlastung des Erders; der Übergangswiderstand. Die Strömung in der Erde entwickelt in jedem Raumelement sekundlich die Wärmemenge

$$w = \varkappa\, \mathfrak{E}^2 . \tag{133}$$

Bei hohen Erderstromstärken kann hierdurch das im Erdreich enthaltene Wasser verdampft werden, so daß sich an den Erder eine trockene, unter Umständen sogar fest zusammengebackene Erdkruste bildet. Die Leitfähigkeit $\varkappa_i$ dieser Schicht ist in der Regel viel niedriger als die Leitfähigkeit $\varkappa$ des umgebenden Erdreiches, so daß der Strom jetzt zwei homogene Schichten stark verschiedener Leitfähigkeit durchfließen muß. Wir untersuchen die Folgen einer solchen Stromüberlastung auf die Eigenschaften einfacher Erderformen; aus den Ergebnissen lassen sich die entsprechenden Folgerungen für Mehrfacherder und Tiefenerder leicht mittels der in Nr. 13÷20 entwickelten Beziehungen erweitern.

Beim Halbkugelerder (Nr. 8) kann nach symmetrischer Ergänzung des Strömungsbildes die Kruste als konzentrisch zum Erder liegende Halbkugel vom Halbmesser $\varrho_i > \varrho_0$ dargestellt werden. In beiden Teilen des Erdreiches verlaufen die Stromlinien radial nach außen. Da das Potential φ_a des Außenraumes im Unendlichen verschwinden muß, bleibt dort das Feld (38) erhalten; das Innenpotential der Kruste lautet entsprechend

$$\varphi_i = \frac{J}{2\pi\varkappa_i}\left[\frac{1}{\varrho} + \text{konst.}\right] \qquad \varrho_0 \leqq \varrho \leqq \varrho_i , \tag{134}$$

wobei die Integrationskonstante aus den an der Krustenoberfläche $\varrho = \varrho_i$ herrschenden Grenzbedingungen (18a) und (19) zu bestimmen ist

$$\frac{J}{2\pi\varkappa}\cdot\frac{1}{\varrho_i} = \frac{J}{2\pi\varkappa_i}\left[\frac{1}{\varrho_i} + \text{konst.}\right]; \qquad \varkappa\cdot\frac{J}{2\pi\varkappa}\cdot\frac{1}{\varrho_i} = \varkappa_i\cdot\frac{J}{2\pi\varkappa_i}\cdot\frac{1}{\varrho_i^2} \tag{135}$$

woher sogleich

$$\text{konst} = -\frac{\varkappa-\varkappa_i}{\varkappa}\cdot\frac{1}{\varrho_i}; \qquad \varphi_i = \frac{J}{2\pi\varkappa_i}\left[\frac{1}{\varrho} - \frac{\varkappa-\varkappa_i}{\varkappa}\cdot\frac{1}{\varrho_i}\right]. \tag{134a}$$

Für $\varrho = \varrho_0$ erhält man Erderpotential und Ausbreitungswiderstand

$$\left.\begin{aligned} \varphi_0 &= \frac{J}{2\pi\varkappa}\cdot\left[\frac{\varkappa}{\varkappa_i}\frac{1}{\varrho_0} - \frac{\varkappa-\varkappa_i}{\varkappa_i}\frac{1}{\varrho_i}\right] = \frac{J}{2\pi\varkappa}\left[\frac{1}{\varrho_i} + \frac{\varkappa}{\varkappa_i}\left(\frac{1}{\varrho_0} - \frac{1}{\varrho_i}\right)\right]; \\ R &= \frac{\varphi_0}{J} = \frac{1}{2\pi\varkappa\varrho_0}\cdot\left[\frac{\varrho_0}{\varrho_i} + \frac{\varkappa}{\varkappa_i}\left(1 - \frac{\varrho_0}{\varrho_i}\right)\right]. \end{aligned}\right\} \tag{134b}$$

Durch Vergleich des hier gefundenen Ausbreitungswiderstandes mit dem Wert (41) des nicht überlasteten Erders erkennt man, daß durch die Krustenbildung der Ausbreitungswiderstand steigt, entsprechend wächst auch die Berührungsspannung des Erders an. Wenn insbesondere die Kruste die im Verhältnis zu ϱ_0 sehr kleine Dicke $\Delta\varrho$ besitzt, folgt aus (134b)

$$R = \frac{1}{2\pi\varkappa\varrho_0}\left[1 + \frac{\varkappa}{\varkappa_i}\frac{\Delta\varrho}{\varrho_0}\right], \qquad (134\,c)$$

wobei das Klammerglied unmittelbar den infolge der Überlastung erfolgenden Widerstandsanstieg anzeigt. Beispielsweise ergibt sich für $\varkappa_i = \frac{1}{10}\varkappa$, $\Delta\varrho = 10$ cm, $\varrho_0 = 150$ cm

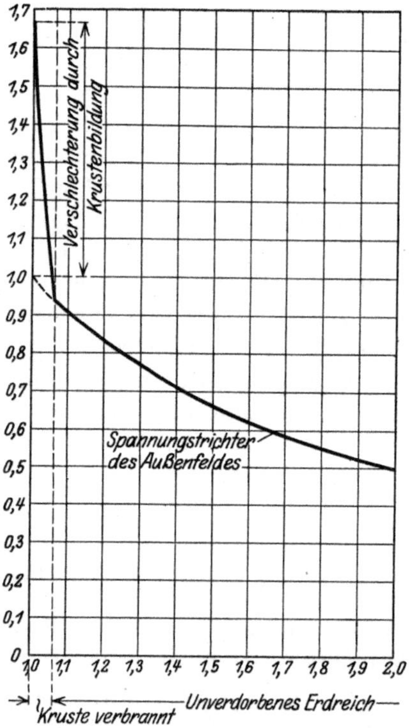

Abb. 43. Spannungstrichter in der Umgebung eines durch Überlastung zerstörten Erders.

$$1 + \frac{\varkappa}{\varkappa_i}\frac{\Delta\varrho}{\varrho_0} = 1 + 10\cdot\frac{10}{150} = 1{,}67,$$

also eine sehr bedeutende Verschlechterung der Anordnung.

Während die Gefahrzone wegen des unveränderten Feldes im Außenraum trotz der Erhöhung des Ausbreitungswiderstandes nicht ansteigt, wird der Gefahrstrom herabgedrückt. Denn die maximale Schrittspannung findet sich mit (134c) und (38)

$$E_{s\max} = \frac{J}{2\pi\varkappa\varrho_0}\left[1 + \frac{\varkappa}{\varkappa_i}\cdot\frac{\Delta\varrho}{\varrho_0}\right] - \frac{J}{2\pi\varkappa(\varrho_0+s)} = \frac{J}{2\pi\varkappa}\cdot\frac{s}{\varrho_0^2+s\varrho_0} + \frac{J}{2\pi\varkappa}\cdot\frac{\varkappa}{\varkappa_i}\cdot\frac{\Delta\varrho}{\varrho_0^2} = \frac{J}{2\pi\varkappa}\cdot\frac{s}{\varrho_0^2+s\varrho_0}\left[1 + \frac{\varkappa}{\varkappa_i}\left(\frac{1}{s}+\frac{1}{\varrho_0}\right)\Delta\varrho\right]. \qquad (134\,d)$$

Durch Vergleich mit (42a) erweist sich das Klammerglied als Effekt der Krustenbildung. Für die genannten Zahlen berechnet sich mit $s = 100$ cm

$$1 + \frac{\varkappa}{\varkappa_i}\left(\frac{1}{s}+\frac{1}{\varrho_0}\right)\cdot\Delta\varrho = 1 + 10\left(\frac{1}{100}+\frac{1}{150}\right)\cdot 10 = 1{,}40$$

und im umgekehrten Verhältnis geht der Gefahrstrom herunter. Obwohl also die Überlastung auch die physiologischen Wirkungen des Erders vergrößert und damit den Erder als Ganzes verschlechtert, sind doch diese Folgen weit schwächer ausgeprägt als der Anstieg des Ausbreitungswiderstandes. Dieses Ergebnis wird durch die in Abb. 43 gezeichnete Gestalt des Spannungstrichters gemäß (134a) und (38) veranschaulicht, aus welchem man erkennt, daß der steilste Absturz des Potentiales in der Kruste stattfindet. Wir beschränken uns daher im folgenden darauf, die Erhöhung des Ausbreitungswiderstandes zu bestimmen.

Beim Kreisplattenerder betrachten wir als Kruste erniedrigter Leitfähigkeit ein abgeplattetes Rotationsellipsoid der großen Halbachse $\varrho_i > \varrho_0$; die Krustenoberfläche ist also nach (51) in elliptischen Koordinaten durch

$$u_i = \varrho_i \tag{136}$$

gegeben. Somit bleibt das Außenpotential (55) bestehen, und innerhalb der Kruste gilt

$$\varphi_i = \frac{J}{2\pi\varkappa_i} \cdot \frac{1}{\varrho_0}\left[\arcsin\frac{\varrho_0}{n} + \text{konst}\right] \varrho_0 \leqq n \leqq \varrho_i. \tag{137}$$

Zur Bestimmung der Integrationskonstanten ziehen wir die Grenzbedingungen (18a) an der Krustenoberfläche (136) heran

$$\left.\begin{aligned} \frac{J}{2\pi\varkappa_i}\frac{1}{\varrho_0}\left[\arcsin\frac{\varrho_0}{\varrho_i} + \text{konst}\right] &= \frac{J}{2\pi\varkappa}\cdot\frac{1}{\varrho_0}\left[\arcsin\frac{\varrho_0}{\varrho_i}\right];\\ \text{konst.} &= -\frac{\varkappa-\varkappa_i}{\varkappa}\cdot\arcsin\frac{\varrho_0}{\varrho_i}, \end{aligned}\right\} \tag{138}$$

wodurch (19) von selbst erfüllt ist. Durch Einsetzen in (137) ergibt sich für $u = \varrho_0$ das Erderpotential und der Ausbreitungswiderstand

$$\left.\begin{aligned} \varphi_0 &= \frac{J}{2\pi\varkappa}\cdot\frac{1}{\varrho_0}\left[\frac{\varkappa}{\varkappa_i}\cdot\frac{\pi}{2} - \left(\frac{\varkappa}{\varkappa_i} - 1\right)\arcsin\frac{\varrho_0}{\varrho_i}\right];\\ R &= \frac{\varphi_0}{J} = \frac{1}{2\pi\varkappa}\cdot\frac{1}{\varrho_0}\left[\arcsin\frac{\varrho_0}{\varrho_i} + \frac{\varkappa}{\varkappa_i}\left(\frac{\pi}{2} - \arcsin\frac{\varrho_0}{\varrho_i}\right)\right]. \end{aligned}\right\} \tag{138a}$$

Wenn ϱ_i nur um die kleine Länge $\Delta\varrho$ den Kreisplattenhalbmesser übertrifft, gilt also mit guter Näherung

$$R = \sim \frac{1}{2\pi\varkappa}\cdot\frac{1}{\varrho_0}\cdot\left[\frac{\pi}{2} + \frac{\varkappa}{\varkappa_i}\cdot\sqrt{2\frac{\Delta\varrho}{\varrho_0}}\right] = \frac{1}{4\varkappa\varrho_0}\cdot\left[1 + \frac{2}{\pi}\cdot\frac{\varkappa}{\varkappa_i}\sqrt{2\frac{\Delta\varrho}{\varrho_0}}\right]. \tag{138b}$$

Für $\varrho_0 = 150$ cm, $\Delta\varrho_0 = 10$ cm $\frac{\varkappa}{\varkappa_i} = 10$ findet man somit als Wert des Klammergliedes, welches die Widerstandserhöhung angibt

$$1 + \frac{2}{\pi}\cdot 10\cdot\sqrt{\frac{20}{150}} = 3{,}32.$$

Der Widerstand nimmt hier wegen der Konzentration der Stromlinien am Plattenrande (vgl. Nr. 9) gewaltig zu, so daß solche Plattenerder weit weniger überlastungsfähig sind als Halbkugelerder. Dieses Ergebnis wird allerdings in seiner Schärfe dadurch gemildert, daß sich die Überlastungskrusten zunächst hauptsächlich in der Umgebung des Randes bilden und erst bei lang dauerndem Stromdurchgang die hier zugrunde gelegte Ellipsoidform annehmen.

Für Rohrerder und gestreckte Banderder kann die durch Überlastung entstehende Kruste als ein mit dem Erder konfokales gestrecktes Rotationsellipsoid der kleinen Halbachse $\varrho_i > \varrho_0$ angenommen werden; die Krustenoberfläche ist also nach (61) gegeben durch

$$u_i = \sqrt{l^2 + \varrho_i^2} = \sim l + \frac{1}{2}\frac{\varrho_i^2}{l}. \tag{139}$$

Das Außenfeld wird durch (66) dargestellt, das Innenfeld also durch

$$\varphi_i = \frac{J}{4\pi\varkappa_i l}\left[\ln\frac{u+l}{u-l} + \text{konst}\right];\quad l + \frac{1}{2}\frac{\varrho_0^2}{l} \leqq u \leqq l + \frac{1}{2}\frac{\varrho_i^2}{l}. \tag{140}$$

Die Konstante ist durch die Grenzbedingung (18a) für $u = u_i$ bestimmt, also mit (139)

$$\frac{J}{4\pi\varkappa_i l}\left[2\ln\frac{2l}{\varrho_i} + \text{konst}\right] = \frac{J}{4\pi\varkappa l}\cdot 2\ln\frac{2l}{\varrho_i};\quad \text{konst} = -\frac{\varkappa-\varkappa_i}{\varkappa}\cdot 2\ln\frac{2l}{\varrho_i}, \tag{141}$$

so daß Erderpotential und Ausbreitungswiderstand sich berechnen

$$\varphi_0 = \frac{J}{2\pi\varkappa l}\cdot\left[\frac{\varkappa}{\varkappa_i}\cdot\ln\frac{2l}{\varrho_0} - \frac{\varkappa-\varkappa_i}{\varkappa_i}\cdot\ln\frac{2l}{\varrho_i}\right]$$

$$= \frac{J}{2\pi\varkappa l}\cdot\ln\frac{2l}{\varrho_0}\left[\frac{\ln\frac{2l}{\varrho_i}}{\ln\frac{2l}{\varrho_0}} + \frac{\varkappa}{\varkappa_i}\cdot\ln\frac{\varrho_i}{\varrho_0}\right] = J\cdot R. \tag{141a}$$

Für $l = 200$ cm, $\varrho_0 = 2$ cm, $\varrho_i = 5$ cm und $\frac{\varkappa_i}{\varkappa} = 10$ findet man durch Berechnung des Klammergliedes die Widerstandserhöhung

$$\frac{\ln\frac{2l}{\varrho_i}}{\ln\frac{2l}{\varrho_0}} + \frac{\varkappa}{\varkappa_i}\ln\frac{\varrho_i}{\varrho_0} = \frac{\ln\frac{2\cdot 200}{2}}{\ln\frac{2\cdot 200}{5}} + 10\cdot\ln\frac{5}{2} = 1{,}21 + 9{,}15 = 10{,}36.$$

Da die Gl. (141a) nach Ersatz von l durch $\pi\varrho_i$ näherungsweise auch für Kreisbanderder gilt [Nr. 12, Gl. (75a) und (76)] erkennt man aus dieser Zahlenrechnung, daß Banderder und Rohrerder außerordentlich empfindlich gegen Überlastung durch zu hohen Erderstrom sind. Bei derartigen Erdern ist daher die thermische Vorausbestimmung der zulässigen Erderströme unumgänglich (vgl. Kap. XII).

Schlechtleitende Schichten an den Oberflächen der Erder entstehen häufig auch ohne thermische Überlastung durch chemische Vorgänge an der Grenzfläche Metall—Erdreich, beispielsweise Rostbildung an eisernen Bändern; ähnlich kann ein Schutzanstrich wirken. Durch

Annahme sehr dünner Schichten erhält man ihren Zusatzwiderstand ΔR für den Halbkugelerder

$$\Delta R = \frac{1}{2\pi\varkappa_i} \cdot \frac{\Delta\varrho}{\varrho_0^2} \tag{134d}$$

für den Kreisplattenerder

$$\Delta R = \frac{1}{2\pi\varkappa_i} \cdot \frac{1}{\varrho_0} \cdot \sqrt{\frac{2\,\Delta\varrho}{\varrho_0}} \tag{138c}$$

und für Band- und Rohrerder

$$\Delta R = \frac{1}{2\pi\varkappa_i} \cdot \frac{1}{l} \cdot \ln\frac{2l}{\varrho_0} \cdot \frac{\Delta\varrho}{\varrho_0}. \tag{141b}$$

Dieser Zusatzwiderstand hängt nur von den Eigenschaften der Schicht ab, welche den Übergang zwischen Erder und Erdreich vermittelt; er wird im Gegensatz zum Ausbreitungswiderstand als Übergangswiderstand bezeichnet; praktisch ist er meist vernachlässigbar klein.

26. Oberflächenerder in geschichtetem Erdreich. Häufig ändert sich die Leitfähigkeit des Erdreiches mit der Tiefe. Es wird vorausgesetzt, daß man die Leitfähigkeit $\varkappa_0$ einer zur Erdoberfläche parallelen Oberschicht als homogen ansehen kann; sie kann je nach der Ursache der Schichtung größer oder kleiner als die Leitfähigkeit $\varkappa$ des darunter liegenden Erdreiches sein: Geologische Gründe weisen häufig auf in der Tiefe liegendes Gestein hin, so daß dann $\varkappa_0 > \varkappa$ ist. Umgekehrt kann Grundwasser tief gelegene Sandschichten so stark durchfeuchten, daß $\varkappa > \varkappa_0$ wird. Endlich beeinflußten intensive Sonnenbestrahlung, Bodenfrost oder starke Regengüsse die Oberflächenleitfähigkeit in dem einen oder anderen Sinne.

Wir setzen zunächst dei Stärke t der Oberflächenschicht groß gegen die linearen Erderabmessungen voraus. In einem homogenen Erdreich der Leitfähigkeit $\varkappa_0$ wird dann das Strömungsfeld in der Erderumgebung für die jeweils benutzte Erderform nach den früher entwickelten Gesetzen geregelt, während es in größerer Entfernung in das Quellpunktspotential (27c) übergeht

$$\varphi_p = \frac{J}{2\pi\varkappa_0} \cdot \frac{1}{\varrho}. \tag{142}$$

Dieses Feld erfüllt nicht die an der unteren Grenze der Schicht herrschenden Bedingungen; diese wird daher Ursprung zweier Sekundärpotentiale φ_{s_0} der Oberschicht und φ_s des darunter liegenden Erdreiches, so daß die Gesamtpotentiale beider Räume sich darstellen

$$\left.\begin{aligned} \varphi_0 &= \varphi_p + \varphi_{s_0}, \\ \varphi &= \varphi_p + \varphi_s. \end{aligned}\right\} \tag{143}$$

Zur Ermittelung der Sekundärpotentiale führen wir nach Abb. 44 ein Zylinderkoordinatensystem z, ϱ, ϑ ein, dessen Ursprung im Erder liegt und dessen z-Achse vertikal zur Erdoberfläche weist. Aus Symmetriegründen hängt das Sekundärfeld nicht von ϑ ab, so daß die Potentialgleichung die Form (117) annimmt.

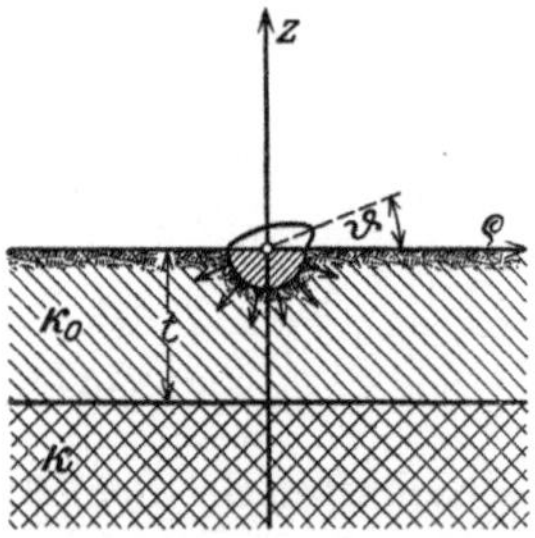

Abb. 44. Zu den Grundgleichungen geschichteten Erdreiches.

Damit das Potential im Unendlichen verschwinde, muß das Sekundärpotential φ_s die Gestalt besitzen

$$\varphi_s = e^{-\lambda z} \cdot f(\varrho)\,, \tag{144}$$

wo λ einen zunächst unbestimmten Parameter bedeutet. Durch Einsetzen in (117) entsteht für $f(\varrho)$ die Bestimmungsgleichung

$$\frac{d^2 f}{d\varrho^2} + \frac{1}{\varrho} \cdot \frac{df}{d\varrho} + \lambda^2 z = 0\,, \tag{144a}$$

deren für $\varrho = 0$ endliche Lösung die Besselsche Funktion $J_0(\lambda\varrho)$ ist. Mit Hinzufügung einer willkürlichen Integrationskonstanten $g(\lambda)$ und Summation beliebig vieler derartiger Partikularlösungen können wir also setzen

$$\varphi_s = \frac{J}{2\pi\varkappa_0} \int\limits_0^\infty g(\lambda)\, e^{+\lambda z} \cdot J_0(\lambda\varrho)\, d\lambda\,. \tag{144b}$$

In der Oberschicht muß das Potential symmetrisch zur Erdoberfläche verlaufen, so daß analog (144b)

$$\varphi_{s_0} = \frac{J}{2\pi\varkappa_0} \cdot \int\limits_0^\infty h(\lambda) \cdot [e^{\lambda z} + e^{-\lambda z}]\, J_0(\lambda\varrho)\, d\lambda \tag{144c}$$

Mit Benutzung der Identität

$$\frac{1}{\varrho} = \frac{1}{\sqrt{\varrho^2 + z^2}} = \left.\begin{array}{ll} \int\limits_0^\infty e^{-\lambda z} \cdot J_0(\lambda\varrho)\, d\lambda & z > 0 \\ \int\limits_0^\infty e^{\lambda z} J_0(\lambda\varrho)\, d\lambda & z < 0 \end{array}\right\} \tag{144d}$$

schreiben sich jetzt die Bedingungen (18a) und (19) an der Grenze $z = -t$ der Oberschicht

$$\left.\begin{array}{l} e^{-\lambda t} + h(\lambda)\,(e^{-\lambda t} + e^{\lambda t}) = e^{-\lambda t} + g(\lambda) \cdot e^{-\lambda t}\,, \\ \varkappa_0 \lambda\, [e^{-\lambda t} + h(\lambda)\,(e^{-\lambda t} - e^{\lambda t})] = \varkappa\lambda\, [e^{-\lambda t} + g(\lambda)\, e^{-\lambda t}]\,. \end{array}\right\} \tag{145}$$

Für die Anwendung interessiert nur das Feld der Oberschicht; hierfür erhalten wir aus (145) sogleich

$$h(\lambda) = -\frac{\frac{\varkappa - \varkappa_0}{\varkappa + \varkappa_0} \cdot e^{-2\lambda t}}{1 + \frac{\varkappa - \varkappa_0}{\varkappa + \varkappa_0} \cdot e^{-2\lambda t}} = -\beta e^{-2\lambda t} + \beta^2 e^{-4\lambda t} - \beta^3 e^{-6\lambda t} + - ;$$
$$\beta = \frac{\varkappa - \varkappa_0}{\varkappa + \varkappa_0}\,, \tag{145a}$$

wo β eine Leitfähigkeitskonstante des geschichteten Erdreiches ist. Einsetzen in (144c) ergibt mit Beachtung von (144d)

$$\varphi_{s_0} = \frac{J}{2\pi\varkappa_0}\int_0^\infty (-\beta e^{-2\lambda t} + \beta^2 e^{-4\lambda t} - + \cdots)\left[e^{\lambda z} + e^{-\lambda z}\right]\cdot J_0(\lambda\varrho)\,d\lambda$$

$$= \frac{J}{2\pi\varkappa_0}\left[\sum_{n=1}^\infty \beta^n \frac{(-1)^n}{\sqrt{\varrho^2 + (2nt+z)^2}} + \sum_{n=1}^\infty \beta^n \frac{(-1)^n}{\sqrt{\varrho^2 + (2nt-z)^2}}\right] \qquad (146)$$

Insbesondere folgt für $z = 0$ die **Rückwirkung** der Grenzschicht auf **Erderpotential** und **Spannungstrichter**

$$\varphi_{s_0} = \frac{J}{2\pi\varkappa_0}\cdot\sum_{n=1}^\infty \frac{2\beta^n\cdot(-1)^n}{\sqrt{\varrho^2 + (2nt)^2}}. \qquad (146\text{a})$$

Nach (146,) (146a) ist also die **Rückwirkung der Grenzschicht auf die Oberschicht ersetzbar durch zwei Systeme von Quellpunkten**, die nach Abb. 45 durch **fortgesetzte Spiegelung an den Grenzflächen** der beiderseitig der Erdoberfläche symmetrisch ergänzten Oberschicht hervorgehen, wobei $-\beta$ den Intensitätsfaktor der Spiegelung angibt. Dieses Ergebnis läßt sich auf elementarem Wege leicht verifizieren.

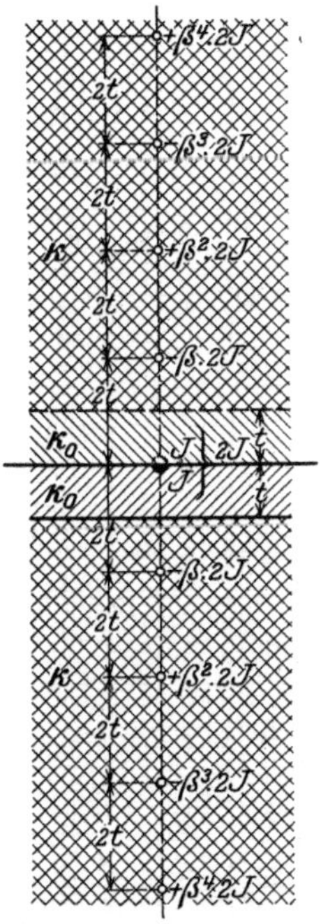

Abb. 45. Allgemeines Spiegelungsverfahren für geschichtetes Erdreich.

Wenn die **Oberschicht beträchtlich schlechter leitet als das darunter befindliche Erdreich**, erhält man nach (145a) $\beta = 1$, so daß das Potential aus einer **Reihe gleichstarker Quellen abwechselnden Vorzeichens** zusammengesetzt werden kann. Für die Rückwirkung der Grenzfläche auf den Erder findet man also

$$\varphi_{s_0} = \frac{J}{2\pi\varkappa_0}\cdot\sum_{n=1}^\infty \frac{(-1)^n}{nt}$$

$$= -\frac{J}{2\pi\varkappa_0}\,\frac{1}{t}\cdot\ln 2 = -\frac{J}{2\pi\varkappa_0}\cdot\frac{0{,}694}{t}. \qquad (147)$$

Das resultierende Erderpotential berechnet sich mit Benutzung des früher ermittelten Ausbreitungswiderstandes R_0 im homogenen Erdreich

$$\varphi_0 = J\left(R_0 - \frac{1}{2\pi\varkappa_0}\cdot\frac{0{,}694}{t}\right) = J\cdot R\,, \qquad (147\text{a})$$

wo R den im Grenzfall erreichbaren Ausbreitungswiderstand angibt. Beispielsweise folgt für den in Nr. 8 behandelten Halbkugelerder ($\varrho_0 = 150$ cm), in mittlerem Erdreich ($\varkappa_0 = 10^{-4}$ Siemens/cm), wenn in $t = 500$ cm Tiefe eine gut leitende **Grundwasserschicht** vorhanden ist

$$R = \frac{10^4}{2\pi\cdot 150} - \frac{10^4}{2\pi\cdot 500}\cdot 0{,}694 = 10{,}6 - 2{,}2 = 8{,}4\,\Omega\,.$$

Während hiernach der A u s b r e i t u n g s w i d e r s t a n d und damit auch der G e f a h r s t r o m relativ w e n i g b e e i n f l u ß t wird, v e r k l e i n e r t die gut leitende Unterschicht die G e f a h r z o n e e r h e b l i c h. Denn in hinreichend großen Entfernungen vom Erder erhält man als Summe des Primärpotentiales (142) und des Sekundärpotentiales (146) den resultierenden Spannungstrichter

$$\lim_{\varrho\to\infty}\varphi_v=\frac{J}{2\pi\varkappa_0}\cdot\int_{-\infty}^{+\infty}\frac{\cos\pi x\cdot dx}{\sqrt{\varrho^2+(2t)^2x^2}}$$

$$=\frac{J}{2\pi\varkappa_0}\cdot\frac{1}{2t}\cdot\int_{-\infty}^{+\infty}\frac{\cos\left(\frac{\pi\varrho}{2t}\cdot\xi\right)\cdot d\xi}{\sqrt{\varrho^2+\xi^2}} \qquad (147\,\mathrm{b})$$

$$=\frac{J}{2\pi\varkappa_0}\cdot\frac{\pi}{2t}\cdot\sqrt{-1}\cdot H_0^{(1)}\left(\sqrt{-1}\cdot\frac{\pi\varrho}{2t}\right).$$

Er besitzt entsprechend der längs der z-Achse periodischen Quellenverteilung die Form (118a). Mit Benutzung der asymptotischen Entwicklung der H a n k e l schen Funktion wird

$$\lim_{\varrho\to\infty}\varphi_v=\frac{J}{2\pi k_0}\cdot\frac{1}{\varrho}\cdot\left[\sqrt{\frac{2}{\pi}}\cdot\sqrt{\frac{\pi\varrho}{2t}}\cdot e^{-\frac{\pi\varrho}{2t}}\right]. \qquad (147\,\mathrm{c})$$

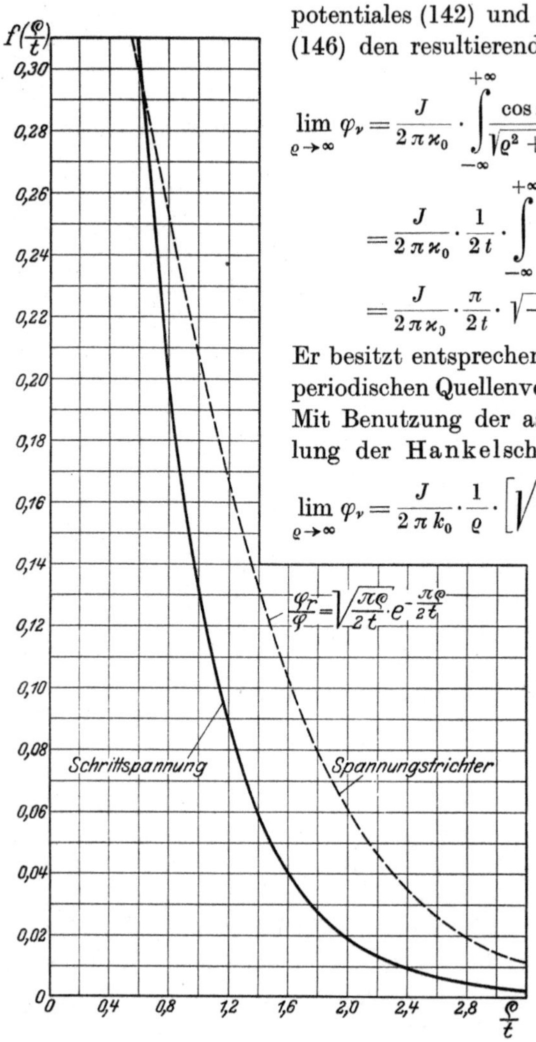

Abb. 46. Verlauf des Spannungstrichters und der Schrittspannung bei Vorhandensein von Grundwasser.

Der Vergleich mit (38) zeigt, daß hierin das Klammerglied das Verhältnis des jetzt wirksamen Potentiales zum Potential des homogenen Erdreiches angibt, welches nach Abb. 46 mit wachsendem Abstand vom Erder rasch sehr klein wird. Das Gleiche gilt für die S c h r i t t s p a n n u n g, die sich aus (147b) durch Differentiation und Multiplikation mit der Schrittweite s findet

$$E_s=\frac{J}{2\pi\varkappa_0}\cdot\left(\frac{\pi}{2t}\right)^2(-1)\cdot H_1^{(1)}\left(\sqrt{-1}\cdot\frac{\pi\varrho}{2t}\right)\cdot s$$

$$=\frac{J}{2\pi\varkappa_0}\cdot\frac{s}{\varrho^2}\left[\sqrt{\frac{2}{\pi}}\cdot\left(\frac{\pi\varrho}{2t}\right)^{3/2}\cdot e^{-\frac{\pi\varrho}{2t}}\right]. \qquad (147\,\mathrm{d})$$

Bei der Berechnung des **Körperstromes** hat man, streng genommen, den Ausbreitungswiderstand beider Füße entsprechend der vermehrten Leitfähigkeit des Untergrundes in Rechnung zu stellen; wenn indessen die Schichtdicke t einigermaßen groß ist, dringen die von Fuß zu Fuß durch die Erde sich schließenden Stromlinien nicht merklich in die Grundwasserschicht ein, so daß man mit den Werten (31) rechnen kann. Aus (147d) entsteht hiernach

$$i = J \cdot \frac{2}{\pi} \cdot \frac{s\,d}{\varrho^2} \cdot \left[\sqrt{\frac{2}{\pi}} \cdot \left(\frac{\pi\varrho}{2t}\right)^{3/2} \cdot e^{-\frac{\pi\varrho}{2t}}\right] = J \cdot \frac{2}{\pi} \cdot \frac{s\,d}{\left(\frac{2}{\pi}t\right)^2} \left[\sqrt{\frac{2}{\pi}}\,\frac{e^{-\frac{\pi\varrho}{2t}}}{\sqrt{\frac{\pi\varrho}{2t}}}\right] \tag{147e}$$

$$= J \cdot \frac{2}{\pi} \cdot \frac{s\,d}{\left(\frac{2}{\pi} \cdot t\right)^2} \cdot f\left(\frac{\varrho}{t}\right).$$

Die Forderung $i \leqq \frac{1}{20}$ Amp. liefert zusammen mit den in Abb. 46 gegebenen Werten der Funktion $f\left(\frac{\varrho}{t}\right)$ sogleich den Gefahrhalbmesser. Beispielsweise wird für $J = 200$ Amp., $t = 500$ cm, $s = 100$ cm und $d = 20$ cm

$$f\left(\frac{\varrho}{t}\right) = \frac{\pi}{40} \cdot \frac{1000^2}{\pi^2 \cdot 100 \cdot 20} \cdot \frac{1}{200} = 0{,}0196; \quad \frac{\varrho}{t} = 1{,}98; \quad \varrho_g = \sim 10\,\text{m}.$$

Der Vergleich mit dem früher in Nr. 8 für homogenes Erdreich gefundenen Werte $\varrho_g = 22{,}6$ m zeigt, daß in der Tat die Gefahrzone durch eine gut leitende Tiefenschicht außerordentlich verkleinert wird. Derartige Schichten können absichtlich durch Eingraben weitverzweigter **Draht- oder Rohrnetze** in der Umgebung von Erdern hergestellt werden; besonders empfiehlt sich eine solche Maßnahme zum Schutz öffentlicher Wege gegen die Gefahren eines in der Nähe befindlichen Erders.

Leitet die Oberschicht den Strom erheblich besser als das darunter befindliche Erdreich, so kann man näherungsweise $\varkappa = 0$ setzen. Man erhält jetzt als Rückwirkung der Grenzfläche mit $\beta = -1$ auf den Erder aus (146) ein aus unendlich vielen, unter sich gleichen Quellen zusammengesetztes Potential

$$\varphi_{s_0} = \frac{J}{2\pi\varkappa_0} \cdot \sum_{n=1}^{\infty} \frac{2}{2\,n\,t} = \frac{J}{2\pi\varkappa_0} \cdot \frac{1}{t}\left(1 + \frac{1}{2} + \frac{1}{3} + \cdots\right). \tag{148}$$

Es wird somit das Erderpotential und damit der Ausbreitungswiderstand logarithmisch unendlich. Der Grund hierfür wird leicht ersichtlich, wenn man den **Spannungstrichter** der Anordnung betrachtet. Denn analog (147) erhält man jetzt für das

Potential des Erders samt der Grenzflächen-Rückwirkung an der Erdoberfläche

$$\varphi_r = \frac{J}{2\pi\varkappa_0}\int\limits_{-\infty}^{+\infty}\frac{dx}{\sqrt{\varrho^2+(2t)^2x^2}} = \frac{J}{2\pi\varkappa_0}\cdot\frac{1}{t}\int\limits_{0}^{+\infty}\frac{dx}{\sqrt{\left(\frac{\varrho}{2t}\right)^2+x^2}} \qquad (148\text{a})$$
$$= \frac{J}{2\pi\varkappa_0}\cdot\frac{1}{t}\left[\ln\frac{2t}{\varrho}+\text{konst}\right].$$

Das Feld nähert sich also, wie aus der Quellenverteilung zu erwarten, dem Quellinienpotential (87) an, wobei die Dichte der Quellinien durch

$$i = \frac{J}{t} \qquad (148\text{b})$$

gegeben ist.

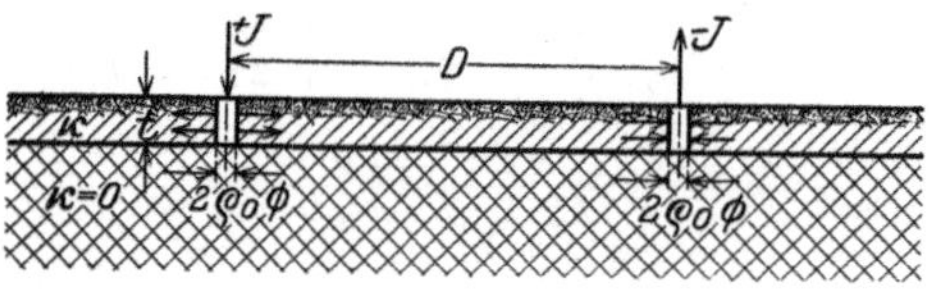

Abb. 47. Reine Oberflächenleitung.

In diesem Falle kann irgend ein fester Wert des Ausbreitungswiderstandes nicht mehr angegeben werden, sondern eine Strömung wird erst durch Anordnung eines zweiten Erders in endlicher Entfernung D vom ersten physikalisch ermöglicht, welcher den von diesem in das Erdreich eingeführten Strom wieder herausleitet. Wenn die Erder nach Abb. 47 unter sich gleich sind und den Halbmesser ϱ_0 besitzen, berechnet sich ihr Potential

$$\varphi_0 = \frac{J}{2\pi\varkappa_0}\cdot\frac{1}{t}\left[\ln\frac{2t}{\varrho_0}-\ln\frac{2t}{D}\right] = \frac{J}{2\pi\varkappa_0}\cdot\frac{1}{t}\cdot\ln\frac{D}{\varrho_0} = J\cdot R \qquad (148\text{c})$$

und der Spannungstrichter nimmt zwischen den Erdern die in Abb. 48 gezeichnete Gestalt an. Der jetzt wirksame Ausbreitungswiderstand R ist also in der Tat nicht mehr eine Konstante des Erders, sondern wird mit zunehmender Entfernung des zweiten Erders immer größer.

Wenn die Tiefe der Oberschicht klein gegen die Schrittweite eines auf der Erdoberfläche befindlichen Lebewesens ist, gilt der Wert (148c) für den Ausbreitungswiderstand r eines Fußes, nachdem der Erderabstand durch die Schrittweite, der Erderhalbmesser durch den halben Sohlendurchmesser ersetzt ist

$$r = \frac{1}{2\pi\varkappa_0}\cdot\frac{1}{t}\cdot\ln\frac{2s}{d}. \qquad (148\text{d})$$

Die Schrittspannung folgt aus (148a) zu

$$E_s = \frac{J}{2\pi\varkappa_0}\cdot\frac{1}{t}\cdot\left[\ln\frac{2t}{\varrho-\frac{1}{2}s}-\ln\frac{2t}{\varrho+\frac{1}{2}s}\right] = \frac{J}{2\pi\varkappa_0}\cdot\frac{1}{t}\ln\frac{\varrho+\frac{1}{2}s}{\varrho-\frac{1}{2}s}. \qquad (148\text{e})$$

Mit $\varrho = \varrho_0 + \frac{1}{2}s$ ergibt sich ihr Höchstwert

$$E_{s_{\max}} = \frac{J}{2\pi\varkappa_0} \cdot \frac{1}{t} \cdot \ln\frac{\varrho_0 + s}{\varrho_0} = \frac{J}{2\pi\varkappa_0} \cdot \frac{1}{t} \ln\left(1 + \frac{s}{\varrho_0}\right), \tag{148f}$$

also mit Rücksicht auf (148d) der Gefahrstrom aus

$$i = \frac{E_{s_{\max}}}{r} = \frac{J_g \cdot \ln\left(1 + \frac{s}{\varrho_0}\right)}{\ln\frac{2s}{d}} = \frac{1}{20}\,\text{Amp.}; \quad J_g = \frac{1}{20} \cdot \frac{\ln\frac{2s}{d}}{\ln\left(1 + \frac{s}{\varrho_0}\right)}\,\text{Amp.} \tag{148g}$$

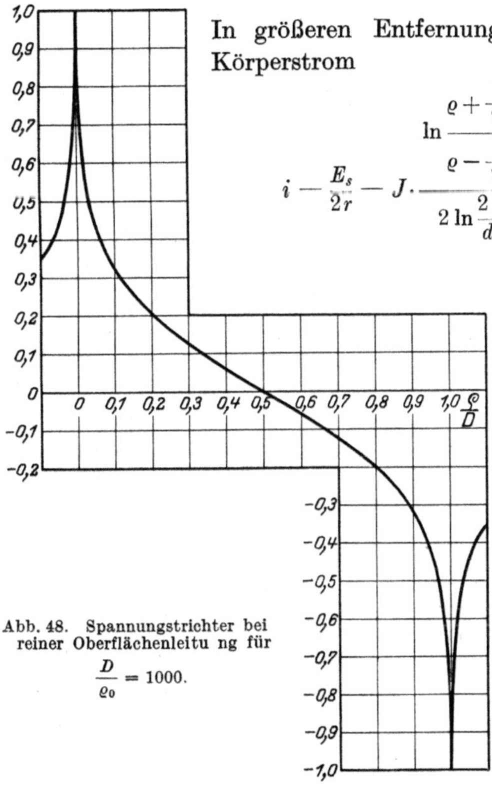

Abb. 48. Spannungstrichter bei reiner Oberflächenleitung für $\frac{D}{\varrho_0} = 1000$.

In größeren Entfernungen vom Erder wird der Körperstrom

$$i = \frac{E_s}{2r} = J \cdot \frac{\ln\dfrac{\varrho + \frac{1}{2}s}{\varrho - \frac{1}{2}s}}{2\ln\frac{2s}{d}} = \sim \frac{J \cdot \frac{s}{\varrho}}{2\ln\frac{2s}{d}}, \tag{148h}$$

so daß die Gefahrzone beträgt

$$\varrho_g = 10 \cdot J \cdot \frac{s}{\ln\frac{2s}{d}}. \tag{148i}$$

Gefahrstrom und Gefahrzone sind also innerhalb der Grenzen unserer Voraussetzungen — sowohl von der Tiefe als auch von der Leitfähigkeit der Oberschicht gänzlich unabhängig. Beispielsweise ist für $\varrho_0 = 150$ cm, $s = 100$ cm, $d = 20$ cm der Gefahrstrom

$$J_g = \frac{1}{20} \cdot \frac{\ln\frac{2 \cdot 100}{20}}{\ln\left(1 + \frac{100}{150}\right)} = \frac{1}{20} \cdot \frac{2{,}30}{0{,}514} = 0{,}224\ \text{Amp.}$$

also weniger als der zehnte Teil des in Nr. 8 gefundenen Wertes. Für $J = 200$ Amp. nimmt die Gefahrzone die außerordentliche Größe an

$$\varrho_g = 10 \cdot 200 \cdot \frac{100}{\ln\frac{2 \cdot 100}{20}}\ \text{cm} = 870\ \text{m}.$$

In Wahrheit besitzt die Erde unterhalb der Oberschicht stets eine, wenn auch geringe, so doch endliche Leitfähigkeit. Die Strömungsverhältnisse in der Umgebung des Erders werden hierdurch kaum geändert, aber der **Ausbreitungswiderstand** wird auch bei sehr (unendlich) großer Entfernung des zweiten Erders auf einem endlichen

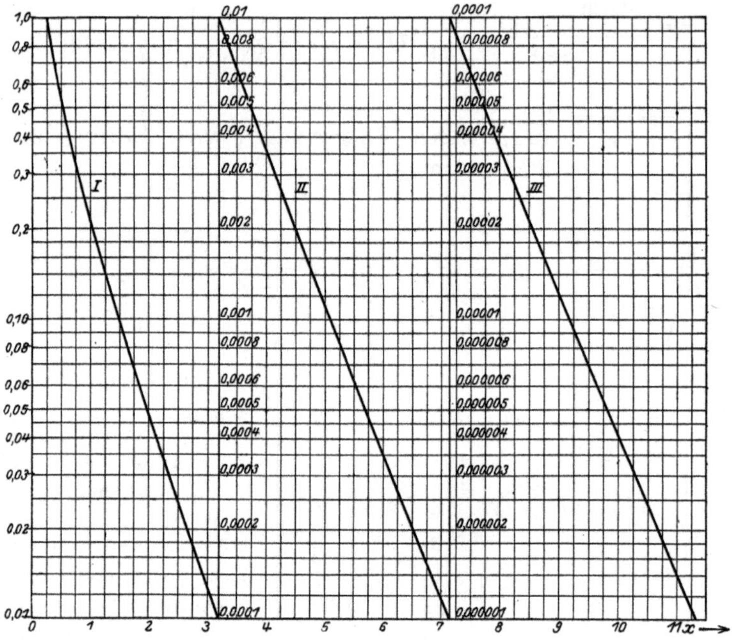

Abb. 49. Das Exponentialintegral.

Wert erhalten. Denn man findet für negative β, deren Betrag kleiner als Eins ist, aus (146a) die Rückwirkung auf den Quellpunkt

$$\varphi_{s_0} = \frac{J}{2\pi\varkappa_0} \cdot \sum_{n=1}^{\infty} \frac{|\beta|^n}{n\,t} = \sim \frac{J}{2\pi\varkappa_0} \cdot \frac{1}{t} \cdot \int_1^{\infty} \frac{e^{-\ln\frac{1}{|\beta|}\cdot x}}{x}\,dx$$

$$= \frac{J}{2\pi\varkappa_0} \cdot \frac{1}{t}\left[-E\,i\left(-\ln\frac{1}{|\beta|}\right)\right]. \tag{149}$$

Da $\ln\frac{1}{|\beta|}$ nahe an 0 liegt, können wir das Exponentialintegral[1] $E\,i\left(-\ln\frac{1}{|\beta|}\right)$ durch seine Potenzreihe ersetzen, in welcher nur die ersten Glieder zu berücksichtigen sind:

$$\begin{aligned} \varphi_{s_0} &= \frac{J}{2\pi\varkappa_0} \cdot \frac{1}{t}\left[-0{,}5772 - \ln\left(\ln\frac{1}{|\beta|}\right)\right] \\ &= \frac{J}{2\pi\varkappa_0} \cdot \frac{1}{t} \cdot \left[-0{,}5772 + \ln\frac{1}{2}\frac{\varkappa_0}{\varkappa}\right], \end{aligned} \tag{149a}$$

wo in (145a) $\varkappa \ll \varkappa_0$ eingesetzt wurde.

[1] Jahnke-Emde: Funktionentafeln, S. 19. Vgl. Abb. 49.

Man findet somit analog (147a) für das Erderpotential und den Ausbreitungswiderstand

$$\varphi_0 = J\left(R_0 + \frac{1}{2\pi\varkappa_0}\cdot\frac{1}{t}\left[-0{,}5772 + \ln\frac{1}{2}\frac{\varkappa_0}{\varkappa}\right]\right) = J\cdot R\,. \tag{149b}$$

Der durch den Untergrund hervorgerufene Zusatzwiderstand

$$\Delta R = \frac{1}{2\pi\varkappa_0}\cdot\frac{1}{t}\cdot\left[-0{,}5722 + \ln\frac{1}{2}\frac{\varkappa_0}{\varkappa}\right] \tag{149c}$$

wächst hierbei mit der Verschlechterung der Leitfähigkeit relativ wenig an, dagegen beeinflußt die Tiefe der Oberschicht seinen Wert sehr stark. Wählen wir als Beispiel einen Halbkugelerder von $\varrho_0 = 150$ cm Halbmesser in mittlerem Erdreich der Leitfähigkeit 10^{-4} Siemens/cm, unter welchem in $t = 500$ cm Tiefe schlechtleitendes Gestein lagert ($\varkappa = 10^{-8}$ Siemens/cm), so wird

$$R = \frac{10^4}{2\pi\cdot 150} + \Delta R = \frac{10^4}{2\pi\cdot 150} + \frac{10^4}{2\pi\cdot 500}\cdot\left[-0{,}5722 + \ln\frac{1}{2}\frac{10^{-4}}{10^{-8}}\right]$$
$$= 10{,}6 + 25{,}2 = 35{,}8\ \Omega\,.$$

Der Ausbreitungswiderstand wächst also auf etwa das Dreieinhalbfache seines Wertes in homogenem mittlerem Erdreich an.

27. Ausbreitungswiderstand der Tiefenerder in geschichtetem Erdreich. Für die Konstruktion von Tiefenerdern liegen in geschichtetem Erdreich zwei Möglichkeiten vor: Der Erder kann innerhalb der Oberschicht oder in dem darunter liegenden Erdreich angeordnet werden. Im ersten Falle ergeben sich mit geringfügigen zahlenmäßigen Abweichungen die im vorigen Abschnitt für Oberflächenerder entwickelten Beziehungen. Wir untersuchen daher im folgenden nur Tiefenerder, welche nach Abb. 50 in der Tiefe t_1 unter der Grenzfläche der Oberschicht im Erdreich eingegraben sind, wobei wird die linearen Erderabmessungen als klein gegen $t_1 + t$ sowohl wie gegen t voraussetzen; sie sind mit Vorteil anzuwenden, wenn das Erdreich in der Tiefe erheblich besser leitet als an der Oberfläche, insbesondere also beim Vorhandensein von Grundwasser.

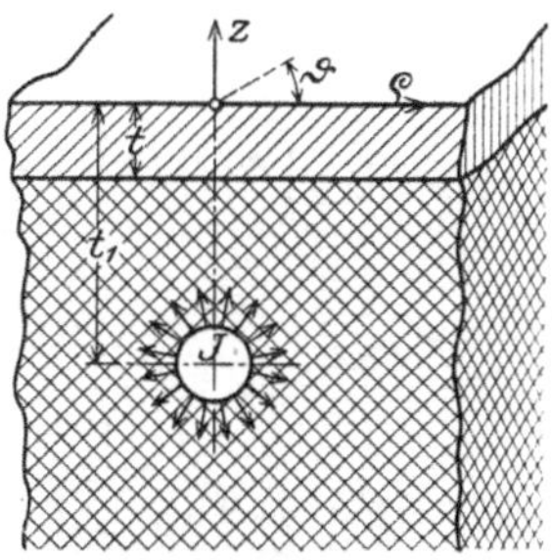

Abb. 50. Tiefenerder in geschichtetem Erdreich.

Zur Beschreibung des Feldes führen wir Zylinderkoordinaten z, ϱ, ϑ nach Abb. 50 ein, deren z-Achse durch den Erder hindurchgeht und senkrecht zur Schichtenerstreckung weist; die Erdoberfläche wird mit der Ebene $z = 0$ identifiziert. Nach symmetrischer Ergänzung des Strömungsfeldes ist das Primärpotential des Tiefenerders durch

$$\varphi_p = \frac{J}{4\pi\varkappa}\,\frac{1}{\sqrt{\varrho^2 + (z + t + t_1)^2}} + \frac{J}{4\pi\varkappa}\cdot\frac{1}{\sqrt{\varrho^2 + (z - t - t_1)^2}} \tag{150}$$

gegeben. Da dieses Potential für sich die Grenzbedingungen der Erdoberfläche erfüllt, dürfen wir für die Sekundärpotentiale die Ansätze (144b, 144c) beibehalten, nachdem $\varkappa_0$ durch $\varkappa$ ersetzt ist. Mit Benutzung der Identität (144d) schreiben sich die Grenzbedingungen (18a) und (19) an der Fläche $z = -t$, welche die Oberschicht vom Erdreich trennt

$$\left.\begin{aligned} e^{-\lambda t_1} + e^{-\lambda(2t+t_1)} + h(\lambda)\,(e^{\lambda t} + e^{-\lambda t}) \\ = e^{-\lambda t_1} + e^{-\lambda(2t+t_1)} + g(\lambda) e^{-\lambda t} \\ \varkappa_0[-e^{-\lambda t_1} + e^{-\lambda(2t+t_1)} + h(\lambda)\,(-e^{\lambda t} + e^{-\lambda t})] \\ = \varkappa\,[-e^{-\lambda t_1} + e^{-\lambda(2t+t_1)} + g(\lambda)\,e^{-\lambda t}] \end{aligned}\right\} \quad (151)$$

aus welchen durch Auflösung sogleich folgt

$$\left.\begin{aligned} h(\lambda) &= \frac{\beta\cdot e^{-\lambda(t_1+t)}}{1+\beta e^{-2\lambda t}} - \frac{\beta\cdot e^{-\lambda(t_1+3t)}}{1+\beta e^{-2\lambda t}} \\ &= \sum_{n=1}^{\circ} (-1)^n\cdot\beta^n\,[-e^{-\lambda(t_1-\{2n-1\}t)} + e^{-\lambda(t_1+\{2n+1\}t)}] \\ g(\lambda) &= (1+e^{2\lambda t})\,h(\lambda) = \frac{\beta\cdot e^{-\lambda(t_1-t)}}{1+\beta e^{-2\lambda t}} - \frac{\beta e^{-\lambda(t_1+3t)}}{1+\beta e^{-2\lambda t}} \\ &= \sum_{n=1}^{\infty}(-1)^n\cdot\beta^n\,[-e^{-\lambda(t_1+\{2n-3\}t)} + e^{-\lambda(t_1+\{2n+1\}t)}] \end{aligned}\right\} \quad (151\,\mathrm{a})$$

Einsetzen in (144b, 144c) liefert die Sekundärpotentiale

$$\varphi_{s_0} = \frac{J}{4\pi\varkappa}\int_0^\infty h(\lambda)\,(e^{\lambda z} + e^{-\lambda z})\,J_0(\lambda\varrho)\,d\lambda$$

$$= \frac{J}{4\pi\varkappa}\cdot\sum_{n=1}^{\infty}(-1)^n\cdot\beta^n\cdot\Bigg[\frac{(-1)}{\sqrt{\varrho^2+z-(t_1+\{2n-1\}t))^2}} + \frac{1}{\sqrt{\varrho^2+[z-(t_1+\{2n+1\}t)]^2}}$$

$$+ \frac{(-1)}{\sqrt{\varrho^2+[z+(t_1+\{2n-1\}t]^2}} + \frac{1}{\sqrt{\varrho^2+[z+(t_1+\{2n+1\}t]^2}}\Bigg] \quad (152)$$

$$\varphi_s = \frac{J}{4\pi\varkappa}\cdot\int_0^\infty g(\lambda)\,e^{\lambda z}J_0(\lambda\varrho)\,d\lambda \quad (152\,\mathrm{a})$$

$$= \frac{J}{4\pi\varkappa}\cdot\sum_{n=1}^{\infty}(-1)^n\cdot\beta^n\left[\frac{(-1)}{\sqrt{\varrho^2+[z-(t_1+\{2n-3\}t)]^2}} + \frac{1}{\sqrt{\varrho^2+[z-(t_1+\{2n+1\}t)^2}}\right]$$

Man erkennt aus dieser Darstellung, daß auch hier die Schichtung sich durch passend angeordnete Quellpunkte gleichwertig ersetzen läßt.

Für die Anwendungen interessiert besonders der Ausbreitungswiderstand des Tiefenerders. Man erhält aus (152a) mit $\varrho = 0$, $z = -(t + t_1)$ die Rückwirkung der Schichtung auf den Erder selbst

$$\varphi_s = \frac{J}{4\pi\varkappa}\cdot\sum_{n=1}^{\infty}(-1)^n\cdot\beta^n\cdot\left[\frac{(-1)}{2t_1-2t+2nt} + \frac{1}{2t_1+2t+2nt}\right]. \quad (152\,\mathrm{b})$$

Hier dürfen wir stets $\varkappa_0 \ll \varkappa$ voraussetzen, denn nur dann wird man einen derartigen Tiefenerder mit Nutzen verwenden; es wird dann $\beta = \sim 1 - 2\frac{\varkappa_0}{\varkappa}$, und die Reihe (152b) läßt sich vereinfachen in

$$\varphi_s = \frac{J}{4\pi\varkappa} \cdot \left[\frac{\beta}{2t_1} - \frac{\beta^2}{2t_1 + 2t} - (1-\beta^2)(S_1 - S_2)\right];$$
$$S_1 = \frac{\beta}{2t_1 + 4t} + \frac{\beta^3}{2t_1 + 8t} + \ldots; \quad S_2 = \frac{\beta^2}{2t_1 + 6t} + \frac{\beta^4}{2t_1 + 10t} + \ldots; \qquad (152\text{c})$$

Ersetzt man die Summen S_1 und S_2 durch Integrale

$$S_1 = \sim \beta \cdot \int_0^\infty \frac{e^{-2\ln\frac{1}{\beta}\cdot x}\, dx}{2t_1 + 4t + 4tx}; \quad S_2 = \sim \beta^2 \cdot \int_0^\infty \frac{e^{-2\ln\frac{1}{\beta}\cdot x}\, dx}{2t_1 + 6t + 4tx}, \qquad (152\text{d})$$

so erhält man nach Ausführung der Integration mit der genannten Näherung für β und hinreichend kleine t_1 analog (149)

$$S_1 = \frac{e^{2\frac{\varkappa_0}{\varkappa}\left(\frac{t_1}{t}+1\right)}}{4t}\left(-0{,}5772 + \ln\frac{\varkappa}{2\varkappa_0}\,\frac{1}{\frac{t_1}{t}+2}\right);$$
$$S_2 = \frac{e^{2\frac{\varkappa_0}{\varkappa}\left(\frac{t_1}{t}+1\right)}}{4t} \cdot \left(-0{,}5772 + \ln\frac{\varkappa}{2\varkappa_0}\,\frac{1}{\frac{t_1}{t}+3}\right), \qquad (152\text{e})$$
$$(1-\beta^2)(S_1 - S_2) = \sim 4\frac{\varkappa_0}{\varkappa}(S_1 - S_2) = \frac{\varkappa_0}{\varkappa} \cdot \frac{e^{2\frac{\varkappa_0}{\varkappa}\cdot\left(\frac{t_1}{t}+1\right)}}{4t} \cdot \ln\frac{\frac{t_1}{t}+3}{\frac{t_1}{t}+2}$$

und also

$$\varphi_s = \frac{J}{4\pi\varkappa}\left[\frac{1}{2t_1} - \frac{1}{2t_1+2t} - \frac{\varkappa_0}{\varkappa}\cdot\frac{1}{t_1} + 2\frac{\varkappa_0}{\varkappa}\cdot\frac{1}{t_1+t} - \frac{\varkappa_0}{\varkappa}\cdot\frac{e^{2\frac{\varkappa_0}{\varkappa}\left(\frac{t_1}{t}+1\right)}}{t}\cdot\ln\frac{\frac{t_1}{t}+3}{\frac{t_1}{t}+2}\right]. \qquad (152\text{f})$$

Diese Gleichung läßt sich leicht deuten: Die ersten beiden Glieder geben zusammen mit dem Primärpotential des oberhalb der Erdoberfläche befindlichen Quellpunktes das Feld eines in der Tiefe t_1 unter der Erdoberfläche angeordneten Tiefenerders wieder (Nr. 19); somit stellen die übrigen Glieder die Verminderung des Erderpotentiales durch die Oberflächenschicht dar

$$\Delta\varphi = \frac{J}{4\pi\varkappa}\cdot\frac{\varkappa_0}{\varkappa}\left[\frac{t_1 - t}{t_1 + t}\cdot\frac{1}{t_1} - \frac{e^{2\frac{\varkappa_0}{\varkappa}\cdot\left(\frac{t_1}{t}+1\right)}}{t}\cdot\ln\frac{\frac{t_1}{t}+3}{\frac{t_1}{t}+2}\right] = -J\cdot\Delta R\,, \qquad (152\text{g})$$

wo ΔR die Verringerung des Ausbreitungswiderstandes mißt. Beispielsweise wird für einen Tiefenerder, der $t_1 = 500$ cm unter einer

$t = 500$ cm starken Oberflächenschicht der geringen Leitfähigkeit $\varkappa_0 = 10^{-6}$ Siemens/cm in Erdreich mittlerer Leitfähigkeit eingesenkt ist ($\varkappa = 10^{-4}$ Siemens/cm)

$$\varDelta R = \frac{10^4}{4\pi} \cdot \frac{10^{-6}}{10^{-4}} \left[-0 + \frac{e^{2 \cdot \frac{10^{-6}}{10^{-4}} \cdot 2}}{500} \cdot \ln \frac{1+3}{1+2} \right] = 0{,}0048\ \Omega$$

und selbst dieser praktisch unmerkliche Effekt verschwindet mit zunehmender Tiefe t_1 rasch. Es genügt daher allen Anforderungen, wenn man den Ausbreitungswiderstand derartiger Tiefenerder nach den in Nr. 19 und 20 entwickelten Gesetzen berechnet, wobei man als Eingrabtiefe lediglich die Tiefe unter der Grenze der Oberschicht, als Leitfähigkeit die des darunter befindlichen Erdreiches in Rechnung stellt.

28. Stromleitung an feuchten Gebäudewänden. Wenn an einem innerhalb eines Gebäudes installierten Draht die Isolation schadhaft wird, ergießt sich von der Fehlerstelle ein Strom über die nächstliegende Gebäudewand zur Erde. Dieser Vorgang wird häufig durch den auf den Wänden befindlichen Niederschlag von Dämpfen unterstützt; besonders stark machen sich daher derartige Erscheinungen in Baderäumen oder in Stallgebäuden bemerkbar.

Wir setzen voraus, daß die Feuchtigkeitsschicht nach Abb. 51 die Wand beiderseits der Fehlerstelle in der Breite b mit konstanter Stärke δ und homogener Leitfähigkeit $\varkappa_f$ bedecke; der Stromübertritt aus dem Drahte soll durch einen näherungsweise kreisförmigen Querschnitt vom Halbmesser ϱ_0 in der Höhe h über dem Erdboden erfolgen. Der Verlauf der Strömung oberhalb der Fehlerstelle wird durch Einzelheiten der Gebäudekonstruktion geregelt; wir befreien uns hiervon, indem wir die Wand nach oben hin nicht begrenzen. Zur weiteren Vereinfachung der Aufgabe nehmen wir an, daß in dem Übergangsquerschnitt von der Wand zum Erdreich konstantes Potential herrsche; diese Voraussetzung ist erfüllt, wenn sich an dieser Stelle, wie fast stets, größere Flüssigkeitsmengen ansammeln.

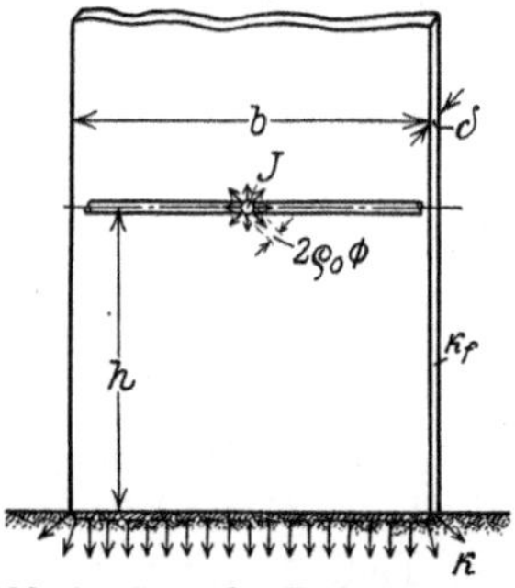

Abb. 51. Lage des Fehlerortes an einer Wand.

Zufolge unserer Annahmen dürfen wir das Strömungsfeld in der Wand getrennt von dem Strömungsfeld in der Erde behandeln; insbesondere kann daher das Potential die Übergangsschicht Wand—Erde als Grundlage für die Potentialzählung des Wandfeldes benutzt werden. Wir führen nach Abb. 52 Gaußsche Koordinaten $z = x + jy$ mit dem Ursprung in der Fehlerstelle ein; die seitliche Begrenzung der Wand fordert dann

$$\frac{\partial \varphi}{\partial x} = 0 \quad \text{für} \quad x = \pm \frac{1}{2} b, \tag{153}$$

während an der Grenze gegen Erde gelten soll

$$\varphi = 0 \quad \text{für} \quad y = -h \tag{153a}$$

und oberhalb der Fehlerstelle das Feld gemäß

$$\lim_{y \to \infty} \varphi = 0 \tag{153b}$$

verschwinden muß.

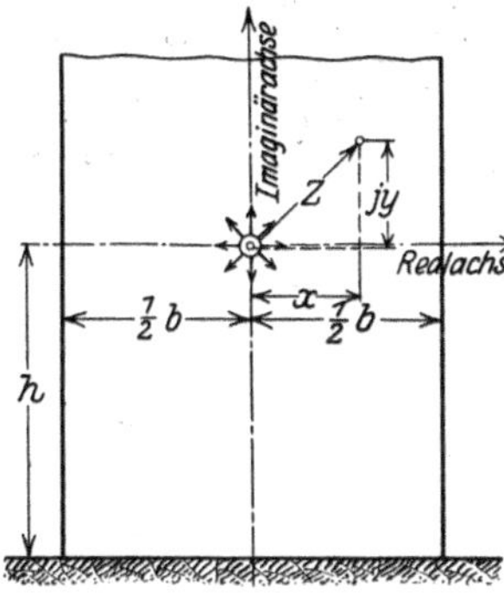

Abb. 52. Zur Formulierung des Wandpotentiales.

Innerhalb der Wand läßt sich das Feld wegen der unveränderlichen Schichtdicke aus einem ebenen (logarithmischen) Potential ableiten, dessen Quelliniendichte i aus dem Fehlerstrom J gemäß

$$i = \frac{J}{\delta} \tag{154}$$

folgt. Um nun zunächst die Grenzbedingung (153) zu erfüllen, können wir die Ergebnisse der Nr. 26 anwenden, indem wir dort $\varkappa = 0$ setzen; aus (146, 146a) ergibt sich dann sogleich die Äquivalenz der seitlichen Wandbegrenzung mit der Wirkung unendlich vieler Quellen der Intensität (154), welche sämtlich die Höhe h über dem Erdboden besitzen und voneinander um b gemäß Abb. 53 entfernt sind, wovon man sich an Hand ihres Strömungsbildes leicht überzeugt (Abb. 54).

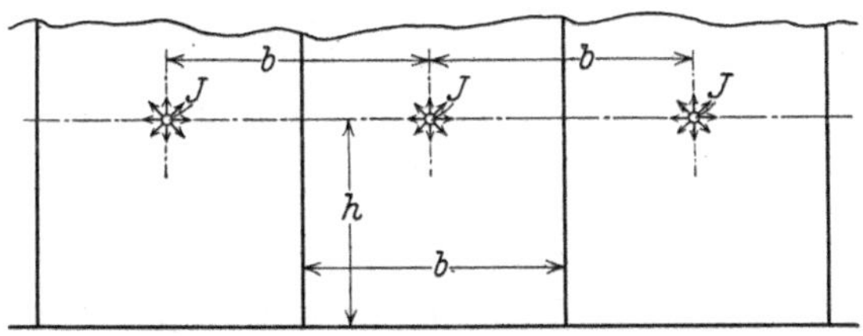

Abb. 53. Ersatzschema zur Befriedigung der Bedingungen an der seitlichen Wandbegrenzung.

Das Potential dieser unendlich vielen Quellen lautet analog (89)

$$\varphi = -\frac{i}{2\pi \varkappa_f} \Re \ln \sin \frac{z}{b} \cdot \pi = -\frac{J}{2\pi \varkappa_f} \cdot \frac{1}{\delta} \Re \ln \sin \frac{z}{b} \cdot \pi . \tag{155}$$

Um weiterhin (153a) zu erfüllen, denken wir uns vorübergehend die Wand jenseits ihrer Berührung mit der Erdoberfläche fortgesetzt und ordnen senkrecht unter den Quellen der Intensität (168) im Abstand $2h$ ein weiteres Quellsystem an, welche die Quelliniendichte besitzen, Abb. 55,

$$i' = -i = -\frac{J}{\delta} . \tag{154a}$$

Ihr Feld berechnet sich analog (155)

$$\varphi' = -\frac{i'}{2\pi\varkappa_f}\,\Re\mathrm{e}\ln\sin\frac{z+2jh}{b}\pi = +\frac{J}{2\pi\varkappa_f}\cdot\frac{1}{\delta}\,\Re\mathrm{e}\ln\sin\frac{z+2jh}{b}\pi, \quad (155\mathrm{a})$$

wobei beachtet wurde, daß der Ursprung der Koordinaten im Fehlerorte liegt. Die Überlagerung von (155, 155a) liefert als resultierendes Feld (Abb. 56)

$$\varphi = -\frac{J}{2\pi\varkappa_f}\cdot\frac{1}{\delta}\,\Re\mathrm{e}\left[\ln\sin\frac{z}{b}\cdot\pi - \ln\sin\frac{z+2jh}{b}\pi\right]. \quad (155\mathrm{b})$$

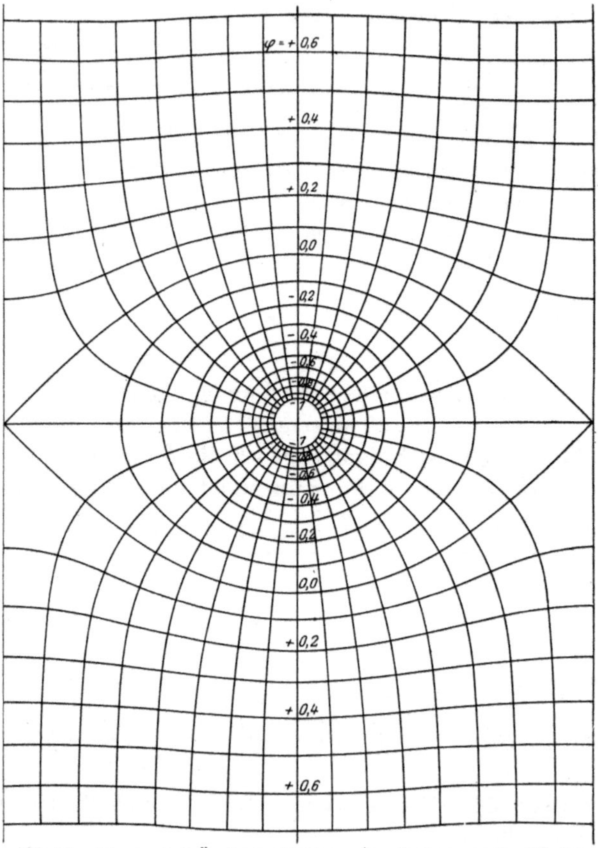

Abb. 54. Strom- und Äquipotentiallinien des Systems nach Abb. 53.

Insbesondere findet sich hieraus mit $z = j\varrho_0$ und $\varrho_0 \ll h$ das Potential der Fehlerstelle

$$\begin{aligned}\varphi_0 &= \sim\frac{J}{2\pi\varkappa_f}\cdot\frac{1}{\delta}\,\Re\mathrm{e}\left[\ln j\,\mathfrak{Sin}\frac{2h}{b}\pi - \ln j\frac{\varrho_0}{b}\pi\right] \\ &= \frac{J}{2\pi\varkappa_f}\cdot\frac{1}{\delta}\left[\ln\mathfrak{Sin}\frac{2h}{b}\pi + \ln\frac{b}{\varkappa\varrho_0}\right],\end{aligned} \quad (155\mathrm{c})$$

so daß

$$R_w = \frac{1}{2\pi\varkappa_f\delta}\left[\ln\mathfrak{Sin}\frac{2h}{b}\pi + \ln\frac{b}{\pi\varrho_0}\right] \quad (156)$$

den Ausbreitungswiderstand der Fehlerstelle vom Fehlerort bis zur Erdoberfläche darstellt.

Der Verlauf der Spannung längs der Wand interessiert hauptsächlich senkrecht zwischen Fehlerstelle und Erde, da dort für Menschen und Tiere die Gefährdung bei zufälliger Berührung der Wand am größten ist. Man erhält mit $z = -jy$ sogleich

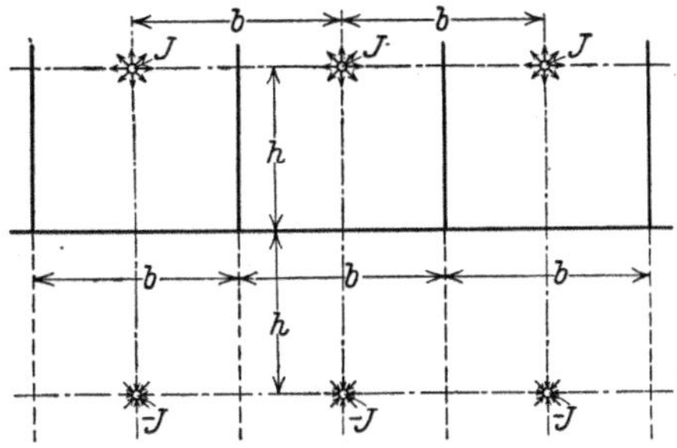

Abb. 55. Spiegelung an der Erdoberfläche.

$$\varphi = \frac{J}{2\pi\varkappa_f} \cdot \frac{1}{\delta}\left[\ln \mathfrak{Sin}\frac{2h-y}{b}\pi - \ln \mathfrak{Sin}\frac{y}{b}\pi\right] \tag{155d}$$

die Feldstärke längs der genannten Linie ist also

$$\mathfrak{E} = -\frac{\partial\varphi}{\partial y} = \frac{J}{2\pi\varkappa_f} \cdot \frac{1}{\delta}\,\frac{\pi}{b} \cdot \left[\mathfrak{Cotg}\frac{2h-y}{b} \cdot \pi + \mathfrak{Cotg}\frac{y}{b}\pi\right] \tag{157}$$

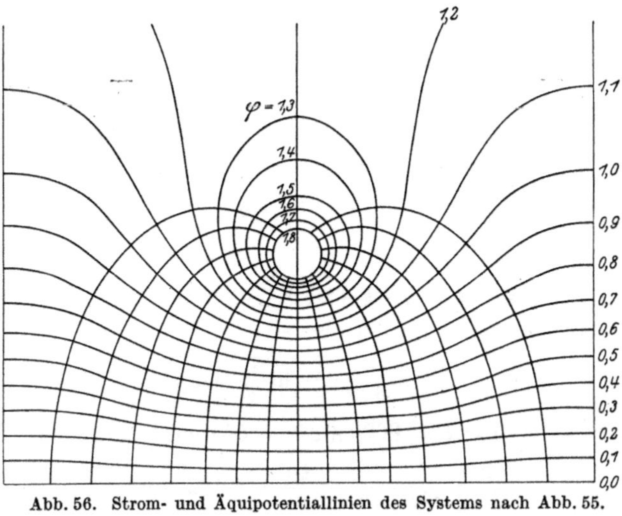

Abb. 56. Strom- und Äquipotentiallinien des Systems nach Abb. 55.

Die Berührungsspannung zwischen zwei um s entfernten Punkten gleicht näherungsweise dem Produkte aus Feldstärke und Berührungsweite

$$E_s = \sim s\mathfrak{E} = \frac{J}{2\pi\varkappa_f} \cdot \frac{\pi s}{\delta b} \cdot \left[\mathfrak{Cotg}\frac{2h-y}{b}\pi + \mathfrak{Cotg}\frac{y}{b}\pi\right]. \tag{157a}$$

In den meisten Fällen wird ein Lebewesen, welches auf dem Erdboden steht, nach Abb. 57 durch einpolige Berührung der Wand gefährdet. Setzt man hierfür näherungsweise $y = h$, so folgt

$$E_{s_0} = \frac{J}{2\pi\varkappa_f} \cdot \frac{2\pi s}{\delta b} \cdot \operatorname{Cotg} \frac{h}{b}\pi \tag{157b}$$

und insbesondere für schmale Wände ($\pi h \gg b$)

$$E_{s_0} = \frac{J}{2\pi\varkappa_f} \cdot \frac{2\pi s}{\delta b}. \tag{157c}$$

Der Ausbreitungswiderstand der auf dem Erdboden stehenden Füße ist fast stets viel kleiner als der Widerstand der Berührungsstelle mit der Wand, der wegen der meist kleinen Schichtstärken δ erhebliche Beträge erreicht. Ersetzt man sie durch einen Kreis vom wirksamen Durchmesser d, so hat man zur Ermittelung ihres Ausbreitungswiderstandes nach Abb. 57 in Gl. (156) $2s$ an Stelle von $2h$ und δ für t zu substituieren und findet

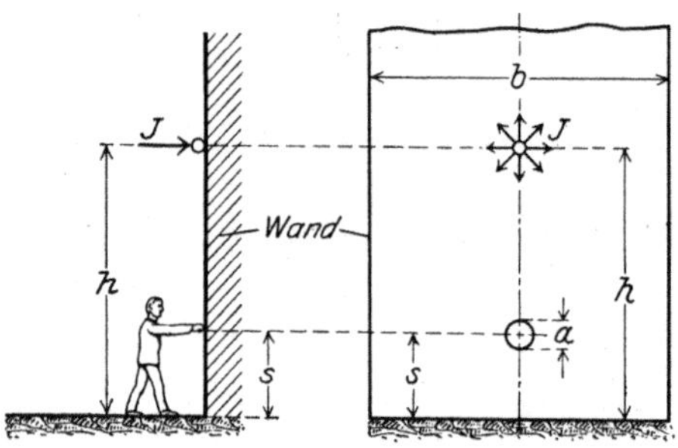

Abb. 57. Einpolige Berührung der stromführenden Wand.

$$r = \frac{1}{2\pi\varkappa_f} \cdot \frac{1}{\delta}\left[\ln \operatorname{Sin} \frac{2h}{b}\pi + \ln \frac{b}{\pi d/2}\right] = \sim \frac{1}{2\pi\varkappa_f} \cdot \frac{1}{\delta} \cdot \ln \frac{4s}{b}. \tag{158}$$

Für den gefährlichsten Fall der schmalen Wand gemäß (157) ergibt sich also der Körperstrom unter der Voraussetzung $b \gg d$

$$i_\varkappa = \frac{E_{s_0}}{r} = J \cdot \frac{2\pi s}{b \cdot \ln \frac{4s}{d}} \tag{157d}$$

unabhängig von der Lage der Fehlerstelle und der Stärke und Leitfähigkeit der Schicht. Mit (30) folgt also als Gefahrstrom

$$J_g = \frac{1}{40\pi} \cdot \frac{b}{s} \cdot \ln \frac{4s}{d} \text{ Amp.}$$

Beispielsweise ist für $b = 800$ cm, $s = 150$ cm, $d = 10$ cm

$$J_g = \frac{1}{40\pi} \cdot \frac{800}{150} \cdot \ln \frac{600}{10} = 0{,}173 \text{ Amp.},$$

so daß hiernach schon sehr geringe Defektströme eine große Gefahr für die in der Nähe befindlichen Menschen und Tiere bedeuten.

Indem wir nunmehr zu dem Feld in der Erde übergehen, können wir auf Grund unserer Voraussetzungen als Ursprung der Strömung ein auf der Erdoberfläche liegendes Flachband von der Breite δ und der Länge b annehmen; ersetzen wir nach Nr. 17 das Flachband durch ein Rundband vom Halbmesser $\varrho_0 = \frac{\delta}{4}$, so ist das Erdstromfeld auf das in Nr. 11 behandelte Potential des gestreckten Banderders zurückgeführt.

Insbesondere ist also der Ausbreitungswiderstand des Übergangsquerschnittes Wand—Erde nach (65)

$$R_e = \frac{1}{2\pi\varkappa b/2}\cdot\ln\frac{2b/2}{\delta/4} = \frac{1}{2\pi\varkappa}\cdot\frac{2}{b}\cdot\ln\frac{4b}{\delta}. \tag{159}$$

Durch Addition von (156) und (159) folgt als resultierender Ausbreitungswiderstand

$$R = R_w + R_e = \frac{1}{2\pi\varkappa_f\delta}\cdot\left[\ln \mathfrak{Sin}\frac{2h}{b}\pi + \ln\frac{b}{\pi\varrho_s} + \frac{\varkappa_f}{\varkappa}\cdot\frac{2\delta}{b}\cdot\ln\frac{4b}{\delta}\right] \tag{160}$$

und wenn wir auf eine schmale Wand spezialisieren

$$R = \sim\frac{1}{2\pi\varkappa_f\delta}\left[\frac{2h}{b}\pi + \ln\frac{b}{2\pi\varrho_0} + \frac{\varkappa_f}{\varkappa}\cdot\frac{2\delta}{b}\cdot\ln\frac{4b}{\delta}\right]. \tag{160a}$$

Für $\varkappa_f = 5\,.\,10^{-3}$ Siemens/cm, $\delta = 0{,}1$ cm, $h = 300$ cm, $b = 800$ cm, $\varrho_0 = 0{,}5$ cm, $\varkappa = 10^{-4}$ Siemens/cm ergibt sich

$$R = \frac{10^3}{2\pi\, 5\cdot 0{,}1}\left[\ln \mathfrak{Sin}\frac{2\cdot 300}{800}\pi + \ln\frac{800}{\pi\cdot 0{,}5} + \frac{5\cdot 10^{-3}}{10^{-4}}\cdot\frac{2\cdot 0{,}1}{800}\cdot\ln\frac{4\cdot 800}{0{,}1}\right]$$

$$= \sim 2550\,\Omega\,.$$

Eine Gleichspannung von 220 Volt gegen Erde würde hiernach einen Strom von

$$J = \frac{220}{2550} = 0{,}0862 \text{ Amp.}$$

erzeugen, der also bereits in die Größenordnung des oben berechneten Gefahrstromes kommt. Man erkennt hieraus die außerordentliche Gefahr schlecht ausgeführter oder beschädigter Installationen innerhalb von Gebäuden.

29. Das Prinzip der räumlichen Spiegelung. In den vorigen beiden Abschnitten haben wir in Erweiterung des in Nr. 5 gegebenen Verfahrens eine Spiegelungsmethode zur Berücksichtigung von Inhomogenitäten ebener Struktur entwickelt; sie läßt sich auf eine Reihe räumlich ausgedehnter inhomogener Einlagerungen im Erdreich verallgemeinern.

Zwei Punkte heißen bezüglich einer Kugel vom Halbmesser a räumlich gespiegelt, wenn sie auf einer durch das Kugelzentrum gehenden Geraden liegen und ihre Abstände ϱ, ϱ' von diesem Punkte der Beziehung gehorchen

$$\varrho\cdot\varrho' = a^2 \tag{161}$$

Die Konstruktion des zu einem vorgegebenen Punkte nach (161) gehörigen Spiegelpunktes heißt Inversion, der Kugelmittelpunkt ist das Inversionszentrum (Abb. 58).

Der gesamte Raum sei mit homogenem Erdreich der Leitfähigkeit $\varkappa$ erfüllt. Zwei in P, P' konzentrierte Quellpunkte J, J' erzeugen in den um l, l' von P, P' abstehenden inversen Punkten P_1, P_1' die Potentiale

$$\varphi = \frac{J}{4\pi\varkappa}\cdot\frac{1}{l}; \quad \varphi' = \frac{J'}{4\pi\varkappa}\cdot\frac{1}{l'}. \tag{162}$$

Nach Abb. 58 gilt wegen der Ähnlichkeit der Dreiecke $M P_1 P_1'$ und $M P_1 P$

$$\frac{l}{l'} = \frac{\varrho'}{\varrho_1} = \frac{\varrho_1'\cdot\varrho'}{a^2} = \frac{a^2}{\varrho_1\cdot\varrho}. \tag{161a}$$

Durch den Grenzübergang $P_1 \rightarrow P$, $P_1' \rightarrow P'$ findet sich das Verhältnis spiegelbildlich gelegener Linienelemente

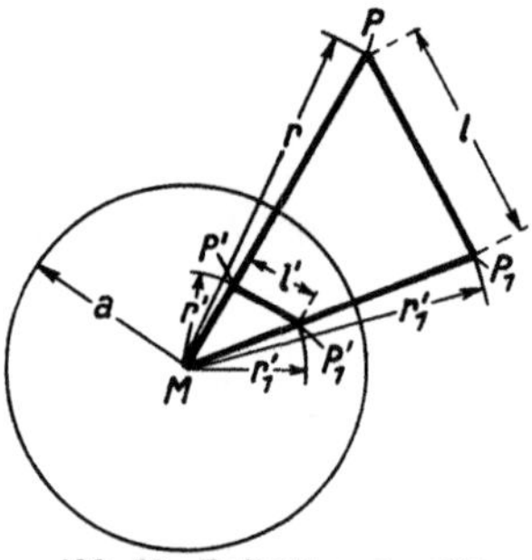

Abb. 58. Definition räumlich gespiegelter Punkte[1].

$$\frac{dl}{dl'} = \frac{\varrho'^2}{a^2} = \frac{a^2}{\varrho^2} \tag{161b}$$

und also ebenso gelegener Flächenelemente

$$\frac{df}{df'} = \frac{\varrho'^4}{a^4} = \frac{a^4}{\varrho^4} \tag{161c}$$

und Raumelemente

$$\frac{d\tau}{d\tau'} = \frac{\varrho'^6}{a^6} = \frac{a^6}{\varrho^6}. \tag{161d}$$

Nach (161a) und (162) ist das Verhältnis der Potentiale in P_1, P_1'

$$\frac{\varphi}{\varphi'} = \frac{J}{J'}\cdot\frac{a^2}{\varrho\cdot\varrho_1}. \tag{162a}$$

Rücken P', P_1' in die Kugeloberfläche, so wird mit $\varrho_1 = a$

$$\frac{\varphi}{\varphi'} = \frac{J}{J'}\cdot\frac{a}{\varrho}. \tag{162b}$$

Wenn sich daher die Ströme verhalten wie

$$\frac{J}{J'} = -\frac{\varrho}{a}, \tag{163}$$

so verschwindet wegen $\varphi = -\varphi'$ das resultierende Potential beider Quellpunkte auf der ganzen Kugeloberfläche. Wir nennen die in (155) gegebene Zuordnung der Ströme J und J' räumliche Spiegelung. **Es ist somit das Strömungsfeld eines Quellpunktes bei gleichzeitiger Anwesenheit einer vollkommen leitenden, auf dem Potential Null erhaltenen Kugel identisch mit dem Felde jenes Quellpunktes samt seinem räumlichen Spiegelbilde.**

Für das Stromverhältnis (163) ergibt sich nach (162) das Verhältnis der in inversen Punkten erzeugten Potentiale

$$\frac{\varphi}{\varphi'} = -\frac{a}{\varrho_1} = -\frac{\varrho_1'}{a}. \tag{164}$$

Diese Beziehung definiert die von Größe und Lage der Stromquellen unabhängige räumliche Spiegelung der Potentiale; sie wird daher in gleicher Weise von stetig auf Linien, Flächen oder in Räumen

[1] Aus Ollendorff, Die Lösung technischer Potentialaufgaben mittels des Prinzipes der räumlichen Spiegelung. Wiss. Veröff. a. d. Siemens-Konzern VI, 1.

verteilten Stromquellen erzeugt. Das Dichteverhältnis gespiegelter Linienstromquellen ergibt sich hierbei aus (163) und (161 b)

$$\frac{i}{i'} = -\frac{a}{\varrho} = -\frac{\varrho'}{a}. \tag{163a}$$

Ähnlich folgt aus (163) und (161 c) das Verhältnis gespiegelter Flächenstromquellen

$$\frac{\mathfrak{i}}{\mathfrak{i}'} = -\frac{a^3}{\varrho^3} = -\frac{\varrho'^3}{a^3} \tag{163b}$$

und räumlich verteilter Stromquellen

$$\frac{\operatorname{div}\mathfrak{i}}{\operatorname{div}\mathfrak{i}'} = -\frac{a^5}{\varrho^5} = -\frac{\varrho'^5}{a^5}. \tag{163c}$$

Es seien jetzt auf den Oberflächen zweier nach Abb. 59 spiegelbildlich gelegener Körper K und K' Flächenstromquellen gemäß (163 b) verteilt. Setzen wir das Potential auf K' in der Größe φ_0' als konstant voraus, so ergibt sich als Oberflächenpotential von K nach (164)

$$\varphi = -\frac{a}{\varrho_1}\cdot\varphi_0' = -\frac{J_i}{4\pi\varkappa}\cdot\frac{1}{\varrho_1}, \tag{164a}$$

wo substituiert ist

$$J_i = 4\pi\varkappa a\cdot\varphi_0'. \tag{165}$$

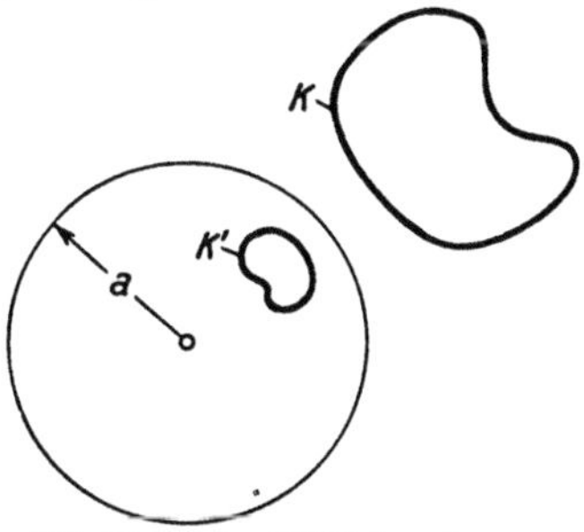

Abb. 59. Spiegelbildlich gelegene Körper[1].

Nach (27) gleicht das Feld (169a) bis auf das Vorzeichen dem Quellpunktspotential eines aus dem Inversionszentrum tretenden Stromes J_i im homogenen Raum, so daß die Summe des Quellpunktspotentiales mit dem Potential (164a) auf der Oberfläche von $\varkappa$ verschwindet; das Feld (164a) ist also das Sekundärpotential eines vollständig leitenden, auf dem Potentiale O erhaltenen Körpers im Felde eines punktförmig konzentrierten Stromes.

Gegeben sei Stromverteilung und Potentialfeld eines im allseitig unendlich ausgedehnten, homogenen Erdreich befindlichen Erders K'; man erhält durch räumliche Spiegelung der Flächenstromquellen die Oberflächen-Stromverteilung, durch räumliche Potentialspiegelung das Sekundärpotentialfeld eines zu K' spiegelbildlich gelegenen, vollkommen leitenden Körpers K, der im Felde einer im Inversionszentrum befindlichen Stromquelle liegt und auf das Potential Null gebracht ist.

Wir berechnen mittels dieses Satzes das Rückwirkungspotential φ_r des Körpers K im Quellpunktsorte:

$$\varphi_r \equiv \lim_{\varrho\to 0}\varphi = -\lim_{\varrho'\to\infty}\frac{\varrho'}{a}\cdot\varphi'. \tag{164b}$$

[1] S. Fußnote S. 86.

Hier bedeutet φ' das Potentialfeld von K', auf dessen Oberfläche nach (165) das Potential herrscht

$$\varphi_0' = \frac{J_i}{4\pi\varkappa a}. \tag{165a}$$

Dieses Potential wird durch einen aus K' nach Maßgabe seines Ausbreitungswiderstandes R' in das Erdreich übertretenden Strom J' erzeugt

$$\varphi_0' = J' \cdot R'; \qquad J' = \frac{\varphi_0'}{R'}. \tag{166}$$

Mit Beachtung von (27b) findet man also durch Einsetzen von (166) in (164b)

$$\varphi_r = -\frac{\varrho'}{a}\cdot\frac{J'}{4\pi\varkappa}\cdot\frac{1}{\varrho'} = -\frac{J'}{4\pi\varkappa a} = -\frac{J_i}{(4\pi\varkappa a)^2}\cdot\frac{1}{R'} = -\frac{J_i}{R'}\cdot(R_{\text{inv}})^2 \tag{164c}$$

mit Einführung des Ausbreitungswiderstandes der inversierenden Kugel

$$R_{\text{inv}} = \frac{1}{4\pi\varkappa a}. \tag{164d}$$

Zur Ermittelung des Rückwirkungspotentiales φ_r braucht man somit lediglich den Ausbreitungswiderstand des Körpers K' zu berechnen. Häufig wird K nicht auf dem Potentiale Null erhalten, sondern lagert frei im Erdreich. Während dann bei hinreichend großer Leitfähigkeit die Grenzbedingung (21) längs seiner Oberfläche erhalten bleibt, tritt hierzu die einschränkende Bedingung

$$J = 0 \tag{167}$$

als Folge der Kontinuitätsgleichung (4). Im allgemeinen wird (159) durch (156a) nicht befriedigt, sondern diesem Felde entspricht eine endliche Stromaufnahme J_0 des Körpers K. Hierbei gilt

$$\lim_{\varrho\to\infty}\varphi = \frac{J_0}{4\pi\varkappa}\cdot\frac{1}{\varrho} = \left(-\frac{a}{\varrho}\right)\cdot\lim_{\varrho'\to 0}\varphi';$$

$$J_0 = -4\pi\varkappa a\cdot\lim_{\varrho'\to 0}\varphi' = -\frac{\lim\varphi'}{R_{\text{inv}}}. \tag{164e}$$

In dieser Beziehung bedeutet $\lim\limits_{\varrho\to 0}\varphi'$ das Potential des auf φ_0' nach (165a) erhaltenen Erders K' im Inversionszentrum. Wenn insbesondere K sich bis ins Unendliche erstreckt, geht K' durch das Inversionszentrum hindurch, und es wird $\varphi' \equiv \varphi_0'$, so daß mit Beachtung von (165a)

$$J_0 = -J_i. \tag{164f}$$

Ein beliebiger, sich im Erdreich ins Unendliche erstreckender Körper mit sehr (unendlich) großer Leitfähigkeit saugt somit sämtliche von einem Erder ausgehenden Stromlinien in sich.

Um jetzt (167) zu erfüllen, lassen wir aus dem frei im Erdreich gedachten Körper K den Strom

$$-J_0 = \frac{\lim\limits_{\varrho' \to \infty} \varphi'}{R_{\text{inv}}} \tag{164g}$$

in das Erdreich übertreten. Er erteilt ihm entsprechend seinem Ausbreitungswiderstande das Potential

$$\varphi_0 = R \cdot (-J_0) = \frac{R}{R_{\text{inv}}} \cdot \lim_{\varrho' \to 0} \varphi', \tag{164h}$$

welches, da die Summe aus Quellpunktspotential und Sekundärfeld (164a) auf der Oberfläche von K verschwindet, das resultierende Potential des Körpers K darstellt.

In den meisten Fällen führt ein anderer Weg rascher zur Bestimmung des Wertes (164h). Wir ersetzen hierzu den Quellpunkt nach Abb. 60 durch eine kleine Kugel und bemerken, daß man bei festgehaltener Lage des Quellpunktes wie des Körpers K das Gesamtsystem einschließlich der

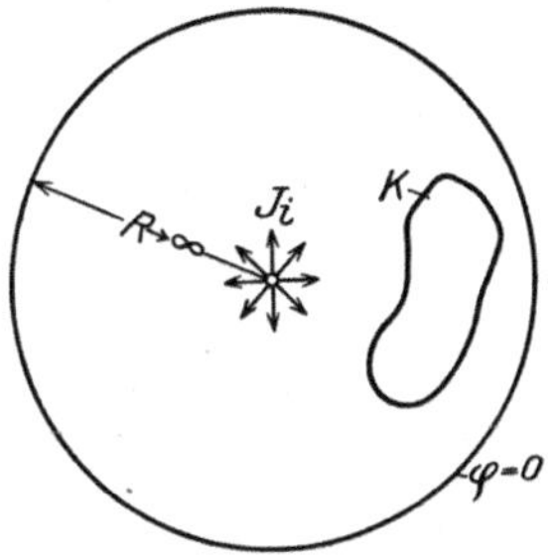

Abb. 60. Zum Potential eines Leiters im Quellpunktsfelde.

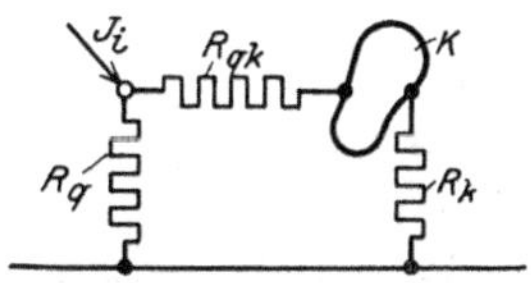

Abb. 61. Erläuterung des Umkehrungssatzes (168).

unendlich fernen Hüllkugel durch drei geeignet bemessene Ohmsche Widerstände R_q, $R_\varkappa$ und $R_{\varkappa q}$ nach Abb. 61 hinsichtlich der Potentialverteilung auf Quellpunkt und Körper K nachbilden kann. Strömt nun J_i aus dem Quellpunkt in dieses System über, so folgt aus den Kirchhoffschen Regeln sogleich das Potential des Körpers K

$$\varphi_\varkappa = J_i \cdot \frac{R_q \cdot R_\varkappa}{R_q + R_\varkappa + R_{\varkappa q}} \tag{168}$$

und derselbe Wert ergibt sich, wie durch Vertauschung des Index K mit q hervorgeht, für das Potential des Quellpunktes, wenn der gleiche Strom J_i aus K in das Erdreich übertritt. Das Potential (156h) ist daher identisch mit dem Potential, welches der aus K übertretend gedachte Strom J_i im Quellpunktsorte erzeugen würde.

30. Wirkung von Wasserbecken an der Erdoberfläche. Man pflegt häufig Erder in die Umgebung von Wasserbecken zu legen, um sowohl mittels des dort besser leitenden Erdreiches, als auch unmittelbar durch die relativ hohe Leitfähigkeit der Wassermasse die Erdereigenschaften zu verbessern.

Um die Wirkung derartiger Wasserbecken in einfacher Weise zu übersehen, wollen wir ihre Leitfähigkeit unendlich groß annehmen; das meist vorhandene Grundwasser schafft dann eine gut leitende Verbindung nach außen hin, so daß die Wassermasse das Potential Null erhält.

Selbstverständlich gilt dies nur, wenn die Wasserleitfähigkeit wirklich groß gegen die Bodenleitfähigkeit ist; sind dagegen beide Leitfähigkeiten von gleicher Größenordnung, so wirkt das Wasserbecken nur sehr wenig auf das Strömungsfeld ein.

Mit diesen Vereinfachungen ist das Prinzip der räumlichen Spiegelung anwendbar. Wir setzen die Erderabmessungen als klein gegen die Dimensionen des Wasserbeckens voraus, welches wir nach Abb. 62 als kreisförmig betrachten; ϱ_b sei der Halbmesser dieses Kreises, D der Abstand seines Mittelpunktes vom Erder.

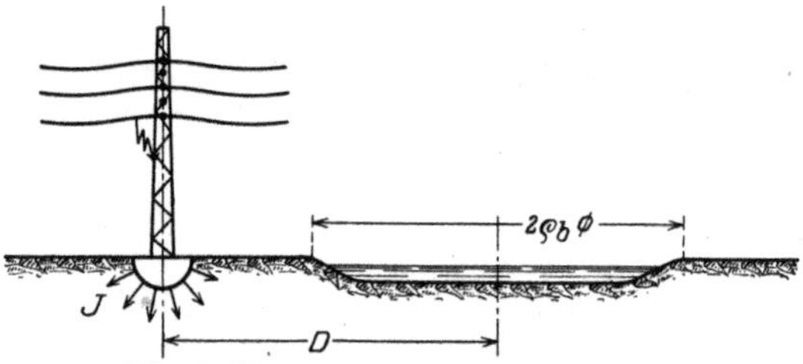

Abb. 62. Wasserbecken an der Erdoberfläche.

Die Tiefenerstreckung des Beckens wird vernachlässigt; sie ist in der Annahme unendlich hoher Wasserleitfähigkeit zum Teil erfaßt.

Nach symmetrischer Ergänzung des Strömungsfeldes zwecks Berücksichtigung der Erdoberfläche gleicht der Quellpunktsstrom dem doppelten Erderstrom. Wir wählen den Halbmesser a der inversierenden Kugel gleich D. Durch die Spiegelung geht die Kreisscheibe wiederum in eine Kreisscheibe über vom Halbmesser

$$\varrho' = \frac{1}{2}\left(\frac{D^2}{D-\varrho_b} - \frac{D^2}{D+\varrho_b}\right) = \frac{D^2\,\varrho_b}{D^2-\varrho_b^2}\,, \tag{169}$$

deren Mittelpunkte vom Inversionszentrum den Abstand besitzt

$$D' = \frac{1}{2}\left(\frac{D^2}{D-\varrho_b} + \frac{D^2}{D+\varrho_b}\right) = \frac{D^2\,D}{D^2-\varrho_b^2}\,. \tag{169a}$$

Der Ausbreitungswiderstand einer solchen Scheibe ergibt sich aus (105c) mit $t = \infty$

$$R' = \frac{1}{8\,\varkappa\,\varrho'} = \frac{1}{8\,\varkappa\,\varrho_b}\cdot\left(1 - \frac{\varrho_b^2}{D^2}\right),$$

so daß aus (164c) die Rückwirkung des Wasserbeckens auf den Quellpunkt folgt

$$\varphi_r = -\,2\,J\cdot\frac{8\,\varkappa\,\varrho_b}{1-\frac{\varrho_b^2}{D^2}}\cdot\frac{1}{(4\,\pi\,\varkappa\,D)^2} = -\,\frac{J}{2\,\pi\,\varkappa}\cdot\frac{2}{\pi}\cdot\frac{\varrho_b}{D^2-\varrho_b^2}\,. \tag{170}$$

Sei R_0 der für homogenes Erdreich berechnete Ausbreitungswiderstand, so ergibt sich jetzt das resultierende Erdpotential und der Ausbreitungswiderstand

$$\varphi_0 = J\left(R_0 - \frac{1}{2\pi\varkappa}\cdot\frac{2}{\pi}\cdot\frac{\varrho_b}{D^2-\varrho_b^2}\right) = J\cdot R\,. \qquad (170\text{a})$$

Besonderes Interesse besitzt der Grenzwert, den dieser Ausdruck bei einer sehr großen räumlichen Ausdehnung des Wasserbeckens annimmt; nennen wir $\delta = D - \varrho_b$ den Abstand des Wasserbeckens vom Erder, so wird

$$\lim_{\varrho_b\to\infty}\varphi_0 = J\left(R_0 - \frac{1}{2\pi\varkappa}\cdot\frac{1}{\pi\delta}\right) = J\cdot\lim_{\varrho_b\to\infty} R\,. \qquad (170\text{b})$$

Beispielsweise findet man für den in Nr. 8 beschriebenen Halbkugelerder ($\varrho_0 = 150$ cm) in mittlerem Erdreich ($\varkappa = 10^{-4}$ Siemens/cm), der sich in der Nähe eines Teiches vom Halbmesser $\varrho_b = 50$ m in der Entfernung $D = 60$ m vom Wasserzentrum befindet, den Ausbreitungswiderstand

$$R = \frac{10^4}{2\pi\cdot 150} - \frac{10^4}{2\pi}\cdot\frac{2}{\pi}\cdot\frac{5000}{(6000)^2-(5000)^2} = 10{,}6 - 0{,}45 = 10{,}15\ \Omega$$

und für ein sehr großes Wasserbecken im Abstand $\delta = 10$ m von dem gleichen Erder

$$\lim_{\varrho_b\to\infty} R = \frac{10^4}{2\pi\cdot 150} = \frac{10^4}{2\pi}\cdot\frac{1}{\pi\cdot 1000} = 10{,}6 - 0{,}50 = 10{,}10\ \Omega\,.$$

Insoweit nicht die erhöhte Bodenfeuchtigkeit dazu veranlaßt, hat es also hinsichtlich des Ausbreitungswiderstandes keinen Zweck, nahe an das Wasser heranzugehen.

Um den Einfluß der Wassernähe auf den Verlauf des Spannungstrichters zu übersehen, beschränken wir uns der Einfachheit halber auf den praktisch wichtigsten Fall eines sehr (unendlich) großen Wasserbeckens. Wir wählen jetzt als Inversionshalbmesser den Abstand δ des Erders vom Wasser und erhalten als Spiegelbild des Wasserbeckens eine Kreisscheibe vom Halbmesser

$$\varrho' = \frac{1}{2}\,\delta\,, \qquad (169\text{b})$$

welche durch den Ursprung hindurch geht und nach (157) das Potential aufweist

$$\varphi_0' = \frac{J_i}{4\pi\varkappa\delta} = \frac{2J}{4\pi\varkappa\delta}\,. \qquad (171)$$

Führt man vorübergehend eine auf der Erdoberfläche vom Erder senkrecht nach dem Rand des Wasserbeckens weisende x'-Achse mit dem Ursprung in der Mitte der gespiegelten Kreisscheibe ein, so ergibt sich nach (53b) ihr Potential

$$\varphi' = \frac{2}{\pi}\cdot\varphi_0'\cdot\arcsin\frac{\varrho'}{x'} = \frac{2}{\pi}\cdot\frac{J}{2\pi\varkappa\delta}\cdot\arcsin\frac{\delta}{2x'}\,; \qquad x' > \varrho' \qquad (171\text{a})$$

und mit einer am Erder beginnenden Zählung $\bar{x}' = x' + \varrho'$

$$\varphi' = \frac{2}{\pi} \cdot \frac{J}{2\pi\varkappa\delta} \cdot \arcsin \frac{\delta}{2(\bar{x}' - \varrho')}; \quad \bar{x}' > 2\varrho' = \delta. \tag{171 b}$$

Jedem Punkte $\bar{x}'$ entspricht eine nach (153) reziproke Entfernung $x = \frac{\delta^2}{\bar{x}'}$. Aus (164) ergibt sich daher als Sekundärpotential des Wasserbeckens

$$\varphi = -\frac{\delta}{x} \frac{2}{\pi} \cdot \frac{J}{2\pi\varkappa\delta} \cdot \arcsin \frac{\delta}{2\left(\frac{\delta^2}{x} - \varrho'\right)}$$

$$= -\frac{2}{\pi} \cdot \frac{J}{2\pi\varkappa x} \cdot \arcsin \frac{1}{2\left(\frac{\delta}{x} - \frac{1}{2}\right)}; \quad 0 \leqq x \leqq \delta. \tag{172}$$

Hiermit ist der Verlauf des Spannungstrichters gegeben, der in Abb. 63 für das oben genannte Zahlenbeispiel dargestellt ist. Man erkennt, daß das Potential zwischen Erder und Beckenrand außerordentlich viel steiler als in der Umgebung des gleichen Erders im homogenen Erdboden abfällt; entsprechend wachsen die Schrittspannungen an. Dies hat zur Folge, daß nicht allein der Gefahrstrom eines derartigen Erders sinkt, sondern daß bei hinreichend starken Erderströmen innerhalb des gesamten Oberflächenstreifens zwischen Erder und Rand des Wasserbeckens lebensgefährdende Spannungen auftreten können. Die Umgebung solcher Erder ist daher trotz des verringerten Ausbreitungswiderstandes für Lebewesen viel gefährlicher als die gleichbelasteter und gleichgroßer Erder in homogenem Erdreich; allerdings wird in Wirklichkeit diese Gefahr durch den stets endlichen Wert der Wasserleitfähigkeit merklich gemindert.

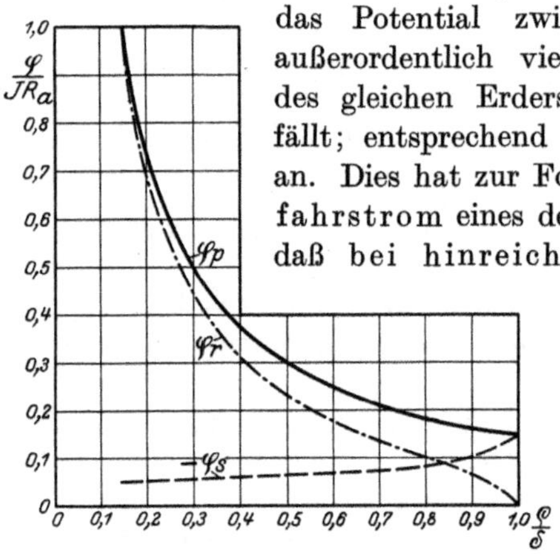

Abb. 63. Wirkung des Wasserbeckens auf den Spannungstrichter. φ_p = Primärpotential, φ_s = Sekundärpotential, φ_r = Resultierendes Potential.

31. Der Stromeintritt in langgestreckte Leiter. Wir untersuchen mit der Annahme einer gegen die Erdleitfähigkeit großen Leitfähigkeit des Wassers die Wirkung sehr (unendlich) langgestreckter Wasseradern im Erdreich, wobei es nach Ergänzung des Feldes symmetrisch zur Erdoberfläche elektrisch belanglos ist, ob diese als Brunnen oder Grundwasserströme geschlossen im Erdreich verlaufen oder als offene Gerinne nahe der Erdoberfläche strömen. Wir setzen den Querschnitt der Adern als Kreis voraus, dessen Halbmesser ϱ_0 genannt werde;

hiermit werden Brunnen und Grundwasserströme bereits hinreichend genau erfaßt. Flüsse dagegen besitzen nach Abb. 64 meist die Querschnittsform eines Trapezes der Breite B bei sehr geringer Tiefe;

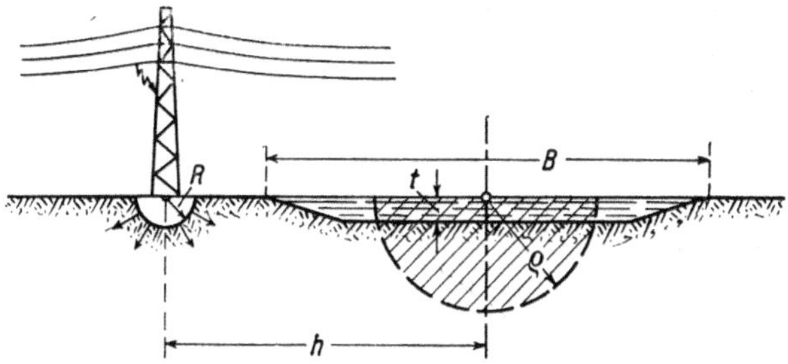

Abb. 64. Flußkreuzungsmast [1].

sie können nach Nr. 16 durch einen kreisförmigen Querschnitt vom Halbmesser $\varrho_0 = \frac{1}{4} B$ ersetzt werden. Nur für sehr erhebliche Flußbreiten, wie sie in der Nähe von Flußkreuzungsmasten über große Ströme vorkommen, versagt diese Substitution; hier kann man indes auf den im vorigen Abschnitt für unendlich wachsende Breite des Wasserbeckens gegebenen Grenzwert des Potentiales zurückgreifen, so daß man auch diesen Fall beherrscht. Endlich trägt die gleiche Aufgabenstellung die Gesetze des Stromeintrittes in metallische Rohre in sich, welche in der Nähe eines Erders im Erdreich verlegt sind; sie besitzen beim Übertritt von Gleichstrom in das Erdreich besondere Bedeutung für die Korrosion solcher Rohre durch die elektrolytische Zersetzung der in der Erde enthaltenen Salze.

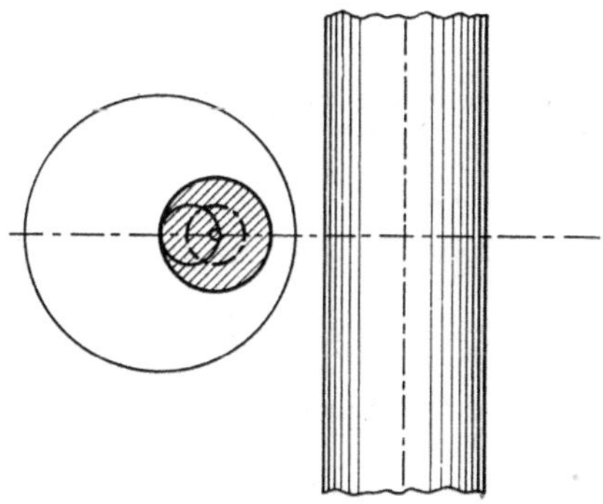

Abb. 65. Spiegelkörper eines langgestreckten Leiters (ausgezogen) und Ersatzringkörper (Innenkontur gestrichelt) [1].

Wir setzen zunächst nur einen derartigen Leiter neben dem Erder voraus; es entspricht dies der Wirkung eines Brunnens oder eines hinreichend schmalen Flusses. Bei geradliniger Erstreckung des Leiters mit konstantem Querschnitt führt also das Prinzip der räumlichen Spiegelung auf das Feld desjenigen ringförmigen Erders, der aus der Inversion eines unendlich langen Kreiszylinders entsteht, und dessen Breite daher nach Abb. 65 im Inversionszentrum verschwindet. Indes

[1] S. Fußnote S. 86.

werden mit wachsender Entfernung vom Erder sowohl die Größe des Querschnittes, wie auch der Verlauf des Leiters von untergeordneter Bedeutung, da dort die oben genannten Voraussetzungen im allgemeinen nicht mehr zutreffen. Wir begehen daher in der Lösung der praktisch vorliegenden Aufgabe keinen Fehler, wenn wir dort den Querschnitt derart unendlich werden lassen, daß der Spiegelkörper ein Kreisring wird. Hiermit ist mathematisch eindeutig über die Vorgänge in großer Entfernung vom Erder verfügt; man darf aber das dort rechnungsgemäß sich einstellende Feld physikalisch nicht mit dem wirklich vorhandenen identifizieren, welches nur bei genau bekannten Verhältnissen richtig erfaßt werden kann. Die folgende Untersuchung ist daher auf die Vorgänge in der Erderumgebung beschränkt.

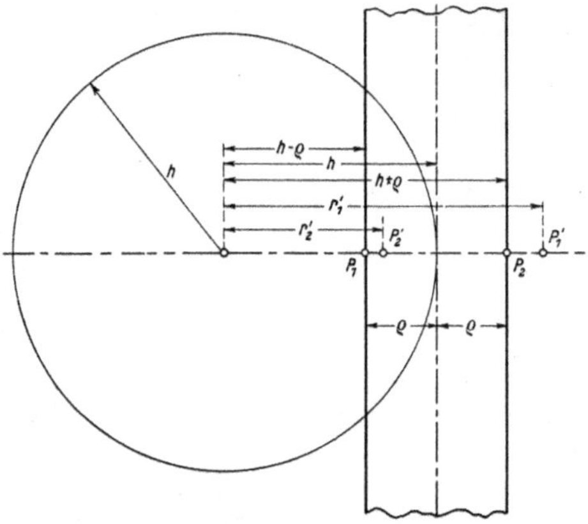

Abb. 66. Zur Ermittelung der gleichwertigen Abmessungen des für den Spiegelkörper eingeführten Ringes[1].

Wir wählen den Radius der inversierenden Kugel gleich dem Abstand h des Quellpunktes von der Leiterachse. Nach Abb. 66 ist also der Ringhalbmesser

$$\varrho_r = \frac{1}{2}\cdot\frac{1}{2}\left[\frac{h^2}{h-\varrho_0}+\frac{h^2}{h+\varrho_0}\right] = \frac{1}{2}\,\frac{h^3}{h^2-\varrho_0^2}, \tag{173}$$

während der Radius des Toroides ist

$$\varrho_0' = \frac{1}{2}\cdot\left[\frac{h^2}{h-\varrho_0}-\frac{h^2}{h+\varrho_0}\right] = \frac{\varrho_0\cdot h^2}{h^2-\varrho_0^2}. \tag{173a}$$

Das Strömungsfeld dieses Toroides ist identisch mit dem Feld eines Kreisbanderders (Nr. 12); es wird von längs der Toroidachse in der Gesamtstärke J' linienhaft verteilten Quellen erzeugt, welche der Oberfläche nach (72c) das Potential erteilen

$$\varphi_0' = \frac{J'}{4\pi\varkappa}\cdot\frac{1}{\pi\varrho_r}\cdot\ln 8\,\frac{\varrho_r}{\varrho_0'} = \frac{2J}{4\pi\varkappa}\cdot\frac{1}{h}, \tag{174}$$

Man erhält also nach Einsetzen von (173), (173a) J' aus der Beziehung

$$J' = \pi\,\frac{h^2}{h^2-\varrho_0^2}\cdot\frac{1}{\ln\frac{4h}{\varrho_0}}\cdot J. \tag{174a}$$

[1] S. Fußnote S. 86.

Der Ausbreitungswiderstand des Ringes ist

$$R' = \frac{\varphi_0'}{i'} = \frac{1}{2\pi\varkappa}\cdot\frac{h^2-\varrho_0^2}{\pi h^3}\cdot\ln 4\frac{h}{\varrho_0}, \qquad (174\text{b})$$

so daß sich die Rückwirkung des Leiters auf den Erder nach (164c) findet

$$\varphi_r = -2J\cdot\frac{2\pi\varkappa\cdot\pi h^3}{h^2-\varrho_0^2}\cdot\frac{1}{\ln 4\frac{h}{\varrho_0}}\cdot\frac{1}{(4\pi\varkappa h)^2} = -J\cdot\frac{1}{4\varkappa\cdot\frac{h^2-\varrho_0^2}{h}\cdot\ln 4\frac{h}{\varrho_0}}. \qquad (174\text{c})$$

Das resultierende Erderpotential stellt sich in der Größe ein

$$\varphi_0 = J\left(R_0 - \frac{1}{4\varkappa\cdot\frac{h^2-\varrho_0^2}{h}\cdot\ln 4\frac{h}{\varrho_0}}\right) = J\cdot R. \qquad (174\text{d})$$

Als Beispiel sei ein Flußkreuzungsmast nach Abb. 64 gewählt, dessen Fuß durch einen Halbkugelerder vom Radius $\bar{\varrho}_0 = 150$ cm ersetzt werden kann; er sei in mittlerem Erdreich ($\varkappa = 10^{-4}$ Siemens/cm) erstellt und befinde sich in 10 m = 1000 cm Entfernung vom Ufer des $B = 100$ m breiten Flusses. Hier wird $\varrho_0 = 25$ m, $h = 60$ m, also

$$R = \frac{10^4}{2\pi\cdot 150} - \frac{10^4}{2\cdot\frac{6000^2-2500^2}{6000}\cdot\ln 4\cdot\frac{6000}{2500}} = 10{,}6 - 0{,}45 = 10{,}15\ \Omega$$

der gleiche Wert, den wir im vorigen Abschnitt beim Vorhandensein eines Wasserbeckens gefunden haben; auch hier kann man also von dem Eingraben des Erders in der Nähe des Flusses keine wirksame Verringerung des Ausbreitungswiderstandes erhoffen. Ebenso bleibt die erhöhte Gefährdung des zwischen Mastfuß und Fluß befindlichen Geländestreifens in der in Abb. 63 dargestellten Weise bestehen.

Zur Darstellung der Stromaufnahme längs des Leiters berechnen wir aus (174a) zunächst die Liniendichte der Strömung längs der Toroidachse

$$i' = \frac{J'}{2\pi\cdot\varrho_r} = \frac{J'}{\pi h}\left(1-\frac{\varrho_0^2}{h^2}\right) = \frac{J}{h}\cdot\frac{1}{\ln\frac{4h}{\varrho_0}} \qquad (174\text{e})$$

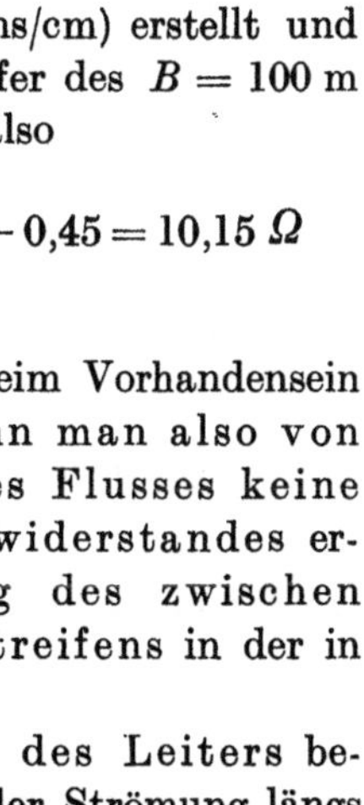

Abb. 67. Zum Stromeintritt in langgestreckte Leiter.

und finden mit (163a) sogleich den pro Längeneinheit in den Leiter eintretenden Strom

$$i = -\frac{h}{\sqrt{h^2+x^2}}\cdot\frac{J}{h}\cdot\frac{1}{\ln\frac{4h}{\varrho_0}} = -\frac{J}{\sqrt{h^2+x^2}}\cdot\frac{1}{\ln\frac{4h}{\varrho_0}}, \qquad (174\text{f})$$

wo x die längs der Leiterachse nach Abb. 67 vom Erder aus gezählte Entfernung bedeutet. Der Gesamtstrom, der innerhalb des von $-x$

bis $+x$ sich erstreckenden Bereiches in das Rohr eintritt, ist somit

$$J_x = 2\int_0^x i\,d x = -\frac{2J}{\ln\frac{4h}{\varrho_0}}\cdot\ln\left[\frac{x}{h}+\sqrt{1+\left(\frac{x}{h}\right)^2}\right] = -\frac{2J}{\ln\frac{4h}{\varrho_0}}\,\mathfrak{Ar}\,\mathfrak{Sin}\,\frac{x}{h}, \quad (174\text{g})$$

Diese Gleichung gilt, ebenso wie (174f), nur in einer gewissen Umgebung des Erders. Um diese abzuschätzen, beachten wir, daß nach Nr. 29, Gl. (164f) das unendlich lange Rohr den gesamten Erderstrom aufnimmt. Indem wir nun die Verteilung (174g) bis zu einer gewissen Grenzent-

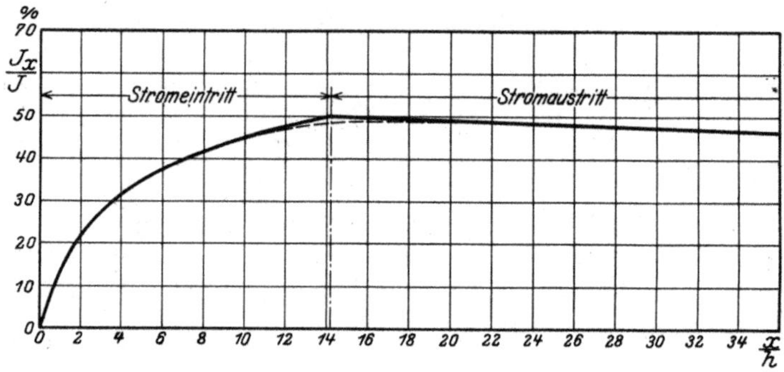

Abb. 68. Qualitative Darstellung für die Stromführung eines im Quellpunktsfelde befindlichen Rohres.

fernung x_g gelten lassen, jenseits deren wir den in das Rohr eintretenden Strom gänzlich vernachlässigen, erhalten wir hieraus

$$J_{x=x_g} = -J = -\frac{2J}{\ln\frac{4h}{\varrho_0}}\cdot\mathfrak{Ar}\,\mathfrak{Sin}\,\frac{x_g}{h}; \quad \frac{x_g}{h} = \mathfrak{Sin}\,\frac{1}{2}\ln\frac{4h}{\varrho_0} = \sim\sqrt{\frac{h}{\varrho_0}}, \quad (174\text{h})$$

so daß also (174g) um so weiter gültig ist, je größer h und je kleiner ϱ_0 ist. Beispielsweise wird für ein Rohr von $\varrho_0 = 1$ cm Radius, welches in $h = 200$ cm Entfernung vom Erder vorüberzieht

$$x_g = 200\cdot\mathfrak{Sin}\,\frac{1}{2}\ln\frac{4\cdot 200}{1} = \sim 3100\text{ cm} = 31\text{ m}.$$

Man erkennt hieraus, daß der Strom in einer relativ engen Zone um den Erder herum in das Rohr eintritt. Dieses Ergebnis ist von besonderer Bedeutung, wenn das Rohr einen endlichen Ohmschen Widerstand besitzt. Denn auf Grund der in Nr. 24 durchgeführten Untersuchungen folgt, daß in großen Entfernungen vom Erder der Strom exponentiell nach Maßgabe der Gl. (132d) abnimmt. Zusammenfassend ergibt sich daher mit Rücksicht auf (174g) ein Verlauf des Rohrstromes nach Abb. 68.

Auf die besonderen Fragen der Korrosion von Rohren im Erdstromfelde, welche eine eingehende Kenntnis der entsprechenden chemischen Vorgänge erfordern, gehen wir nicht näher ein; der Leser sei auf die Sonderliteratur dieses Gebietes verwiesen.

VII. Wirkung zeitlicher Feldschwankungen.

32. Rückleitung kapazitiver Erdschlußströme. Beim Erdschluß einer mit Wechselstrom betriebenen Freileitung nach Abb. 69 tritt ein Erdschlußstrom J über die Fehlerstelle zur Erde über; wir bezeichnen ihn als kapazitiv, wenn er keinen metallischen Rückschluß zur Leitung besitzt, sondern als Verschiebungsstrom von der Erdoberfläche aus durch das Dielektrikum zur Leitung zurückfließt. Für ihn bildet daher die Erdoberfläche im Gegensatz zu ihrer Wirkung im stationären Felde keine undurchdringliche Grenze: Die in Nr. 5 aufgestellten Bedingungen werden ungültig. An ihrer Stelle verlangt das Kontinuitätsgesetz der Strömung die Gleichheit der normal zur Erdoberfläche gerichteten Komponente des Erdstromes $\mathfrak{i}_n$ mit der ebenso gerichteten Komponente des Verschiebungsstromes; nennen wir also $\mathfrak{D}_n$ die dielektrische Verschiebungskomponente an der Erdoberfläche, so wird gefordert

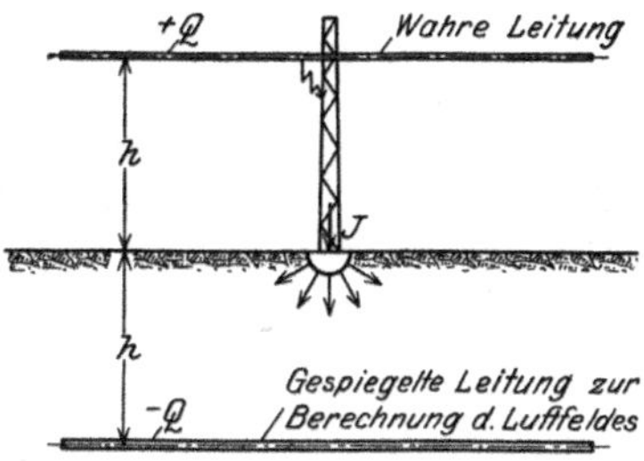

Abb. 69. Zur Berechnung des Verschiebungsstromes einer Freileitung.

$$\mathfrak{i}_n = \frac{\partial \mathfrak{D}_n}{\partial t} \tag{175}$$

Insbesondere folgt für periodisch mit der Kreisfrequenz $\omega = 2\pi f$ verlaufende Vorgänge

$$\mathfrak{D}_n = \Re e\,(\overline{\mathfrak{D}}_n) = \Re e\,(\mathfrak{D}_{n_{\max}} \cdot e^{j\omega t}) \tag{176}$$

die Grenzbedingung an der Erdoberfläche

$$\mathfrak{i}_n = \Re e\,(\bar{\mathfrak{i}}_n); \quad \bar{\mathfrak{i}}_n = j\omega \overline{\mathfrak{D}}_n \tag{175a}$$

Hiernach kann die Wirkung der Verschiebungsströme durch flächenhaft über die Erdoberfläche hin verteilte Stromquellen der Dichte (175a) ersetzt werden.

Zur Lösung der Aufgabe setzen wir die Kreisfrequenz als so klein voraus, daß von der im Erdreich auftretenden Wirbelströmung (Nr. 33) abgesehen werden darf. Das Feld in der Erde kann dann wiederum durch ein (quasistationäres) Potential $\bar{\varphi}$ beschrieben werden, welches wir aus dem Primärpotential des Erders und dem Sekundärpotential der längs der Erdoberfläche verteilten Flächenströme (175a) zusammensetzen. Das Primärpotential ist durch die jeweils vorliegende Erderform bestimmt und nach den Entwicklungen der vorangegangenen Kapitel bekannt; wir können uns demnach auf die Berechnung des Sekundärpotentiales beschränken. Hier können wir auf das in Nr. 4 entwickelte Potential eines Quellpunktes zurückgreifen. Bezeichnet ϱ den Abstand des Aufpunktes von einem Flächenelement df der Erdoberfläche, welches nach (175a) den Strom trägt

$$d\bar{\mathfrak{i}}_n = \bar{\mathfrak{i}}_n df = j\omega\overline{\mathfrak{D}}_n \cdot df \tag{175b}$$

so herrscht im Aufpunkt ein von diesem Elementarstrom herrührendes Elementarpotential

$$d\overline{\varphi}_s = \frac{2\,d\bar{\mathfrak{i}}_n}{4\pi\varkappa}\frac{1}{\varrho} = \frac{j\omega\overline{\mathfrak{D}}_n df}{2\pi\varkappa}\cdot\frac{1}{\varrho} \tag{177}$$

Hier wurde durch Multiplikation der Flächendichte mit dem Faktor 2 berücksichtigt, daß die von den Flächenstromquellen ausgehenden Stromfäden nur einseitig in das Erdreich übergehen können (vgl. Nr. 5). Durch Integration über die gesamte Erdoberfläche folgt das gesuchte Sekundärpotential

$$\overline{\varphi}_s = \frac{j\omega}{2\pi\varkappa}\iint\frac{\overline{\mathfrak{D}}_n df}{\varrho} \tag{177a}$$

Für die Größe der dielektrischen Verschiebung $\overline{\mathfrak{D}}_n$ ist die Ausbildung des quasistatischen Luftfeldes zwischen Leitung und Erde maßgebend; hierbei darf mit praktisch ausreichender Genauigkeit der Potentialabfall längs der Erdoberfläche gegenüber der Potentialdifferenz zwischen Erde und Leitung vernachlässigt, die Erde also als Äquipotentialfläche angenommen werden. Um die Grenzbedingung dieses statischen Feldes zu befriedigen, hat man lediglich die influenzierende Leitung an der Erdoberfläche nach Abb. 69 mit Ladungsumkehr zu spiegeln, so daß das quasistatische Sekundärfeld φ_{sst} der Erdoberfläche dem Potential der an der Erdoberfläche geometrisch gespiegelten und mit umgekehrter Ladung versehenen Leitung gleicht; andererseits berechnet sich dieses Feld gemäß dem in Nr. 7 entwickelten Abbildungssatze aus den Komponenten $\overline{\mathfrak{D}}_n$ nach

$$\overline{\varphi}_{sst} = \frac{1}{4\pi\varepsilon}\cdot\iint\cdot\frac{\overline{\mathfrak{D}}_n df}{\varrho} = \frac{1}{2}\cdot\frac{1}{2\pi\varepsilon}\iint\frac{\overline{\mathfrak{D}}_n df}{\varrho} \tag{177b}$$

Durch Vergleich von (177a, b) folgt sogleich

$$\overline{\varphi}_s = 2\,\overline{\varphi}_{sst}\cdot\frac{\varepsilon}{\varkappa}\cdot j\omega. \tag{177c}$$

Diese Gleichung spricht in Verbindung mit der soeben genannten Konstruktion des quasistatischen Sekundärluftfeldes folgenden Satz aus: Man erhält das Sekundärpotential des quasistationären Erdstromfeldes, indem man das Erdreich oberhalb der Erdoberfläche homogen fortsetzt und die Leitung durch einen kongruenten Erder ersetzt, welcher den doppelten Erderstrom aufnimmt (vgl. Abb. 70). Da aus dem Erder nach symmetrischer Ergänzung des Strömungsfeldes ebenfalls der doppelte Erderstrom in das Erdreich übertritt, bilden Erder und Leitung in dem Ersatzschema nach Abb. 71 ein abgeschlossenes Stromsystem, die unendlich große Hüllkugel nimmt jetzt keinen Strom mehr auf. Hieraus ergibt sich, daß das resultierende Potential mit wachsender Entfernung vom Erder nicht mehr in das Feld eines Quellpunktes übergeht, sondern sich dem Potentiale zweier dicht nebeneinander befindlicher Quellen mit entgegengesetzten Vorzeichen, eines sogenannten Dipoles, nähert; in Abständen, welche groß gegen die Dimensionen des Erders und der Leitung sind, nimmt das Potential daher mit dem Quadrate der Entfernung außerordentlich rasch ab.

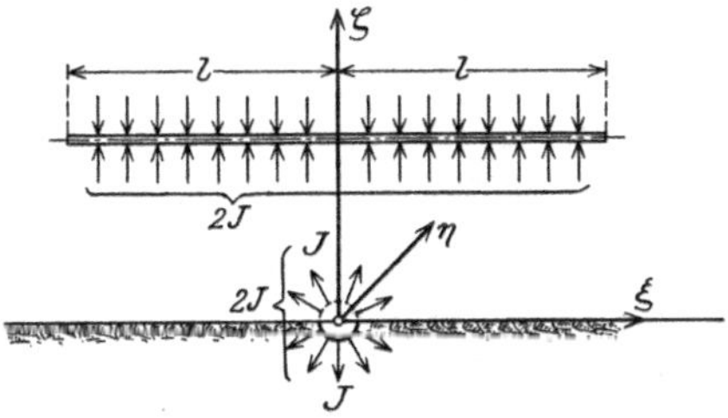

Abb. 70. Ersatzschema eines Erders mit Rückleitung durch Verschiebungsströme.

Wir setzen voraus, daß die Freileitung in geradem Zuge in der Höhe h über Erde und in der Länge $2l$ verlaufe und den Halbmesser ϱ_0 besitze. Das Feld des an ihrer Stelle substituierten bandförmigen Erders ist dann durch Nr. 11 gegeben. Für die Anwendungen ist es zweckmäßig, von den früher benutzten elliptischen Koordinaten u mittels (61) zu rechtwinkligen Koordinaten z, ϱ überzugehen. Eine leichte Umrechnung ergibt an Stelle von (66)

$$\bar{\varphi}_s = -\frac{J}{4\pi\varkappa l}\cdot\ln\frac{l-z+\sqrt{(l-z)^2+\varrho^2}}{-l-z+\sqrt{(-l-z)^2+\varrho^2}} \qquad l \geqq |z|, \qquad (178)$$

wobei wir uns auf den hauptsächlich interessierenden unterhalb der Leitung liegenden Bereich beschränken dürfen. Wir führen nun ein neues rechtwinkliges Koordinatensystem ξ, η, ζ mit dem Ursprung in dem nach Abb. 70 symmetrisch zur Leitung angenommenen Erder ein, derart, daß die Erdoberfläche mit der Ebene $\zeta = 0$ identifiziert wird und die ξ-Achse parallel zur Leitung weist. Hierbei gilt offenbar

$$z = \zeta; \quad \varrho = \sqrt{(h+\eta)^2+\xi^2}, \qquad (179)$$

so daß also

$$\bar{\varphi}_s = -\frac{J}{4\pi\varkappa l}\cdot\ln\frac{l-\zeta+\sqrt{(l-\zeta)^2+(h+\eta)^2+\xi^2}}{-l-\zeta+\sqrt{(-l-\zeta)^2+(h+\eta)^2+\xi^2}}. \qquad (178\text{a})$$

Insbesondere ergibt sich für den Ursprung die Rückwirkung der Erdoberfläche auf den Erder

$$\bar{\varphi}_{s_0} = -\frac{J}{4\pi\varkappa l}\cdot\ln\frac{l+\sqrt{l^2+h^2}}{-l+\sqrt{l^2+h^2}}, \qquad (178\text{b})$$

also für einigermaßen lange Leitungen ($l \gg h$)

$$\overline{\varphi}_{s_0} = -\frac{J}{4\pi\varkappa l}\cdot 2\ln\frac{2l}{h} = -\frac{J}{2\pi\varkappa l}\cdot\ln\frac{2l}{h} \tag{178c}$$

unabhängig von dem Halbmesser der Leitung.

Bezeichnet R_0 den früher ermittelten Eigen-Ausbreitungswiderstand des Erders gegen die unendlich ferne Hüllkugel, so erhalten wir als resultierendes Erderpotential

$$\varphi_r = J\cdot R_0 + \overline{\varphi}_{s_0} = J\left(R_0 - \frac{1}{2\pi\varkappa l}\cdot\ln\frac{2l}{h}\right) = J\cdot R, \tag{180}$$

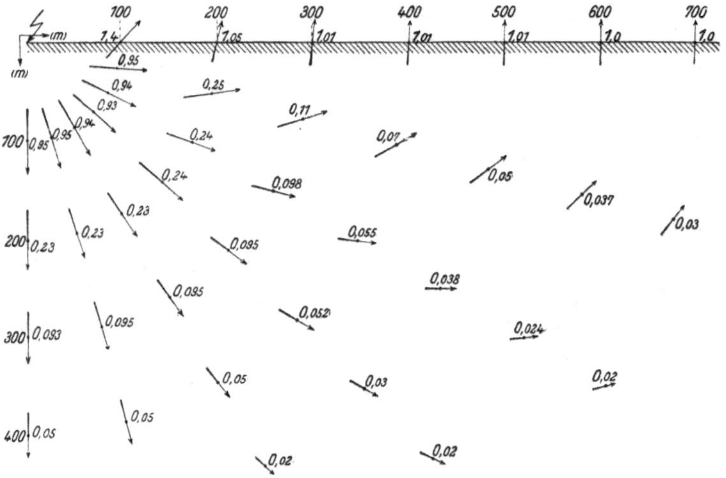

Erdströme einer Leitung von 5 m Höhe und 2 km Länge mit Erdschluß in der Mitte für Ladestrom 1 Amp/km.
Einheit der Erdstromdichten = $\frac{1}{10\pi}$ Mill. Amp/m²

Abb. 71. Räumliche Verteilung des Erdstromfeldes bei Rückleitung durch Verschiebungsströme[1].

wo R den resultierenden Ausbreitungswiderstand des Erders bei kapazitiver Stromrückleitung darstellt. Insbesondere ergibt sich für den Halbkugelerder (Nr. 8)

$$R = \frac{1}{2\pi\varkappa}\left(\frac{1}{\varrho_0} - \frac{1}{l}\cdot\ln\frac{2h}{l}\right). \tag{180a}$$

Die Verminderung des Ausbreitungswiderstandes durch die in endlicher Entfernung vom Erder erfolgende Stromrückleitung ist hiernach nur dann wirksam, wenn die Dimensionen des Erders vergleichbar mit der Leitungslänge werden; andernfalls gleicht R merklich dem Eigen-Ausbreitungswiderstande R_0, so daß in ausgeführten Anlagen stets mit diesem

[1] Nach L. Lichtenstein: Erdstromfragen in Theorie und Praxis. ETZ 1921, Heft 31.

Werte zu rechnen ist. Eine analoge Betrachtung läßt sich sogleich für den Einfluß des Sekundärfeldes auf die physiologischen Kenngrößen des Erders durchführen. Denn bei einigermaßen großen Leitungslängen sind nach Nr. 10 die Flächen konstanten Sekundärpotentiales außerordentlich langgestreckte Rotationsellipsoide, so daß das Potential längs der ξ-Achse im Bereiche der Leitung merklich gleichmäßig um den Wert (178c) gesenkt wird: Das Sekundärpotential kann somit in der Erderumgebung längs der Erdoberfläche keine merkliche tangentielle Feldkomponente erzeugen, so daß eine solche nur durch das Primärpotential des Erders in seiner unmittelbaren Umgebung zustande kommt. Gefahrstrom und Gefahrzone des Erders sind durch die früher ermittelten Ausdrücke bestimmt. Diese Ergebnisse werden durch Abb. 71 veranschaulicht, welches für die angenommene Lage von Leitung und Erder das Erdstromfeld nach Rechnungen von L. Lichtenstein wiedergibt.

Die hier entwickelten Zusammenhänge können dazu dienen, den Einfluß der Kapazitätsströme auf den Erdwiderstand einer geerdeten Antenne für drahtlose Nachrichtenübermittlung qualitativ abzuschätzen. Besitzt die Antenne die Form eines L oder T, so kann unmittelbar die Formel (180) herangezogen werden, in welcher man jetzt l und h von gleicher Größenordnung anzunehmen hat, so daß also praktisch fast stets eine wirksame Verringerung des Ausbreitungswiderstandes eintritt, weil die linearen Erderabmessungen der Antennenlänge nahekommen; allerdings darf man dann nicht mehr mit den Eigen-Ausbreitungswiderständen des stationären Feldes rechnen, sondern muß die Wirbelströmung im Erdreich berücksichtigen (Nr. 46). Wenn die Antenne aus schirmförmig ausgespannten Drähten besteht, kann man mit hinreichender Genauigkeit entsprechend Abb. 72 die Gesamtheit der Drähte als Kreisplatte ansehen, welche den Halbmesser ϱ_0 besitzt und in der mittleren Höhe h über der Erdoberfläche ausgespannt ist. Man erhält dann aus Nr. 9, Gl. (55) als Sekundärpotential der Erdoberfläche

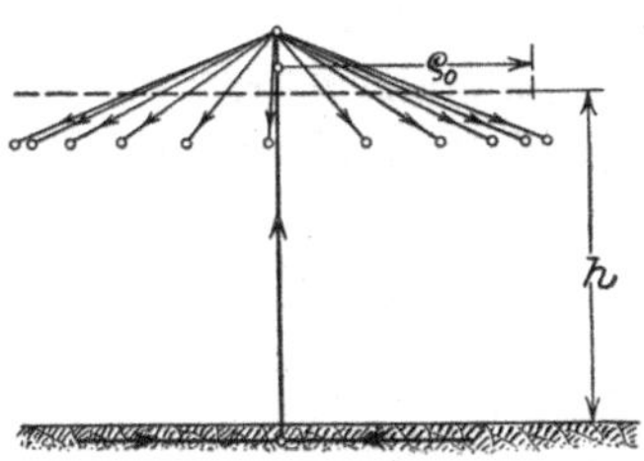

Abb. 72. Schirmantenne und äquivalente Kreisplatte.

$$\overline{\varphi}_s = -\frac{J}{2\pi\varkappa}\cdot\frac{1}{\varrho_0}\cdot\arcsin\frac{\varrho_0}{u}\,. \tag{181}$$

Entnimmt man aus (51) für $\varrho = 0$, $|z| = h$ den Wert $u = \sqrt{\varrho_0^2 + h^2}$, so entsteht als Rückwirkung auf den Erder

$$\overline{\varphi}_{s0} = -\frac{J}{2\pi\varkappa}\cdot\frac{1}{\varrho_0}\cdot\arcsin\frac{\varrho_0}{\sqrt{\varrho_0^2+h^2}}, \tag{181a}$$

so daß man als Ausbreitungswiderstand erhält

$$R = R_0 - \frac{1}{2\pi\varkappa} \cdot \frac{1}{\varrho_0} \cdot \arcsin \frac{\varrho_0}{\sqrt{\varrho_0^2 + h^2}}. \tag{181b}$$

Auch hier ergibt sich demnach eine wesentliche Verringerung des Ausbreitungswiderstandes in dem praktisch häufig vorliegenden Falle, in welchem Erderabmessungen und Schirmhalbmesser der Antenne von gleicher Größenordnung werden. (Vgl. Nr. 46 und 47).

33. Ebene Wirbelströmung in der Erde. Im zeitlich konstanten Strömungsfelde wird durch den Strom ein stationäres Magnetfeld $\mathfrak{H}$ erzeugt, dessen Stärke sich aus dem Durchflutungsgesetz berechnet: Die magnetische Umlaufsspannung längs einer beliebigen, in sich geschlossenen Kurve C gleich der Durchflutung der elektrischen Strömung durch eine von C berandete Fläche

$$\int_C (\mathfrak{H}\, d\mathfrak{s}) = \int_F (\mathfrak{i}\, df). \tag{182}$$

Im zeitlich veränderlichen Felde erzeugt dieses Magnetfeld ein elektrisches Feld der Induktion: Längs einer geschlossenen Kurve C' tritt eine elektrische Umlaufsspannung auf, welche der Änderung des magnetischen Induktionsflusses Φ durch die von C' umschlungene Fläche F' gleicht

$$\int_{C'} (\mathfrak{E}\, d\mathfrak{s}) = -\frac{\partial \Phi}{\partial t} \cdot 10^{-8} = -\frac{\partial \int_{F'} \cdot (\mathfrak{B}\, df)}{\partial t} \cdot 10^{-8}. \tag{183}$$

Führt man mittels der Permeabilität μ an Stelle der Induktion $\mathfrak{B}$ die Feldstärke $\mathfrak{H}$ ein gemäß

$$\mathfrak{B} = \mu \cdot \mathfrak{H}, \tag{184}$$

so geht (183) über in

$$\int_{C'} (\mathfrak{E}\, d\mathfrak{s}) = -\frac{\partial \int_{F'} (\mu\, \mathfrak{H}\, df)}{\partial t} \cdot 10^{-8}. \tag{183a}$$

Sehen wir von der Anwesenheit ferromagnetischer Stoffe im Erdreich ab, so ist μ von der Feldintensität unabhängig und gleicht merklich der Permeabilität $\mu_0 = 0{,}4\,\pi$ des leeren Raumes. In der genannten Beschränkung nimmt unter Beachtung des Ohmschen Gesetzes das Induktionsgesetz die Form an

$$\int_{C'} (\mathfrak{i}\, d\mathfrak{s}) = -\varkappa \cdot 0{,}4\,\pi \cdot \frac{\partial \int_{F'} (\mathfrak{H}\, df)}{\partial t} \cdot 10^{-8}, \tag{183b}$$

welches zusammen mit (182) Magnet- und Stromfeld bestimmt. Die Linearität der Feldgleichungen erlaubt, die hieraus berechnete Strömung dem früher allein beachteten Potentialfelde der Stromquellen zum resultierenden Felde zu überlagern; demnach ist das Zusatzfeld, welches als Folge der zeitlichen Schwankungen des Magnetfeldes entsteht, überall quellenfrei; es wird wegen (183) als Wirbelstromfeld bezeichnet. Definitionsgemäß ist in unmittelbarer Umgebung der Erder das Potentialfeld vorherrschend, so daß die früher durchgeführten Untersuchungen für diesen Bereich gültig bleiben; erst mit wachsender Entfernung vom Erder gewinnt das Wirbelstromfeld an Einfluß, bis schließlich in sehr großer Entfernung nur noch dieses in merklicher Stärke vorhanden ist.

In vielen Fällen kann dort die Strömung als zweidimensional betrachtet werden; verzichten wir dann zunächst auf die Beschreibung der Zwischenzone, welche den Bereich vorwiegenden Potentialfeldes von Orten überwiegenden Wirbelstromfeldes trennt, so haben wir die Gl. (182) und (183b) für zweidimensionale Strömung zu spezialisieren; die Spannungsabfälle der Wirbelströme sind dann für die ganze Länge des Feldes zu berechnen und den früher ermittelten Erderpotentialen hinzuzuzählen, um den gesamten Spannungsabfall im System zu erhalten; er ergibt durch Division mit dem Strom den wirksamen Widerstand des Erdstromfeldes, welcher sich hiernach als Summe der Erderausbreitungswiderstände und eines der Leitungslänge proportionalen Leitungswiderstandes darstellt; bei sehr großen Leitungslängen herrscht er vor und liefert dann merklich den ganzen wirksamen Widerstand.

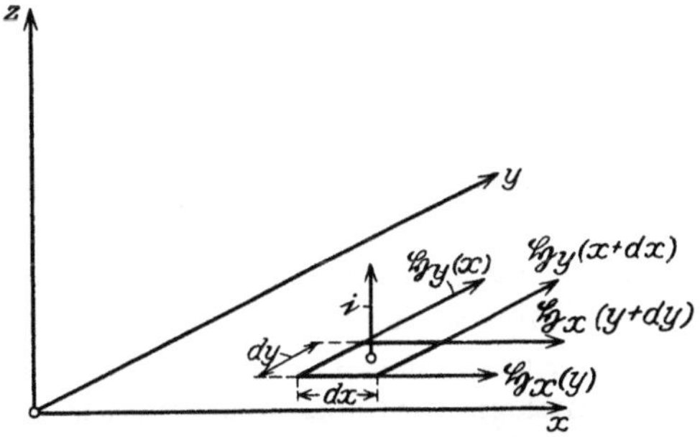

Abb. 73. Zur Formulierung des Durchflutungsgesetzes.

Wir führen ein rechtwinkliges Koordinatensystem x, y, z ein, dessen z-Achse mit der Strömungsrichtung zusammenfallen möge. Wenden wir das Durchflutungsgesetz auf ein in der Ebene $z = 0$ liegendes Elementar-Parallelogramm der Seitenlängen dx, dy an, so folgt nach Abb. 73

$$\left(+\mathfrak{H}_{x_{(y)}} - \mathfrak{H}_{x_{(y+dy)}}\right) dx + \left(-\mathfrak{H}_{y_{(x)}} + \mathfrak{H}_{y_{(x+dx)}}\right) dy = \mathfrak{i}\, dx\, dy \tag{184}$$

oder

$$-\frac{\partial \mathfrak{H}_x}{\partial y} + \frac{\partial \mathfrak{H}_y}{\partial x} = \mathfrak{i}\,. \tag{184a}$$

Für ein Elementar-Parallelogramm der Längen dx, dz in einer Ebene $y =$ konst liefert das Induktionsgesetz nach Abb. 74

$$\left.\begin{aligned}(-\mathfrak{i}_{x+dx}+\mathfrak{i}_{(x)})\,dz &= -\varkappa\cdot 0{,}4\,\pi\,\frac{\partial(\mathfrak{H}_y\cdot dx\,dz)}{\partial t}\cdot 10^{-8};\\ \frac{\partial\mathfrak{i}}{\partial x} &= +\varkappa\cdot 0{,}4\,\pi\cdot 10^{-8}\cdot\frac{\partial\mathfrak{H}_y}{\partial t}\end{aligned}\right\}\quad(185)$$

und entsprechend für ein in einer Ebene $x=$ konst gelegenes Parallel-Epiped der Längen dy und dz

$$\left.\begin{aligned}(-\mathfrak{i}_{(y)}+\mathfrak{i}_{(y+dy)}\cdot dz &= -\varkappa\cdot 0{,}4\,\pi\,\frac{\partial(\mathfrak{H}_x\cdot dx\,dz)}{\partial t}\cdot 10^{-8};\\ \frac{\partial\mathfrak{i}}{\partial y} &= -\varkappa\cdot 0{,}4\,\pi\cdot 10^{-8}\cdot\frac{\partial\mathfrak{H}_x}{\partial t}.\end{aligned}\right\}\quad(185\text{a})$$

Durch Elimination des Magnetfeldes aus (184a), (185) und (185a) entsteht als Grundgleichung der ebenen Wirbelströmung

$$\frac{\partial^2\mathfrak{i}}{\partial x^2}+\frac{\partial^2\mathfrak{i}}{\partial y^2}=\varkappa\cdot 0{,}4\,\pi\cdot 10^{-8}\cdot\frac{\partial\mathfrak{i}}{\partial t}=\varkappa\cdot 4\,\pi\cdot 10^{-9}\cdot\frac{\partial\mathfrak{i}}{\partial t}.\quad(186)$$

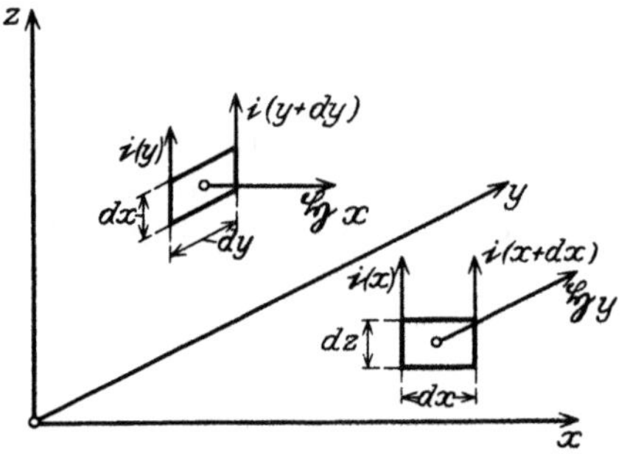

Abb. 74. Zur Formulierung des Induktionsgesetzes.

Unter Beachtung der Identität $\frac{\partial^2\mathfrak{i}}{\partial z^2}=0$ läßt sich diese Gleichung schreiben

$$\frac{\partial^2\mathfrak{i}}{\partial x^2}+\frac{\partial^2\mathfrak{i}}{\partial y^2}+\frac{\partial^2\mathfrak{i}}{\partial z^2}=\varkappa\cdot 4\,\pi\cdot 10^{-9}\cdot\frac{\partial\mathfrak{i}}{\partial t};$$

$$\Delta\mathfrak{i}=a^2\cdot\frac{\partial\mathfrak{i}}{\partial t};$$

$$a=\sqrt{4\pi\varkappa\cdot 10^{-9}}.\quad(186\text{a})$$

Das gleiche Gesetz beherrscht die ebene Wärmeströmung. Man erkennt, daß sie sich von der früher behandelten Potentialgleichung formal lediglich durch den Hinzutritt des Gliedes auf der rechten Seite unterscheidet, welches in der Tat im stationären Zustand verschwindet. Diese Analogie wird noch deutlicher, wenn wir unter Spezialisierung auf periodische quasistationäre Vorgänge

$$\mathfrak{i}=\Re e(\bar{\mathfrak{i}});\quad \bar{\mathfrak{i}}=\bar{\mathfrak{i}}_0\cdot e^{-j\omega t}\quad(187)$$

setzen; denn dann lautet die Wirbelstromgleichung

$$\Delta\bar{\mathfrak{i}}=-\varkappa\,4\,\pi j\omega\cdot 10^{-9}\cdot\bar{\mathfrak{i}}=k^2\bar{\mathfrak{i}};\quad k=\sqrt{-\varkappa\cdot 4\pi j\omega\cdot 10^{-9}},\quad(186\text{b})$$

aus welcher nun jede Spur der Zeitabhängigkeit verschwunden ist. In der Form (186b) erfaßt diese Gleichung auch den Einfluß des bisher vernachlässigten Verschiebungsstromes im Erdreich. Denn dieser ist, wenn ε die Dielektrizitätskonstante bezeichnet, durch

$$\frac{\partial\bar{\mathfrak{D}}}{\partial t}=\frac{\partial\varepsilon\bar{\mathfrak{E}}}{\partial t}=-j\omega\varepsilon\bar{\mathfrak{E}}\quad(188)$$

gegeben, so daß sich der Gesamtstrom als Summe von Leitungsstrom und Verschiebungsstrom findet

$$\frac{\partial \bar{\mathfrak{D}}}{\partial t} + \bar{\mathfrak{i}} = \bar{\mathfrak{E}}(-j\,\omega\,\varepsilon + \varkappa) = \bar{\mathfrak{E}} \cdot \bar{\varkappa}\,. \tag{189}$$

Der Verschiebungsstrom läßt sich also durch eine komplexe Verallgemeinerung des Ohmschen Gesetzes in Rechnung stellen, wenn man

$$\bar{\varkappa} = -j\,\omega\,\varepsilon + \varkappa \tag{189a}$$

als komplexe Leitfähigkeit des Bodens definiert und dementsprechend die in (186b) auftretende Konstante k nach

$$k^2 = 4\,\pi\,\bar{\varkappa}\,j\,\omega \cdot 10^{-9} \tag{186c}$$

ermittelt. Der Einfachheit halber wollen wir im folgenden auf diese Verfeinerung nicht eingehen, sondern uns stets auf die Voraussetzung

$$j\,\omega\,\varepsilon \ll \varkappa$$

beschränken; sie ist für die Frequenzen der Starkstromtechnik stets erfüllt und nicht zur Beschreibung der Vorgänge bis zu recht hohen Frequenzen aus. Sieht man als Grenze einer derart aufgebauten Rechnung die Größenordnung

$$\omega_g\,\varepsilon = \varkappa$$

an, so ergibt sich für mittleres Erdreich

$$\left(\varkappa = \sim 10^{-4}\ \text{Siemens/cm}, \quad \varepsilon = \sim \frac{10}{4\,\pi \cdot 9 \cdot 10^{11}}\right)$$

$$\omega_g = \frac{10^{-4}}{10/4\,\pi \cdot 9 \cdot 10^{11}} = 4\,\pi \cdot 9 \cdot 10^{6}\,; \qquad f_g = \frac{\omega_g}{2\,\pi} = 18 \cdot 10^{6}\ \text{Perioden/sec}.$$

Diese Frequenz entspricht einer Wellenlänge von 16,7 m in Luft, so daß man erst bei Sendern der drahtlosen Telegraphie, die mit extrem kurzen Wellen arbeiten, auf die genaue Gleichung (186c) zurückgreifen muß.

34. Grenzbedingungen der ebenen Wirbelströmung. Nachdem im vorigen Abschnitt das Gesetz der ebenen Wirbelströmung im homogenen Erdreich aufgestellt wurde, untersuchen wir hier die Bedingungen, welche die Wirbelstromfelder an der Grenze zweier Medien 1 und 2 mit verschiedenen Leitfähigkeiten $\varkappa_1$ und $\varkappa_2$ verknüpfen. Das Durchflutungsgesetz fordert als Bedingung einer an der Grenzfläche in endlichen Grenzen bleibenden Stromdichte für eine nach Abb. 75 gelegene Kurve C die Stetigkeit der tangentiellen magnetischen Feldkomponenten

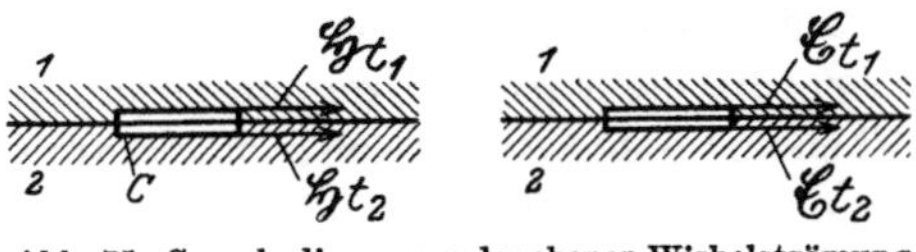

Abb. 75. Grenzbedingungen der ebenen Wirbelströmung.

$$\mathfrak{H}_{t_1} = \mathfrak{H}_{t_2} \tag{190}$$

Bedeutet also ds_n ein normal zur Grenzfläche gerichtetes Linienelement, so folgt unter Beachtung der Voraussetzung überall konstanter Permeabilität $\mu = \mu_0$ aus (185)

$$\frac{1}{\varkappa_1} \cdot \frac{\partial \mathfrak{i}_1}{\partial s_n} = \frac{1}{\varkappa_2} \cdot \frac{\partial \mathfrak{i}_2}{\partial s_n}. \tag{190a}$$

Das Induktionsgesetz verlangt den stetigen Übergang der tangentiellen elektrischen Feldkomponenten durch die Grenzfläche; diese Bedingung kann mit Benutzung des Ohmschen Gesetzes geschrieben werden

$$\frac{1}{\varkappa_1} \cdot \mathfrak{i}_1 = \frac{1}{\varkappa_2} \cdot \mathfrak{i}_2. \tag{191}$$

Sie schließt, wie aus dem Induktionsgesetz hervorgeht, den stetigen Durchtritt der Normalkomponente der magnetischen Induktion durch die Grenzfläche in sich. Geht man umgekehrt von dieser Bedingung als primären in der Form

$$\mathfrak{B}_{n_1} = \mathfrak{B}_{n_2} \tag{191a}$$

aus, so folgt hiernach, daß dann die tangentiellen elektrischen Feldstärken einander gleichen; diese Bemerkung ist von Nutzen, wenn man die Bedingungen an der Grenze zwischen Leiter und Isolator untersuchen will, wobei ersichtlich (191) versagt; wir werden sie insbesondere für die Grenze des Erdreiches gegen den Luftraum anwenden.

35. Räumliche Wirbelströmung in der Erde. Die Gesetze der ebenen Wirbelströmung dürfen nicht mehr angewendet werden, wenn der Abstand des stromzuführenden und des stromabführenden Erders sehr klein wird. Wir suchen nach einer Verallgemeinerung der Wirbelstromgleichungen, welche die dreidimensionale (räumliche) Wirbelströmung darzustellen gestattet.

Es wird ein rechtwinkliges Koordinatensystem x, y, z eingeführt. Wir machen zunächst die Voraussetzung, daß das Magnetfeld in Richtung der z-Achse verschwinde. Das Induktionsgesetz lehrt dann sogleich, daß längs einer geschlossenen Kurve, welche ganz in einer Ebene z=konst liegt, die elektrische Umlaufsspannung verschwindet; in jeder solchen Ebene ist daher das Strömungsfeld aus einem für diese Ebene definierten ebenen Potentiale φ ableitbar

$$\mathfrak{E}_x = -\frac{\partial \varphi}{\partial x}; \qquad \mathfrak{E}_y = -\frac{\partial \varphi}{\partial y}. \tag{192}$$

Dieses Potential ist im allgemeinen von z abhängig, so daß wir schreiben können

$$\varphi = \frac{\partial \Pi}{\partial z} \tag{193}$$

und also

$$\mathfrak{E}_x = -\frac{\partial^2 \Pi}{\partial x\, \partial z}; \qquad \mathfrak{E}_y = -\frac{\partial^2 \Pi}{\partial y\, \partial z}. \tag{192a}$$

Das Durchflutungsgesetz ergibt nach (184a)

$$+\frac{\partial \mathfrak{H}_y}{\partial x}-\frac{\partial \mathfrak{H}_x}{\partial y}=\varkappa\,\mathfrak{E}_z. \tag{194}$$

$$\left.\begin{aligned}\frac{\partial \mathfrak{H}_x}{\partial z}&=\varkappa\,\mathfrak{E}_y=-\varkappa\cdot\frac{\partial^2 \Pi}{\partial y\,\partial z}\\-\frac{\partial \mathfrak{H}_y}{\partial z}&=\varkappa\,\mathfrak{E}_x=-\varkappa\cdot\frac{\partial^2 \Pi}{\partial x\,\partial z}.\end{aligned}\right\} \tag{194}$$

Hieraus folgt
$$\mathfrak{H}_x=-\varkappa\frac{\partial \Pi}{\partial y};\qquad \mathfrak{H}_y=\varkappa\cdot\frac{\partial \Pi}{\partial x} \tag{194a}$$

und also
$$\mathfrak{E}_z=\frac{\partial^2 \Pi}{\partial x^2}+\frac{\partial^2 \Pi}{\partial y^2}. \tag{194b}$$

Das Induktionsgesetz fordert nach Abb. 76

$$\left.\begin{aligned}\frac{\partial \mathfrak{E}_z}{\partial x}-\frac{\partial \mathfrak{E}_x}{\partial z}&=+0{,}4\,\pi\,\frac{\partial \mathfrak{H}_y}{\partial t}\cdot 10^{-8}\\\frac{\partial \mathfrak{E}_z}{\partial y}+\frac{\partial \mathfrak{E}_y}{\partial z}&=-0{,}4\,\pi\,\frac{\partial \mathfrak{H}_x}{\partial t}\cdot 10^{-8}\end{aligned}\right\} \tag{195}$$

es unterwirft also die Funktion Π der Gleichung

$$\frac{\partial^2 \Pi}{\partial x^2}+\frac{\partial^2 \Pi}{\partial y^2}+\frac{\partial^2 \Pi}{\partial z^2}\equiv\Delta\pi=4\pi\varkappa 10^{-9}\cdot\frac{\partial \Pi}{\partial t}=a^2\cdot\frac{\partial \Pi}{\partial t};\quad a=\sqrt{4\pi\varkappa 10^{-9}}. \tag{196}$$

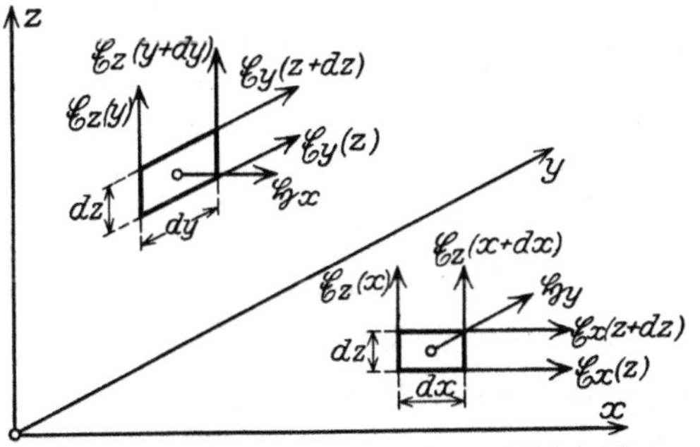

Abb. 76. Induktionsgesetz der räumlichen Wirbelströmung.

Dasselbe Gesetz der Wärmeleitungsgleichung, das wir in Gl. (186a) für die ebene Wirbelströmung abgeleitet hatten, gilt also für die Funktion Π, die sogenannte Hertzsche Funktion der räumlichen Wirbelströmung. Insbesondere erhalten wir für periodische Vorgänge die Differentialgleichung (186b), welche sich, wie gezeigt, auf den Fall eines gegen den Leitungsstrom nicht zu vernachlässigenden Verschiebungsstromes durch Einführung der komplexen Leitfähigkeit des Erdreiches erweitern läßt. In der Tat gelangt man genau zu der früheren Formulierung der ebenen Wirbelströmung zurück, wenn man auf

$$\varphi=0 \tag{197}$$

spezialisiert und demnach

$$\mathfrak{E}_z=a^2\cdot\frac{\partial \Pi}{\partial t} \tag{194c}$$

einsetzt, so daß $\mathfrak{i}_z$ mit $\frac{\partial}{\partial t}(\varkappa a^2 \Pi)$ identisch wird.

Während $\frac{\partial \Pi}{\partial z}$ mit dem Potential der betrachteten Ebene übereinstimmt und demgemäß in bekannter Weise durch die Linien konstanten Potentiales veranschaulicht werden kann, ergibt sich eine einfache Darstellung der Hertzschen Funktion selbst aus Gl. (194a). Definiert man nämlich eine ihr proportionale Funktion

$$\psi = \varkappa \cdot \Pi\,, \tag{198}$$

so lautet nach (194a) die Gleichung einer magnetischen Kraftlinie

$$\frac{dy}{dx} = \frac{\mathfrak{H}_y}{\mathfrak{H}_x} = -\frac{\frac{\partial \psi}{\partial x}}{\frac{\partial \psi}{\partial y}}; \quad \frac{\partial \psi}{\partial y} dy + \frac{\partial \psi}{\partial x} \cdot dx = 0; \quad \psi = \text{konst.} \tag{199}$$

so daß die Linien $\Pi =$ konst mit den magnetischen Kraftlinien zusammenfallen; wir können daher ψ als Stromfunktion des magnetischen Feldes bezeichnen.

Wenn das Magnetfeld entgegen den Voraussetzungen dieser Zuleitung auch in der z-Richtung endliche Komponenten besitzt, kann man offenbar stets das Gesamtfeld aus drei Teilfeldern zusammensetzen, welche nacheinander den Bedingungen $\mathfrak{H}_x = 0$ (Teilfeld 1), $\mathfrak{H}_y = 0$ (Teilfeld 2) und $\mathfrak{H}_z = 0$ (Teilfeld 3) genügen; ihnen entsprechen drei Hertzsche Funktionen Π_x, Π_y, Π_z, deren jede die Gl. (196) befriedigt. Die vektorielle Zusammenfassung dieser drei Funktionen heißt Hertzscher Vektor; aus geeigneten Systemen derartiger Vektoren läßt sich jede beliebige räumliche Wirbelströmung in der Erde ableiten.

VIII. Quasistationäre Erdströmung.

36. Kabelrückströme im Seewasser. Wir behandeln das ebene Wirbelstromfeld eines Tiefseekabels in hinreichender Entfernung von den Enden. Im Anschluß an Abb. 77 setzen wir voraus, daß ein Wechselstrom

$$J = \Re\mathfrak{e}(\overline{J}); \quad \overline{J} = \overline{J}_0 \cdot e^{-j\omega t} \tag{200}$$

durch die Kabelseele vom Sender zum Empfänger fließe und von dort durch das Meerwasser zum Sendeort zurückkehrt. Hierbei kann der stromführende Querschnitt nach außen hin als unbegrenzt angesehen werden, während er nach innen durch den Mantel vom Halbmesser ϱ_0 abgeschlossen wird; dieser sei der Einfachheit halber vom eigentlichen Metallmantel isoliert gedacht; wie man in anderen Fällen zu rechnen hat, wird später gezeigt werden (Nr. 41).

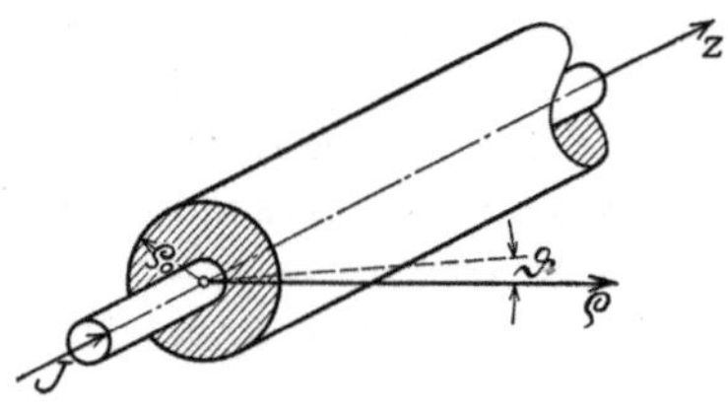

Abb. 77. Zum Rückleitungsfelde eines Seekabels.

Wir führen räumliche Zylinderkoordinaten z, ϱ, ϑ ein, deren z-Achse mit der Kabelseele zusammenfällt. Hierfür lautet die Wirbelstromgleichung (186b) mit Beachtung von (117)

$$\frac{d^2\bar{\mathfrak{i}}}{d\varrho^2}+\frac{1}{\varrho}\cdot\frac{d\bar{\mathfrak{i}}}{d\varrho}-k^2\,\bar{\mathfrak{i}}=0\,, \tag{201}$$

während die magnetische Feldstärke aus Symmetriegründen überall senkrecht zu ϱ steht und sich entsprechend (185) aus

$$\bar{\mathfrak{H}}=-\frac{1}{4\,\pi\,\varkappa\,j\,\omega\cdot 10^{-9}}\cdot\frac{\partial\bar{\mathfrak{i}}}{\partial\varrho} \tag{201a}$$

berechnet.

Da die Strömung im Unendlichen verschwinden muß, ist als Lösung der Differentialgleichung (201) die Hankelsche Funktion nullter Ordnung vom Argumente

$$j\,k\,\varrho=\sqrt{j}\cdot\sqrt{4\,\pi\,\varkappa\,\omega\cdot 10^{-9}}\cdot\varrho=\sqrt{j}\cdot\xi \tag{202}$$

zu wählen, wo ξ die „numerische Entfernung" genannt werde. Mit einer willkürlichen Integrationskonstanten A ist dann das Strömungsfeld

$$\bar{\mathfrak{i}}=A\cdot H_0^{(1)}(\sqrt{j}\,\xi) \tag{203}$$

und die Stärke des Magnetfeldes

$$\bar{\mathfrak{H}}=A\cdot\frac{1}{\sqrt{j}\cdot\sqrt{4\,\pi\,\varkappa\,\omega\cdot 10^{-9}}}\cdot H_1^{(1)}(\sqrt{j}\,\xi)\,. \tag{204}$$

Da im Kabelmantel voraussetzungsmäßig kein Strom fließt, ist (191) identisch erfüllt, und A ist aus (190) zu bestimmen. Am Mantelumfang erzeugt der Strom das Magnetfeld

$$\bar{\mathfrak{H}}_{\varrho_0}=\frac{\bar{J}}{2\,\pi\,\varrho_0}\,. \tag{205}$$

so daß aus (204) für $\varrho=\varrho_0$ mit $\xi_0=\xi_{\varrho=\varrho_0}$ folgt

$$A\cdot\frac{1}{\sqrt{j}\,\sqrt{4\pi\varkappa\,10^{-9}}}\cdot H_1(\sqrt{j}\xi_0)\equiv A\cdot\frac{\varrho_0}{\sqrt{j}\,\xi_0}\cdot H_1^{(1)}\sqrt{j}\xi_0)=\frac{\bar{J}}{2\pi\varrho_0} \tag{204a}$$

oder

$$A=\frac{\bar{J}}{2\,\pi\varrho_0^2}\cdot\frac{\sqrt{j}\xi_0}{H_1^{(1)}(\sqrt{j}\xi_0)}\,. \tag{204b}$$

Hiermit erhält man das Strömungsfeld

$$\bar{\mathfrak{i}}=\frac{\bar{J}}{2\pi\varrho_0^2}\cdot\frac{\sqrt{j}\xi_0}{H_1^{(1)}(\sqrt{j}\xi_0)}\cdot H_0^{(1)}\sqrt{j}\,\xi) \tag{203a}$$

und die gesamte Stromführung des Meerwassers

$$\bar{J}_m=\int_{\varrho_0}^{\infty}2\pi\,\varrho\,\bar{\mathfrak{i}}\,d\varrho$$

$$=\frac{\bar{J}}{\varrho_0^2}\cdot\frac{\sqrt{j}\xi_0}{j4\pi\varkappa\,\omega\,10^{-9}\cdot H_1^{(1)}(\sqrt{j}\xi_0)}\cdot\int_{\xi_0}^{\infty}\sqrt{j}\,\xi\,H_0^{(1)}(\sqrt{j}\,\xi)\,d(\sqrt{j}\,\xi)=-J\,. \tag{203b}$$

Das Wasser leitet also, wie von vornherein zu erwarten, den ganzen Strom zurück; allein dieser ist nicht gleichmäßig über den zur Verfügung stehenden Querschnitt verteilt, sondern fällt mit der Entfernung vom Kabelmantel stark ab. Zur Veranschaulichung dieser Stromverdrängungserscheinung sind in Abb. 78 und 79 die Beträge der Funktionen $H_0^{(1)}(\sqrt{j}\,\xi)$ und $\sqrt{j}\,H_1^{(1)}(\sqrt{j}\,\xi)$ gezeichnet, deren erste

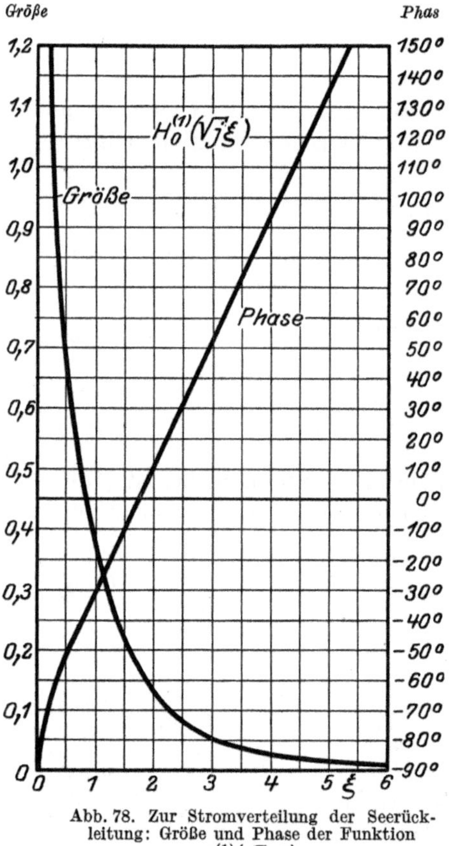

Abb. 78. Zur Stromverteilung der Seerückleitung: Größe und Phase der Funktion $H_0^{(1)}(\sqrt{j}\cdot\xi)$.

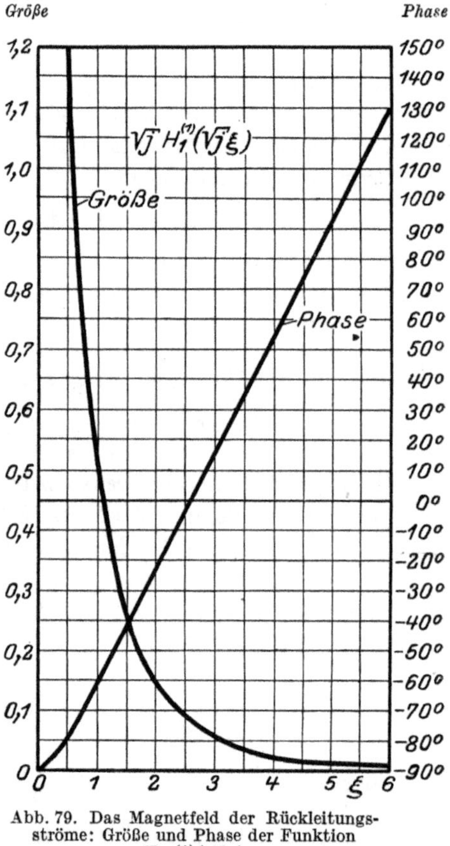

Abb. 79. Das Magnetfeld der Rückleitungsströme: Größe und Phase der Funktion $\sqrt{j}\,H_1^{(1)}(\sqrt{j}\,\xi)$.

die Abnahme der Stromamplitude, deren zweite die Abnahme des Magnetfeldes unmittelbar anzeigt. In das gleiche Schaubild ist der Phasenwinkel dieser Funktionen eingetragen; man erkennt aus der Darstellung, daß Stromdichte und Magnetfeld nicht allein ihrer Größe nach mit der Entfernung veränderlich ist, sondern auch ihre Phasenverschiebung gegen den Kabelstrom dauernd zunimmt, wie es in besonders deutlicher Weise die Vektordiagramme der Abb. 80 und 81 zeigen.

Ihren Höchstwert erreicht die Stromdichte für $\varrho = \varrho_0$ bzw. $\xi = \xi_0$

$$\bar{\mathfrak{i}}_{\max} = \frac{J}{2\pi\varrho_0^2}\cdot\frac{\sqrt{j}\,\xi_0}{H_1^{(1)}(\sqrt{j}\,\xi_0)}\cdot H_0^{(1)}(\sqrt{j}\,\xi_0). \tag{203c}$$

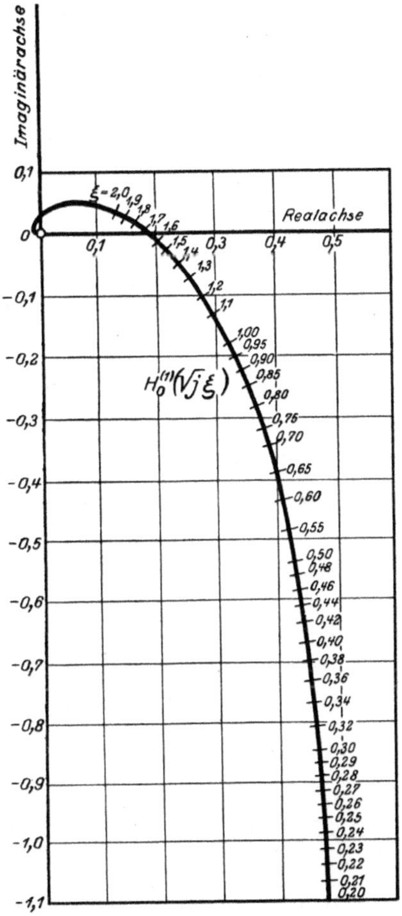

Abb. 80. Vektordiagramm der Funktion $H_0^{(1)}(\sqrt{j}\,\xi)$.

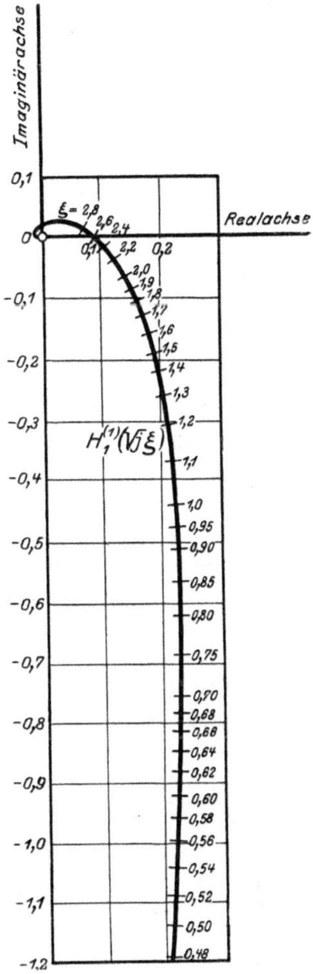

Abb. 81. Vektordiagramm der Funktion $H_1^{(1)}(\sqrt{j}\,\xi)$.

Für **mäßige Frequenzen** ist bei normalen Kabelabmessungen ξ_0 so klein, daß man die Zylinderfunktionen durch ihre asymptotischen Entwicklungen ersetzen darf:

$$\left.\begin{aligned}\lim_{\xi\to 0} H_0^{(1)}(\sqrt{j}\,\xi) &= \frac{1}{2} - j\,\frac{2}{\pi}\ln\frac{2}{\gamma\xi} \qquad \gamma = 1,7811\,,\\ \lim_{\xi\to 0} H_1^{(1)}(\sqrt{j}\,\xi) &= -\frac{2}{\pi\xi}\sqrt{j}\end{aligned}\right\} \tag{206}$$

und findet für die maximale Stromdichte den Näherungsausdruck

$$\bar{\mathfrak{i}}_{\max} = -\frac{J}{2\pi\varrho_0^2}\cdot\frac{\frac{\xi_0^2}{2}}{\pi}\left(\frac{1}{2} - j\frac{2}{\pi}\ln\frac{2}{\gamma\xi_0}\right)$$

$$= -J\pi\varkappa\omega 10^{-9}\left(\frac{1}{2} - j\frac{2}{\pi}\ln\frac{2}{\gamma\sqrt{4\pi\varkappa\omega 10^{-9}}\cdot\varrho_0}\right)$$

$$= -J\left(\pi^2\varkappa f\cdot 10^{-9} - j\,2\varkappa\omega 10^{-9}\ln\frac{0{,}178}{\sqrt{2\varkappa f 10^{-9}}\cdot\varrho_0}\right). \quad (203\text{d})$$

Um diesen Strom zu treiben, bedarf es der elektrischen Feldstärke

$$\bar{\mathfrak{E}}_{\max} = \frac{\bar{\mathfrak{i}}_{\max}}{\varkappa} = -J\cdot\left(\pi^2 f\cdot 10^{-9} - j\omega 2\ln\frac{0{,}178}{\sqrt{2\varkappa f 10^{-9}}\,\varrho_0}\,10^{-9}\right). \quad (207)$$

Elektrische und magnetische Feldstärke erzeugen zusammenwirkend einen Energiestrom, dessen Dichte

$$\mathfrak{S} = [\mathfrak{E}\,\mathfrak{H}] \quad (208)$$

beträgt. Das Kabel verläßt somit je Längeneinheit die (komplexe) Leistung

$$N = 2\pi\varrho_0\,\mathfrak{S}_{\varrho=\varrho_0} = 2\pi\varrho_0\,|\mathfrak{H}_{\varrho=\varrho_0}|\cdot|\mathfrak{E}_{\max}| \quad (208\text{a})$$

und also mit Beachtung von (205) und (207)

$$N = J^2\left(\pi^2 f\cdot 10^{-9} - j\omega\cdot 2\cdot\ln\frac{0{,}178}{\sqrt{2\cdot\varkappa f 10^{-9}}\cdot\varrho_0}\,10^{-9}\right). \quad (208\text{b})$$

Der erste Teil stellt eine Wirkleistung, der zweite eine Blindleistung dar; demnach ist

$$R = \pi^2 f\cdot 10^{-9} \quad (209)$$

der Widerstand der Seerückleitung pro Längeneinheit, während

$$L = 2\cdot 10^{-9}\ln\frac{0{,}178}{\sqrt{2\varkappa f 10^{-9}}\,\varrho_0} \quad (210)$$

die Selbstinduktion der Längeneinheit angibt. Beispielsweise findet sich für $f = 500$ Perioden/sec, $\varkappa = 10^{-2}$ Siemens/cm, $\varrho_0 = 5$ cm ($\xi_0 = 3{,}16\,.\,10^{-3}$) ein Widerstand von

$$R = \pi^2\cdot 500\cdot 10^{-9} = 5\cdot 10^{-6}\,\Omega/\text{cm} = 0{,}5\,\Omega/\text{km}$$

und eine Selbstinduktion

$$L = 2\cdot 10^{-9}\ln\frac{0{,}178}{\sqrt{2\cdot 10^{-2}\cdot 500\cdot 10^{-9}}\cdot 5} = 2\cdot 10^{-9}\cdot 5{,}88\ \text{Henry/km}$$

$$= 1{,}176\cdot 10^{-3}\ \text{Henry/km}.$$

Wenn dagegen die Frequenz sehr hoch ansteigt, erhält man mit

$$\left.\begin{aligned}\lim_{\xi\to\infty} H_0^{(1)}\left(\sqrt{j}\,\xi\right) &= \frac{1}{j}\,\frac{e^{-\xi/\sqrt{2}}\, e^{j\left(\xi/\sqrt{2}+\frac{\pi}{8}\right)}}{\sqrt{\frac{1}{2}\pi\xi}}\\ \lim_{\xi\to\infty} H_1^{(1)}\left(\sqrt{j}\,\xi\right) &= -\frac{e^{-\xi/\sqrt{2}}\cdot e^{j\left(\xi/\sqrt{2}+\frac{\pi}{8}\right)}}{\sqrt{\frac{1}{2}\pi\xi}}\end{aligned}\right\} \qquad (211)$$

die maximale Stromdichte

$$\bar{\mathfrak{i}}_{\max} = -\frac{\bar{J}}{2\pi\varrho_0^2}\cdot\frac{\sqrt{j}\,\xi_0}{j} = -\frac{\bar{J}}{2\pi\varrho_0}\cdot\sqrt{4\pi\varkappa\omega\cdot 10^{-9}}\cdot\left(+\frac{1}{\sqrt{2}}-\frac{j}{\sqrt{2}}\right) \qquad (205\text{e})$$

und die entsprechende elektrische Feldstärke

$$\bar{\mathfrak{E}}_{\max} = \frac{\bar{\mathfrak{i}}_{\max}}{\varkappa} = -\frac{\bar{J}}{2\pi\varrho_0}\cdot\sqrt{\frac{2\pi\omega\, 10^{-9}}{\varkappa}}\,(1-j)\,. \qquad (207\text{a})$$

Hieraus folgte der Widerstand je Längeneinheit bei Hochfrequenz

$$R = \frac{1}{\varrho_0}\cdot\sqrt{\frac{\omega\, 10^{-9}}{2\pi\varkappa}}\;\Omega/\text{cm} = \frac{1}{\varrho_0}\sqrt{\frac{10\,\omega}{2\pi\varkappa}}\;\Omega/\text{km} = \frac{1}{\varrho_0}\cdot\sqrt{\frac{10\,f}{\varkappa}}\;\Omega/\text{km} \qquad (209\text{a})$$

und die Selbstinduktion

$$\begin{aligned} L &= \frac{1}{\varrho_0}\sqrt{\frac{10^{-9}}{2\pi\varkappa\omega}}\;\text{Henry/cm} = \frac{1}{\varrho_0}\cdot\sqrt{\frac{10^7}{2\pi\varkappa\omega}}\cdot 10^{-3}\;\text{Henry/km}\\ &= \frac{1}{\varrho_0}\cdot\sqrt{\frac{10^7}{4\pi^2\varkappa f}}\;10^{-3}\;\text{Henry/km}\,, \end{aligned} \qquad (210\text{a})$$

also beispielsweise für $\varrho_0 = 5$ cm, $f = 10^8$ Perioden/sec, $\varkappa = 10^{-2}$ Siemens/cm ($\xi_0 = 1{,}41$)

$$R = \frac{1}{5}\sqrt{\frac{10\cdot 10^8}{10^{-2}}} = 63400\;\Omega/\text{km}\,,$$

$$L = \frac{1}{5}\cdot\sqrt{\frac{10^7}{4\pi^2\cdot 10^{-2}\cdot 10^8}}\cdot 10^{-3} = 0{,}1\cdot 10^{-3}\;\text{Henry/km}\,.$$

Bei sehr hoher Frequenz nimmt also die Selbstinduktion mit der Wurzel aus der Frequenz ab, der Widerstand steigt mit der Wurzel aus der Frequenz an, Gesetzmäßigkeiten, die für alle Stromverdrängungsprobleme als typisch zu betrachten sind.

Die bisherige Voraussetzung eines die gesamte Kabellänge in gleichmäßiger Stärke durchfließenden Stromes ist in Wirklichkeit natürlich nicht erfüllt, sondern er ist nach Maßgabe der Kabelkonstanten wellenförmig verteilt; dennoch darf das Ergebnis der Rechnung auf die Theorie des Seekabels angewandt werden; es ist hierzu nur erforderlich, die ermittelten Werte des Widerstandes und der Selbstinduktion den entsprechenden inneren Größen des Kabels selbst hinzuzuzählen und den resultierenden Ausdruck in die Betriebsgleichungen des Kabels, die sogenannten Telegraphengleichungen einzusetzen. Allerdings gilt die so erhaltene Lösung nicht in voller Strenge; sie genügt indes allen praktischen Ansprüchen an die Genauigkeit derartiger Rechnungen vollauf, da die Voraussetzungen hinsichtlich der Homogenität der Leitfähigkeit meist in rechnerisch nicht erfaßbarer, ja häufig nicht einmal bekannter Weise von der Wirklichkeit abweichen.

Seekabel der behandelten Art benutzt man nicht allein zur transozeanischen Nachrichtenübermittlung, sondern man verlegt zuweilen endliche Kabelstücke in die Einfahrt großer Häfen, um mittels der zum Kabel parallelen Stromfäden im Seewasser einem einfahrenden Schiff die Möglichkeit rascher Orientierung zu geben; es ist hierzu nur notwendig, vom Schiff aus mit zwei Sonden in das Seewasser zu tauchen und zweckmäßig etwa die Richtung verschwindender elektrischer Kraft (senkrecht zu den Stromfäden) festzustellen. In hinreichendem Abstand von dem in das Seewasser leitend hineingeführten Ende derartiger Kabelstücke richtet sich die Strömung nach den vorstehend entwickelten Gesetzen; Gl. (194a) liefert das Maß für die am Schiff empfangene Signalstärke, nach welcher sich die Empfindlichkeit des Verfahrens bestimmt. Setzt man insbesondere voraus, daß die Anlage mit mittlerer Frequenz betrieben wird, während das Schiff sich in großem Abstand von der Kabelseele befinde, so hat man für $H_0^{(1)}(\sqrt{j}\,\xi)$ die Darstellung (211) zu benutzen, während für $H_1^{(1)}(\sqrt{j}\,\xi)$ die Näherung (208) gilt. Die Stromdichte am Schiffsorte berechnet sich also zu

$$\mathfrak{i} = \frac{\bar{J}}{2\pi\varrho_0^2} \cdot \frac{\dfrac{\sqrt{j}\,\xi_0 \cdot \dfrac{1}{j}\, e^{-\xi/\sqrt{2}} \cdot e^{j\left(\xi/\sqrt{2}+\frac{\pi}{8}\right)}}{\sqrt{\frac{1}{2}\pi\,\xi}}}{-\dfrac{2}{\pi\,\xi_0}\sqrt{j}} \tag{212}$$

und insbesondere die Amplitude

$$|\mathfrak{i}| = |J| \cdot \sqrt[4]{(2\,\varkappa\,\omega\,10^{-9})^3} \cdot \frac{e^{-\sqrt{2\pi\varkappa\omega 10^{-9}}\cdot\varrho}}{\sqrt{\varrho}} \tag{212a}$$

der die Feldamplitude entspricht

$$|\mathfrak{E}| = \frac{|\mathfrak{i}|}{\varkappa} = |J| \cdot \sqrt[4]{\frac{(2\,\omega\,10^{-9})^3}{\varkappa}} \cdot \frac{e^{-\sqrt{2\pi\varkappa\omega 10^{-9}}\cdot\varrho}}{\sqrt{\varrho}}\,. \tag{212b}$$

Diese Beziehung bestimmt bei gegebener Speisestromstärke $|\bar{J}|$ und gegebener Empfindlichkeit $|\bar{\mathfrak{E}}|$ des Empfängers auf dem Schiffe die Breite ϱ der Zone, innerhalb deren die Einrichtung noch wirksam ist;

umgekehrt läßt sich aus ihr für eine vorgegebene Zonenbreite und angenommene Empfängerempfindlichkeit die erforderliche Speisestromstärke berechnen. Man erkennt hierbei, daß das Feld nach außen hin stärker als exponentiell, also außerordentlich rasch abnimmt, so daß im allgemeinen nur innerhalb einer relativ schmalen Zone beiderseits des Kabels hinreichende Signalstärken erzielt werden können.

37. Das Rückleitungsfeld einer Wechselstromleitung in homogenem Erdreich; Näherungslösung. Wir untersuchen das Rückleitungsfeld

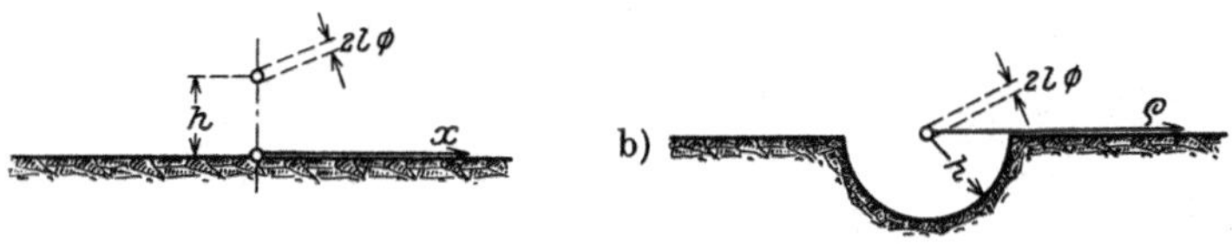

Abb. 82a und b. Leitung über der Erde und ihr Ersatzbild.

einer Wechselstrom-Einfachleitung, welche nach Abb. 82a in der Höhe b über dem Erdboden verlegt ist und den Drahthalbmesser l besitzt.

Wir gewinnen eine für viele Zwecke hinreichende Näherungslösung, wenn wir im Anschluß an R. Rüdenberg[1] die Leitung in die Mitte einer halbkreisförmigen Talmulde von der Tiefe h nach Abb. 82b verlegt denken.

Es wird ein Zylinderkoordinatensystem z, ϱ, ϑ eingeführt, dessen z-Achse mit der Leitung zusammenfällt. Wir machen nun folgende Annahmen:

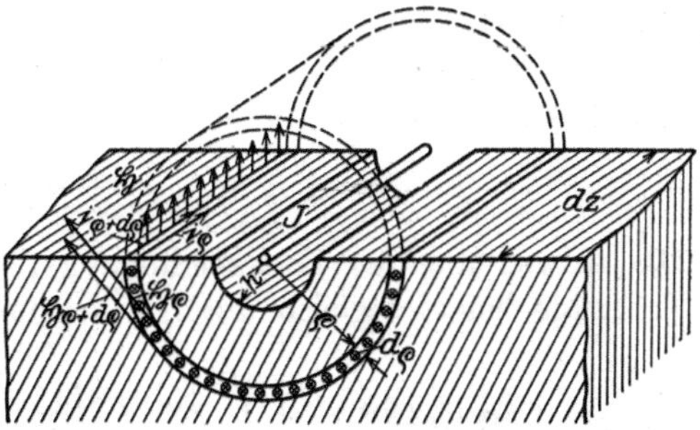

Abb. 83. Zu den Differentialgleichungen einer Talmuldenleitung.

1. Die magnetischen Feldlinien verlaufen in Kreisen, und längs jeder Feldlinie ist die Feldstärke konstant.

2. Die Stromdichte hängt nur vom Abstand ϱ des Aufpunktes von der Leitung ab.

Hiermit führt zunächst die Anwendung des Durchflutungsgesetzes auf den in Abb. 83 gezeichneten Ring vom Halbmesser ϱ und von der Breite $d\varrho$ auf die Beziehung

$$\bar{\mathfrak{H}}_{(\varrho+d\varrho)} \cdot 2\pi(\varrho + d\varrho) - \bar{\mathfrak{H}}_{(\varrho)} \cdot 2\pi\varrho = \pi\varrho\bar{\mathfrak{i}} \tag{213}$$

oder

$$\frac{d\bar{\mathfrak{H}}}{d\varrho} + \frac{1}{\varrho}\bar{\mathfrak{H}} = \frac{1}{2}\bar{\mathfrak{i}} \tag{213a}$$

[1] Die Ausbreitung der Erdströme in der Umgebung von Wechselstromleitungen. Z. ang. Math. Mech. Bd. 5, S. 361. 1925.

Das Induktionsgesetz liefert für ein im Erdreich liegendes Rechteck der Breite $d\varrho$ und der Länge dz nach Abb. 83

$$\frac{1}{\varkappa}\left(\bar{\mathfrak{i}}_{(\varrho)}\cdot dz-\bar{\mathfrak{i}}_{(\varrho+d\varrho)}\cdot dz\right)=-0{,}4\,\pi\cdot(-j\omega)\,\bar{\mathfrak{H}}\,d\varrho\,dz\cdot 10^{-8} \tag{214}$$

oder

$$\frac{d\bar{\mathfrak{i}}}{d\varrho}=-4\,\pi\varkappa j\omega\,10^{-9}\,\bar{\mathfrak{H}}\,, \tag{214a}$$

so daß durch Elimination des magnetischen Feldes die Stromgleichung entsteht

$$\frac{d^2\bar{\mathfrak{i}}}{d\varrho^2}+\frac{1}{\varrho}\frac{d\bar{\mathfrak{i}}}{d\varrho}=-2\pi\varkappa j\omega 10^{-9}\,\bar{\mathfrak{i}}=k\bar{\mathfrak{i}}\,;\quad k^2=-2\pi\varkappa j\omega-10^{-9}. \tag{215}$$

Dies ist, wie durch Vergleich mit (201) hervorgeht, dieselbe Beziehung, die wir im vorigen Abschnitt für die Stromrückleitung des Tiefsee-Kabels hergeleitet haben; nur die Konstante k ist bei dem vorliegenden Problem um das $\frac{1}{\sqrt{2}}$fache kleiner als früher, während der Zusammenhang (205a) zwischen magnetischer Feldstärke und elektrischer Stromdichte mit (192a) übereinstimmt. Offenbar läuft also das hier benutzte Näherungsverfahren darauf hinaus, daß an Stelle des leitenden Halbraumes ein Vollraum substituiert wird, dessen ideelle Ohmsche Leitfähigkeit gleich der halben wahren Leitfähigkeit des Erd-Halbraumes ist. Daher ist die Stromverteilung durch (205) gegeben, während (206) zu ersetzen ist durch

$$\bar{\mathfrak{H}}=A\cdot\frac{1}{2\sqrt{j}\sqrt{2\pi\varkappa\omega\cdot 10^{-9}}}\cdot H_1^{(1)}\left(\sqrt{j}\cdot\xi\right) \tag{216}$$

Die Anwendung der Grenzbedingung (190) auf die Begrenzung der Talmulde liefert sogleich unter Beachtung von (205) mit $\xi_{\varrho=h}=\xi_0$

$$A\cdot\frac{1}{2\sqrt{j}\cdot\sqrt{2\pi\varkappa\omega\,10^{-9}}}\cdot H_1^{(1)}(\sqrt{j}\cdot\xi_0)\equiv A\cdot\frac{h}{2\sqrt{j}\cdot\xi_0}\cdot H_1^{(1)}\left(\sqrt{j}\cdot\xi_0\right)=\frac{\bar{J}}{2\pi h} \tag{217}$$

also

$$A=\frac{\bar{J}}{\pi h^2}\cdot\frac{\sqrt{j}\,\xi_0}{H_1^{(1)}(\sqrt{j}\,\xi_0)} \tag{217a}$$

und

$$\bar{\mathfrak{i}}=\frac{\bar{J}}{\pi h^2}\cdot\frac{\sqrt{j}\,\xi_0}{H_1^{(1)}(\sqrt{j}\cdot\xi_0)}\cdot H_0^{(1)}\left(\sqrt{j}\cdot\xi\right), \tag{217b}$$

die Erde leitet somit den Strom

$$\begin{aligned}\bar{J}_r&=\int_h^\infty \pi\varrho\,\bar{\mathfrak{i}}\,d\varrho\\&=\frac{\bar{J}}{h^2}\,\frac{\sqrt{j}\,\xi_0}{H_1^{(1)}(\sqrt{j}\,\xi_0)}\cdot\frac{1}{j2\pi\varkappa\omega\,10^{-9}}\int_{\xi_0}^\infty\sqrt{j}\,\xi\,H_0^{(1)}\left(\sqrt{j}\,\xi\right)d\left(\sqrt{j}\,\xi\right)=-\bar{J}\,,\end{aligned} \tag{217c}$$

also wiederum den Gesamtstrom zurück; die Verteilung des Stromes nach Breite und Tiefe wird größen- und phasenmäßig ebenso durch die Kurven der Abb. 78—81 dargestellt, sofern man nur die Verschiedenheit der gleichen Entfernungen entsprechenden Argumente entsprechend dem verkleinerten k beachtet. Insbesondere entsteht für die maximale Stromdichte

$$\mathfrak{i}_{\max} = \frac{J}{\pi h^2} \cdot \frac{\sqrt{j}\,\xi_0}{H_1^{(1)}(\sqrt{j}\,\xi_0)} \cdot H_0^{(1)}(\sqrt{j}\,\xi_0) \tag{217d}$$

und also für hinreichend niedrige Frequenz mit (206)

$$\mathfrak{i}_{\max} = -\frac{J}{\pi h^2} \cdot \frac{\xi_0^2}{\frac{2}{\pi}} \left(\frac{1}{2} - j\frac{2}{\pi} \ln \frac{2}{\gamma \xi_0}\right) \tag{217e}$$

$$= -J\pi\varkappa\omega\, 10^{-9} \left(\frac{1}{2} - j\frac{2}{\pi} \ln \frac{0{,}178}{\sqrt{\varkappa f\, 10^{-9}} \cdot h}\right),$$

so daß die größte Feldstärke wird

$$\mathfrak{E}_{\max} = \frac{\mathfrak{i}_{\max}}{\varkappa} = -J\pi\omega\, 10^{-9} \cdot \left(\frac{1}{2} - j\frac{2}{\pi} \ln \frac{0{,}178}{\sqrt{\varkappa f\, 10^{-9}} \cdot h}\right). \tag{218}$$

Hieraus folgen Widerstand und Selbstinduktion der Erdrückleitung

$$R = \frac{1}{2}\pi\omega\, 10^{-9} = \pi^2 f\, 10^{-9}\ \Omega/\text{cm} = \pi^2 f \cdot 10^{-4}\ \Omega/\text{km} \tag{219}$$

$$L = 2 \cdot 10^{-9} \ln \frac{2}{\gamma \sqrt{2\pi\varkappa\omega\, 10^{-9}}\, h}\ \text{Henry/km}$$
$$= 0{,}2 \ln \frac{0{,}178}{\sqrt{\varkappa f\, 10^{-9}}\, h} \cdot 10^{-3}\ \text{Henry/km}. \tag{220}$$

Obwohl diese Größen ähnlich wie im vorigen Abschnitt bestimmt sind, ist es doch notwendig, auf einen wesentlichen Unterschied hinzuweisen: Während wir dort Widerstand und Selbstinduktion mittels des aus der Manteloberfläche austretenden elektromagnetischen Energiestromes definiert und berechnet haben, versagt hier ein derartiges Verfahren, weil an der Erdoberfläche die Grenzbedingungen infolge unserer Näherungsannahmen nicht in Strenge erfüllt sind. Denn die energetische Berechnung des Widerstandes und der Selbstinduktion würde uns dann zu den Ausdrücken (219, 220) zurückführen, wenn das elektrische Luftfeld im oberen Halbraum die gleiche Form besitzt wie das elektrische Erdfeld im unteren Halbraum — eine Bedingung, die in der Tat in den Annahmen 1 und 2 enthalten ist. Die Ausdrücke (219), (220) sind deshalb nicht nur mathematisch-voraussetzungsgemäß, sondern darüber hinaus auch methodisch als Näherungen aufzufassen. Wenn wir dennoch im folgenden mit ihnen rechnen, so wird dies vor allem durch die Erfahrung gerechtfertigt, die die Werte (219), (220) innerhalb der Meßgenauigkeit bestätigt.

Zu dem magnetischen Erdfeld gesellt sich ein Luftfeld, welches auf Grund unserer Voraussetzungen lediglich zwischen Leitung und der Begrenzung der Talmulde gesondert in Rechnung zu stellen ist. Hier herrscht im Abstand ϱ von der Leitung das Feld

$$\bar{\mathfrak{H}}' = \frac{\bar{J}}{2\pi\varrho}, \tag{221}$$

also die Induktion

$$\bar{\mathfrak{B}}' = 0{,}4\pi \cdot \frac{\bar{J}}{2\pi\varrho} = 0{,}2\,\frac{\bar{J}}{\varrho}, \tag{221a}$$

so daß den genannten Feldraum pro Längeneinheit der Fluß durchsetzt

$$\bar{\Phi} = \int_l^h \bar{\mathfrak{B}}'\,d\varrho = 0{,}2\,\bar{J} \cdot \ln\frac{h}{l} \tag{221b}$$

Hieraus folgt sogleich die Selbstinduktion des Luftfeldes

$$L = \frac{\bar{\Phi} \cdot 10^{-8}}{\bar{J}} = 2 \cdot 10^{-9} \cdot \ln\frac{h}{l}\ \text{Henry/cm} \tag{222}$$

und durch Zusammenfassung von (220) mit (222) die gesamte Selbstinduktion der Leitung mit Erdrückleitung

$$\begin{aligned} L_r &= 2 \cdot 10^{-9} \cdot \ln\frac{2}{\gamma\sqrt{2\pi\varkappa\omega \cdot 10^{-9}}\,l}\ \text{Henry/cm} \\ &= 0{,}2\,\ln\frac{0{,}178}{\sqrt{\varkappa f 10^{-9}}\,l} \cdot 10^{-3}\ \text{Henry/cm}. \end{aligned} \tag{223}$$

Wenn man zu dem Widerstand (210) der Erdrückleitung noch den nur von den Leitungsdimensionen abhängigen Eigenwiderstand hinzuzählt, werden die beiden fundamentalen Leitungsgrößen Widerstand und Selbstinduktion von der Höhe der Leitung über Erde unabhängig, so daß die gewonnene Formulierung ein universell für alle Leitungen gültiges Näherungsgesetz darstellt. Beispielsweise findet man für eine Leitung von $l = 1$ cm Drahthalbmesser, welche über mittlerem Erdreich ($\varkappa = 10^{-4}$ Siemens/cm) in 10 m Höhe über dem Erdboden ausgespannt ist, bei Betrieb mit Bahnstrom von $16\frac{2}{3}$ Perioden/sec:

Erdwiderstand

$$R = \pi^2 \cdot 16{,}67 \cdot 10^{-4}\ \Omega/\text{km} = 0{,}0167\ \Omega/\text{km}$$

Selbstinduktion der Erdrückleitung

$$L = 0{,}2 \cdot \ln\frac{0{,}178}{\sqrt{10^{-4} \cdot 16{,}67 10^{-9}} \cdot 1000} = 10^{-3} = 0{,}985 \cdot 10^{-3}\ \text{Henry/km}$$

bei Betrieb mit 50periodigem Wechselstrom:

Erdwiderstand

$$R = \pi^2 \cdot 150 \cdot 10^{-4}\ \Omega/\text{km} = 0{,}05\ \Omega/\text{km}\,,$$

Selbstinduktion der Erdrückleitung

$$L = 0{,}2 \ln \frac{0{,}178}{\sqrt{10^{-4} \cdot 50 \cdot 10^{-9} \cdot 1000}} \cdot 10^{-3} = 0{,}865 \cdot 10^{-3}\ \text{Henry/km}$$

und für 150periodigen Strom (dreifache Harmonische eines Wechselstromes von 50 Perioden/sec):

Erdwiderstand

$$R = \pi^2 \cdot 150 \cdot 10^{-4}\ \Omega/\text{km} = 0{,}15\ \Omega/\text{km}\,,$$

Selbstinduktion der Erdrückleitung

$$L = 0{,}2 \ln \frac{0{,}178}{\sqrt{10^{-4} \cdot 150 \cdot 10^{-9} \cdot 1000}}\, 10^{-3} = 0{,}759 \cdot 10^{-3}\ \text{Henry/km}.$$

Für die genannten drei Betriebsfälle folgt die Gesamtselbstinduktion nach (223)

$$L_{r_{16^2/_3}} = 0{,}2 \cdot \ln \frac{0{,}178}{\sqrt{10^{-4} \cdot 16{,}67 \cdot 10^{-9} \cdot 1}} \cdot 10^{-3} = 2{,}39 \cdot 10^{-3}\ \text{Henry/km},$$

$$L_{r_{50}} = 0{,}2 \cdot \ln \frac{0{,}178}{\sqrt{10^{-4} \cdot 50 \cdot 10^{-9} \cdot 1}} \cdot 10^{-3} = 2{,}26 \cdot 10^{-3}\ \text{Henry/km}\,,$$

$$L_{r_{150}} = 0{,}2 \ln \frac{0{,}178}{\sqrt{10^{-4} \cdot 150 \cdot 10^{-9} \cdot 1}} \cdot 10^{-3} = 2{,}15 \cdot 10^{-3}\ \text{Henry/km}.$$

Bei Hochfrequenz dagegen muß man in (217d) die asymptotischen Entwicklungen (211) einsetzen und erhält analog (203e)

$$\bar{\mathfrak{i}}_{\max} = -\frac{J}{\pi h^2} \cdot \frac{\sqrt{j} \cdot \xi_0}{j} = -\frac{-J}{\pi h} \cdot \sqrt{2\pi\varkappa\omega\, 10^{-9}} \left(\frac{1}{\sqrt{2}} - \frac{j}{\sqrt{2}}\right) \qquad (217\text{f})$$

$$\bar{\mathfrak{E}}_{\max} = -\frac{J}{\pi h} \cdot \sqrt{\frac{2\pi\omega}{\varkappa} \cdot 10^{-9}} \cdot \left(\frac{1}{\sqrt{2}} - \frac{j}{\sqrt{2}}\right) \qquad (218\text{a})$$

und also W i d e r s t a n d und S e l b s t i n d u k t i o n der E r d r ü c k l e i t u n g

$$R = \frac{1}{h} \sqrt{\frac{2f}{\varkappa}} \cdot 10^{-9}\ \Omega/\text{cm} = \frac{1}{h} \cdot \sqrt{\frac{20f}{\varkappa}}\ \Omega/\text{km} \qquad (219\text{a})$$

$$L = \frac{1}{h} \cdot \sqrt{\frac{1}{2\pi^2 \varkappa f}} \cdot 10^{-9}\ \text{Henry/cm} = \frac{1}{h} \cdot \sqrt{\frac{10^7}{2\pi^2 \varkappa f}} \cdot 10^{-3}\ \text{Henry/km}, \qquad (220\text{a})$$

also bei Betrieb der genannten Leitung mit 10^6 Perioden/sec ($\xi_0 = 2$)

$$R = \frac{1}{1000} \cdot \sqrt{\frac{20 \cdot 10^6}{10^{-4}}} = 446\ \Omega/\text{km},$$

$$L = \frac{1}{1000} \cdot \sqrt{\frac{10^7}{2\pi^2 \cdot 10^{-4} \cdot 10^6}} \cdot 10^{-3} = 0{,}071 \cdot 10^{-3}\ \text{Henry/km}.$$

Man kann diese Ergebnisse auf die Verhältnisse bei der Übertragung hochfrequenter Wellen längs Leitungen zu Zwecken der Nachrichtenübertragung (sog. EW-Telephonie) anwenden und findet dann, daß man bei Verwendung der Erde als Rückleitung mit Rücksicht auf die Widerstandsdämpfung mit der Frequenz nicht zu hoch gehen darf; in der Tat bleibt man praktisch meist unter 10^6 Perioden/sec und arbeitet auch dann in der Regel mit einer gesonderten metallischen Hin- und Rückleitung, nur im Notfall (z. B. beim Riß einer metallischen Leitung) macht man von der Möglichkeit der Erdrückleitung Gebrauch.

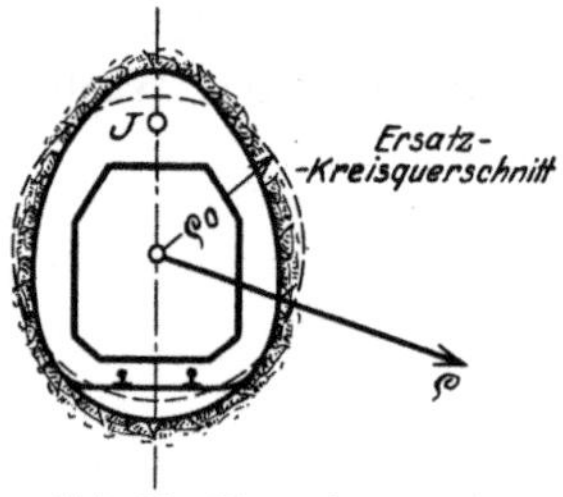

Abb. 84. Stromrückleitung im Eisenbahntunnel.

Der Zusammenhang des hier behandelten Problemes mit der Rückleitung eines Tiefseekabels zeigt sich besonders deutlich, wenn man den Fall der Rückleitung eines Erdstromes im Eisenbahntunnel nach Abb. 84 betrachtet; denn nach Ersatz des Tunnelprofiles durch einen Kreis und Verschiebung des stromführenden Fahrdrahtes in die Achse des substituierten Kreiszylinders wird das Erdstromfeld im Tunnel mit dem Rückstromfeld des Tiefseekabels völlig identisch. Man kann daher in der skizzierten Idealisierung die früher ermittelten Formeln (209), (210) bzw. (209a), (210a) ungeändert beibehalten, nachdem man unter ϱ_0 den Profilhalbmesser des Tunnels versteht, während für die Selbstinduktion des Luftfeldes (222) gilt. Durch Vergleich von (209) mit (219) einerseits, (211) mit (220) anderseits erkennt man, daß für Niederfrequenz bei Übergang von der Talmulde zum Tunnel unter sonst gleichen Umständen der Widerstand unverändert bleibt; der Querschnitt besitzt somit keine Bedeutung, lediglich die Selbstinduktion der Tunnelleitung ist etwas geringer als die der Talmuldenleitung, wie physikalisch leicht verständlich, da hier die Stromfäden sich relativ dichter an den stromführenden Leiter anschmiegen können als bei der Talmuldenleitung.

Alle diese Überlegungen gelten sowohl für Leitungen, die in geradem Zuge geführt sind, als auch für mäßig gekrümmte Linienführung, da die Stromfäden des Wirbelstromfeldes durch die magnetischen Feldlinien an den stromführenden Leiter gebunden sind. Durch diese Eigenschaft unterscheidet sich die Wirbelströmung wesentlich von dem Potentialfelde in der Umgebung der Erder, dessen Struktur mangels einer dynamischen Bindung zwischen Leitungsfeld und Erdstromfeld nur durch die Form des Erders bestimmt, dagegen von der Lage der stromzuführenden Leitungen gänzlich unabhängig ist.

38. Rückströme einer Wechselstromleitung im homogenen Erdreich; strenge Lösung. Wegen der Wichtigkeit der im vorigen Abschnitt behandelten Aufgabe für die technischen Anwendungen hat es Interesse, zu prüfen, inwieweit die gewonnene Näherungslösung für das System einer Leitung über der ebenen Erdoberfläche nach Abb. 82 unter Beachtung der dort wirksamen Grenzbedingungen zu Recht besteht: Wir suchen die Wirbelströmung, welche sich ohne Zuhilfenahme von Näherungsannahmen aus den in Nr. 33 und 34 hergeleiteten Feldgleichungen der ebenen Wirbelströmung für das Rückstromfeld der Einfachleitung in homogenem Erdreich ergibt.

Wir führen in einer Ebene senkrecht zur Leitungserstreckung ein rechtwinkliges Koordinatensystem x, z mit dem Ursprung senkrecht unter der Leitung in der Erdoberfläche nach Abb. 85 ein, dessen x-Achse mit der Erdoberfläche zusammenfallen möge. Nunmehr denken wir uns die Wechselstromleitung nach Abb. 85 zu einem beiderseits sich

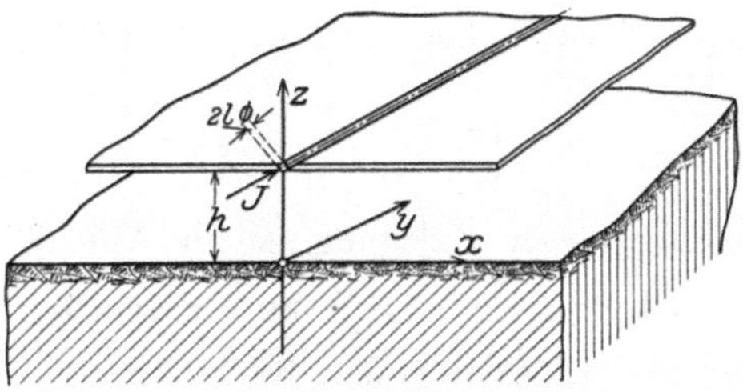

Abb. 85. Zum analytischen Ansatz für das Erdstromfeld einer oberirdischen Leitung.

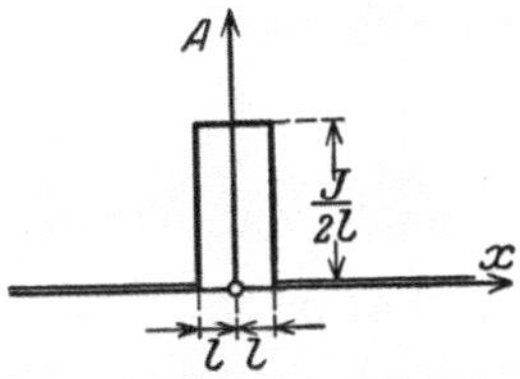

Abb. 86. Räumliche Verteilung des Strombelages längs des für die Leitung substituierten Strombandes.

ins Unendliche erstreckenden sehr dünnen Bande ausgedehnt, welches in der Leitungshöhe h parallel zur Erdoberfläche verläuft. Dieses Band durchfließt hiernach ein nahezu flächenhaft verteilter Strom, dessen Dichte wir mittels des Strombelages pro Breiteneinheit des Bandes messen. Offenbar können wir hiermit die Wirkung einer Leitung vom Drahthalbmesser $2l$ auf die Erde hinreichend beschreiben, sofern wir den Strombelag nach Abb. 86 längs des Bandes überall gleich Null setzen mit Ausnahme des Bereiches $-l \leqq x \leqq +l$. Wenn J der Leitungsstrom ist, haben wir also

$$\left.\begin{aligned} A(x) &= 0 \quad |x| \geqq l \\ A(x) &= \frac{J}{2l} \quad |x| \leqq l. \end{aligned}\right\} \tag{224}$$

Hierdurch ist der Strombelag formal längs des ganzen, für die Leitung substituierten Strombandes definiert. Wir können hierin noch einen Schritt weiter gehen, indem wir mittels des Fourierschen Doppelintegrales[1]

$$A(x) = \frac{1}{\pi} \int\limits_{m=0}^{\infty} dm \cdot \int\limits_{\lambda=-\infty}^{+\infty} A(\lambda) \cos[m(x-\lambda)]\, d\lambda \tag{225}$$

[1] Vgl. z. B. F. Ollendorff: Die Grundlagen der Hochfrequenztechnik, Nr. 161.

das **räumliche Spektrum** des Strombelages aufsuchen. Für die Funktion (224) ergibt sich aus Symmetriegründen

$$\left.\begin{aligned} A(x) &= \frac{2}{\pi}\cdot\int\limits_{m=0}^{\infty} dm \cos m x \cdot \int\limits_{\lambda=0}^{\infty} A(\lambda)\cos m\lambda\, d\lambda \\ &= \frac{2}{\pi}\cdot\int\limits_{m=0}^{\infty} dm\cdot\cos m x\cdot\int\limits_{\lambda=0}^{l}\frac{J}{2l}\cdot\cos m\lambda\, d\lambda = \frac{J}{\pi l}\cdot\int\limits_{m=0}^{\infty}\frac{\sin ml\cdot\cos mx}{m}\,dm.\end{aligned}\right\} \quad (226)$$

Hiernach ist der in einer Leitung konzentrierte Strom ersetzbar durch eine unendliche Summe von cos-förmig längs des Bandes verteilten Elementar-Strombelägen

$$dA = \left[\frac{J}{2l}\cdot\frac{2}{\pi}\cdot\frac{\sin ml}{m}\cdot dm\right]\cdot\cos mx = dA_0\cdot\cos mx, \qquad (226\text{a})$$

deren Amplitude durch dA_0 gegeben ist, wobei ihre räumliche Wellenlänge sich aus

$$m\lambda = 2\pi; \quad \lambda = \frac{2\pi}{m} \qquad (226\text{b})$$

bestimmt. Zur Veranschaulichung dieser Zulegung ist in Abb. 87, Gl. (226a) in der Form $\frac{|dA_0|}{d(ml)}$ als Raumwellenspektrum dargestellt.

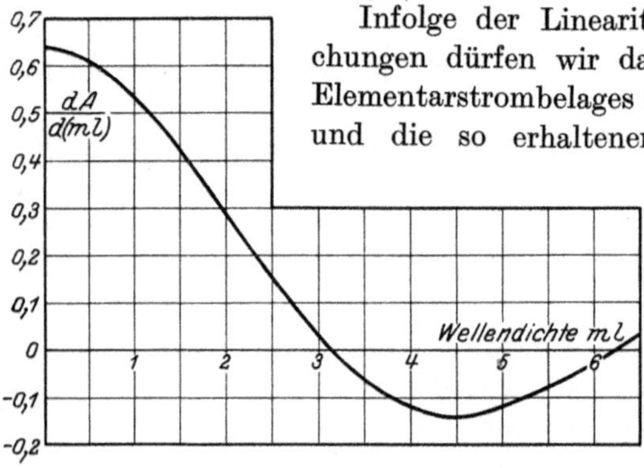

Abb. 87. Raumwellenspektrum des Strombelages nach Abb. 86.

Infolge der Linearität der Wirbelstromgleichungen dürfen wir das Wirbelstromfeld jedes Elementarstrombelages (226a) für sich berechnen und die so erhaltenen Teil-Wirbelstromfelder zum resultierenden Felde zusammensetzen. Im Luftraum oberhalb der Leitung sowohl (Raum I, Abb. 88) als auch zwischen Leitung und Erder (Raum II) ist die Leitfähigkeit verschwindend klein; wir müssen daher das Feld durch die elektrische Feldstärke $\mathfrak{E}$ in Richtung der Leitungsachse beschreiben, deren Gleichung sich aus (186b) mit $\varkappa = 0$ sogleich ergibt

$$\frac{\partial^2\overline{\mathfrak{E}}}{\partial x^2} + \frac{\partial^2\overline{\mathfrak{E}}}{\partial y^2} = 0. \qquad (227)$$

Dagegen wird das elektrische Feld in der Erde (Raum III) durch die ungekürzte Wirbelstromgleichung beherrscht

$$\frac{\partial^2\overline{\mathfrak{E}}}{\partial x^2} + \frac{\partial^2\overline{\mathfrak{E}}}{\partial z^2} = k^2\,\mathfrak{E}; \quad k^2 = -4\pi\varkappa j\omega\cdot 10^{-9}. \qquad (227\text{a})$$

Wir suchen Lösungen dieser Gleichungen, welche dem von einem Elementarstrombelag ergänzten Felde entsprechen. Der Ansatz

$$\overline{\mathfrak{E}}_I = \alpha \cdot e^{-mz} \cdot \cos mx \text{ für Raum I,} \tag{228}$$

$$\overline{\mathfrak{E}}_{II} = (\beta \cdot e^{-mz} + \gamma e^{mz}) \cos mx \text{ für Raum II,} \tag{228a}$$

$$\overline{\mathfrak{E}}_{III} = \delta \cdot e^{+\sqrt{m^2+k^2}z} \cdot \cos mx \text{ für Raum III.} \tag{228b}$$

befriedigt ersichtlich die Gleichungen (227), (227a) für beliebige Werte der Integrationskonstanten α, β, γ, δ und verschwindet, wie es das physikalische Problem verlangt, für $z = \pm\infty$. Zur Bestimmung der Integrationskonstanten sind die Grenzbedingungen heranzuziehen, welche die Felder an den Trennflächen der Räume I, II einerseits, II, III andererseits verknüpfen.

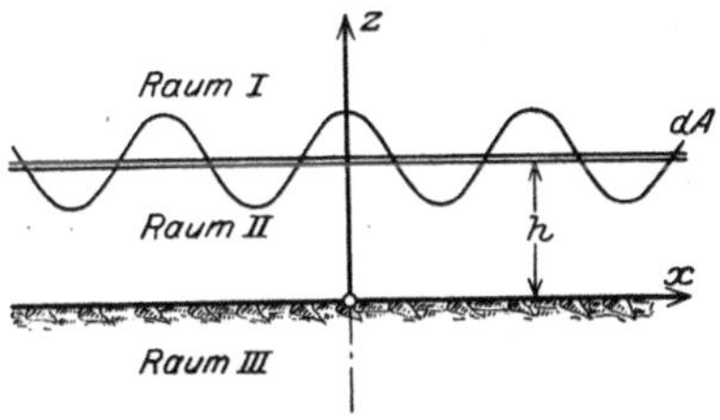

Abb. 88. Zum Feld eines Elementarstrombelages.

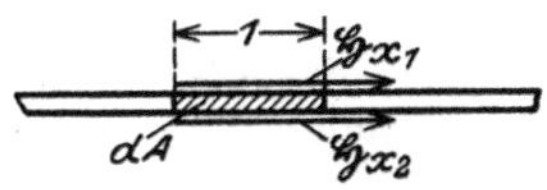

Abb. 89. Grenzbedingung am Strombande.

An der erstgenannten Trennfläche ($z = h$) ergibt zunächst die Forderung stetigen Überganges der tangentiellen elektrischen Feldstärke

$$\alpha \cdot e^{-mh} = \beta e^{-mh} + \gamma e^{mh}. \tag{229}$$

Nach dem Induktionsgesetz ist die magnetische Feldstärke

$$\overline{\mathfrak{H}}_x = -\frac{1}{4\pi j \omega 10^{-9}} \frac{\partial \overline{\mathfrak{E}}}{\partial z}. \tag{230}$$

Das Durchflutungsgesetz, angewandt auf ein Längenelement des Strombandes nach Abb. 89 ergibt

$$\overline{\mathfrak{H}}_{xI} - \overline{\mathfrak{H}}_{xII} = dA, \tag{231}$$

so daß als zweite Grenzbedingung für $z = h$ folgt

$$-\alpha m e^{-mh} - (-\beta \cdot m e^{-mh}) - (\gamma m e^{mh}) = -4\pi j \omega 10^{-9} \cdot dA_0. \tag{231a}$$

Ähnlich finden wir für die Grenzfläche II/III ($y = 0$)

$$\beta + \gamma = \delta \tag{229a}$$

$$-\beta m + \gamma m = \delta \cdot \sqrt{m^2 + k^2}. \tag{229b}$$

Durch Auflösung von (229), (231a), (229a), (229b) berechnet sich

$$\left.\begin{aligned}
\alpha &= 4\,\pi\, j\,\omega\, 10^{-9}\cdot d\,A_0\cdot\left[\frac{m-\sqrt{m^2+k^2}}{m+\sqrt{m^2+k^2}}\cdot\frac{e^{-mh}}{2\,m}+\frac{e^{mh}}{2\,m}\right]\\
\beta &= 4\,\pi\, j\,\omega\, 10^{-9}\cdot d\,A_0\cdot\frac{m-\sqrt{m^2+k^2}}{m+\sqrt{m^2+k^2}}\cdot\frac{e^{-mh}}{2\,m}\\
\gamma &= 4\,\pi\, j\,\omega\, 10^{-9}\cdot d\,A_0\cdot\frac{e^{-mh}}{2\,m}\\
\delta &= 4\,\pi\, j\,\omega\, 10^{-9}\cdot d\,A_0\cdot\frac{e^{-mh}}{m+\sqrt{m^2+k^2}},
\end{aligned}\right\}\qquad(232)$$

womit die Felder des Elementar-Strombelages völlig bekannt sind. Beschränken wir uns fortan auf das Feld in der Erde, so ergibt sich aus (228b) mit (226a) als resultierendes Erdfeld der Wechselstromleitung

$$\overline{\mathfrak{E}}_{III_r} = 4\,\pi\, j\,\omega\, 10^{-9}\cdot\frac{\overline{J}}{\pi\, l}\cdot\int_0^\infty \frac{\sin m l}{m}\cdot\frac{e^{-m(h-z)}}{m+\sqrt{m^2+k^2}}\cdot\cos m x\, d m\,. \qquad (233)$$

In einiger Entfernung von der Leitung sind ihre Abmessungen von untergeordneter Bedeutung; daher kann man dort zur Grenze $l\to 0$ übergehen und erhält einfacher

$$\left.\begin{aligned}
\overline{\mathfrak{E}}_{III_r} &= 4\,\pi\, j\,\omega\, 10^{-9}\cdot\frac{\overline{J}}{\pi}\cdot\int_0^\infty\frac{e^{-mh}\cdot e^{mz}}{m+\sqrt{m^2+k^2}}\cdot\cos m x\cdot d m\\
&= 4\, j\,\omega\, 10^{-9}\cdot\overline{J}\cdot\int_0^\infty\frac{e^{-\mu k(h-z)}}{\mu+\sqrt{\mu^2+1}}\cos\mu\, k\, x\cdot d\mu\,.
\end{aligned}\right\}\qquad(233\,\mathrm{a})$$

Hiermit ist die von uns gesuchte strenge Lösung der Aufgabe gefunden; es ist indes nicht möglich, dieses Integral in geschlossener Form mittels bekannter Funktionen auszudrücken, so daß man zur genauen Integralberechnung für jeden vorgegebenen Fall auf die numerische oder graphische Quadratur des Integranden angewiesen ist. Wir wollen hierauf an dieser Stelle nicht näher eingehen, sondern eine Näherungsdarstellung des Integrales herleiten, die uns den Zusammenhang mit dem Näherungsansatz der Nr. 37 liefern soll.

Wir beschränken uns auf das Feld an der Erdoberfläche ($z = 0$). In großer Entfernung von der Leitung hat die Aufhängehöhe h keinen merklichen Einfluß auf das Feld: Wir dürfen dort angenähert $h = 0$ setzen und finden

$$\lim_{x\to\infty}\overline{\mathfrak{E}}_{\mathrm{III}_r} = 4\, j\,\omega\, 10^{-9}\cdot\overline{J}\cdot\int_0^\infty\frac{\cos\mu\, k\, x\, d\mu}{\mu+\sqrt{\mu^2+1}}\,. \qquad (233\,\mathrm{b})$$

Der Nenner des Integranden nähert sich mit wachsendem μ gemäß

$$\lim_{\mu\to\infty}\mu+\sqrt{\mu^2+1} = 2\,\mu+\frac{1}{2\,\mu} \qquad (234)$$

dem Grenzwert 2μ, während er für kleine μ gegen den konstanten Wert 1 geht. Nun ist bei Beschränkung auf mäßige Frequenzen diese untere Grenze von untergeordneter Bedeutung für den Gesamtwert des Integranden, da die Konstante durch die multiplikative Verknüpfung mit der cos-Funktion aus dem Resultat eliminiert wird. Daher kann man mit gewisser Näherung den Nenner des Integranden durch $\sqrt{(2\mu)^2+2}$ ersetzen, ein Ausdruck, der für $\mu \to \infty$ ebenfalls asymptotisch gegen die Grenze (234) geht. Hiermit entsteht

$$\left.\begin{aligned} \lim_{x\to\infty} \overline{\mathfrak{E}}_{\mathrm{III}_r} &= \sim 4\,j\,\omega\,10^{-9}\cdot\overline{J}\cdot\int\limits_0^\infty \frac{\cos\mu\,k\,x\,d\mu}{\sqrt{(2\mu)^2+2}} \\ &= \frac{4\,j\,\omega\,10^{-9}}{2}\cdot\overline{J}\cdot\int\limits_0^\infty \frac{\cos\mu'\cdot\frac{k\,x}{\sqrt{2}}\,d\mu'}{\sqrt{\mu'^2+1}} \\ &= -\pi\,\omega\,10^{-9}\cdot\overline{J}\cdot H_0^{(1)}\left(j\,\frac{k\,x}{\sqrt{2}}\right) \\ &= -\overline{J}\cdot\pi\,\omega\,10^{-9}\cdot H_0^{(1)}\left(\sqrt{j}\,\sqrt{2\,\pi\,\varkappa\,\omega\,10^{-9}}\cdot x\right) \end{aligned}\right\} \qquad (235)$$

Das ist genau derselbe Ausdruck, der aus dem Näherungsansatz des vorigen Abschnittes für niedrige Frequenz folgt und dessen Berechtigung nunmehr an Hand der strengen Lösung erwiesen ist. Wir wiederholen indes, daß die hier gewonnene Darstellung über die frühere dadurch hinausgeht, daß wir jetzt in der Lage sind, den genauen Wert des Integrales zu bestimmen.

39. Das Feld einer Wechselstromleitung in geschichtetem Erdreich hoher Oberflächenleitfähigkeit. Während wir bisher voraussetzten, daß die Rückleitung der Erdströme einer Wechselstromleitung in homogenem Erdreich erfolge, besitzt häufig die Oberflächenschicht eine gegen die tiefer liegenden Schichten so hohe Leitfähigkeit, daß der Strom hauptsächlich durch diese Oberschicht zurückfließt; dies trifft namentlich dann zu, wenn in der Tiefe schlechtleitendes Gestein lagert.

Wenn der in der Leitung fließende Wechselstrom eine sehr hohe Frequenz besitzt, werden die von der Erdoberfläche in das Erdreich eindringenden Wellen so rasch abgedämpft, daß sie die schlechtleitende Gesteinsschicht in der Tiefe nicht mehr erreichen: Es gilt merklich die in Nr. 37 und 38 dargestellte Verteilung der Ströme in der Erde. Wenn dagegen die Frequenz hinreichend niedrig ist, treffen die Wellen auf die Grenzfläche Oberschicht Unterschicht noch in relativ großer Stärke; sie werden dort zum Teil reflektiert. Um diese Erscheinung in voller Reinheit zu erkennen, wollen wir im folgenden die Oberschicht als sehr dünn voraussetzen: Ihre Dicke $\varDelta$ sei unendlich klein gegen die — im Erdreich gemessene — Wellenlänge der Wirbelströmung.

Im Anschluß an die Untersuchungen des vorigen Abschnittes zerlegen wir das Stromsystem der Leitung in eine Summe von cos-förmig längs des ins Unedlichen erweiterten Strombandes verteilten Elementarstrombelägen, deren Einzelfelder wir zunächst berechnen. Bezeichnen wir nach Abb. 90 den Raum unterhalb der leitenden Schicht als Raum IV, so erhalten wir auf Grund unserer Voraussetzungen das Feld $\overline{\mathfrak{E}}_{IV}$ dieses Raumes wiederum aus der Differentialgleichung (227). Daher können wir die Lösung dieser Aufgabe in der Form ansetzen

$$\overline{\mathfrak{E}}_{I} = \alpha \cdot e^{-mz} \cdot \cos m x \text{ für Raum I,} \tag{236}$$

$$\overline{\mathfrak{E}}_{II} = (\beta\, e^{-mz} + \gamma\, e^{mz}) \cos m x \text{ für Raum II,} \tag{237}$$

$$\overline{\mathfrak{E}}_{III} = \delta \cdot \cos m x \text{ für die leitende Schicht (Raum III)} \tag{238}$$

$$\overline{\mathfrak{E}}_{IV} = \varepsilon \cdot e^{mz} \cos m x \text{ für Raum IV.} \tag{239}$$

An der Fläche I/II gelten ohne jede Änderung die Grenzbedingungen (229), (231); für den Übergang vom Raum II zu Raum III erhalten wir zunächst die Forderung stetigen Feldstärkenüberganges

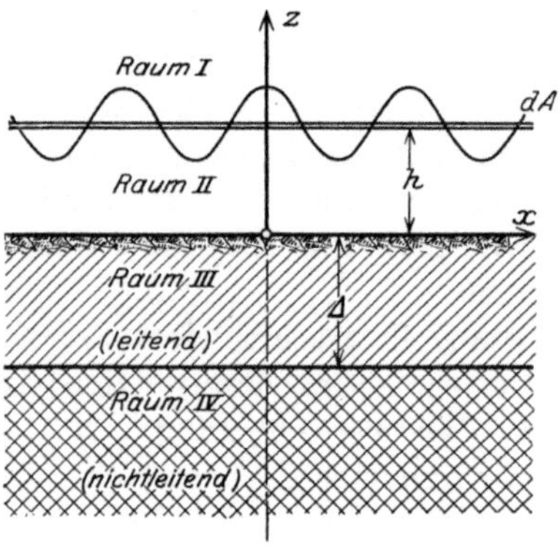

Abb. 90. Feld eines Elementarstrombelages bei einer Oberflächenleitung.

$$\beta + \gamma = \delta \tag{240}$$

und ebenso an III/IV mit Rücksicht auf die Voraussetzung einer sehr kleinen Schichtstärke Δ

$$\delta = \varepsilon . \tag{241}$$

Der Strombelag der Erdschicht

$$\overline{A}_{III} = \varkappa \cdot \Delta \cdot \overline{\mathfrak{E}}_{III} \tag{242}$$

verknüpft mittels des Durchflutungsgesetzes die Magnetfelder oberhalb und unterhalb der Schicht

$$\overline{\mathfrak{H}}_{x\,II} - \overline{\mathfrak{H}}_{x\,IV} = \overline{A}_{III}, \tag{243}$$

so daß mit Beachtung des Zusammenhanges (230)

$$-m \cdot \beta + m\gamma - m\varepsilon = -4\pi j \omega \cdot 10^{-9} \cdot \varkappa \Delta \cdot \delta . \tag{243a}$$

Aus diesen Grenzbedingungen erhält man

$$\left.\begin{aligned}
\alpha &= 4\pi j \omega 10^{-9} \cdot d A_0 \cdot \frac{1}{2}\left[\frac{4\pi j \omega 10^{-9} \varkappa \Delta}{2m - 4\pi j \omega 10^{-9} \varkappa \Delta} \cdot \frac{e^{-mh}}{m} + \frac{e^{mh}}{m}\right]\\
\beta &= 4\pi j \omega 10^{-9} \cdot d A_0 \cdot \frac{1}{2} \frac{4\pi j \omega 10^{-9} \varkappa \Delta}{2m - 4\pi j \omega 10^{-9} \varkappa \Delta} \cdot \frac{e^{-mh}}{m}\\
\gamma &= 4\pi j \omega 10^{-9} \cdot d A_0 \cdot \frac{1}{2} \frac{e^{-mh}}{m}\\
\delta &= 4\pi j \omega 10^{-9} \cdot d A_0 \cdot \frac{e^{-mh}}{2m - 4\pi j \omega 10^{-9} \varkappa \Delta} .
\end{aligned}\right\} \tag{244}$$

Als resultierendes Erdstromfeld folgt hieraus mit (226)

$$\overline{\mathfrak{E}}_{\mathrm{III}_r} = 4\,\pi\,j\,\omega\,10^{-9}\frac{\overline{J}}{\pi\,l}\cdot\int\limits_0^\infty \frac{\sin m\,l}{m}\cdot\frac{e^{-m\,h}}{2\,m - 4\,\pi\,j\,\omega\,10^{-9}\,\varkappa\,\Delta}\cdot\cos m\,x\cdot dm$$

$$= \sim 2\,j\,\omega\,10^{-9}\cdot\overline{J}\cdot\int\limits_0^\infty \frac{e^{-m\,h}}{m - 2\,\pi\,j\,\omega\,10^{-9}\,\varkappa\,\Delta}\cos m\,x\cdot dm\,. \tag{245}$$

Beschränken wir uns wiederum auf Entfernungen längs der Erdoberfläche, die einigermaßen groß gegen die Aufhängehöhe der Leitung sind, so kann man $h = 0$ setzen und findet

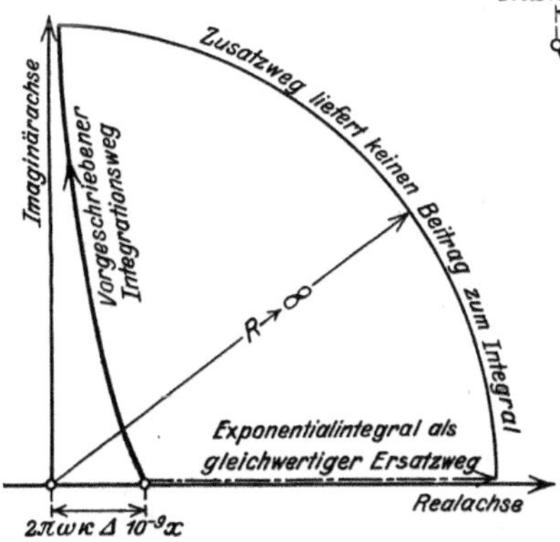

Abb. 91. Zur Auswertung des Integrals. $\int\limits_{-2\pi\omega\varkappa\Delta 10^{-9}x}^{j\infty} \frac{e^{-\mu x}d(\mu x)}{\mu x}$.

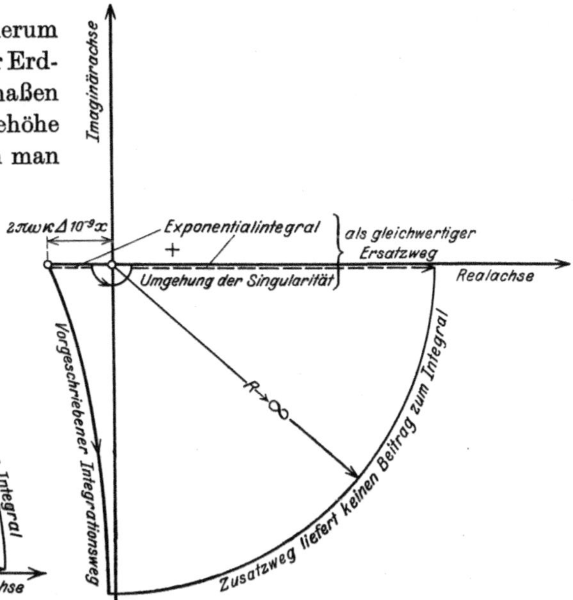

Abb. 92. Zur Auswertung des Integrals. $\int\limits_{-2\pi\omega\varkappa\Delta 10^{-9}\cdot x}^{-j\infty} \frac{e^{-\mu x}\cdot d(\mu x)}{\mu x}$.

$$\lim_{x\to\infty}\overline{\mathfrak{E}}_{\mathrm{III}_r} = 2\,j\,\omega\,10^{-9}\cdot\overline{J}\cdot\int\limits_0^\infty \frac{\cos m\,x\,dm}{m - 2\,\pi\,j\,\omega\,10^{-9}\,\varkappa\,\Delta}$$

$$= 2\,j\,\omega\,10^{-9}\cdot\overline{J}\cdot\int\limits_0^{-j\infty}\frac{e^{\mu x} + e^{-\mu x}}{2}\cdot\frac{d\mu}{\mu - 2\,\pi\,\omega\,\varkappa\,\Delta\,10^{-9}}, \tag{246}$$

also mit Benutzung des Cauchyschen Integralsatzes entsprechend Abb. 91 u. 92

$$\lim_{x\to\infty}\overline{\mathfrak{E}}_{\mathrm{III}_r} = 2\,j\,\omega\,10^{-9}\cdot\overline{J}\cdot\left[\frac{e^{2\pi\omega\varkappa\Delta\cdot 10^{-9}x}}{2}\int\limits_{+2\pi\omega\varkappa\Delta 10^{-9}x}^{+j\infty}\frac{e^{-\mu x}\,d(\mu x)}{\mu x} + \frac{e^{-2\pi\omega\varkappa\Delta 10^{-9}x}}{2}\int\limits_{-2\pi\omega\varkappa\Delta 10^{-9}\cdot x}^{-j\infty}\frac{e^{-\mu x}\,d(\mu x)}{\mu x}\right]$$

$$= -\,2\,j\,\omega\,10^{-9}\cdot\overline{J}\cdot\left[\frac{e^{2\pi\omega\varkappa\Delta 10^{-9}x}}{2}\cdot Ei(-\,2\,\pi\,\omega\,\varkappa\,\Delta\,10^{-9}\,x)\right.$$

$$\left. + \frac{e^{-2\pi\omega\varkappa\Delta 10^{-9}x}}{2}\{Ei(2\,\pi\,\omega\,\varkappa\,\Delta\,10^{-9}\cdot x) - \pi\,j\}\right], \tag{246a}$$

wo Ei das Exponentialintegral bedeutet[1]. Diese Beziehung ist in Abb. 93, 94 und 95 als Funktion der „numerischen Entfernung“

$$\xi = 2\pi\omega\varkappa\Delta\cdot 10^{-9}\cdot x = 4\pi^2\cdot f\cdot\varkappa\Delta\cdot 10^{-9}\cdot x. \tag{246b}$$

dargestellt. Da die hier gewonnenen Gesetzmäßigkeiten nach Obigem nur für hinreichend niedrige Frequenzen gelten, kann man die Entwicklungen benutzen

$$\lim_{|x|\to 0} Ei = \ln\gamma x, \qquad \gamma = 1{,}7811 \tag{247}$$

und erhält, wenn man die Exponentialfunktionen mit 1 vertauscht, an Stelle von (246a) die Näherungsformel

$$\begin{aligned}\lim_{x\to\infty} \overline{\mathfrak{E}}_{\mathrm{III}_r} &= -2j\omega 10^{-9}\cdot\overline{J}\cdot\left[-\frac{j\pi}{2} + \ln(\gamma 2\pi\omega\varkappa\Delta 10^{-9}x)\right]\\ &= -\overline{J}\left[2\pi^2 f 10^{-9} - j\omega 2 10^{-9}\ln\left(\frac{1}{\gamma 2\pi\omega\varkappa\Delta 10^{-9}x}\right)\right].\end{aligned} \tag{246c}$$

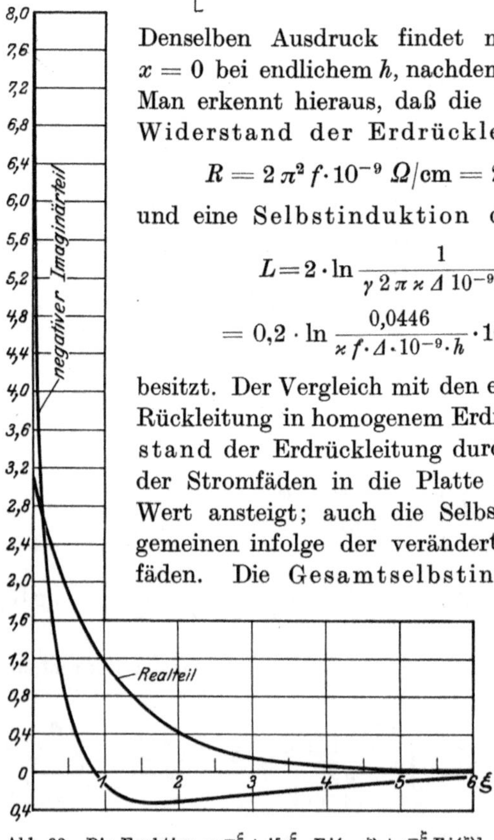

Abb. 93. Die Funktion $\pi e^{-\xi} + j[e^{\xi}\cdot Ei(-\xi) + e^{-\xi} Ei(\xi)]$.

Denselben Ausdruck findet man leicht für $y = 0$ und $x = 0$ bei endlichem h, nachdem man x durch h ersetzt hat. Man erkennt hieraus, daß die Leitung einen Ohmschen Widerstand der Erdrückleitung

$$R = 2\pi^2 f\cdot 10^{-9}\ \Omega/\mathrm{cm} = 2\pi^2 f\cdot 10^{-4}\ \Omega/\mathrm{km} \tag{248}$$

und eine Selbstinduktion der Erdrückleitung

$$\begin{aligned}L &= 2\cdot\ln\frac{1}{\gamma 2\pi\varkappa\Delta 10^{-9}\cdot h}\cdot 10^{-9}\ \text{Henry/cm}\\ &= 0{,}2\cdot\ln\frac{0{,}0446}{\varkappa f\cdot\Delta\cdot 10^{-9}\cdot h}\cdot 10^{-3}\ \text{Henry/km}\end{aligned} \tag{248a}$$

besitzt. Der Vergleich mit den entsprechenden Formeln der Rückleitung in homogenem Erdreich zeigt, daß der Widerstand der Erdrückleitung durch die Zusammendrängung der Stromfäden in die Platte gerade auf den doppelten Wert ansteigt; auch die Selbstinduktion wächst im allgemeinen infolge der veränderten Anordnung der Stromfäden. Die Gesamtselbstinduktion des Luft- und Erdfeldes ist, wenn man als Luftfeldselbstinduktion den Wert (222) beibehält, wiederum unabhängig von der Aufhängehöhe der Leitung.

Messungen haben ergeben, daß man im Mittel Δ zu etwa 300 ÷ 500 m an-

[1] Jahnke-Emde: Funktionentafeln, S. 19. Vgl. Abb. 49.

zunehmen hat. Benutzen wir den Wert 300 m, so ergibt sich für eine in $h = 10$ m Höhe über Erde ausgespannte Leitung bei mittlerem Erdreich ($\varkappa = 10^{-4}$ Siemens/cm) im Betrieb mit 50 Perioden/sec

$$R = 2\,\pi^2 \cdot 50 \cdot 10^{-4} = \sim 0{,}1\ \Omega/\text{km}$$

$$L = 0{,}2 \cdot \ln \frac{0{,}0446}{10^{-4} \cdot 50 \cdot 30000 \cdot 10^{-9} \cdot 1000} \cdot 10^{-3} = 1{,}14 \cdot 10^{-3}\ \text{Henry/km}.$$

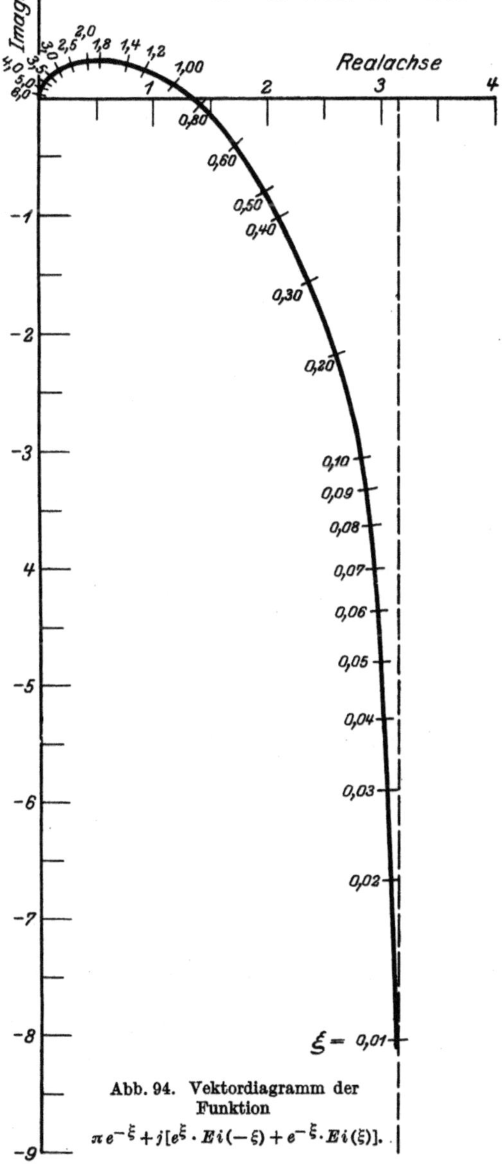

Abb. 94. Vektordiagramm der Funktion $\pi e^{-\xi} + j[e^{\xi} \cdot Ei(-\xi) + e^{-\xi} \cdot Ei(\xi)]$.

40. Verteilung von Freileitungs-Erdschlußströmen auf Erdseil und Erde. In Nr. 22 haben wir die Wirkung eines Erdseiles auf die Verteilung des Erdschlußstromes längs einer Mastreihe untersucht, wobei wir den Strom als stationär betrachteten. Wir wollen hier prüfen, inwieweit jene Ergebnisse auf den praktisch vorherrschenden Fall des Erdschlusses einer Wechselstrom - Freileitung anwendbar sind und nach welcher Richtung hin sie erweitert werden müssen.

Um die Gesetze der ebenen Wirbelströmung gemäß den Untersuchungen der vorigen Abschnitte anwenden zu können, müssen wir zunächst von den Strömen absehen, die nach Nr. 32 als Verschiebungsströme von der Erdoberfläche zu den Leitungsdrähten zurückkehren; sodann ist vorauszusetzen, daß durch die Maste keinerlei Strom fließt, so daß das Erdseil einen räumlich konstanten Strom führt:

Wir erkennen auf Grund der Ergebnisse der Nr. 22, daß dieser Strom den Grenzwert angibt, der sich in sehr (unendlich) großer Entfernung vom Fehlerort einstellt.

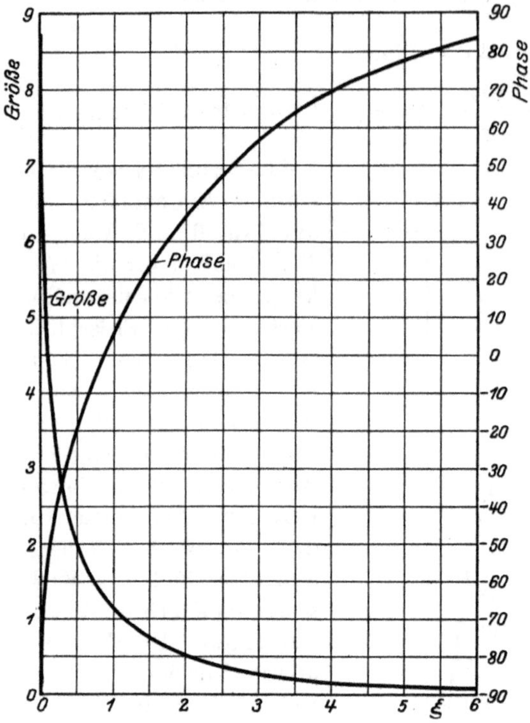

Abb. 95. Größe und Phase der Funktion $\pi e^{-\xi} + j[e^{\xi} \cdot Ei(-\xi) + e^{-\xi} \cdot Ei(\xi)]$.

Wir setzen ein System nach Abb. 96 voraus: Das Erdseil vom Halbmesser l_s besitzt die Höhe h_s über dem homogenen Erdboden, während der vom Erdschluß betroffene Leitungsdraht vom Halbmesser l in der Höhe h über der Erde ausgespannt sei; der Abstand beider Leiter möge gleich d gesetzt werden.

Wir schneiden einen zwischen benachbarten Masten liegenden Leitungsabschnitt der Länge m aus und wenden das Induktionsgesetz auf die Schleife an, welche aus Erdseil, den Masten und der Erdrückleitung gebildet wird (Abb. 97). Die Umlaufsspannung setzt sich zusammen aus dem Ohmschen Spannungsabfall im Seilwiderstand $m \cdot R_s$ und der Erdspannung E_e; ihr wird

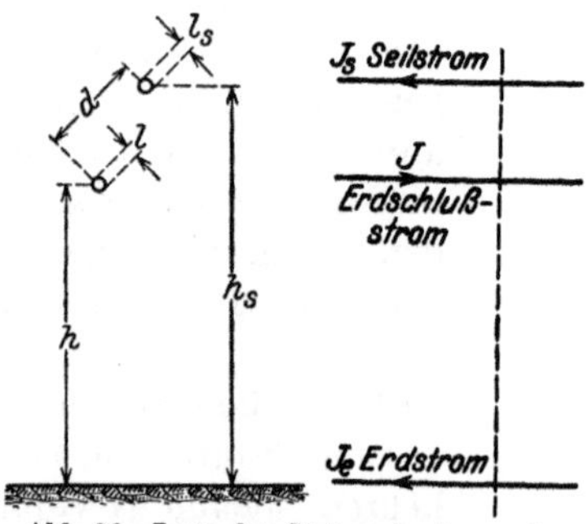

Abb. 96. Lage der Ströme in dem erdgeschlossenen Leitungssystem.

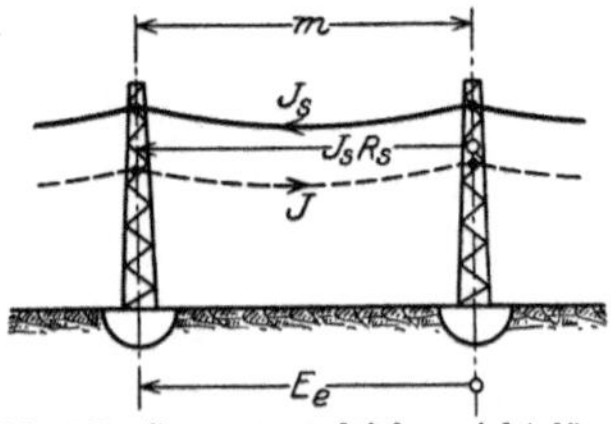

Abb. 97. Spannungsgleichgewicht längs eines Leitungsabschnittes.

das Gleichgewicht gehalten durch den magnetischen Schwund des die Schleife durchsetzenden Flusses Φ:

$$J_s R_s \cdot m - E_e = -\frac{d\Phi}{dt} 10^{-8}. \tag{249}$$

Zur Berechnung der Erdspannung E_e und des Flusses Φ ziehen wir, indem wir auf homogenes Erdreich spezialisieren, die Ergebnisse der Nr. 37 heran. Hierzu haben wir die wirkliche Leitungsanordnung durch Leitungsführung in einer halbkreisförmigen „Talmulde" zu ersetzen, deren Radius der Aufhängehöhe der Leitung gleicht. In vorliegendem Falle würden sich demnach, strenggenommen, entsprechend der erdgeschlossenen Leitung einerseits, dem Erdseil andererseits zwei sich nicht deckende Talmulden ergeben, im Widerspruch zu der eindeutigen Form der Erdoberfläche. Von der hierdurch geschaffenen Komplikation wollen wir jedoch der Einfachheit halber absehen, da ihre exakte Berücksichtigung nach Nr. 38 an der Größenordnung der uns interessierenden Ströme jedenfalls nichts ändern würde, und da überdies die entwickelte Formel nur näherungsweise gilt. Wir begnügen uns vielmehr damit, jede Leitung samt ihrem zugehörigen Luft- und Erdfelde durch ihre „Talmuldenleitung" zu ersetzen und werden die so ermittelten Spannungen und Induktionsflüsse überlagern.

Diese Vereinfachung gestattet zunächst die Berechnung des Flusses Φ als reinen Luftflusses, herrührend von dem Seilstrom J_s und dem Erdschlußstrom J. Aus der hierzu angenommenen Kreisform der Kraftlinien folgt für das betrachtete Leitungsstück der Anteil des vom Seilstrom getriebenen Flusses analog (221b)

$$\Phi_{J_s} = m \cdot J_s \cdot 0{,}2 \ln \frac{h_s}{l_s}, \tag{250}$$

während sich der vom Leitungsstrom erzeugte Fluß zu

$$\Phi_J = m \cdot J \cdot \left(-0{,}2 \ln \frac{d}{l} + 0{,}2 \ln \frac{h}{l}\right) = m \cdot J \cdot 0{,}2 \ln \frac{h}{d} \tag{250a}$$

findet. Ähnlich setzt sich auch die Erdspannung E_e aus zwei Komponenten E_{J_s} und E_J zusammen, die bei Beschränkung auf hinreichend niedrige Frequenz mit Rücksicht auf (209) die Größe besitzen

$$E_{J_0} = -J_s \cdot m \cdot \omega \cdot \left(\frac{\pi}{2} - j \cdot 2 \cdot \ln \frac{0{,}178}{\sqrt{\varkappa f \cdot 10^{-9} \cdot h_s}}\right) \cdot 10^{-9} \tag{251}$$

$$E_J = -J \cdot m \cdot \omega \left(\frac{\pi}{2} - j \cdot 2 \cdot \ln \frac{0{,}178}{\sqrt{\varkappa f \, 10^{-9} \cdot h}}\right) \cdot 10^{-9}. \tag{251a}$$

Der Gesamtfluß ergibt sich durch Subtraktion von (250) und (250a)

$$\Phi = \Phi_{J_s} - \Phi_J = J_s \cdot m \cdot 0{,}2 \cdot \ln \frac{h_s}{l_s} - J \cdot m \cdot 0{,}2 \ln \frac{h}{d} \tag{250b}$$

und die Erdspannung entsprechend

$$E_e = E_{J_s} - E_J = -J_s \cdot m \cdot \omega \left(\frac{\pi}{2} - j \cdot 2 \ln \frac{0{,}178}{\sqrt{\varkappa f \cdot 10^{-9} \cdot h_s}}\right) \cdot 10^{-9}$$
$$+ J \cdot m \cdot \omega \left(\frac{\pi}{2} - j \cdot 2 \ln \frac{0{,}178}{\sqrt{\varkappa f \cdot 10^{-9} \cdot h}}\right) \cdot 10^{-9}. \tag{251b}$$

Durch Einsetzen aller dieser Ausdrücke in die Induktionsgleichung (249) folgt jetzt:

$$J_s \cdot \left[R_s + \left(\omega \frac{\pi}{2} - j\,\omega\, 2 \ln \frac{0{,}178}{\sqrt{\varkappa f\, 10^{-9}}\, l_s} \right) 10^{-9} \right] - J \left[\left(\omega \frac{\pi}{2} - j\,\omega\, 2 \ln \frac{0{,}178}{\sqrt{\varkappa f\, 10^{-9}}\, d} \right) \cdot 10^{-9} \right] = 0\,, \qquad (252)$$

also der Erdseilstrom:

$$J_s = J \frac{\frac{\pi}{2} - j\, 2 \ln \frac{0{,}178}{\sqrt{\varkappa f\, 10^{-9}} \cdot d}}{R_s \cdot \frac{10^9}{\omega} + \frac{\pi}{2} - j\, 2 \ln \frac{0{,}178}{\sqrt{\varkappa f\, 10^{-9}} \cdot l}}\,. \qquad (252\,\mathrm{a})$$

Der Erdstrom beträgt somit

$$J_e = J - J_s = J \frac{R_s \cdot \frac{10^9}{\omega} - j \cdot 2 \ln \frac{d}{l_s}}{R_s \cdot \frac{10^9}{\omega} + \frac{\pi}{2} - j \cdot 2 \ln \frac{0{,}178}{\sqrt{\varkappa f\, 10^{-9}} \cdot l_s}}\,. \qquad (252\,\mathrm{b})$$

Man erkennt aus diesen Formeln, daß weder die Aufhängehöhen des Erdseiles und der Leitung noch der Leitungshalbmesser auf die Stromverteilung einwirken; diese ist vielmehr — für ein gegebenes Erdseil — nur von dem Abstande Erdseil—Leitung abhängig. Offenbar entlastet hierbei eine Vergrößerung des Abstandes d das Erdseil auf Kosten des Erdstromes, der um den betreffenden Betrag anwächst; da aber d nur logarithmisch in die Formel eingeht, ist praktisch dieser Einfluß einer Abstandsänderung nur gering.

Nachdem der Erdseilstrom bekannt ist, gehen wir dazu über, den Spannungsabfall in der erdgeschlossenen Leitung zu berechnen. Wir schneiden aus dem System wiederum einen zwischen benachbarten Leitungen liegenden Leitungsabschnitt aus und benutzen zur Berechnung der treibenden Spannung E pro Längeneinheit die in Abb. 97 herausgezeichnete Schleife Leitungsdraht—Erde. Nennen wir Φ' den Luftfluß durch diese Schleife und R den Widerstand der Längeneinheit des Leitungsdrahtes, so ergibt das Induktionsgesetz

$$m(J \cdot R + E_e) = -\frac{d\,\Phi'}{dt} \cdot 10^{-8} + m\,E. \qquad (253)$$

Wiederum kann Φ' als reiner Luftfluß berechnet werden, der von Seilstrom und Leitungsstrom getrieben wird. Der erste Anteil ist

$$\Phi'_{J_s} = -0{,}2\, J_s \ln \frac{h_s}{d}\,. \qquad (254)$$

während der zweite Anteil

$$\Phi_J = 0{,}2\, J \ln \frac{h}{e} \qquad (254\,\mathrm{a})$$

beträgt. Durch Einsetzen von (254), (254a) und (251b) in (253) folgt jetzt

$$\left.\begin{aligned} &J\left[R+\omega\left(\frac{\pi}{2}-j\,2\ln\frac{0{,}178}{\sqrt{\varkappa f\,10^{-9}\cdot l}}\right)10^{-9}\right] \\ &-J_s\left[\omega\left(\frac{\pi}{2}-j\,2\ln\frac{0{,}178}{\sqrt{\varkappa f\,10^{-9}\cdot d}}\right)10^{-9}\right]=E \end{aligned}\right\} \tag{253a}$$

und endlich durch Elimination des Seilstroms mittels (252a)

$$\left.\begin{aligned} &J\left[R\cdot\omega\left(\frac{\pi}{2}-j\,2\ln\frac{0{,}178}{\sqrt{\varkappa f 10^{-9}\cdot l}}\right)10^{-9}-\frac{\frac{\pi}{2}-j\,2\ln\frac{0{,}178}{\sqrt{\varkappa f\,10^{-9} d}}}{\frac{R_s\cdot 10^{9}}{\omega}+\frac{\pi}{2}-j\,2\ln\frac{0{,}178}{\sqrt{\varkappa f\,10^{-9} l_s}}}\right. \\ &\left.\cdot\,\omega\left(\frac{\pi}{2}-j\,2\ln\frac{0{,}178}{\sqrt{\varkappa f\,10^{-9} d}}\right)\cdot 10^{-9}\right]=E. \end{aligned}\right\} \tag{253b}$$

Hier gibt offenbar das Klammerglied den im Erdschlußfall wirksamen (komplexen) Widerstand $\mathfrak{R}$ der Leitung an, und dieser ist nach der Formel ebenfalls unabhängig von der Höhe der Leitung über der Erde — eine Verallgemeinerung des Ergebnisses (223). Um wirksamen Widerstand und wirksame Reaktanz der Leitung zu berechnen, hat man bekanntlich $\mathfrak{R}$ in Real- und Imaginärteil aufzuspalten. Wegen des komplizierten Aufbaus von (218b) tut man im allgemeinen gut, diese Operation erst in der numerischen Rechnung vorzunehmen.

Nachdem wir im Vorangegangenem den Grenzwert des Leitungsfeldes berechnet haben, interessiert die Frage, wie die Ströme und Spannungen vom Erdschlußpunkte aus bis auf diese Grenzwerte absinken. Als Ausgangspunkt gilt Gl. (249), welche durch Berücksichtigung des Spannungsabfalles $m\cdot\delta E$ der Mastströme im Ausbreitungswiderstand der Mastfüße R_m zu erweitern ist. Für einen Leitungsabschnitt zwischen benachbarten Masten wird also mit (252)

$$\left.\begin{aligned} m\cdot\delta E = m J_s &\left[R_s+\omega\left(\frac{\pi}{2}-j\,2\ln\frac{0{,}178}{\sqrt{\varkappa f\,10^{-9} l_s}}\right)10^{-9}\right] \\ -\,m J&\left[\omega\left(\frac{\pi}{2}-j\,2\ln\frac{0{,}178}{\sqrt{\varkappa f\,10^{-9}\,d}}\right)\cdot 10^{-9}\right]. \end{aligned}\right\} \tag{255}$$

Im Gegensatz zu früher ist jetzt der Seilstrom eine Ortsfunktion, die — abgesehen von den Kapazitätsströmen — in dem n ten Leitungsabschnitt zwischen Mast n und Mast $n+1$ konstant bleibt. Sie sei dort J_{s_n} genannt. Die Spannungsabfälle in den Masten werden durch die Mastströme J_n und J_{n+1} hervorgerufen. Unter Vernachlässigung der Mastreaktanz hat man also

$$m\cdot\delta E+(J_{n+1}-J_n)R_m=0. \tag{256}$$

Jeder Maststrom macht sich nun durch eine Reduktion des Seilstromes bemerkbar:

$$J_{s_n} - J_{s_{n+1}} = J_{n+1}. \tag{257}$$

Daher kann man mit Einführung von (256) an Stelle von (255) schreiben:

$$\left.\begin{array}{l} J_{s_n}\left[R_s + \omega\left(\frac{\pi}{2} - j\,2\ln\frac{0{,}178}{\sqrt{\varkappa f\,10^{-9}}\,l_s}\right)10^{-9}\right] \\ -\left[J_{s_{n+1}} - 2\,J_{s_n} + J_{s_{n+1}}\right]\frac{R_m}{m} = J\left[\omega\left(\frac{\pi}{2} - j\,2\ln\frac{0{,}178}{\sqrt{\varkappa f\,10^{-9}}\,d}\right)\cdot 10^{-9}\right] \end{array}\right\} \tag{255a}$$

Diese Differenzengleichung zweiter Ordnung mit Störungsglied wird durch Überlagerung einer räumlich erzwungenen Stromverteilung zu einer räumlich freien Stromverteilung gewonnen, welche durch Verschwinden des Störungsgliedes definiert ist. Nun ist für die erzwungene Stromverteilung das Partikularintegral J_{s_n} = konst zu wählen und dies ergibt, wie man sich durch Einsetzen überzeugt, genau den in Gl. (217a) berechneten Grenzwert des Seilstromes. Wir erkennen, daß die asymptotische Abnahme des Seilstromes bis auf diesen Grenzwert nur durch die Differenzengleichung der freien Stromverteilung geregelt wird. Diese unterscheidet sich von dem in Nr. 22 gewonnenen Ansatz lediglich durch den Faktor des Gliedes J_{s_n}, in welchem zu dem Widerstand des Seiles der Rückleitungswiderstand der Erde für Wechselstrom hinzugetreten ist, und zeigt so, daß die freie Stromverteilung von der Lage der erdgeschlossenen Leitung im System gänzlich unabhängig ist. Diese bestimmt somit wohl den Grenzwert des Seilstromes, nicht aber die Schnelligkeit der räumlichen Stromabnahme vom Fehlerort aus, und daher ist auch die Gefährdung von Lebewesen in der Umgebung des Erdschlusses für alle Leitungen die gleiche. Darüber hinaus ist diese freie Stromverteilung gänzlich unabhängig von der Aufhängehöhe h_s des Erdseiles, vielmehr allein durch seine geometrischen und elektrischen Abmessungen gegeben.

Die Lösung der Differenzengleichung der freien Stromverteilung geschieht genau nach dem in Nr. 22 gezeigten Verfahren. Wir dürfen uns daher an dieser Stelle mit der Ermittelung der Exponentialziffer α begnügen, welche für den Stromabfall maßgebend ist. Man erhält sie aus

$$\mathfrak{Sin}\,\frac{\alpha}{2} = \frac{1}{2}\sqrt{\frac{R_s + \omega\left(\frac{\pi}{2} - j\,2\ln\frac{0{,}178}{\sqrt{\varkappa f\,10^{-9}}\,l_s}\right)10^{-9}}{\frac{R_m}{m}}}\,. \tag{258}$$

Für die Anwendungen kann man sich meist auf die Näherung beschränken, welche durch Vertauschung des Winkels mit dem Bogen aus (258) hervorgeht. Es ist hiernach α komplex

$$\alpha = \delta - j\,\varphi, \tag{258a}$$

wo δ die Dämpfungsziffer, φ die Phasenzahl bedeutet. Für den wichtigsten Fall überwiegenden Seilwiderstandes erhält man die Näherungsformeln

$$\delta = \sqrt{\frac{R_s \cdot m}{R_m}} \cdot \left(1 + \frac{1}{2}\,\frac{\omega\,\frac{\pi}{2} \cdot 10^{-9}}{R_s}\right) \tag{258 b}$$

$$\varphi = \sqrt{\frac{\omega\,\frac{\pi}{2} \cdot 10^{-9}}{\frac{R_m}{m}}}\,. \tag{258 c}$$

Der Vergleich mit (113) zeigt, daß die Wirkung des Erdseiles bei Wechselstrom durch den endlichen Wert der Erdrückleitungswiderstandes verschlechtert wird, doch macht die Korrektur gewöhnlich nur einige Prozente aus. Man darf also unter normalen Umständen die in Nr. 22 abgeleiteten Gesetze der stationären Stromverteilung auch für niederfrequenten Wechselstrom anwenden, und erst für große Entfernungen ist es notwendig, die Gl. (258 b) und (258 c) heranzuziehen.

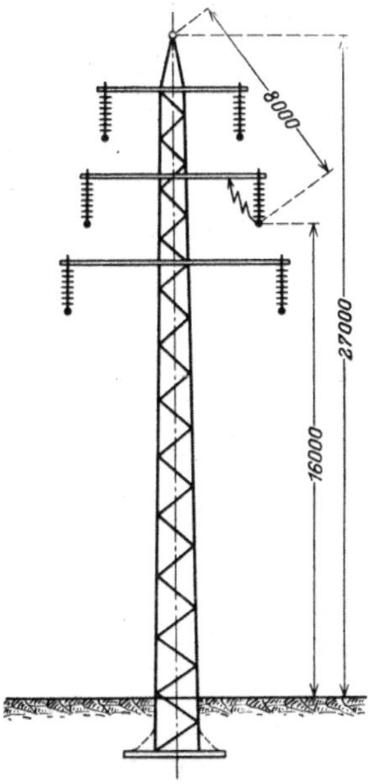

Abb. 98. Mastbild einer 110 kV-Leitung zur Berechnung des Erdseilstromes.

Wir wenden die vorstehenden Ableitungen auf den Erdschluß einer 110 kV-Leitung mit dem Mastbild nach Abb. 98 an. Die Leitung besitzt einen Widerstand $R = 0{,}222\ \Omega/\text{km} = 0{,}222 \cdot 10^{-5}\ \Omega/\text{m}$ bei einem äußeren Leiterhalbmesser (Stahl-Aluminium-Seil) $l = 0{,}8$ cm. Das Erdseil besteht aus Stahl von 50 mm² Querschnitt, so daß $l_s = 0{,}4$ cm und der Gleichstromwiderstand

$$R_s = 2{,}5\ \Omega/\text{km} = 2{,}5 \cdot 10^{-5}\ \Omega/\text{cm}$$

beträgt; er erhöht sich bei Wechselstrom durch Stromverdrängung. Mit einer Wechselstrompermeabilität $\mu = 1000$ findet man[1] das Verhältnis Wechselstromwiderstand zu Gleichstromwiderstand gleich 2,6, so daß der wirksame Seilwiderstand auf

$$R_s = 2{,}6 \cdot 2{,}5 = 6{,}5\ \Omega/\text{km} = 6{,}5 \cdot 10^{-5}\ \Omega/\text{cm}$$

ansteigt. Mit einer Mastentfernung von $m = 250$ m folgt als Widerstand des Seilstückes zwischen benachbarten Masten

$$m R_s = 0{,}250 \cdot 6{,}5 = 1{,}63\ \Omega,$$

[1] Ollendorff, F.: Die Grundlagen der Hochfrequenztechnik. Nr. 73. Berlin: Julius Springer 1926.

während die Masten einen Ausbreitungswiderstand $R = 8\,\Omega$ besitzen mögen; es sind dies die bereits in Nr. 22 benutzten Werte.

Unter der Annahme, daß die Mittelleitung des Sechsdrahtsystemes Erdschluß hat, ist aus dem Mastbild $d = 8$ m $= 800$ cm zu entnehmen. Für mittleres Erdreich ($\varkappa = 10^{-4}$ Siemens/cm) und eine Betriebsfrequenz von 50 Perioden/sec ist

$$\sqrt{2\pi\varkappa\omega 10^{-9}} = \sqrt{2\pi\cdot 10^{-4}\cdot 2\pi 50\cdot 10^{-9}} = 1{,}4\cdot 10^{-5}$$

also

$$\ln\frac{0{,}178}{\sqrt{\varkappa f 10^{-9}}\cdot d} = 4{,}60; \quad \ln\frac{0{,}178}{\sqrt{\varkappa f\, 10^{-9}}\, l} = 11{,}50; \quad \ln\frac{0{,}178}{\sqrt{\varkappa f\, 10^{-9}}\, l_s} = 12{,}22.$$

Nach Gl. (217a) ist somit

$$J_s = J\cdot\frac{1{,}57 - j\,9{,}20}{\frac{6{,}5\cdot 10^4}{314} + 1{,}57 - j\,24{,}44} = J\cdot\frac{1{,}57 - j\,9{,}20}{209 - j\,24{,}44} = J\,(0{,}0125 - j\,0{,}0425).$$

Im Erdseil fließen somit nur

$$\sqrt{0{,}0125^2 + 0{,}0425^2} = 4{,}42\%$$

des Erdschlußstromes mit einer Phasenverspätung von

$$\sigma = \operatorname{arctg}\frac{0{,}0425}{0{,}0125} = 73^0\,30'$$

gegen den Leitungsstrom, so daß praktisch die Erde den vollen Erdschlußstrom zu führen hat.

Der komplexe Leitungswiderstand ist nach (218b)

$$\begin{aligned}\mathfrak{R} &= 0{,}222\cdot 10^{-5} + 314\,\{1{,}57 - j\,23{,}00\}\cdot 10^{-9}\\ &\quad - (0{,}0125 - j\,0{,}0425)\cdot 314\cdot\{1{,}57 - j\,9{,}20\}\cdot 10^{-9}\\ &= 0{,}283\cdot 10^{-5} - j\,0{,}699\cdot 10^{-5}\,\Omega/\text{cm},\end{aligned}$$

also der effektive Ohmsche Widerstand

$$R_{\text{eff}} = 0{,}283\,\Omega/\text{km} = \sim 1{,}25\,R.$$

Aus der effektiven Reaktanz

$$x_{\text{eff}} = 0{,}699\,\Omega/\text{km}$$

folgt die wirksame Selbstinduktion der Leitung

$$L_{\text{eff}} = \frac{x_{\text{eff}}}{314} = 2{,}22\cdot 10^{-3}\ \text{Henry/km}.$$

Endlich berechnen wir die Exponentialziffer der räumlichen Dämpfung nach (223b) (223c)

$$\delta = \sqrt{\frac{1{,}63}{8}}\left(1 + \frac{1}{2}\cdot\frac{314\cdot 1{,}57\cdot 10^{-9}}{6{,}5\cdot 10^{-5}}\right) = 0{,}451\cdot 1{,}0038 = 0{,}452\,,$$

$$\varphi = \sqrt{\frac{\frac{314\cdot 1{,}57\cdot 10^{-9}}{8\cdot 10^{-5}}}{0{,}250}} = 0{,}0392\,,$$

so daß in der Tat die Wechselstromamplitude merklich nach dem gleichen Gesetz abklingt, wie in Nr. 22 für stationären (Gleich-)strom ermittelt. Dort hatten wir nachgewiesen, daß am etwa 20ten Mast der räumlich freie Seilstrom bis auf 1% des Erdschlußstromes gesunken ist; seine Phasenverschiebung gegen den Erdschlußstrom an diesem Maste erreicht den Wert

$$20 \cdot \varphi = 0{,}784 = 45^0,$$

doch überwiegt hier schon weit der räumlich erzwungene Seilstrom.

Man hat gelegentlich vorgeschlagen, beim Bau von Einphasenleitungen den Strom zwecks Kupferersparnis über das längs der Mastspitzen verlegte Erdseil zurückzuleiten. Unsere Rechnungen zeigen, daß hierbei indes das Erdseil diese Aufgabe nicht erfüllen kann, da infolge der induktiven Verkettung der Luft- und Erdfelder der Strom sehr rasch fast vollständig in das Erdreich übertritt und dort nach den im vorigen Abschnitt genannten Gesetzen zurückströmt. Man muß daher damit rechnen, daß hierbei genau dieselben Folgen eintreten, wie wenn von vornherein der Rückstrom vollständig in die Erde, etwa durch Herstellung besonderer Erder, eingeleitet werden würde (vgl. auch Nr. 42).

41. Rückleitung von Erdschluß-Wechselströmen durch langgestreckte Leiter in der Erde. In Nr. 24 haben wir gezeigt, wie sich ein stationärer Erdschlußstrom eines langgestreckten Leiters in der Erde (Kabelmantel, Eisenbahnschiene) vom Fehlerorte aus längs des Leiters verteilt. Wenn dagegen ein Erdschluß-Wechselstrom in den Leiter eintritt, gelten diese Überlegungen nur für die Umgebung des Fehlerortes, während in großer Entfernung das Wirbelstromfeld überwiegt und auch noch in sehr (unendlich) großem Abstand einen endlichen Rückleitungsstrom im Leiter erzeugt. Auf Grund der Ergebnisse des vorigen Abschnittes sind wir zu dem Schlusse berechtigt, daß der Strom von seinem Höchstwerte am Fehlerort bis auf diesen Grenzwert im wesentlichen nach dem in Gl. (132d) gegebenen Exponentialgesetze abklingt, wobei lediglich die Exponentialziffer der räumlichen Dämpfung eine geringfügige Änderung erfährt; wir begnügen uns daher im folgenden mit der Ermittelung des genannten Grenzwertes. Seine Kenntnis ist beim Kabel wichtig für die Bemessung des Kabelmantels, welcher diesen Strom thermisch bis zur Abschaltung des Erdschlusses aushalten muß, wenn nicht jeder Erdschluß das Kabel in seiner ganzen Länge zerstören soll. Bei Wechselstrombahnen richtet sich nach der Verteilung des Rückleitungsstromes auf Schienen und Erde die Störung benachbarter Fernmeldeleitungen durch den Bahnbetrieb, die wir im einzelnen erst nach Lösung der hier gestellten Aufgabe im nächsten Abschnitt behandeln können.

Wir ersetzen den Leiter durch einen Kreiszylinder vom Halbmesser ϱ_0, dessen Widerstand pro Längeneinheit mit R_m bezeichnet sei; J sei der

Erdschlußstrom (bzw. Fahrstrom), von dem der Anteil J_m durch den Leiter, der Rest als Erdstrom J_e durch das Erdreich zurückfließt. Wir beschränken uns auf den praktisch allein interessierenden Fall, daß der Leiter in unmittelbarer Nähe der Erdoberfläche nach Abb. 99 verlegt ist.

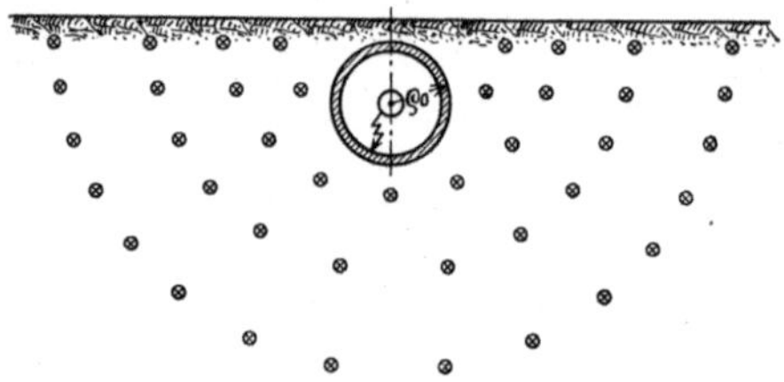

Abb. 99. Stromrückleitungsfeld eines langgestreckten Leiters in der Nähe der Erdoberfläche.

Das Gesetz, welches die Verteilung des Stromes J auf Leiter und Erde regelt, ist in der Grenzbedingung (191) enthalten: Der Ohmsche Spannungsabfall $-J_m \cdot R_m$ in der Längeneinheit des Leiters muß der Erdfeldstärke des Erdstromes gleichen.

Betrachten wir zuerst den Rückstrom eines Kabelmantels, so besteht die Erdfeldstärke aus den Anteilen des vom Erdschlußstrom J erzeugten Feldes, welches für hinreichend niedrige Frequenz nach (218) die Größe besitzt

$$\overline{\mathfrak{E}}_J = -\overline{J} \cdot \omega \cdot 10^{-9}\left(\frac{\pi}{2} - j\,2\ln\frac{0{,}178}{\sqrt{\varkappa f\,10^{-9}}\cdot\varrho_0}\right) \tag{259}$$

und des Rückwirkungsfeldes des Mantelstromes

$$\overline{\mathfrak{E}}_{J_m} = -\left(-\overline{J}_m\right)\cdot\omega\cdot 10^{-9}\left(\frac{\pi}{2} - j\,2\ln\frac{0{,}178}{\sqrt{\varkappa f\,10^{-9}}\cdot\varrho_0}\right), \tag{259a}$$

so daß man findet

$$\left.\begin{aligned} -\overline{J}_m\cdot R_m = &-\overline{J}\cdot\omega\cdot 10^{-9}\left(\frac{\pi}{2} - j\,2\ln\frac{0{,}178}{\sqrt{\varkappa f\,10^{-9}}\cdot\varrho_0}\right)\\ &+\overline{J}_m\cdot\omega\,10^{-9}\left(\frac{\pi}{2} - j\,2\ln\frac{0{,}178}{\sqrt{\varkappa f\,10^{-9}}\cdot\varrho_0}\right)\end{aligned}\right\} \tag{260}$$

oder

$$\overline{J}_m = J\cdot\frac{\dfrac{\pi}{2} - j\,2\ln\dfrac{0{,}178}{\sqrt{\varkappa f\,10^{-9}}\cdot\varrho_0}}{\dfrac{R_m\cdot 10^9}{\omega} + \dfrac{\pi}{2} - j\,2\ln\dfrac{0{,}178}{\sqrt{\varkappa f\,10^{-9}}\cdot\varrho_0}}. \tag{260a}$$

Bedenkt man, daß hierin der Ausdruck $\omega\,10^{-9}\left(\frac{\pi}{2} - j\,2\ln\frac{0{,}178}{\sqrt{\varkappa f\,10^{-9}}\cdot\varrho_0}\right)$ nach (219), (220) den komplexen Rückleitungswiderstand der Erde darstellt, so erkennt man in (260a) das Kirchhoffsche Gesetz der Stromverteilung in der Parallelschaltung des Ohmschen Mantelwiderstandes mit dem komplexen Erdwiderstand; in der Tat führt die Grenzbedingung (191) im vorliegenden Fall auch unmittelbar zu diesem Gesetz hin.

Für ein Kabel von 3×95 mm² für 30 kV-Betriebsspannung sei der Durchmesser des Bleimantels $2\varrho_0 = 76$ mm $= 7{,}6$ cm bei einer Mantelstärke von 3,5 mm, so daß der Mantelwiderstand beträgt

$$R = 2{,}5 \cdot 10^{-6}\ \Omega/\text{cm} = 0{,}25\ \Omega/\text{km}.$$

In mittlerem Erdreich ($\varkappa = 10^{-4}$ Siemens/cm) fließt bei 50 Perioden/sec der Mantelstrom

$$\bar{J}_m = \bar{J} \cdot \frac{\frac{\pi}{2} - j\,2 \cdot \ln \frac{0{,}178}{\sqrt{10^{-4} \cdot 50 \cdot 10^{-9} \cdot 3{,}8}}}{\frac{2{,}5 \cdot 10^{-6} \cdot 10^{9}}{2\pi \cdot 50} + \frac{\pi}{2} - j\,2 \ln \frac{0{,}178}{\sqrt{10^{-4} \cdot 50 \cdot 10^{-9} \cdot 3{,}8}}}$$

$$= \bar{J} \cdot \frac{\frac{\pi}{2} - j\,2 \cdot 9{,}94}{7{,}96 + \frac{\pi}{2} - j\,2 \cdot 9{,}94} = \bar{J} \cdot \frac{1{,}57 - j\,19{,}88}{9{,}53 - j\,19{,}88} = \bar{J}\,(0{,}821 - j\,0{,}327)$$

Der Mantel leitet also

$$\sqrt{0{,}842^2 + 0{,}323^2} = \sim 90\%$$

des ganzen Erdschlußstromes mit einer Phasenverspätung von

$$\mu = \operatorname{arctg} \frac{0{,}327}{0{,}821} = \operatorname{arctg} 0{,}398 = 21^0,\ 7,$$

so daß also der Mantelstrom bei Wechselstrombetrieb nur sehr wenig schwächer ist als der gesamte Erdschlußstrom und nur in einem relativ kleinen Bereich rings um den Fehlerort merklich abnimmt.

Wir berechnen jetzt den Rückstrom einer Wechselstrombahn mit symmetrisch zum Geleise in der Höhe h über Erde nach Abb. 100 verlegten Fahrdrahte; hier ist der Spannungsabfall in den Schienen durch den induktiven Spannungsabfall zu ergänzen, so daß jede Längeneinheit der Schiene einen komplexen Widerstand $\mathfrak{R}_s$ besitzt, in welchem durch den Schienenstrom J_s der Spannungsabfall $-J_s \cdot \mathfrak{R}_s$ hervorgerufen wird.

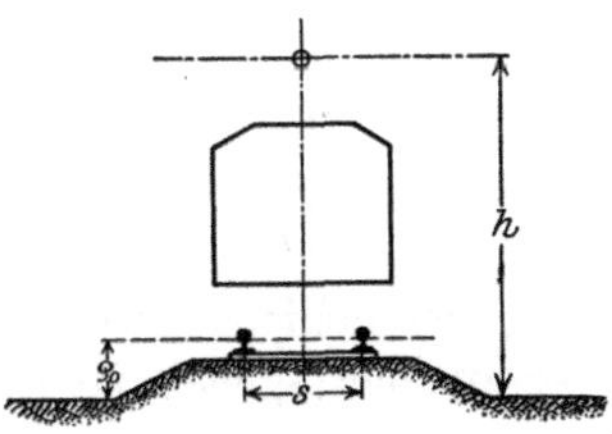

Abb. 100. Stromrückleitung einer Wechselstrombahn.

Für die Erdspannung des Leitungsfeldes gilt die Formulierung (224), nachdem ϱ_0 durch die Aufhängehöhe h der Leitung ersetzt ist. Ebenso kann (224a) für das Rückwirkungsfeld einer Schiene beibehalten werden, wenn darin unter ϱ_0 der Abstand der Schiene von der Erde unter Beachtung des jeweils vorliegenden Oberbaues (Schwellen, Bettung, Damm) verstanden wird; hierzu addiert sich nun noch das Erdfeld der Nachbarschienen. Wir beschränken uns der Einfachheit halber auf eine eingeleisige Bahn, bei welcher der Abstand der Schienen s betragen möge. Da s relativ klein ist, findet man für die im Bahnbetrieb üblichen Frequenzen aus (217b) und (206) das Beeinflussungsfeld der Nachbarschiene

$$\overline{\mathfrak{E}} = \frac{\overline{\mathfrak{i}}}{\varkappa} = (-1)\cdot(-\overline{J}_s)\cdot\omega\cdot 10^{-9}\left(\frac{\pi}{2} - j\,2\ln\frac{0{,}178}{\sqrt{\varkappa f\,10^{-9}}\cdot s}\right). \quad (261)$$

Die Spannungsbilanz einer Schiene lautet also

$$\left.\begin{aligned} -\overline{J}_s\,\Re_s &= -\overline{J}\,\omega\,10^{-9}\left(\frac{\pi}{2} - j\,2\ln\frac{0{,}178}{\sqrt{\varkappa f\,10^{-9}}\cdot h}\right)\\ &+\overline{J}_s\cdot\omega\cdot 10^{-9}\left(\frac{\pi}{2} - j\,2\ln\frac{0{,}178}{\sqrt{\varkappa f\,10^{-9}}\cdot\varrho_0}\right)\\ &+\overline{J}_s\,\omega\,10^{-9}\left(\frac{\pi}{2} - j\,2\ln\frac{2}{\sqrt{\varkappa f\,10^{-9}}\cdot s}\right), \end{aligned}\right\} \quad (262)$$

so daß sich der Schienenstrom ergibt

$$\overline{J}_s = \overline{J}\cdot\frac{\dfrac{\pi}{2} - j\,2\ln\dfrac{0{,}178}{\sqrt{\varkappa f\,10^{-9}}\cdot h}}{\dfrac{\Re_s\,10^9}{\omega} + \pi - 4\,j\ln\dfrac{0{,}178}{\sqrt{\varkappa f\,10^{-9}}\sqrt{s\,\varrho_0}}}. \quad (262\,a)$$

Für $\varrho_0 = 1$ m $= 100$ cm, $s = 1{,}35$ m $= 135$ cm, $h = 5$ m $= 500$ cm und mittleres Erdreich $\varkappa = 10^{-4}$ Siemens/cm folgt für $16^2/_3$ Perioden/sec, wenn $\Re_s = 0{,}50 - j\,0{,}50\ \Omega$/km $= (0{,}50 - j\,0{,}50)\,10^{-5}\ \Omega$/cm als Mittelwert angenommen wird

$$\begin{aligned}\overline{J}_s &= \overline{J}\cdot\frac{1{,}57 - j\,2\cdot\ln\dfrac{0{,}178}{\sqrt{10^{-4}\cdot 16{,}7\cdot 10^{-9}}\,500}}{\dfrac{(0{,}50 - j\,0{,}50)\,10^4}{2\,\pi\,16{,}7} + 3{,}14 - 4\,j\ln\dfrac{0{,}178}{\sqrt{10^{-4}\cdot 16{,}7\cdot 10^{-9}}\sqrt{135\cdot 100}}}\\ &= \overline{J}\cdot\frac{1{,}57 - j\,11{,}30}{47{,}7 - j\,47{,}7 + 3{,}14 - j\,28{,}4} = \overline{J}\,\frac{1{,}57 - j\,11{,}30}{50{,}84 - j\,76{,}1}\\ &= \overline{J}\,(0{,}11 - j\,0{,}0535) = \overline{J}\cdot 0{,}121\cdot e^{-j\,25^0}.\end{aligned}$$

Da jeder Schiene durch das Fahrzeug der Strom ½ $\overline{J}$ zugeführt wird, der zunächst gleichmäßig nach beiden Seiten abfließt (Nr. 24), nimmt

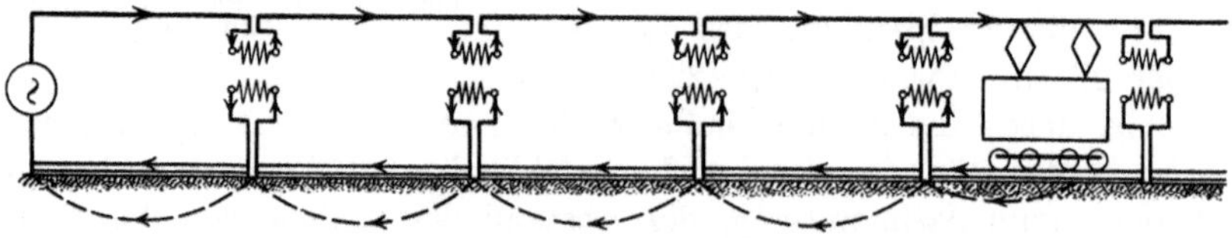

Abb. 101. Prinzipielle Wirkungsweise von Saugtransformatoren.
— — Erdströme, — Leitungs- und Schienenströme.

der Schienenstrom also insgesamt auf rund die Hälfte seines Anfangswertes ab, und etwa ¾ des gesamten Fahrstromes fließen durch die Erde parallel zur Fahrleitung zurück. Dieses ungünstige Verhalten bessert sich bei stärkeren Strömen, weil dann mit der Sättigung des Schieneneisens der komplexe Schienenwiderstand etwas abnimmt. Dennoch sind die Erdströme auch hier noch so groß, daß man gelegentlich Saugtransformatoren nach dem Prinzipschema der Abb. 101 in die Anlage einbaut; man erzwingt hierdurch, daß in der Umgebung der Transformatoren das Geleise den gesamten Fahrstrom zurückleitet, so daß nur in den Zwischenstrecken Ströme in die Erde übertreten können. Das Maß dieses Übertrittes ist durch (132c), (132d) gegeben, so daß diese Beziehungen zusammen mit der Formel (227a) für die Grenzströme in den Schienen es gestatten, für einen vorgegebenen größten Erdstrom die notwendige Zahl der Saugtransformatoren abzuschätzen.

42. Schwachstrombeeinflussung durch Wechselstrom-Erdfelder. Wir untersuchen die Fernwirkung einer Wechselstromleitung mit Stromrückführung durch die Erde auf eine benachbarte Fernmeldeleitung. Zunächst setzen wir homogenes Erdreich voraus, so daß die Ergebnisse der Nr. 37 und 38 benutzt werden können. Die Betriebsfrequenzen der Wechselstromleitung liegen so niedrig, daß man dann für die Funktion $H_1^{(1)}(\sqrt{j}\xi_0)$ die Näherung (206) heranziehen darf, so daß man für das Erdfeld aus (217b) den in Nr. 38 abgeleiteten Ausdruck wiedererhält

$$\mathfrak{i} = \frac{\bar{J}}{\pi h^2} \frac{\sqrt{j}\,\xi_0}{-\frac{2}{\pi}\sqrt{j}\,\frac{1}{\xi_0}} H_0^{(1)}(\sqrt{j}\,\xi) = -\bar{J}\cdot\pi\varkappa\omega\,10^{-9}\cdot H_0^{(1)}(\sqrt{j}\,\xi) \tag{263}$$

und also als Störspannung pro Längeneinheit

$$\bar{\mathfrak{E}} = \frac{\mathfrak{i}}{\varkappa} = -\bar{J}\cdot\pi\cdot\omega\cdot 10^{-9}\, H_0^{(1)}(\sqrt{j}\,\xi)\,. \tag{263a}$$

Es ist bei der Behandlung quasistationärer Felder üblich, die Beeinflussung zweier induktiv verketteter Leitungen 1 und 2 durch ihre Gegeninduktion L_{12} pro Längeneinheit in Rechnung zu stellen, welche durch die Gleichung

$$\bar{\mathfrak{E}} = \bar{J}\cdot(-j\,\omega)\cdot L_{12} \tag{264}$$

definiert ist. Der Vergleich mit (263a) zeigt somit, daß man das Erdfeld formal in einer Gegeninduktion erfassen kann, welche die Größe besitzt

$$L_{12} = -j\cdot\pi\cdot H_0^{(1)}(\sqrt{j}\,\xi)\cdot 10^{-9}\ \text{Henry/cm}\,. \tag{263b}$$

Sie unterscheidet sich indes wesentlich von einer aus quasistatischen Magnetfeldern berechneten Gegeninduktion, welche für eine fest angenommene Leitungsanordnung eine reelle Konstante ist: Zunächst erkennt man aus (228b), daß die Gegeninduktion des Erdfeldes im allgemeinen komplex ist; die Störspannung in der Fernmeldeleitung ist somit nicht um 90° gegen den störenden Strom der Starkstromleitung verschoben, sondern dieser Winkel ändert sich von Ort zu

Ort entsprechend Abb. 78, welches das Argument der Hankelschen Funktion $H_0^{(1)}(\sqrt{j}\xi)$ darstellt. Sodann aber enthält der numerische Leitungsabstand ξ gemäß

$$\xi = \sqrt{2\pi\varkappa\omega\,10^{-9}}\cdot\varrho = 2\pi\sqrt{\varkappa f\cdot 10^{-9}}\,\varphi \tag{265}$$

die Frequenz, so daß Betrag und Argument der Gegeninduktion des Erdfeldes Funktionen der Frequenz werden. Während nun der Phasenunterschied zwischen Störstrom und Störspannung im allgemeinen von untergeordneter Bedeutung ist, ist die Abhängigkeit der Beeinflussung von der Frequenz von größter Wichtigkeit. Um sie in reiner Form zu erhalten, beschränken wir uns auf die Berechnung des Gegeninduktionsbetrages

$$\left.\begin{aligned}|L_{12}| &= \pi\,|H_0^{(1)}(\sqrt{j}\,\xi)|\,10^{-9} \equiv \pi\cdot|H_0^{(1)}(\sqrt{j}\sqrt{2\pi\varkappa\omega\,10^{-9}}\cdot\varrho)|\cdot 10^{-9}\ \text{Henry/cm}\\ &= \frac{\pi}{10}\cdot|H_0^{(1)}(\sqrt{j}\sqrt{2\pi\varkappa\omega\,10^{-9}}\cdot\varrho|\cdot 10^{-3}\ \text{Henry/km}\end{aligned}\right\}\tag{263c}$$

welcher zur Beschleunigung von Zahlenrechnungen in Abb. 102 kurvenmäßig dargestellt ist. Insbesondere ergibt sich für sehr große Entfernungen mit (202)

$$\lim_{\varrho\to\infty}|L_{12}| = \frac{\pi}{10}\cdot\frac{e^{-\xi/\sqrt{2}}}{\sqrt{\frac{1}{2}\pi\xi}}, \tag{263d}$$

so daß dort die Gegeninduktion außerordentlich rasch absinkt. Die Entfernung, in welcher ein bestimmter Betrag der Gegeninduktion erreicht wird, ist nach (230) der Wurzel aus der Frequenz umgekehrt proportional; man erkennt daher, daß Ströme gegebener Intensität für hohe Frequenzen eine kleinere Gegeninduktion durch Erdfelder besitzen als für niedrige Frequenzen, ein Ergebnis, das für die Beurteilung der Schwachstromstörungen durch stark von der Sinusform abweichende Starkströme überaus bedeutsam ist. Beispielsweise findet man für eine um $\varrho = 1$ km $= 10^5$ cm von der Starkstromleitung entfernte Schwachstromleitung in mittlerem Erdreich ($\varkappa = 10^{-4}$ Siemens/cm)

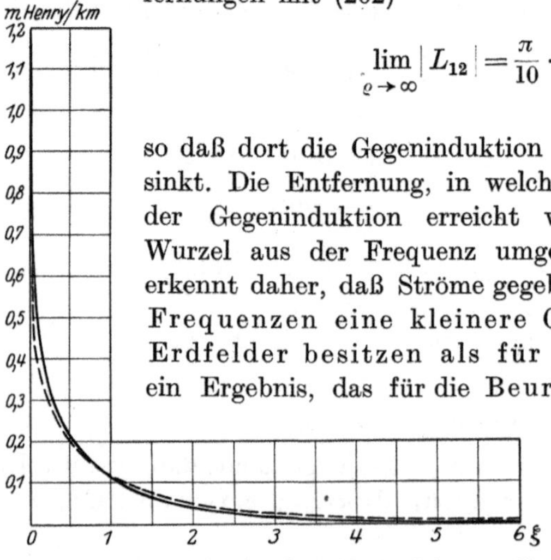

Abb. 102. Gegeninduktivität benachbarter Leitungen für homogenes Erdreich (ausgezogen) und oberflächlich leitendes Erdreich (gestrichelt) als Funktion des numerischen Leitungsabstandes.

bei $16^2/_3$ Perioden/sec : $\xi = \sqrt{2\pi\,10^{-4}\,2\pi\cdot 16{,}67\cdot 10^{-9}}\cdot 10^5 = 0{,}81$;

$$|L_{12}| = \frac{\pi}{10}\cdot 0{,}445\cdot 10^{-3} = 0{,}140\cdot 10^{-3}\ \text{Henry/km}\,,$$

bei 50 Perioden/sec : $\xi = \sqrt{2\pi \cdot 10^{-4} \cdot 2\pi \cdot 50 \cdot 10^{-9}} \cdot 10^5 = 1{,}40$;

$$|L_{12}| = \frac{\pi}{10} \cdot 0{,}230 \cdot 10^{-3} = 0{,}0723 \cdot 10^{-3}\ \text{Henry/km},$$

bei 150 Perioden/sec : $\xi = \sqrt{2\pi\, 10^{-5} \cdot 2\pi \cdot 150 \cdot 10^{-9}} \cdot 10^5 = 2{,}42$;

$$|L_{12}| = \frac{\pi}{10} \cdot 0{,}090 \cdot 10^{-3} = 0{,}0283 \cdot 10^{-3}\ \text{Henry/km}.$$

Während das hierin ausgesprochene Gesetz durch die Erfahrung qualitativ bestätigt wird, läßt die zahlenmäßige Übereinstimmung noch zu wünschen übrig. Dies liegt zum Teil an den Näherungsrechnungen der Theorie gemäß Nr. 37 und 38, zum Teil an der rechnungsmäßig nicht berücksichtigten Inhomogenität des Erdreiches, auch die Rechnung mit einer gut leitenden Oberschicht nach Nr. 38, deren Ergebnis wir weiter unten mitteilen werden, ergibt keinen besseren Anschluß an die Erfahrung. Es muß daher ausgesprochen werden, daß eine nach jeder Richtung befriedigende rechnerische Lösung der Aufgabe in einer für die zahlenmäßige Auswertung geeigneten Form bisher nicht vorliegt, so daß man sich in weitem Maßstabe auf Beobachtungsmaterial stützen muß; umgekehrt können aus den Abweichungen zwischen Erfahrung und Theorie innerhalb gewisser Grenzen Schlüsse auf die Leitfähigkeitsstruktur der Erdschichten gezogen werden, doch ist man auch hier über einige rohe Anfänge noch nicht hinausgekommen.

Nachdem wir vorstehend die Erdfeldwirkung einer Einfachleitung mit Stromrückführung im homogenen Erdreich untersucht haben, soll jetzt die gleiche Aufgabe für eine Doppelleitung behandelt werden. Es kann vorausgesetzt werden, daß die Summe beider Leitungsströme in jedem Augenblick verschwindet; denn andernfalls müßte der Summenstrom durch die Erde zurückfließen, wobei seine Fernwirkung durch die vorgenannten Beziehungen bestimmt ist. Die Erdströme einer solchen Doppelleitung müssen natürlich im ganzen ebenfalls die Summe Null geben; wenn überhaupt endliche Felder in der Erde auftreten, so liegt dies daran, daß die von jeder Einzelleitung erzeugten Felder infolge der räumlichen Verschiebung beider Leitungen gegeneinander sich zwar zu einem großen Teil, aber doch nicht völlig kompensieren.

Wie aus Gl. (263c) hervorgeht, ist die Fernwirkung einer Einfachleitung unabhängig von ihrer Aufhängehöhe über Erde (dem Halbmesser der zugehörigen Talmulde); hieraus folgt sogleich, daß die Erdfeld-Fernwirkung einer Doppelleitung mit vertikal übereinander geführten Drähten verschwindet. Wenn dagegen die Drähte im Abstand Δ horizontal nebeneinander ausgespannt sind, erhält man durch Superposition der von jeder Leitung einzeln erzeugten

Erdspannung (263a) die resultierende Erdfeldstärke

$$\overline{\mathfrak{E}}_r = -\bar{J}\pi\omega\, 10^{-9} H_0^{(1)}(\sqrt{j}\,\xi) + J\omega\, 10^{-9} H_0^{(1)}(\sqrt{j}\,(\xi - \Delta\,\xi)) \tag{266}$$

mit

$$\Delta\,\xi = \sqrt{2\pi\varkappa\omega\, 10^{-9}} \cdot \Delta\,. \tag{265a}$$

Für hinreichend kleines Δ entsteht durch Entwicklung nach Taylor

$$\begin{aligned} \overline{\mathfrak{E}}_r &= +\bar{J}\pi\omega\, 10^{-9} \sqrt{j}\,\Delta\,\xi : H_1^{(1)}(\sqrt{j}\,\xi) \\ &= +\bar{J}\cdot d\cdot\pi\omega\, 10^{-9} \sqrt{2\pi\varkappa\omega\, 10^{-9}}\, \sqrt{j}\, H_1^{(1)}(\sqrt{j}\,\xi)\,, \end{aligned} \tag{266a}$$

so daß also die Störspannung einer Starkstrom-Doppelleitung sich zu der der Einfachleitung bei gleichem Strome verhält wie

$$\frac{\overline{\mathfrak{E}}_r}{\overline{\mathfrak{E}}} = \frac{\Delta\cdot\sqrt{2\pi\varkappa\omega\, 10^{-9}}}{1} \cdot \frac{\sqrt{j}\, H_0^{(1)}(\sqrt{j}\,\xi)}{H_1^{(1)}(\sqrt{j}\,\xi)} \tag{266b}$$

In hinreichend großer Entfernung werden nach (211) die Beträge der Hankelschen Funktionen einander gleich, und man erhält dort

$$\lim_{\xi\to\infty} \frac{|\overline{\mathfrak{E}}_r|}{|\overline{\mathfrak{E}}|} = \Delta\,\sqrt{2\pi\varkappa\omega\cdot 10^{-9}} = 2\pi\,\Delta\sqrt{\varkappa f\, 10^{-9}}\,. \tag{266c}$$

Beispielsweise wird für Δ = 600 cm und mittleres Erdreich ($\varkappa = 10^{-4}$ Siemens/cm) bei den Frequenzen $16^2/_3$; 50; 150/sec

$$\lim_{\xi\to\infty} \frac{|\overline{\mathfrak{E}}_r|}{|\mathfrak{E}|_{16^2/_3}} = 2\pi\cdot 600\cdot\sqrt{10^{-4}\cdot 16{,}67\cdot 10^{-9}} = 4{,}86\,‰\,,$$

$$\lim_{\xi\to\infty} \frac{|\overline{\mathfrak{E}}_r|}{|\mathfrak{E}|_{50}} = 2\pi\cdot 600\cdot\sqrt{10^{-4}\cdot 50\cdot 10^{-9}} = 8{,}42\,‰\,,$$

$$\lim_{\xi\to\infty} \frac{|\overline{\mathfrak{E}}_r|}{|\mathfrak{E}|_{150}} = 2\pi\cdot 600\cdot\sqrt{10^{-4}\cdot 150\cdot 10^{-9}} = 14{,}6\,‰\,,$$

so daß also die Fernwirkung ganz außerordentlich zurückgeht.

Eine schrägliegende Doppelleitung nach Abb. 103 läßt sich, wie die Abbildung erkennen läßt, in die Summe einer horizontalen und einer vertikalen Doppelleitung mit gleicher Strombelastung zerlegen, so daß die Beziehungen (266a), (266b), (231c) auch für die schräg liegende Doppelleitung gelten, sofern man unter Δ die Horizontalprojektion des Leitungsabstandes versteht. Hieraus ergibt sich sogleich die Fernwirkung einer Drehstromleitung nach Abb. 104 durch Kombination zweier Doppel-

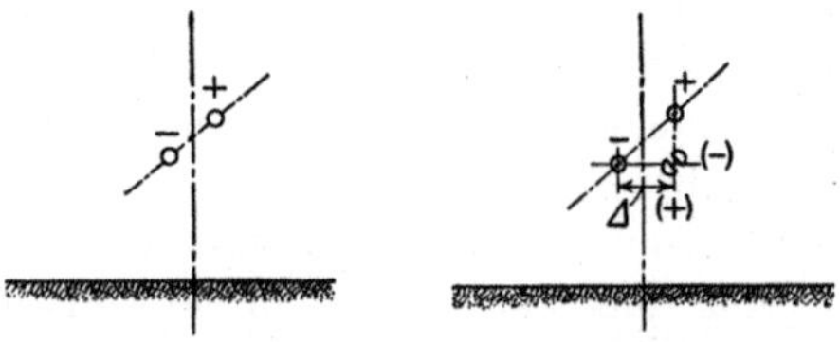

Abb. 103. Schrägliegende Doppelleitung und ihr Ersatzbild zur Berechnung der Fernwirkung.

leitungen: Wird die Leitung w als Rückleitung für die Ströme J_u und J_v in den Leitungen u und v angesehen, deren Horizontalabstände vor w die Größen d_{uw}, d_{vw} besitzen, so ist die gesamte Fernwirkung durch

$$J_u d_{uw} + J_v d_{vw}$$

bestimmt; diese Größe kann graphisch leicht aus dem Vektordiagramm der Ströme nach Abb. 105 bestimmt werden und insbesondere bei symmetrischem Drehstrom in Beziehung zum Strome gesetzt werden, so daß sich dann der in den vorstehenden Gleichungen einzusetzende resultierende Horizontalabstand der Drehstromleitung ergibt.

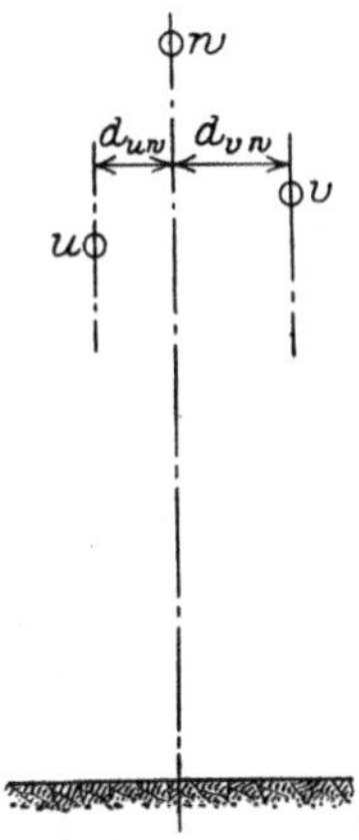

Abb. 104. Zur Erdfeld-Fernwirkung einer Drehstromleitung.

Ganz entsprechende Überlegungen lassen sich für eine als Doppelleitung ausgeführte Fernmeldeleitung durchführen. Zunächst betrachten wir eine Fernmeldeleitung mit vertikal übereinanderliegenden Drähten. In der Erdrückleitung jeder Einzelleitung wird nach (263a) und (266a) die gleiche Störspannung erzeugt, so daß ihre Summe, da sie lediglich der Doppelleitung einander entgegen geschaltet sind, sich aufhebt. Wir dürfen uns daher auf eine Fernmeldeleitung mit horizontal im Abstand δ nebeneinander ausgespannten Drähten beschränken, durch die wir gleichzeitig eine schräg liegende Doppelleitung erfassen, welche dieselbe Horizontalprojektion des Drahtabstandes besitzt.

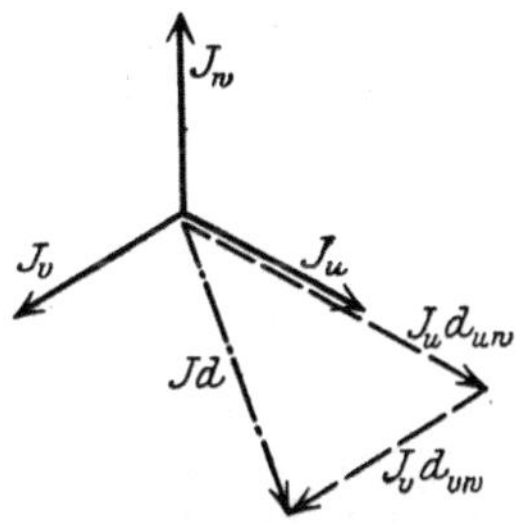

Abb. 105. Vektordiagramm zur Herstellung des Strommomentes einer Drehstromleitung.

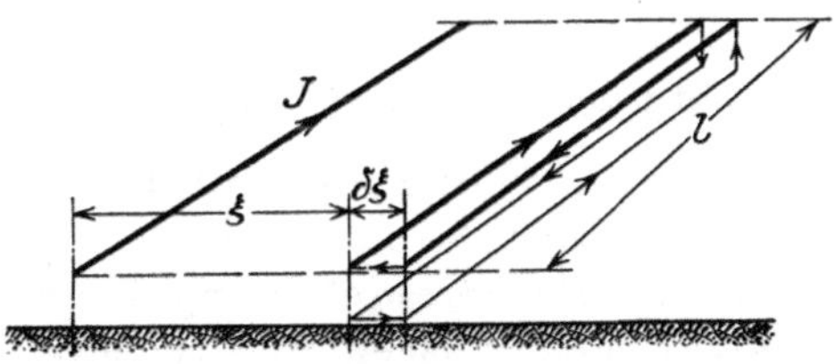

Abb. 106. Störwirkung auf eine Fernmelde-Doppelleitung.

Wenn eine solche Leitung durch eine Starkstromleitung mit vollständiger Rückführung des Stromes durch die Erde beeinflußt wird, wird die Umlaufsspannung längs der in Abb. 106 gezeichneten Kontur mit Beachtung von (263a), (265a) und (266)

$$\frac{\overline{\mathfrak{E}}_r}{l} = -J\pi\omega 10^{-9} H_0^{(1)}(\sqrt{j}\,\xi) + J\pi\omega 10^{-9} H_0^{(1)}(\sqrt{j}\,(\xi+\delta\xi))$$

$$= \sim -J\pi\omega 10^{-9}\sqrt{2\pi\varkappa\omega 10^{-9}}\cdot\delta\cdot\sqrt{j}\,H_1^{(1)}(\sqrt{j}\,\xi), \tag{267}$$

welche sich zu der Fernwirkung auf eine Fernmeldeleitung mit Erdrückleitung verhält wie

$$\frac{|\overline{\mathfrak{E}}_r|}{|\overline{\mathfrak{E}}|} = \frac{\delta\cdot\sqrt{2\,\pi\,\varkappa\,\omega\,10^{-9}}}{1}\cdot\frac{|H_0^{(1)}(\sqrt{j}\,\xi)|}{|H_1^{(1)}(\sqrt{j}\,\xi)|} \tag{267a}$$

Insbesondere gilt für hinreichend große Entfernung wiederum Gl.(266c), nachdem dort d durch δ ersetzt wird; da δ stets beträchtlich kleiner ist als der Abstand d einer Starkstrom-Doppelleitung, ergeben sich also Werte, die noch weit kleiner sind als die oben berechneten.

Wirkt schließlich eine Starkstrom-Doppelleitung auf eine Fernmelde-Doppelleitung, so entsteht aus (266a)

$$\begin{aligned}\overline{\mathfrak{E}}_{r_1 r} = \overline{\mathfrak{E}}_r(\xi) - \overline{\mathfrak{E}}_r(\xi+\delta\xi) &= \overline{J}\cdot d\cdot\delta\pi\omega\cdot 10^{-9}\cdot 2\pi\varkappa\omega\cdot 10^{-9}\sqrt{j}\cdot\frac{\partial H_1^{(1)}(\sqrt{j}\,\xi)}{\partial\xi}\\ &= \overline{J}\cdot d\cdot\delta\cdot\pi\,\omega\cdot 10^{-9}\cdot 2\,\pi\,\varkappa\,\omega\,10^{-9}\cdot j\Big[-\frac{1}{\xi}H_1^{(1)}(\sqrt{j}\,\xi)\\ &\quad + H_0^{(1)}(\sqrt{j}\,\xi)\Big].\end{aligned} \tag{268}$$

Diese Spannung verhält sich zu der Fernwirkung einer einfachen Starkstromleitung auf eine einfache Fernmeldeleitung wie

$$\frac{|\overline{\mathfrak{E}}_{r,r}|}{|\overline{\mathfrak{E}}|} = d\cdot\delta\cdot 2\,\pi\,\varkappa\,\omega\,10^{-9}\cdot\left|\left[-\frac{1}{\xi}\,\frac{H_1^{(1)}(\sqrt{j}\,\xi)}{H_0^{(1)}(\sqrt{j}\,\xi)}+1\right]\right|. \tag{268a}$$

Dieser Ausdruck strebt mit wachsender Entfernung dem Grenzwert zu

$$\lim_{\xi\to\infty}\frac{|\overline{\mathfrak{E}}_{r,r}|}{|\overline{\mathfrak{E}}|} = d\cdot\delta\cdot 4\,\pi^2\,\varkappa f\cdot 10^{-9}. \tag{268b}$$

Er gleicht nach (266c) dem Produkt des Ausdruckes $\frac{|\overline{\mathfrak{E}}_r|}{|\overline{\mathfrak{E}}|}$ für die Starkstromleitung und die Fernmeldeleitung und ist daher nach den mitgeteilten Zahlen außerordentlich klein.

Wenn die Fernmeldeleitungen an Anfang und Ende über Apparate geschlossen werden, entwickeln die berechneten Störspannungen nach Maßgabe des gesamten (komplexen) Leitungs- und Apparatwiderstandes einschließlich des Widerstandes der Erdrückleitung Störströme, welche sich den Betriebsströmen der Fernmeldeleitung überlagern und infolge der relativ kleinen Intensität der Betriebsströme zu unangenehmen Störungen führen können. Während man daher durch zweckentsprechende Linienführung der Leitungen im allgemeinen bemüht ist, diese Ströme so niedrig wie irgend möglich zu halten, erzeugt man gelegentlich mit Absicht starke Störströme in gewissen, neben der Fernmeldeleitung verlegten Hilfsleitern, um das Störfeld des Hauptstromes bis zu einem gewissen Grade zu kompensieren. Die Wirksamkeit derartiger Kompensationsanordnungen läßt sich nach dem in Nr. 41 benutzten Verfahren leicht übersehen. Wir untersuchen hier nur den einfachsten Fall der Kompensation durch einen einzigen Schutzdraht, den wir unmittelbar an das Erdreich geschlossen denken; für die Behandlung mehrerer Schutzdrähte vergleiche man den genannten Abschnitt (Schienenstrom).

Es bezeichne ϱ_0 den Abstand des Schutzdrahtes von der Erde, $J_\varkappa$ den Kompensationsstrom, $R_\varkappa$ den (komplexen) Widerstand des Schutzdrahtes je Längeneinheit. Das Erdfeld ergibt sich durch Addition von (253a) und (259a)

$$\overline{\mathfrak{E}} = -\overline{J}\cdot\pi\,\omega\,10^{-9}\cdot H_1^{(1)}(\sqrt{j}\,\xi) + \overline{J}_\varkappa\cdot\omega\,10^{-9}\left(\frac{\pi}{2} - j\,2\ln\frac{0{,}178}{\sqrt{\varkappa f\,10^{-9}}\cdot\varrho_0}\right). \tag{269}$$

Die Spannungsbedingung

$$\overline{\mathfrak{E}} = -\overline{J}_\varkappa\cdot\mathfrak{R}_\varkappa \tag{270}$$

liefert sogleich den Kompensationsstrom

$$\overline{J}_\varkappa = \overline{J}\cdot\frac{\pi\,H_0^{(1)}(\sqrt{j}\,\xi)}{\dfrac{\mathfrak{R}_\varkappa\cdot 10^9}{\omega} + \dfrac{\pi}{2} - j\,2\ln\dfrac{0{,}178}{\sqrt{\varkappa f\,10^{-9}}\cdot\varrho_0}} \tag{270a}$$

und damit die Rest-Erdfeldspannung am Kompensationsleiter

$$\overline{\mathfrak{E}}_\varkappa = -\overline{J}_\varkappa\,\mathfrak{R}_\varkappa = -\overline{J}\cdot\frac{\pi\cdot\omega\cdot H_0^{(1)}(\sqrt{j}\,\xi)\cdot 10^{-9}}{1+\dfrac{\left(\dfrac{\pi}{2} - j\,2\ln\dfrac{1{,}178}{\sqrt{\varkappa f\,10^{-9}}\cdot\varrho_0}\right)\omega\cdot 10^{-9}}{\mathfrak{R}_\varkappa}}. \tag{270b}$$

Der Vergleich mit (261a) zeigt, daß der Kompensationsleiter die Störspannung im Verhältnis

$$\frac{\overline{\mathfrak{E}}_\varkappa}{\overline{\mathfrak{E}}} = \frac{1}{1+\dfrac{\left(\dfrac{\pi}{2} - j\,2\ln\dfrac{0{,}178}{\sqrt{\varkappa f\,10^{-9}}\cdot\varrho_0}\right)\omega\cdot 10^{-9}}{\mathfrak{R}_\varkappa}} \tag{270c}$$

verkleinert. Hiernach ist der Schutzwert einer solchen Anordnung um so größer, je kleiner der komplexe Widerstand des Kompensationsleiters gemacht wird; für $R_\varkappa = 0$ würde mit $\dfrac{\overline{\mathfrak{E}}_\varkappa}{\overline{\mathfrak{E}}} = 0$ die Erdspannung vollständig kompensiert sein. Günstigsten Falles kann man — wenn man von der Verwendung von entdämpfenden Elektronenröhren absieht — den Kompensationsleiter als blanken Draht in das Erdreich verlegen. Beispielsweise wird für einen Kupferdraht von $\varrho_0 = 0{,}4$ cm Halbmesser $R_\varkappa$ merklich gleich dem Ohmschen Widerstand des Drahtes, also $R_\varkappa = 0{,}35\cdot 10^{-5}\ \Omega/\text{cm}$, damit nach (270c) für $16^2/_3$ Perioden/sec und mittleres Erdreich

$$\frac{\overline{\mathfrak{E}}_\varkappa}{\overline{\mathfrak{E}}}\,16^2/_3 = \frac{1}{1+\dfrac{\left(1{,}57 - j\,2\ln\dfrac{0{,}178}{\sqrt{10^{-4}\cdot 16{,}67\cdot 10^{-9}\,0{,}4}}\right)2\pi\cdot 16{,}67\cdot 10^{-9}}{0{,}35\cdot 10^{-5}}}$$

$$= \frac{1}{1{,}0468 - j\,0{,}76} = 0{,}772\cdot e^{j\,36^0\,4'},$$

dagegen für 50 Perioden/sec

$$\frac{\overline{\mathfrak{E}}_\varkappa}{\overline{\mathfrak{E}}}\,50 = \frac{1}{1+\dfrac{\left(1{,}57 - j\,2\ln\dfrac{0{,}178}{\sqrt{10^{-4}\cdot 50\cdot 10^{-9}\,0{,}4}}\right)2\pi\cdot 50\cdot 10^{-9}}{0{,}35\cdot 10^{-5}}}$$

$$= \frac{1}{1{,}14 - j\,2{,}20} = 0{,}404\cdot e^{j\,62^0\,40'},$$

und für 150 Perioden/sec

$$\frac{\overline{\mathfrak{E}}_\varkappa}{\overline{\mathfrak{E}}}\,150 = \frac{1}{1+\dfrac{\left(1{,}57 - j\,2\ln\dfrac{0{,}178}{\sqrt{10^{-4}\cdot 150\cdot 10^{-9}\,0{,}4}}\right)2\pi\,150\cdot 10^{-9}}{0{,}35\cdot 10^{-5}}}$$

$$= \frac{1}{1{,}425 - j\,6{,}30} = 0{,}156\cdot e^{j\,77^0\,12'}.$$

Die Schutzwirkung ist also bei niedriger Frequenz relativ gering, wie zu erwarten, da sie bei Gleichstrom naturgemäß völlig verschwinden muß, nimmt aber mit wachsender Frequenz außerordentlich rasch zu; das hier erreichbare Maß hängt vor allem von dem Widerstand des kompensierenden Leiters, d. h. von dem Materialaufwand ab. Insbesondere bringen Bündel kompensierender Drähte bedeutende Vorteile.

In der Umgebung des kompensierenden Leiters fällt das vom Kompensationsstrom erzeugte sekundäre Erdfeld nach Maßgabe der Gl. (261) langsam ab, sofern man unter s den Abstand des Aufpunktes vom Kompensationsleiter versteht. Wenn man daher die zu schützende Fernmeldeleitung nicht unmittelbar neben den Kompensationsleiter legt, sondern in den Abstand s, so muß man eine Einbuße an Schutzwirkung mit in Kauf nehmen. Sie ergibt sich mit Rücksicht auf (226) aus

$$\frac{\overline{\mathfrak{E}}'_\varkappa}{\overline{\mathfrak{E}}_\varkappa} = \frac{\dfrac{\pi}{2} - j\,2\ln\dfrac{0{,}178}{\sqrt{\varkappa f\,10^{-9}}\cdot s}}{\dfrac{\pi}{2} - j\,2\ln\dfrac{0{,}178}{\sqrt{\varkappa f\,10^{-9}}\cdot \varrho_0}} = \sim \frac{\ln\dfrac{0{,}178}{\sqrt{\varkappa f\,10^{-9}}\cdot s}}{\ln\dfrac{0{,}178}{\sqrt{\varkappa f\,10^{-9}}\cdot \varrho_0}}, \tag{271}$$

wo in der letzten Gleichung die Widerstandsspannungen gegen die meist überwiegenden induktiven Spannungen des sekundären

Erdfeldes vernachlässigt wurden. Für eine vorgegebene Verringerung des Schutzwertes ergibt sich hieraus die Entfernung s, bis zu der man die zu schützende Leitung vom Kompensationsleiter entfernen darf

$$\frac{s}{\varrho_0} = \left(\frac{0{,}178}{\sqrt{\varkappa f 10^{-9}} \cdot \varrho_0}\right)^{1 - \frac{\overline{\mathfrak{E}}'_\varkappa}{\overline{\mathfrak{E}}_\varkappa}}. \tag{271a}$$

Beispielsweise wird für den oben behandelten Kompensationsdraht bei 50 Perioden/sec, wenn man eine Verringerung des Schutzwertes um $1 - \frac{\overline{\mathfrak{E}}'_\varkappa}{\overline{\mathfrak{E}}_\varkappa} = 20\%$ in Kauf nimmt

$$\frac{s}{0{,}4}\left(\frac{0{,}178}{\sqrt{10^{-4} \cdot 50 \cdot 10^{-9}} \cdot 0{,}4}\right)^{0{,}20} = 11{,}48; \qquad s = 4{,}6 \text{ cm}.$$

Hiernach ist also der Schutzbereich relativ klein; er steigt gemäß (271a) mit wachsendem Abstand ϱ_1 der Schutzleiterachse von der Erde an, wobei indes mit Rücksicht auf (270c) ein Vorteil nur dann erzielt werden kann, wenn nicht gleichzeitig durch diese Maßnahme $R_\varkappa$ vergrößert wird. Dies weist auf die günstige Wirkung von Schutzdrahtbündeln hin, welche auf der Mantelfläche eines Kreiszylinders angeordnet werden und dann die Eigenschaften hohen Absolutbetrages der Schutzwirkung und großen Schutzbereiches vereinen.

Wenn, entgegen den bisherigen Annahmen, nur die Oberflächenschicht gut leitet, ist das Strömungsfeld bei niedriger Frequenz durch die in Nr. 39 abgeleiteten Beziehungen gegeben. Die Gegeninduktion einer Einfachleitung auf eine Fernmeldeleitung berechnet sich dann analog (263c) aus Gl. (246a)

$$L_{12} = -2j\,10^{-9}\left[\frac{e^{2\pi\omega\varkappa\Delta 10^{-9}x}}{2} Ei(-2\pi\omega\varkappa\Delta 10^{-9}x)\right.$$
$$\left. + \frac{e^{-2\pi\omega\varkappa\Delta 10^{-9}x}}{2}\{Ei(2\pi\omega\varkappa\Delta 10^{-9}x) - \pi j\}\right] \text{Henry/km} \tag{272}$$
$$= \frac{j}{10}\left[e^{2\pi\omega\varkappa\Delta 10^{-9}x} Ei(-2\pi\omega\varkappa\Delta 10^{-9}x)\right.$$
$$\left. + e^{-2\pi\omega\varkappa\Delta 10^{-9}} \cdot \{Ei(2\pi\omega\varkappa\Delta 10^{-9}x) - \pi j\}\right] \cdot 10^{-3} \text{ Henry/km}.$$

In Abb. 102 ist der Betrag der Gegeninduktion nach dieser Beziehung in Abhängigkeit der „numerischen Entfernung“ beider Leitungen

$$\xi = (2\pi\omega\varkappa\Delta 10^{-9})x = (4\pi^2 f\varkappa\Delta 10^{-9})x \tag{273}$$

dargestellt worden. Um das Ergebnis mit der Gegeninduktion durch Erdströme im homogenen Erdreich vergleichen zu können, sind beide Größen gemeinsam für 50 Perioden/sec berechnet und in Abb. 107 zusammen eingetragen, wobei mittleres Erdreich ($\varkappa = 10^{-4}$ Siemens/cm) vorausgesetzt und in (272) $\Delta = 300$ m eingesetzt wurde. Man erkennt, daß große Abweichungen erst in weiten Abständen der Fernmeldeleitung von der Starkstromleitung auftreten; in der Tat ergibt dort (272)

$$\lim_{x \to \infty} L_{12} = -\frac{2\,j\,10^{-9}}{-2\,\pi\,\omega\,\varkappa\,\Delta\,10^{-9}\,x} = \frac{j}{2\pi^2 f\,\varkappa\,\Delta \cdot x}, \tag{272a}$$

während man nach (263d) eine stärker als exponentielle, also viel

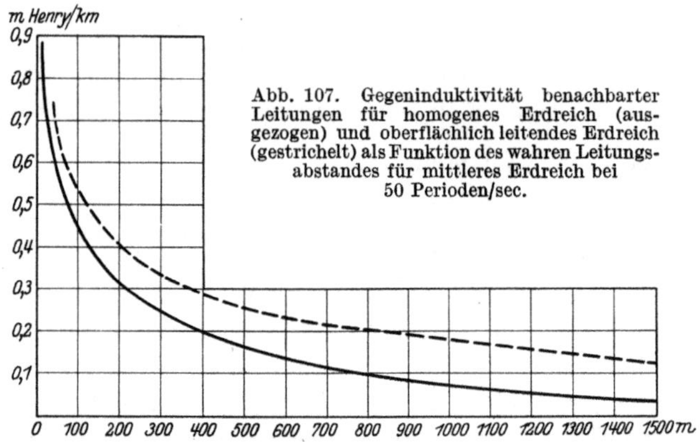

Abb. 107. Gegeninduktivität benachbarter Leitungen für homogenes Erdreich (ausgezogen) und oberflächlich leitendes Erdreich (gestrichelt) als Funktion des wahren Leitungsabstandes für mittleres Erdreich bei 50 Perioden/sec.

raschere Abnahme der Gegeninduktion mit dem Abstand beider Leitungen erhält.

Wir begnügen uns mit diesem Vergleich der Gegeninduktionen, aus denen sich die entsprechenden Überlegungen für Doppel- und Drehstromleitungen nach vorstehendem Verfahren leicht herleiten lassen.

IX. Erdstrahlung.

43. Strahlung im homogenen Erdreich. Zu Zwecken der elektrischen Nachrichtenübermittelung zwischen zwei innerhalb der Erde oder in der See befindlichen Stationen (Erdtelegraphie) pflegt man einen Wechselstrom mittels zweier geeigneter Erder in das übertragende Medium einzuführen. Der Abstand beider Erder ist hierbei naturgemäß stets klein gegen die bei der Nachrichtenübermittelung zu überbrückende Entfernung; daher müssen wir das Erdstromfeld dreidimensional behandeln. Gemäß Nr. 35 beschreiben wir das Feld durch seine Hertzsche Funktion: Wir suchen eine Lösung der Gl. (196), welche von einem Erregungszentrum, dem „Sender" nach außen forteilenden Kugelwellen entsprechen, wobei wir das leitende Medium zunächst nach allen Seiten als unbegrenzt anzusehen haben.

Wir führen Kugelkoordinaten r, ϑ, χ nach Abb. 108 ein

$$\left.\begin{aligned} x &= r \cdot \sin\vartheta \cdot \cos\chi \\ y &= r \cdot \sin\vartheta \cdot \sin\chi \\ z &= r \cdot \cos\vartheta \end{aligned}\right\} \tag{274}$$

Wir transformieren den Differentialparameter $\Delta \Pi$ mittels der in Nr. 2 gegebenen Beziehungen auf diese Koordinaten und erhalten mit

$$\left.\begin{aligned} R &= \sqrt{\left(\frac{\partial x}{\partial r}\right)^2 + \left(\frac{\partial y}{\partial r}\right)^2 + \left(\frac{\partial z}{\partial r}\right)^2} = 1 \\ \Theta &= \sqrt{\left(\frac{\partial x}{\partial \vartheta}\right)^2 + \left(\frac{\partial y}{\partial \vartheta}\right)^2 + \left(\frac{\partial z}{\partial \vartheta}\right)^2} = r \\ X &= \sqrt{\left(\frac{\partial x}{\partial \chi}\right)^2 + \left(\frac{\partial y}{\partial \chi}\right)^2 + \left(\frac{\partial z}{\partial \chi}\right)^2} = r \sin\vartheta \end{aligned}\right\} \qquad (274\,\mathrm{a})$$

nach (16)

$$\Delta \Pi = \frac{1}{r^2 \sin\vartheta}\left[\frac{\partial}{\partial r}\left(r^2 \sin\vartheta \frac{\partial \Pi}{\partial r}\right) + \frac{\partial}{\partial \vartheta}\left(\sin\vartheta \frac{\partial \Pi}{\partial \vartheta}\right) + \frac{\partial}{\partial \chi}\left(\frac{1}{\sin\vartheta}\frac{\partial \Pi}{\partial \chi}\right)\right]. \qquad (275)$$

Für periodische Vorgänge mit der Kreisfrequenz ω ist

$$\Pi = \mathfrak{Re}\left(\overline{\Pi}\, e^{-j\omega t}\right);$$

$$\frac{\partial \overline{\Pi}}{\partial t} = -\,j\,\omega\,\overline{\Pi}\,e^{-j\omega t}, \qquad (276)$$

so daß durch Einsetzen von (275), (276) in (196) entsteht

$$\begin{aligned} &\frac{1}{r^2 \sin\vartheta}\left[\frac{\partial}{\partial r}\left(r^2 \sin\vartheta \frac{\partial \overline{\Pi}}{\partial r}\right)\right. \\ &\left. + \frac{\partial}{\partial \vartheta}\left(\sin\vartheta \frac{\partial \overline{\Pi}}{\partial \vartheta}\right) + \frac{\partial}{\partial \chi}\left(\frac{1}{\sin\vartheta}\frac{\partial \overline{\Pi}}{\partial \chi}\right)\right] \\ &= -\,4\,\pi\,\varkappa\,j\,\omega\,10^{-9}\,\overline{\Pi} = k^2\,\overline{\Pi}. \end{aligned} \qquad (277)$$

Die einfachste Lösung ergibt Wellen, die sich nach allen Seiten gleichmäßig ausbreiten; streichen wir demgemäß die Ableitungen nach ϑ und χ, so erhalten wir

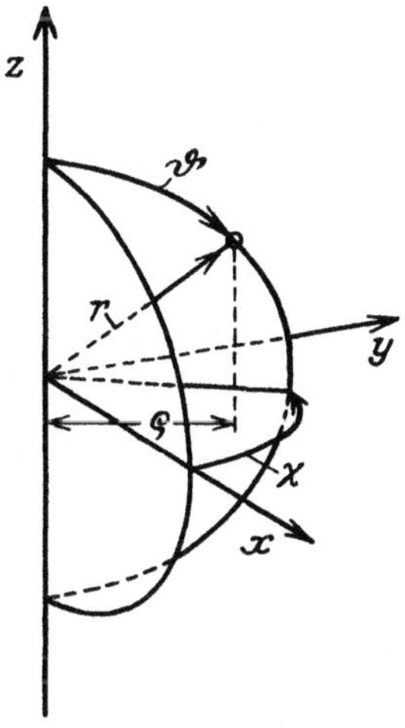

Abb. 108. Kugelkoordinaten.

$$\frac{1}{r}\frac{d}{dr}\left(r^2 \cdot \frac{d\overline{\Pi}}{dr}\right) \equiv \frac{d^2(r\overline{\Pi})}{dr^2} = k^2\,(r\overline{\Pi}) \qquad (277\,\mathrm{a})$$

also mit zwei Integrationskonstanten A und B

$$\begin{aligned} r\overline{\Pi} &= A\,e^{kr} + B\,e^{-kr} \\ &= A\cdot e^{\sqrt{-j}\cdot 2\pi\cdot\sqrt{2\varkappa f 10^{-9}}\,r} + B\cdot e^{-\sqrt{-j}\,2\pi\,\sqrt{2\varkappa f 10^{-9}}\cdot r} \end{aligned} \qquad (277\,\mathrm{b})$$

Damit das Feld im Unendlichen verschwinde, hat man $B = 0$ zu setzen und findet

$$\begin{aligned} \overline{\Pi} &= A\cdot\frac{e^{-\sqrt{j}\cdot 2\pi\,\sqrt{2 e f 10^{-9}}\cdot r}}{r} \\ &= A\cdot\frac{e^{-2\pi\sqrt{\varkappa f 10^{-9}}\cdot r}}{r}\left(\cos 2\pi\sqrt{\varkappa f 10^{-9}}\,r + j\sin 2\pi\sqrt{\varkappa f 10^{-9}}\cdot r\right) \end{aligned} \qquad (277\,\mathrm{c})$$

also unter Beachtung von (276)

$$\Pi = A \cdot \frac{e^{-2\pi\sqrt{\varkappa f 10^{-9}}\cdot r}}{r}\left(\cos\{\omega t - 2\pi\sqrt{\varkappa f\, 10^{-9}}\, r\}\right) \tag{277d}$$

Die Welle wird somit bei ihrem Vordringen nach außen **stark gedämpft**; da die Wellenlänge im Erdreich durch

$$\lambda = \frac{1}{\sqrt{\varkappa f 10^{-9}}} \tag{277e}$$

gegeben ist, erfährt die Wellenamplitude beim Fortschreiten um eine Wellenlänge eine Abnahme im Verhältnis $1 : e^{-2\pi} = \sim 1 : 0{,}002$, so daß dort das Feld praktisch schon erloschen ist. Beispielsweise wird für 500 Perioden/sec in mittlerem Erdreich ($\varkappa = 10^{-4}$ Siemens/cm)

$$\lambda = \frac{1}{\sqrt{10^{-4}\cdot 500\cdot 10^{-9}}} = 1{,}41\cdot 10^{5}\,\mathrm{cm} = 1{,}41\,\mathrm{km}$$

und unter sonst gleichen Verhältnissen für 100000 Perioden/sec (entsprechend einer Wellenlänge $\lambda_0 = 3000$ m in **Luft**)

$$\lambda = \frac{1}{\sqrt{10^{-4}\cdot 10^{5}\cdot 10^{-9}}} = 10^{4}\,\mathrm{cm} = 100\,\mathrm{m}\,.$$

Aus der **Hertzschen** Funktion folgen die **elektrischen Feldstärken** mittels (192a) und (194b)

$$\left.\begin{aligned}
\overline{\mathfrak{E}}_x &= -A e^{+\sqrt{-j}\cdot 2\pi\cdot\sqrt{2\varkappa f\cdot 10^{-9}}\cdot r}\cdot\left[-j4\pi^2 2\varkappa f 10^{-9}\frac{xz}{r^3} + \sqrt{-j}\cdot 2\pi\sqrt{2\varkappa f 10^{-9}}\cdot\frac{3xz}{r^4} + \frac{3xz}{r^5}\right]\\
\overline{\mathfrak{E}}_y &= -A e^{+\sqrt{-j}2\pi\cdot\sqrt{2\varkappa f\, 10^{-9}}\cdot r}\cdot\left[-j4\pi^2 2\varkappa f 10^{-9}\cdot\frac{yz}{r^3} + \sqrt{-j}2\pi\sqrt{2\varkappa f 10^{-9}}\frac{3yz}{r^4} + \frac{3xz}{r^5}\right]\\
\overline{\mathfrak{E}}_z &= -A e^{+\sqrt{-j}2\pi\sqrt{2\varkappa f\, 10^{-9}}\cdot r}\left[-j4\pi^2 2\varkappa f 10^{-9}\frac{z^2-r^2}{r^3} + \sqrt{-j}\cdot 2\pi\sqrt{2\varkappa f 10^{-9}}\cdot\frac{3z^2-r^2}{r^4} + \frac{3z^2-r^2}{r^5}\right]
\end{aligned}\right\} \tag{278}$$

und das Potential

$$\overline{\varphi} = \frac{\partial\overline{\Pi}}{\partial z} = -A\cdot e^{+\sqrt{-j}\,2\pi\sqrt{2\varkappa f\, 10^{-9}}\cdot r}\cdot\left[\sqrt{-j}\cdot 2\pi\cdot\sqrt{2\varkappa f 10^{-9}}\,\frac{z}{r^2} + \frac{z}{r^3}\right] \tag{278a}$$

In einer Umgebung des Senders $r \ll \lambda$ ist also merklich

$$\varphi = -A\cdot\frac{z}{r^3}\,. \tag{278b}$$

Nun ist nach (27)

$$\varphi q = \frac{J}{4\pi\varkappa}\cdot\frac{1}{r} \tag{279}$$

das Potential einer im Ursprung befindlichen Stromquelle der Ergiebigkeit J, so daß das stationäre Feld zweier im Abstand l auf 2 z-Achse befindlicher Erder, welche den in Richtung der positiven z-Achse fließenden Strom J in das Erdreich leiten, durch

$$\varphi = \frac{J}{4\pi\varkappa}\cdot l\cdot\frac{\partial}{\partial z}\left(\frac{1}{r}\right) = \frac{Jl}{4\pi\varkappa}\cdot\frac{z}{r^3} \tag{279a}$$

gegeben ist. Der Vergleich mit (278b) zeigt unmittelbar, daß die **Hertz**sche Funktion (277d) das dynamische Feld des Senders darstellt, sofern

$$A = -\frac{Jl}{4\pi\varkappa} \tag{279b}$$

gesetzt wird. Zugleich haben wir hiermit in Strenge den **Nachweis erbracht, daß in der Nähe der Erder mit dem stationären Feldbild gerechnet werden darf.**

Für die Anwendungen auf Fragen der Nachrichtenübertragung durch die Erde interessiert namentlich das Feld in weiter Entfernung vom Sender; man erhält durch Einsetzen von (279b) in (278) nach Streichen der mit r^4 und r^5 rasch verschwindenden Feldanteile

$$\left.\begin{aligned}
\lim_{r\to\infty}\overline{\mathfrak{E}}_x &= J\cdot l j\, 2\pi f\, 10^{-9}\cdot e^{+\sqrt{-j}\,2\pi\sqrt{2\varkappa f 10^{-9}}\cdot r}\,\frac{xz}{r^3}\\
\lim_{r\to\infty}\overline{\mathfrak{E}}_y &= J\cdot l\cdot j\, 2\pi f\cdot 10^{-9}\cdot e^{+\sqrt{-j}\,2\pi\sqrt{2\varkappa f 10^{-9}}\cdot r}\cdot\frac{yz}{r^3}\\
\lim_{r\to\infty}\overline{\mathfrak{E}}_z &= J\cdot l\cdot j\, 2\pi f\cdot 10^{-9}\cdot e^{+\sqrt{-j}\,2\pi\sqrt{2\varkappa f 10^{-9}}\cdot r}\cdot\frac{z^2-r^2}{r^3}
\end{aligned}\right\} \tag{278c}$$

Die **Reichweite** einer derartigen Nachrichtenanlage ist durch den höchsten Betrag der übertragenen Feldstärke bestimmt, der sich in der Äquatorebene des Senders ($z = 0$) einstellt; man erhält ihn zu

$$\lim_{r\to\infty}\left|\overline{\mathfrak{E}}_z\right|_{\max} = J\cdot l\cdot 2\pi f\cdot 10^{-9}\cdot\frac{e^{-2\pi\sqrt{\varkappa f 10^{-9}}\cdot r}}{r}. \tag{278d}$$

In der Regel greift man am **Empfänger** die übertragene Spannung mittels zweier Sonden ab, die um l' voneinander entfernt sein mögen; die Empfangsspannung wird dann

$$|E|_{\max} = J\cdot l\cdot l'\cdot 2\pi f\cdot 10^{-9}\cdot\frac{e^{-2\pi\sqrt{\varkappa f 10^{-9}}\cdot r}}{r}. \tag{278e}$$

Als **Beispiel** behandeln wir eine Anlage, deren Sender mit einem Strom von 2 Amp bei 500 Perioden/sec betrieben wird, wobei die Sendererder einen Abstand von 10 m voneinander besitzen mögen; den gleichen Abstand voneinander mögen die Sonden des Empfängers aufweisen. Man erhält dann aus (278c)

$$|E|_{\max} = 2\cdot 10^3\cdot 10^3\cdot 2\pi\cdot 500\cdot 10^{-9}\cdot\frac{e^{-2\pi\frac{r}{1.41\cdot 10^5}}}{r} = 6{,}28\cdot\frac{e^{-2\pi\frac{r}{1{,}41\cdot 10^5}}}{r}\ \text{Volt}$$

In $r = 2$ km Entfernung wird also

$$|E|_{\max} = 6{,}28\cdot\frac{e^{-8{,}85}}{2\cdot 10^5} = \sim 6{,}5\cdot 10^{-9}\ \text{Volt}$$

eine Spannung, die auch bei Anwendung von Empfangsverstärkern an der Grenze der Aufnehmbarkeit steht; die Reichweite derartiger Anlagen besitzt daher günstigsten Falles die Größenordnung einiger Kilometer.

In den häufigsten Fällen sind beide Stationen nicht inmitten des leitenden Mediums untergebracht, sondern befinden sich auf der Erdoberfläche. Um diesen Fall analog zu behandeln, können wir nach dem in Nr. 37 angewandten Näherungsverfahren vorgehen: Mit der Annahme, daß die magnetischen Feldlinien um den Sender herum Kreise bleiben, bleibt die Differentialgleichung (277a) auch für das neue System gültig, sofern wir an Stelle von (277) die Beziehung

$$k^2 = -2\pi\varkappa j\omega 10^{-9} = -j4\pi^2\varkappa f 10^{-9} \tag{280}$$

statthaben lassen; entsprechend treten an Stelle der Feldstärkengleichungen (278) die Ausdrücke

$$\left.\begin{aligned}
\overline{\mathfrak{E}}_x &= -A\cdot e^{+\sqrt{-j}\,2\pi\cdot\sqrt{\varkappa f 10^{-9}}\cdot r}\\
&\quad\cdot\left[-j4\pi^2\cdot\varkappa f 10^{-9}\cdot\frac{xz}{r^3}+\sqrt{-j}\,2\pi\sqrt{\varkappa f 10^{-9}}\frac{3xz}{r^4}+\frac{3xz}{r^5}\right]\\
\overline{\mathfrak{E}}_y &= -A\cdot e^{+\sqrt{-j}\,2\pi\sqrt{\varkappa f 10^{-9}}\cdot r}\\
&\quad\cdot\left[-j4\pi^2\cdot\varkappa f 10^{-9}\cdot\frac{yz}{r^3}+\sqrt{-j}\cdot 2\pi\cdot\sqrt{\varkappa f 10^{-9}}\frac{3yz}{r^4}+\frac{3yz}{r^5}\right]\\
\overline{\mathfrak{E}}_z &= -A\cdot e^{+\sqrt{-j}\,2\pi\sqrt{\varkappa f 10^{-9}}\cdot r}\\
&\quad\cdot\left[-j4\pi^2\varkappa f 10^{-9}\cdot\frac{z^2-r^2}{r^3}+\sqrt{-j}\,2\pi\sqrt{\varkappa f 10^{-9}}\frac{3z^2-r^2}{r^4}+\frac{3z^2-r^2}{r^5}\right]
\end{aligned}\right\} \tag{281}$$

und für das Potential ist zu setzen

$$\varphi = -\frac{\partial\bar{\pi}}{\partial z} = -A\cdot e^{+\sqrt{-j}\,2\pi\sqrt{\varkappa f 10^{-9}}\cdot r}\cdot\left[-\sqrt{j}\,2\pi\sqrt{\varkappa f 10^{-9}}\cdot\frac{z}{r^2}+\frac{z}{r^3}\right]. \tag{281a}$$

Das Feld in der Umgebung des Senders ist also zwar wiederum durch (278b) gegeben; aber das Quellpunktspotential eines Erders ist jetzt

$$\varphi_q = \frac{J}{2\pi\varkappa}\cdot\frac{1}{r}, \tag{279c}$$

so daß (279a) zu ersetzen ist durch

$$\varphi = \frac{Jl}{2\pi\varkappa}\cdot\frac{z}{r^3} \tag{279d}$$

und

$$A = -\frac{Jl}{2\pi\varkappa} \tag{279e}$$

entsteht. Die Reichweitenformel lautet also

$$\lim_{r\to\infty}|\mathfrak{E}_z|_{\max} = J\cdot l\cdot 2\pi f\cdot 10^{-9}\cdot\frac{e^{-\frac{2\pi}{\sqrt{2}}\sqrt{\varkappa f 10^{-9}}\cdot r}}{r} \tag{282}$$

und

$$|E|_{\max} = J\cdot l\cdot l'\cdot 2\pi f\cdot 10^{-9}\cdot\frac{e^{-\frac{2\pi}{\sqrt{2}}\cdot\sqrt{\varkappa f 10^{-9}}\cdot r}}{r}. \tag{282a}$$

Man erkennt durch Vergleich mit (278e), daß die Lage der Sende- und Empfangsstation an der Erdoberfläche die Reichweite gegenüber zwei im Innern des Erdreiches gelegenen Stationen unter sonst gleichen Umständen vergrößert; der Grund hierfür liegt in der geringeren Dämpfung der vom Sender ausgehenden Wellen durch die infolge der Lage scheinbar verringerten Leitfähigkeit des übertragenden Mediums. Für das obengenannte Beispiel erhält man

$$|E|_{\max} = 2\cdot 10^3\cdot 10^3\cdot 2\pi\cdot 500\cdot 10^{-9}\cdot\frac{e^{-2\pi\cdot\frac{r}{2\cdot 10^5}}}{r}$$

$$= 6{,}28\cdot\frac{e^{-2\pi\cdot\frac{10^5}{10^5}}}{2\cdot 10^5} = 6{,}1\cdot 10^{-8}\text{ Volt},$$

also eine Erhöhung der übertragenen Spannung auf rund das 10fache.

Die hier durchgeführten Überlegungen verlieren in nächster Nähe vom Sender ihre Bedeutung; insbesondere läßt sich aus ihnen nicht die Leistung berechnen, die man dem Sender zuzuführen hat, um die Verluste im Erdreich zu decken. Man muß sich hier mit einer Näherung begnügen, indem man nach den früher entwickelten Beziehungen die Erderwiderstände und den Wechselstromwiderstand der Senderleitung für die Länge der zwischen den Erdern gespannten Leitung ermittelt und aus ihnen Wirk- und Blindleistung berechnet. Infolge der sehr großen Dämpfung der Erdfelder durch die Ohmsche Leitfähigkeit des Erdreiches erreicht der Wirkungsgrad derartiger Erdtelegraphie-Anlagen nur sehr niedrige Werte, so daß man im allgemeinen auf die Berechnung der Senderleistung verzichten kann und sich mit der Bestimmung der Reichweite begnügt. Wir müssen indes hervorheben, daß der Wert der Formeln (278e) und (282a) praktisch durch die stets vorhandenen Inhomogenitäten im Boden stark verringert wird, so daß die Beobachtung in ungünstigen Fällen große Abweichungen von der hier entwickelten Theorie geben kann.

Es ist von Interesse, die gewonnene Lösung für eine sehr (unendlich) kurze Leitung mit dem in Nr. 38 abgeleiteten Felde der unendlich ausgedehnten Leitung zu vergleichen. Hierzu denken wir uns längs der z-Achse eines räumlichen Zylinderkoordinatensystems z, ϱ, ϑ unendlich viele Elementar-Strommomente konstanter Intensität $J\cdot dz$ gleichmäßig verteilt. Für einen in der Ebene $z=0$ im Abstand ϱ von der Achse gelegenen Aufpunkt ergibt sich dann die resultierende Hertzsche Funktion durch Integration, wenn wir sogleich auf Lage der stromführenden Leitung an der Erdoberfläche spezialisieren

$$\overline{\Pi} = \int_{-\infty}^{+\infty} d\overline{\Pi} = -\frac{J}{2\pi\varkappa}\cdot\int_{-\infty}^{+\infty}\frac{e^{\sqrt{-j}\cdot 2\pi\cdot\sqrt{\varkappa f 10^{-9}}r}}{r}\,dz;\quad r=\sqrt{z^2+\varrho^2}. \tag{283}$$

Führen wir an Stelle von z den Aufpunktabstand r als Integrationsvariable ein, so entsteht

$$\begin{aligned}\overline{\Pi} &= -\frac{J}{2\pi\varkappa}\cdot 2\cdot\int\limits_{\varrho}^{\infty}\frac{e^{\sqrt{-j}\,2\pi\sqrt{\varkappa f 10^{-9}}\cdot r}\cdot dr}{\sqrt{r^2-\varrho^2}}\\ &= -\frac{J}{2\pi\varkappa}\cdot\frac{2}{j}\int\limits_{1}^{\infty}\frac{e^{\sqrt{-j}\cdot 2\pi\sqrt{\varkappa f 10^{-9}}\cdot\varrho\cdot\mu}\cdot d\mu}{\sqrt{1-\mu^2}}\,.\end{aligned} \tag{283a}$$

Nun gilt[1] identisch

$$\frac{2}{\pi}\int\limits_{j\infty}^{1}\frac{e^{jz\mu}\cdot d\mu}{\sqrt{1-\mu^2}} = H_0^{(1)}(z)\,. \tag{283b}$$

Daher ist

$$\overline{\Pi} = -\frac{J}{2\pi\varkappa}\cdot\frac{2}{j}\left[-\frac{\pi}{2}\cdot H_0^{(1)}\left(\sqrt{j}\cdot 2\pi\sqrt{\varkappa f 10^{-9}}\cdot\varrho\right)\right]. \tag{283c}$$

Aus der Hertzschen Funktion folgt der Erdstrom mittels (194b) durch Differentiation

$$\begin{aligned}\overline{\mathfrak{i}}_z &= \varkappa\cdot 2\pi\varkappa 10^{-9}\cdot(-j\omega)\cdot\overline{\Pi}\\ &= -J\varkappa\pi\omega\cdot 10^{-9}\cdot H_0^{(1)}\left(\sqrt{j}\,2\pi\sqrt{\varkappa f 10^{-9}}\cdot\varrho\right)\end{aligned} \tag{283d}$$

und also die Erdfeldstärke

$$\overline{\mathfrak{E}}_z = \frac{\mathfrak{i}_z}{\varkappa} = -J\pi\omega\cdot 10^{-9}\cdot H_0^{(1)}\left(\sqrt{j}\,2\pi\sqrt{\varkappa f 10^{-9}}\cdot\varrho\right). \tag{283e}$$

Dieser Ausdruck stimmt mit dem in Nr. 38 Gl. (235) abgeleiteten Werte überein, so daß wir hiermit einen weiteren Beweis dieses Ausbreitungsgesetzes gefunden haben; die neue Ableitung geht indes über die frühere dadurch hinaus, daß sie grundsätzlich auch auf Leitungen endlicher Länge angewandt werden kann. In diesem Falle läßt sich allerdings das Integral (283) nicht mehr in geschlossener Form auswerten, sondern man muß zur numerischen Integration übergehen.

44. Strahlung in Erdreich hoher Oberflächenleitfähigkeit. Wir untersuchen die Ausbreitung des Feldes für einen Erdtelegraphiesender in geschichtetem Erdreich, dessen Oberflächenschicht gegenüber den tieferen Schichten sehr gut leite. Der Einfachheit halber vernachlässigen wir die Strömung in diesen Unterschichten vollständig und sehen die Dicke Δ der Oberschicht als sehr klein gegenüber der Wellenlänge der Erdströmung (im Erdreich gemessen) an.

Für die relativ niedrigen Frequenzen der erdtelegraphischen Sender kann man von den dielektrischen Verschiebungsströmen im Luftraum einerseits, im Gestein unter der leitenden Oberschicht andererseits ab-

[1] Jahnke-Emde, Funktionentafeln, S. 170.

sehen: An den beiden Grenzflächen der leitenden Schicht münden keinerlei Stromfäden.

Mit diesen Voraussetzungen wird das Strömungsfeld zweidimensional. Wir führen vorübergehend ein kartesisches Koordinatensystem ξ, η, ζ mit dem Ursprung im Sender ein, dessen ζ-Achse senkrecht zur Erdoberfläche weist. Da das Magnetfeld parallel zur ζ-Achse gerichtet ist, definieren wir die Hertzsche Funktion relativ zur ξ-Achse. Indem man jetzt an Stelle von x, y, z die Größen η, ζ, ξ in Nr. 35 einführt, folgen Potential und elektrische Feldstärken nach den Beziehungen

$$\mathfrak{E}_\eta = -\frac{\partial^2 \Pi}{\partial \eta\, \partial \xi}; \quad \mathfrak{E}_\zeta = -\frac{\partial^2 \Pi}{\partial \zeta\, \partial \xi}; \quad \mathfrak{E}_\xi = \frac{\partial^2 \Pi}{\partial \eta^2} + \frac{\partial^2 \Pi}{\partial \zeta^2}; \quad \varphi = \frac{\partial \Pi}{\partial \xi}. \tag{284}$$

Nun gehen wir zu einem Zylinderkoordinatensystem über

$$\left.\begin{aligned} \xi &= \varrho \cos\vartheta \\ \eta &= \varrho \sin\vartheta \\ \zeta &= Z \end{aligned}\right\} \tag{285}$$

und erhalten mit

$$\left.\begin{aligned} P &= \sqrt{\left(\frac{\partial \xi}{\partial \varrho}\right)^2 + \left(\frac{\partial \eta}{\partial \varrho}\right)^2 + \left(\frac{\partial \zeta}{\partial \varrho}\right)^2} = 1 \\ \Theta &= \sqrt{\left(\frac{\partial \xi}{\partial \vartheta}\right)^2 + \left(\frac{\partial \eta}{\partial \vartheta}\right)^2 + \left(\frac{\partial \zeta}{\partial \vartheta}\right)^2} = \varrho \\ Z &= \sqrt{\left(\frac{\partial \zeta}{\partial z}\right)^2 + \left(\frac{\partial \eta}{\partial z}\right)^2 + \left(\frac{\partial \zeta}{\partial z}\right)^2} = 1 \end{aligned}\right\} \tag{286}$$

als Differentialgleichung der Hertzschen Funktion für periodische Vorgänge der Kreisfrequenz ω

$$\frac{1}{\varrho}\left[\frac{\partial}{\partial \varrho}\left(\varrho \frac{\partial \overline{\Pi}}{\partial \varrho}\right) + \frac{\partial}{\partial \vartheta}\left(\frac{1}{\varrho}\frac{\partial \overline{\Pi}}{\partial \vartheta}\right) + \frac{\partial}{\partial z}\left(\varrho \frac{\partial \overline{\Pi}}{\partial z}\right)\right] = k^2\, \overline{\Pi}. \tag{287}$$

Wir suchen zweidimensionale Zylinderwellen, die sich nach allen Seiten gleichmäßig ausbreiten

$$\frac{1}{\varrho}\frac{\partial}{\partial \varrho}\left(\varrho \frac{\partial \overline{\Pi}}{\partial \varrho}\right) \equiv \frac{\partial^2 \overline{\Pi}}{\partial \varrho^2} + \frac{1}{\varrho}\frac{\partial \overline{\Pi}}{\partial \varrho} = k^2\, \overline{\Pi}. \tag{287a}$$

Hierbei ist nach (284)

$$\overline{\mathfrak{E}}_\eta = -\frac{\partial^2 \overline{\Pi}}{\partial \eta\, \partial \xi}; \quad \overline{\mathfrak{E}}_\zeta = 0; \quad \overline{\mathfrak{E}}_\xi = \frac{\partial^2 \overline{\Pi}}{\partial \eta^2}; \quad \overline{\varphi} = \frac{\partial \overline{\Pi}}{\partial \xi}. \tag{284a}$$

Die im Unendlichen verschwindende Lösung der Gl. (287a) lautet mit einer willkürlichen Integrationskonstanten A

$$\overline{\Pi} = A \cdot H_0^{(1)}(j\, k\, \varrho), \tag{287b}$$

so daß als Potential folgt

$$\overline{\varphi} = -A \cdot H_1^{(1)}(j\, k\, \varrho) \cdot j\, k \cdot \frac{\xi}{\varrho}, \tag{288}$$

während die Feldstärken werden

$$\left.\begin{aligned}\mathfrak{E}_\xi &= A\cdot\left[\frac{k^2\eta^2}{\varrho^2}\cdot H_0^{(1)}(j k \varrho) + \frac{j k(\eta^2-\xi^2)}{\varrho^3} H_1^{(1)}(j k \varrho)\right]\\ \mathfrak{E}_\eta &= A\left[-\frac{k^2\xi\eta}{\varrho^2}\cdot H_0^{(1)}(j k \varrho) + \frac{j k(2\xi\eta)}{\varrho^3} H_1^{(1)}(j k \varrho)\right]\end{aligned}\right\} \tag{288a}$$

In der Umgebung des Senders herrscht das Potential

$$\lim_{\varrho\to 0}\overline{\varphi} = +A\cdot\frac{2 j k \xi}{\pi j k \varrho^2} = A\cdot\frac{2\xi}{\pi\varrho^2}. \tag{288b}$$

Nun erzeugt ein Strom J, der durch einen Erder in die Schicht eingeführt wird, nach Nr. 25 das Feld

$$\varphi_q = \frac{J}{2\pi\varkappa\Delta}\cdot\ln\varrho, \tag{289}$$

so daß als Potential zweier längs der ξ-Achse im Abstand l voneinander befindlichen Erder, welche den Strom in die Erde hinein und heraus leiten, entsteht

$$\varphi = h\cdot\frac{\partial\varphi_q}{\partial\xi} = \frac{J h}{2\pi\varkappa\Delta}\cdot\frac{1}{\varrho}\,\frac{\xi}{\varrho}. \tag{289a}$$

Aus dem Vergleich mit (287e) erkennt man die Identität des Strömungsfeldes der Funktion $\overline{\Pi}$ mit dem Feld des Senders, wenn man

$$A = \frac{\pi}{2}\cdot\frac{J h}{2\pi\varkappa\Delta} = \frac{J h}{4\varkappa\Delta} \tag{288c}$$

wählt. Als maximale Empfangsstärke erhält man daher aus (287d) durch Spezialisierung auf die Symmetrieebene des Senders mit Beachtung von (211)

$$\begin{aligned}\lim_{\varrho\to\infty}|\mathfrak{E}_\xi|_{\max} &= \frac{J l}{4\pi\varkappa\Delta}\cdot|k^2 H_0^{(1)}(j k \varrho)|\\ &= \frac{J l}{4\pi\varkappa\Delta}\cdot 4\pi\varkappa\omega 10^{-9}\cdot\frac{e^{-2\pi\sqrt{\varkappa f 10^{-9}}\cdot\varrho}}{\pi\sqrt{\sqrt{2\varkappa f 10^{-9}}\cdot\varrho}}\\ &= J\cdot\frac{l}{\Delta}\cdot 2\sqrt[4]{\frac{(f\cdot 10^{-9})^3}{2\varkappa}}\cdot\frac{e^{-2\pi\sqrt{\varkappa f 10^{-9}}\cdot\varrho}}{\sqrt{\varrho}}\end{aligned} \tag{288d}$$

und als **Empfangsspannung** zwischen zwei im Abstand l' eingeschlagenen Sonden

$$\lim_{\varrho\to\infty}|E|_{\max} = J\cdot\frac{l l'}{\Delta}\cdot 2\sqrt[4]{\frac{(f\,10^{-9})^3}{\varkappa}}\cdot\frac{e^{-2\pi\sqrt{\varkappa f 10^{-9}}\cdot\varrho}}{\sqrt{\varrho}}. \tag{288e}$$

Der Vergleich mit den entsprechenden Beziehungen (278e) und (283a) des vorigen Abschnittes zeigt, daß — von der Dämpfung des Feldes durch die Leitfähigkeit des Bodens abgesehen — die Abnahme der Empfangsspannung nur mit der Wurzel der Entfernung, also viel langsamer als im homogenen Erdreich erfolgt. Beispielsweise findet man für die im vorigen Abschnitt genannten Zahlen, wenn man Δ zu 5 m annimmt

$$\lim_{\varrho\to\infty} |E|_{\max} = 2\cdot\frac{10^8\cdot 10^8}{500}\cdot 2\cdot\sqrt[4]{\frac{(500\cdot 10^{-9})^3}{2\cdot 10^{-4}}}\cdot\frac{e^{-2\pi\frac{\varrho}{1{,}41\cdot 10^5}}}{\sqrt{\varrho}}$$

$$= 1{,}5\cdot\frac{e^{-2\pi\frac{\varrho}{1{,}41\cdot 10^5}}}{\sqrt{\varrho}}\ \text{Volt},$$

also für eine Entfernung von $\varrho = 2$ km

$$|E|_{\max} = 1{,}5\cdot\frac{e^{-2\pi\frac{2\cdot 10^5}{1{,}41\cdot 10^5}}}{\sqrt{2\cdot 10^5}} = \sim 6{,}92\cdot 10^{-7}\ \text{Volt}.$$

Durch die nur oberflächliche Leitung des Stromes wird also die Amplitude der Empfangsspannung gegenüber der Strahlung im homogenen Boden bei Lage der Stationen an der Erdoberfläche nochmals um etwa das 10fache erhöht, so daß die Reichweite entsprechend anwächst.

Die hier durchgeführten Rechnungen geben die wirklichen Verhältnisse insofern nicht völlig wieder, als die magnetischen Feldlinien gemäß der angenommenen Hertzschen Funktion senkrecht zur Erdoberfläche verlaufen, während sie sich in Wahrheit in den stromlosen Räumen oberhalb und unterhalb der leitenden Schicht schließen. Der hiermit begangene Fehler ändert indes nichts an der Größenordnung der angegebenen Felder, wie man leicht erkennt, wenn man mit einem passend verkleinerten Wert der Leitfähigkeit in die entwickelten Gleichungen eingeht, welcher entsprechend Nr. 36 und 37 den wahren Verlauf der magnetischen Feldlinien in brauchbarer Näherung erfaßt.

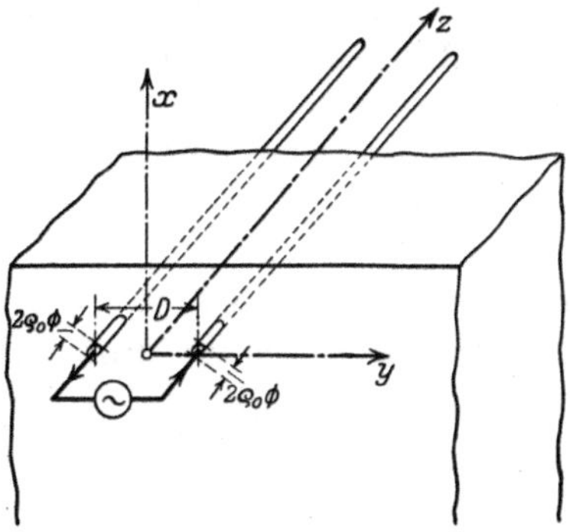

Abb. 109. Bestimmung der Erdbodenleitfähigkeit mit Wechselstrom.

45. Strahlung längs parallelen Drähten zur Bestimmung der Erdbodenleitfähigkeit. Während man die Leitfähigkeit der Erde in den meisten Fällen durch Ausmessung des Ausbreitungswiderstandes zweier Sonden bekannter Form bestimmt, zieht man eine Messung mit Wechselstrom vor, wenn große Genauigkeit verlangt wird. Eine vielbenutzte Anordnung wird durch zwei in kleinem Abstand D parallel zueinander vergrabene Drähte vom Halbmesser ϱ_0 nach Abb. 109 dargestellt, welche von einer Wechselstromquelle gespeist werden.

Wir führen ein rechtwinkliges Koordinatensystem x, y, z ein, dessen z-Achse in die Richtung der Meßdrähte weist. Wir beschreiben das Feld durch eine **Hertzsche** Funktion $\overline{\Pi}$, deren Achse mit der z-Achse zusammenfällt; ihre Gleichung lautet daher

$$\frac{\partial^2 \overline{\Pi}}{\partial x^2} + \frac{\partial^2 \overline{\Pi}}{\partial y^2} + \frac{\partial^2 \overline{\Pi}}{\partial z^2} = k^2 \overline{\Pi}. \tag{289}$$

Wenn die Meßdrähte hinreichend starken Querschnitt besitzen, erzwingen sie längs der z-Achse den Zusammenbruch des elektrischen Feldes; aus

$$\overline{\mathfrak{E}}_z = \frac{\partial^2 \overline{\Pi}}{\partial x^2} + \frac{\partial^2 \overline{\Pi}}{\partial y^2} = 0 \tag{290}$$

folgt daher sogleich die Bedingung

$$\frac{\partial^2 \overline{\Pi}}{\partial z^2} = k^2 \overline{\Pi} \tag{289a}$$

deren im Unendlichen verschwindende Lösung lautet

$$\overline{\Pi} = A(x, y) \cdot e^{kz}. \tag{289b}$$

Das Potential

$$\varphi = k \cdot A(x, y) \cdot e^{kz} = \varphi_0 \cdot e^{kz}; \qquad \varphi_0 = k \cdot A(x, y) \tag{291}$$

ist der **Hertzschen** Funktion proportional, daher der Differentialgleichung (290) unterworfen. Aus dieser Bedingung ist jede Bezugnahme auf die zeitliche Schwankung des Feldes verschwunden; das Potential ist somit in jeder Ebene identisch mit dem stationären Strömungsfelde zweier paralleler Drähte, deren einer als Hinleitung, deren anderer als Rückleitung dient. Der pro Längeneinheit austretende Strom erzeugt nun im stationären Zustand zwischen den Drähten eine Spannung, welche durch den Ausbreitungswiderstand pro Längeneinheit gegeben ist; mit Benutzung von Gl. (148c), Nr. (26) ist also, wenn man beachtet, daß hier der Ausbreitungswiderstand beider Drähte einzusetzen ist,

$$\overline{E} = \frac{2}{2\pi\varkappa} \cdot \ln \frac{D}{\varrho_0} \cdot \frac{\partial \overline{J}}{\partial z}. \tag{291a}$$

Da für die Abnahme dieser Spannung längs der Drähte das Gesetz (291) gilt, berechnet sich der Strom aus

$$\begin{gathered} \overline{E}_0 \cdot e^{kz} = -\frac{1}{\pi\varkappa} \cdot \ln \frac{D}{\varrho_0} \cdot \frac{\partial \overline{J}}{\partial z}; \\ J = -E_0 \cdot \frac{\pi\varkappa}{k} \cdot \frac{1}{\ln \frac{D}{\varrho_0}} \cdot e^{kz} = \frac{E_0 \cdot e^{kz}}{\mathfrak{Z}}, \end{gathered} \tag{291b}$$

wo durch

$$\begin{aligned} 1/\mathfrak{Z} &= -\frac{1}{k} \frac{\pi\varkappa}{\ln \frac{D}{\varrho_0}} = -\frac{\pi\varkappa}{\sqrt{-j}\sqrt{4\pi\omega\varkappa 10^{-9}}} \cdot \frac{1}{\ln \frac{D}{\varrho_0}} \\ &= -\frac{1}{2\sqrt{-j}} \cdot \sqrt{\frac{\varkappa}{2f 10^{-9}}} \cdot \frac{1}{\ln \frac{D}{\varrho_0}} \end{aligned} \tag{291c}$$

der **Strahlungswiderstand** $\mathfrak{Z}$ eingeführt ist.

Es ist bemerkenswert, daß man diese Beziehungen auch auf elementarem Wege herleiten kann. Setzen wir nämlich die Ableitung je Längeneinheit der Drähte gleich g, die Selbstinduktion der Längeneinheit gleich L, so lauten die Systemgleichungen

$$\left.\begin{aligned} -\frac{\partial \bar{E}}{\partial z} &= L\frac{\partial \bar{J}}{\partial t} = -L j \omega \bar{J} \\ -\frac{\partial \bar{J}}{\partial z} &= g \cdot \bar{E} \end{aligned}\right\} \tag{292}$$

mit den im Unendlichen verschwindenden Lösungen

$$\left.\begin{aligned} E &= E_0 \cdot e^{\sqrt{-j}\sqrt{\omega L g}\cdot z} \\ J &= E_0 \frac{\sqrt{-j}\sqrt{\omega L g}}{L j \omega} \cdot e^{\sqrt{-j}\cdot\sqrt{\omega L g}\cdot z} \\ &= -E_0 \frac{g}{\sqrt{-j}\sqrt{\omega L g}} \cdot e^{\sqrt{-j}\sqrt{\omega L g}\, z} = \frac{E_0 \cdot e^{\sqrt{-j}\sqrt{\omega L g}\cdot z}}{\mathfrak{Z}} \end{aligned}\right\} \tag{293}$$

wobei jetzt

$$1/\mathfrak{Z} = -\frac{g}{\sqrt{-j}\sqrt{\omega L g}}. \tag{293a}$$

B e i d e D a r s t e l l u n g e n w e r d e n i d e n t i s c h, wenn man setzt

$$-j\omega L g = k^2 = -j 4\pi \varkappa \omega 10^{-9} \tag{294}$$

und

$$g = \frac{\pi \varkappa}{\ln \frac{D}{\varrho_0}}, \tag{294a}$$

so daß also als Selbstinduktion folgt

$$L = \frac{k^2}{-j\omega g} = \frac{-j 4\pi\varkappa\omega 10^{-9}}{-j\omega \cdot \frac{\pi\varkappa}{\ln\frac{D}{\varrho_0}}} = 4 \ln\frac{D}{\varrho_0} \cdot 10^{-9}. \tag{295}$$

Das ist genau der Wert, den man aus dem Magnetfeld der stationären Strömung unter Vernachlässigung der innerhalb der Drähte aufgespeicherten magnetischen Energie findet, und somit ist gezeigt, daß Strahlungstheorie und elementare Behandlung zum gleichen Ergebnis führen.

Indem wir nunmehr zu Gl. (291b) zurückkehren, können wir mit $E_0 \cdot \mathfrak{Z} = J_0$ schreiben

$$\frac{J}{J_0} = e^{kz} = e^{\sqrt{-j}\sqrt{4\pi\varkappa\omega 10^{-9}}\, z}, \tag{291c}$$

so daß der Strombetrag längs der Drähte nach der Beziehung abnimmt

$$\frac{|J|}{|J_0|} = e^{-2\pi\sqrt{\varkappa f 10^{-9}}\cdot z}. \tag{291d}$$

Aus der Beobachtung der längs einer bestimmten Strecke erfolgenden Stromabnahme ergibt sich somit die Leitfähigkeit des Erdbodens

$$\varkappa = \frac{10^9}{4\,\pi^2 z^2 f} \cdot \ln \frac{|J|}{|J_0|}\,. \qquad (291e)$$

Beispielsweise folgt für eine Stromabnahme $|J| : |J_0| = 3 : 1$ bei 100000 Perioden/sec längs einer Strecke von $z = 20\text{ m} = 2 \cdot 10^3$ cm

$$\varkappa = \frac{10^9}{4\,\pi^2 \cdot 4 \cdot 10^6 \cdot 10^5} \ln 3 = \sim 0{,}69 \cdot 10^{-9}\,.$$

Während in der Herleitung dieser Beziehungen vorausgesetzt wurde, daß die Meßdrähte unendlich lang sind, muß man sich in Wirklichkeit mit Drähten endlicher Länge begnügen. Fordert man beispielsweise, daß am Ende der Strom auf 1% seines Anfangswertes abgesunken sei, so ergibt sich die erforderliche Drahtlänge l nach (291 d) aus

$$\frac{1}{100} = e^{-2\pi\sqrt{\varkappa f 10^{-9}}\cdot l}\,; \qquad l = \frac{0{,}73}{\sqrt{\varkappa f\, 10^{-9}}} = 0{,}73\,\lambda\,, \qquad (291f)$$

wo λ die im Erdreich gemessene Wellenlänge des Betriebsstromes bedeutet. Wenn man also nicht zu große Prüfdrahtlängen erhalten will, ist man auf die Messung mit Hochfrequenzströmen angewiesen; beispielsweise ergibt sich für $f = 100000$ Perioden/sec $\lambda = 100$ m und also $l = 75$ m für mittleres Erdreich.

46. Banderder für Antennen der drahtlosen Nachrichtenübermittelung. In den meisten Fällen werden die Strahldrähte der Stationen für drahtlose Nachrichtenübertragung geerdet. Der Ausbreitungswiderstand der Erderanlage bildet einen erheblichen Teil des gesamten Verlustwiderstandes der Antenne und beeinflußt daher wesentlich den Wirkungsgrad des Strahlgebildes.

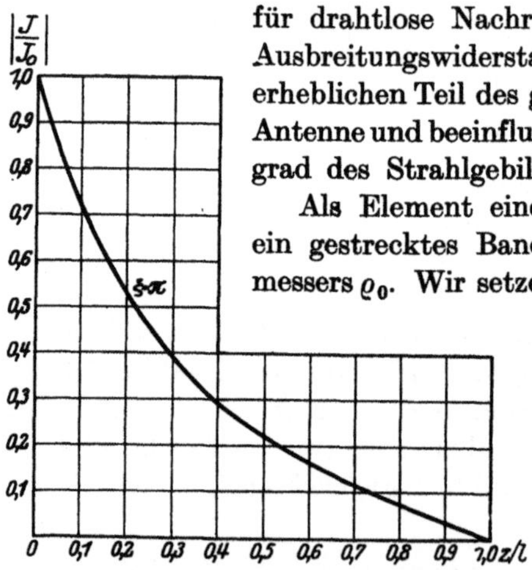

Abb. 110. Stromverteilung längs eines Banderders für Hochfrequenz bei einer numerischen Bandlänge $\xi = \pi$.

Als Element eines solchen Erders behandeln wir ein gestrecktes Band der Länge $2l$ und des Halbmessers ϱ_0. Wir setzen zunächst voraus, daß die Eingrabtiefe die Größenordnung der in Gl. (291 f) angegebenen Länge besitzt, so daß in guter Näherung von der Wirkung der Erdoberfläche auf das Erdstrahlungsfeld abgesehen werden kann.

Wenn die Bandlänge nicht zu groß wird, darf der Widerstand des Erderleiters vernachlässigt werden. Die im vorigen Abschnitt durchgeführten Untersuchungen zeigen, daß man dann Strom und Spannung längs des Erders nach den Gl. (292) zu berechnen hat.

Der gesamte Ausbreitungsleitwert des Bandes für stationären Strom gleicht dem doppelten Kehrwert des Ausdruckes (65)

$$G = \frac{4\pi\varkappa l}{\ln\frac{2l}{\varrho_0}}, \tag{296}$$

so daß der Ausbreitungsleitwert je Längeneinheit beträgt

$$g = \frac{G}{2l} = \frac{2\pi\varkappa}{\ln\frac{2l}{\varrho_0}}. \tag{296 a}$$

Gemäß (295) hat man also dem Erder je Längeneinheit die Selbstinduktion zuzuschreiben

$$L = \frac{-j 4\pi\varkappa\omega 10^{-9}}{-j\omega\frac{2\pi\varkappa}{\ln\frac{2l}{\varrho_0}}} = 2\ln\frac{2l}{\varrho_0}\cdot 10^{-9}. \tag{296 b}$$

Der Bedingung eines am Ende des Bandes ($z = l$) verschwindenden Stromes genügt die Lösung der Gl. (292)

$$J = J_0\cdot\frac{\sin\sqrt{j}\cdot\sqrt{\omega L g}\cdot(l-z)}{\sin\sqrt{j}\cdot\sqrt{\omega L g}\cdot l} = J_0\cdot\frac{\sin j k (l-z)}{\sin j k l}, \tag{297}$$

wo J_0 den Strom am Zuführungsorte angibt. Die Stromabnahme folgt also dem Gesetze

$$\frac{|J|}{|J_0|} = \left|\frac{\sin j k (l-z)}{\sin j k l}\right| = \left|\frac{\sin\{(-j-1)\, 2\pi\sqrt{\varkappa f\, 10^{-9}}\,(l-z)\}}{\sin\{(-j-1)\, 2\pi l\}}\right|$$

$$= \sqrt{\frac{\mathfrak{Cof}\, 2\xi\left(1-\frac{z}{l}\right) - \cos 2\xi\left(1-\frac{z}{l}\right)}{\mathfrak{Cof}\, 2\xi - \cos 2\xi}} \tag{297 a}$$

wenn

$$\xi = 2\pi\sqrt{\varkappa f 10^{-9}}\cdot l = 2\pi\frac{l}{\lambda} \tag{297 b}$$

als „numerische Länge" des Erderdrahtes definiert ist; Abb. 110 zeigt die hiernach berechnete Stromverteilung für $\xi = \pi$.

Die Spannung längs des Erderdrahtes ergibt sich aus (295) nach (292)

$$\bar{E} = -\frac{1}{g}\frac{d\bar{J}}{dz} = J_0\cdot\frac{j k l}{g l}\cdot\frac{\cos j k (l-z)}{\sin j k l} = \bar{J}_0\cdot R_0\cdot j k l\cdot\frac{\cos j k (l-z)}{\sin j k l}, \tag{298}$$

wobei der Ausbreitungswiderstand R_0 des Halbdrahtes für stationären Strom eingeführt ist. Insbesondere ist die Spannung am Zuführungspunkt des Stromes

$$\left.\begin{aligned} \bar{E}_0 = \bar{J}_0 R_0\cdot j k l\cdot\operatorname{cotg} j k l = \bar{J}_0\cdot R_0\cdot(-j-1)\cdot\xi\cdot\operatorname{cotg}\{(-j-1)\cdot\xi\} \\ = \bar{J}_0\cdot R_0(-j-1)\cdot\xi\cdot\frac{-\sin\xi + j\,\mathfrak{Sin}\, 2}{\mathfrak{Cof}\, 2\xi - \cos 2\xi} \end{aligned}\right\} \tag{298 a}$$

so daß der Halbdraht einen komplexen Ausbreitungswiderstand besitzt

$$\mathfrak{R} = R_0(-j-1)\cdot\xi\cdot\frac{-\sin 2\xi + j\,\mathfrak{Sin}\,2\xi}{\mathfrak{Cof}\,2\xi - \cos 2\xi}. \tag{298b}$$

Sein Realteil liefert den leistungsverzehrenden Wirkwiderstand des Erders

$$R = R_0\,\xi\,\frac{\mathfrak{Sin}\,2\xi + \sin 2\xi}{\mathfrak{Cof}\,2\xi - \cos 2\xi}, \tag{298c}$$

während der negative Imaginärteil die Reaktanz des Drahtes angibt

$$\omega L = R_0\cdot\xi\cdot\frac{\mathfrak{Sin}\,2\xi - \sin 2\xi}{\mathfrak{Cof}\,2\xi - \cos 2\xi};$$

$$L = R_0\cdot\frac{l}{\lambda f}\cdot\frac{\mathfrak{Sin}\,2\xi - \sin 2\xi}{\mathfrak{Cof}\,2\xi - \cos 2\xi}. \tag{298d}$$

Für große numerische Drahtlängen erhält man die bequemen Näherungsformeln

$$R = \sim R_0\cdot\xi = \frac{\ln\frac{2l}{\varrho_0}}{2\pi\varkappa l}\cdot 2\pi\frac{l}{\lambda} = \frac{\ln\frac{2l}{\varrho_0}}{\varkappa\lambda} = \sqrt{\frac{f\,10^{-9}}{\varkappa}}\cdot\ln\frac{2l}{\varrho_0} \tag{298e}$$

$$L = \sim\frac{\ln\frac{2l}{\varrho_0}}{2\pi\varkappa l}\cdot\frac{l}{\lambda f} = \frac{\ln\frac{2l}{\varrho_0}}{2\pi\varkappa\lambda f} = \frac{1}{2\pi}\sqrt{\frac{10^{-9}}{\varkappa f}}\cdot\ln\frac{2l}{\varrho_0}. \tag{298f}$$

Um Mißverständnissen vorzubeugen, sei wiederholt, daß diese Beziehungen erst für große Drahtlängen gelten; andernfalls muß man die genaueren Formeln (298c, d) benutzen, aus denen man leicht erkennt, daß für kleine Drahtlängen der Ausbreitungswiderstand natürlich wieder zunimmt; lediglich bei großen Drahtlängen tritt die paradoxe Erscheinung eines mit der Drahtlänge zunehmenden Ausbreitungswiderstandes auf, der allerdings, da l unter dem Logarithmus steht, nur sehr schwach ausgeprägt ist und praktisch keine Bedeutung besitzt.

Während wir bisher angenommen hatten, daß die Strahlung nach den Überlegungen des vorigen Abschnittes richtig bestimmt ist, trifft dies in Wahrheit wegen der endlichen Länge des Erderdrahtes nur näherungsweise zu: Dem bisher berechneten transversalen Felde ist das räumliche Strahlungsfeld des Erderdrahtes zu überlagern. Für einen Aufpunkt (ϱ, ζ) ist nun nach Nr. 43 der Betrag, den das Stromelement $J_z d_z$ des Erderdrahtes zum Strahlungsfeld liefert

$$d\overline{\Pi} = -\frac{\overline{J}_z\,dz}{4\pi\varkappa}\cdot\frac{e^{\sqrt{-j}\,2\pi\sqrt{2\varkappa f 10^{-9}}\cdot\sqrt{\varrho^2+(z-\zeta)^2}}}{\sqrt{\varrho^2+(z-\zeta)^2}}, \tag{299}$$

so daß das zusätzliche Strahlungsfeld des Halbdrahtes durch

$$\overline{\Pi} = \int_0^l d\overline{\Pi} = \frac{\overline{J}_0}{4\pi\varkappa}\cdot\int_0^l \frac{j\,k\cos j\,k(l-z)\,e^{k\sqrt{\varrho^2+(z-\zeta)^2}}}{\sin j\,k\,l\cdot\sqrt{\varrho^2+(z-\zeta)^2}}\,dz \tag{299a}$$

gegeben ist. Diesem Felde entspricht eine longitudinale elektrische Feldkomponente, welche zusammen mit dem Strom einen zusätzlichen Energiefluß in das Erdreich treibt und dadurch einen weiteren Energieverlust verursacht. Die genauere Durchführung der Rechnung[1] zeigt indes, daß der zugehörige Zusatzwiderstand in allen Fällen gegen den Wert (298e) zu vernachlässigen ist, so daß wir weiterhin nur diesen berücksichtigen.

Für einen Draht von $l = 50$ m Halblänge bei einem Halbmesser von $\varrho_0 = 1$ m, welcher in mittlerem Erdreich ($\varkappa = 10^{-4}$ Siemens/cm) liegt, ergibt sich bei $f = 100000$ Perioden/sec

$$R_0 = \frac{\ln \frac{2 \cdot 5000}{1}}{2\,\pi\, 10^{-4} \cdot 5000} = 2{,}93\ \Omega$$

$$R = \sqrt{\frac{10^5 \cdot 10^{-9}}{10^{-4}}} \ln \frac{2 \cdot 5000}{1} = 9{,}2\ \Omega$$

$$L = \frac{1}{2\,\pi} \sqrt{\frac{10^{-9}}{10^{-4} \cdot 10^5}} \ln \frac{2 \cdot 5000}{1} = 1{,}46 \cdot 10^{-5}\ \text{Henry}\,.$$

Man erkennt aus diesen Zahlen, daß der Ausbreitungswiderstand durch die Zusammendrängung des Stromaustrittes auf eine enge Umgebung der Zuführungsstelle auf mehr als das Dreifache seines Wertes für stationären Strom ansteigt, so daß ein derartiges Erderelement noch einen für viele Zwecke unerwünscht großen Ausbreitungswiderstand besitzt. Erst durch Zusammenfassung mehrerer derartiger Elemente zu einem Mehrfacherder kommt man zu Anordnungen von hinreichend niedrigem Widerstand.

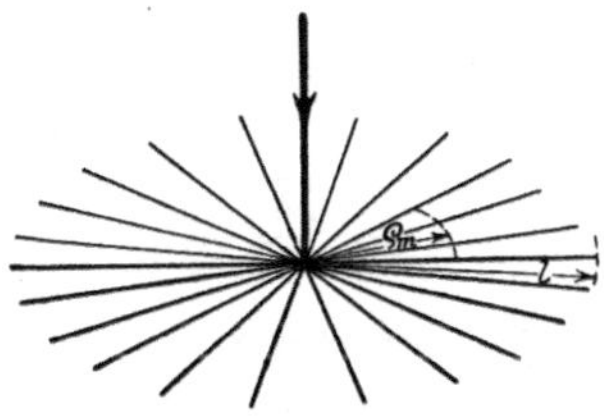

Abb. 111. Erderstern für Antennenanlagen.

Für einen Erderstern, der nach Abb. 111 aus 20 strahlenförmig verlegten Halbdrähten vorgenannter Abmessungen besteht, findet man nach Nr. 14, Gl. (82c) mit

$$\varrho_m = 25\ \text{m}; \qquad R_\infty = \frac{9{,}2}{20} = 0{,}46\ \Omega$$

als Gütegrad des Mehrfacherders

$$\eta = \frac{1}{1 + \frac{1}{2\,\pi\, 10^{-4} \cdot 2 \cdot 2500 \cdot 0{,}46} \cdot 1{,}98} = \frac{1}{1 + 1{,}37} = 42{,}3\,\%\,,$$

so daß die Anordnung den Ausbreitungswiderstand besitzt

$$R_{20} = \frac{0{,}46}{0{,}423} = 1{,}09\ \Omega\,.$$

[1] Ollendorff, F.: Die Grundlagen der Hochfrequenztechnik, S. 563. Berlin: Julius Springer 1926.

Die vorstehenden Ableitungen können sogleich auf einen nach Abb. 112 $n$fach symmetrisch gespeisten Kreisbanderder übertragen werden.

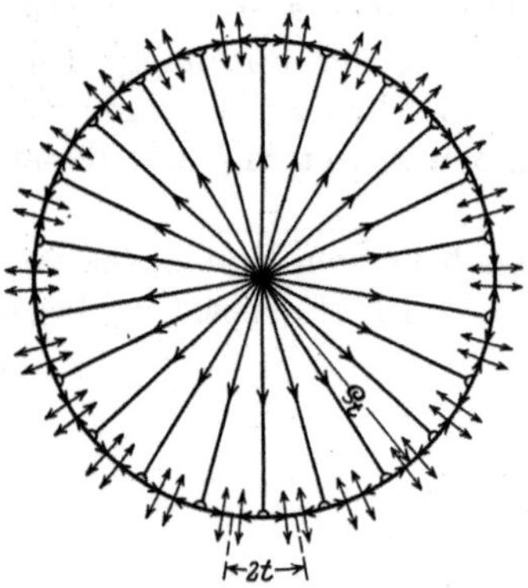

Abb. 112. Kreisbanderder für Hochfrequenz.

Bedenkt man nämlich, daß in der Mitte zwischen zwei Speisepunkten der Bandstrom aus Symmetriegründen verschwinden muß, so kann man den Erder in n Abschnitte zerlegen, deren Halbdrahtlänge l aus dem Ringhalbmesser ϱ_t zu

$$l = \frac{2\pi\varrho_t}{2n} = \frac{\pi}{n}\varrho_t \qquad (300)$$

folgt. Ein an 20 Stellen gespeister Ring von $\varrho_t = 160$ m Halbmesser bei $\varrho_0 = 1$ cm Drahtradius ergibt also unter den früher genannten Betriebsverhältnissen pro Halbdraht den Widerstand

$$R = \sqrt{\frac{10^{-6}\cdot 10^{-9}}{10^{-4}}}\cdot \ln \frac{2\cdot\frac{\pi}{20}\cdot 16000}{1} = 8{,}55\ \Omega,$$

also pro Speisepunkt

$$R' = \frac{R}{2} = 4{,}28\ \Omega.$$

Der Gütegrad beträgt, da $R_\infty = 0{,}214\ \Omega$

$$\eta = \frac{1}{1 + \frac{1}{2\pi\, 10^{-4}\cdot 2\cdot 16000\cdot 0{,}214}\cdot 1{,}98} = \frac{1}{1+0{,}46} = 68{,}5\,\%,$$

so daß als resultierender Ausbreitungswiderstand des Kreisbanderders folgt

$$R_{\mathrm{str}} = \frac{0{,}219}{0{,}685} = 0{,}313\ \Omega.$$

Man erhält also einen erheblich kleineren Ausbreitungswiderstand wie bei der Anordnung eines Erdersternes; hierbei ist aber zu bedenken, daß einmal der Materialaufwand viel größer ist als im früheren Falle, weil jetzt die Speiseleitungen hinzutreten, und daß außerdem der Strom den Widerstand dieser Zuführungsleitungen zu überwinden hat, der sich zu dem angegebenen Ausbreitungswiderstand des Kreisbanderders addiert.

Die hier berechneten Ausbreitungswiderstände werden nun durch die bisher außer acht gelassene kapazitive Rückleitung der Ströme zu den Luftdrähten verringert; das Maß der Verringerung ist aus den in Nr. 32 durchgeführten Rechnungen zu entnehmen. Beispielsweise erhält man für eine Schirmantenne, welche in $h = 80$ m mittlerer Höhe kreisförmig mit einem Halbmesser von $\varrho_0 = 60$ m ausgespannt ist, aus (181b) die Verringerung des Ausbreitungswiderstandes

$$\Delta R = \frac{1}{2\pi 10^{-4}} \cdot \frac{1}{6000} \arcsin \frac{6000}{\sqrt{6000^2 + 8000^2}} = 0{,}266 \cdot 0{,}646 = 0{,}178\ \Omega\,.$$

Wählt man den oben beschriebenen Erderstern als Antennenerder, so entsteht als resultierender Erderwiderstand

$$R_e = R_{20} - \Delta R = 1{,}09 - 0{,}178 = \sim 0{,}81\ \Omega\,,$$

so daß als die kapazitive Rückleitung des Stromes die Erdungsverhältnisse erheblich verbessert. Benutzt man zur Berechnung des Strahlungswiderstandes der Antenne die Beziehung[1]

$$R_{str} = 160\,\pi^2 \cdot \left(\frac{h}{\lambda_l}\right)^2,$$

wobei λ_l die im leeren Raum gemessene Wellenlänge des Betriebsstromes bedeutet, so erhält man im vorliegenden Falle ($\lambda_l = 3000$ m)

$$R_{str} = 160\,\pi^2 \left(\frac{80}{3000}\right)^2 = 1{,}14\ \Omega$$

und also als Antennenwirkungsgrad (ohne Berücksichtigung des Verlustwiderstandes der Luftdrähte)

$$\eta = \frac{R_{str}}{R_{str} + R_e} = \frac{1{,}14}{1{,}14 + 0{,}81} = 58\,\%.$$

Da die Luftdrähte nur einen relativ niedrigen Widerstand besitzen, kann man den Gesamtwirkungsgrad der betrachteten Antenne zu rund 50% schätzen, ein Wert, den man bei gut ausgeführten Sendeanlagen der drahtlosen Nachrichtenübermittlung auch wirklich beobachtet und über den man mit Rücksicht auf die hohen Kosten der Ordererstellung nur in seltenen Fällen hinausgeht.

47. Wirkungsweise von Gegengewichtsdrähten und Erderleitungen von Antennen. Um die Verluste durch Erdströmung in Antennenanlagen an Orten sehr schlechter Erdbodenleitfähigkeit zu verringern (sandiger oder steiniger Boden), pflegt man häufig die unmittelbare Erdung durch Erstellung eines Gegengewichtes zu ersetzen: Eine Anzahl gut leitender, am Ende isolierter Drähte wird vom Fußpunkt des Strahldrahtes aus in geringer Höhe über dem Erdboden strahlenförmig nach allen Seiten hin verspannt. Ein ähnlicher Gedanke liegt den Speiseleitungen für Erder entsprechend den Darlegungen des vorigen Abschnittes zugrunde, welche man vom Fußpunkt des Strahlers dicht oberhalb des Erdbodens bis zum Erder führt, wo sie unmittelbar oder über besondere Regelapparaturen an den eigentlichen Erder angeschlossen werden. Betrachten wir als Element einer solchen Anlage

[1] Vgl. z. B. F. Ollendorff: Die Grundlagen der Hochfrequenztechnik. S. 562 Gl. 50c.

einen einzelnen Draht, so lassen sich beide Anordnungen in dem **Schema einer Leitung** nach Abb. 113 zusammenfassen, welche am Anfang durch einen gewissen Strom $\bar{J}_0$ erregt wird und am Ende über einen vorgegebenen, komplexen Endwiderstand R_e geschlossen ist.

Die Grundlagen für die Verteilung von Strom J und Spannung E längs einer solchen Leitung entstehen aus der Anwendung der beiden **Kirchhoffschen Sätze** auf ein Längenelement dz. Wir führen die Kapazität C der Längeneinheit, die Selbstinduktion L der Längeneinheit und den Widerstand R der Längeneinheit ein, während die Ableitung zwischen Leitung und Erder vernachlässigt wird, und erhalten in bekannter Weise

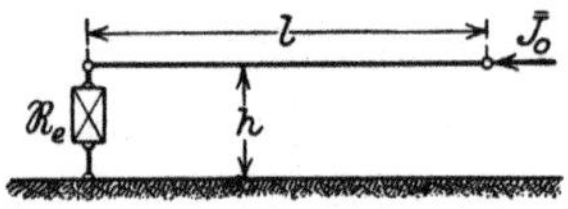

Abb. 113. Grundsätzliches Schema einer Hochfrequenzleitung über Erde.

$$\left.\begin{aligned} -\frac{\partial E}{\partial z} &= R\,J + L\,\frac{\partial J}{\partial t} \\ -\frac{\partial J}{\partial z} &= C\,\frac{\partial E}{\partial t} \end{aligned}\right\} \tag{301}$$

Mit Beschränkung auf periodische Vorgänge der Kreisfrequenz ω

$$E = \Re e\,(\bar{E}\,e^{-j\omega t})\,; \qquad J = \Re e\,(\bar{J}\,e^{-j\omega t}) \tag{302}$$

gehen diese Gleichungen über in

$$\left.\begin{aligned} -\frac{d\bar{E}}{dz} &= (R - j\,\omega\,L)\,\bar{J} \\ -\frac{d\bar{J}}{dz} &= -j\,\omega\,C\,\bar{E} \end{aligned}\right\} \tag{301a}$$

Ihre Lösungen lauten

$$\left.\begin{aligned} \bar{J} &= \bar{J}_0 \cdot \frac{\sin\sqrt{(R - j\,\omega\,L)\,j\,\omega\,C}\,(l' - z)}{\sin\sqrt{(R - j\,\omega\,L)\,j\,\omega\,C}\,l'} \\ \bar{E} &= \frac{1}{j\omega C}\cdot\frac{d\bar{J}}{dz} = -\,\bar{J}_0 \cdot \sqrt{\frac{(R - j\,\omega\,L)}{j\,\omega\,l'}}\,\frac{\cos\sqrt{(R - j\,\omega\,L)\,j\,\omega\,C}\,(l' - z)}{\sin\sqrt{(R - j\,\omega\,L)\,j\,\omega\,C}} \end{aligned}\right\} \tag{301b}$$

wo $\bar{J}_0$ den Strom im Zuführungspunkt, l' eine Integrationskonstante bedeutet. Sie bestimmt sich aus der **Grenzbedingung am Drahtende** $(z = l)$

$$\bar{J}\cdot\mathfrak{R}_e = \bar{E}\,; \qquad \operatorname{tg}\sqrt{(R - j\,\omega\,L)\,j\,\omega\,C}\,(l' - l) = -\,\frac{\sqrt{\dfrac{R - j\,\omega\,L}{j\,\omega\,C}}}{\mathfrak{R}_e} \tag{303}$$

oder

$$\operatorname{tg}\sqrt{(R - j\,\omega\,L)\,j\,\omega\,C}\,l' = \frac{-\dfrac{\sqrt{\dfrac{R - j\,\omega\,L}{j\,\omega\,C}}}{\mathfrak{R}_e} + \operatorname{tg}\sqrt{(R - j\,\omega\,L)\,j\,\omega\,C}\,l}{1 + \dfrac{\sqrt{\dfrac{R - j\,\omega\,L}{j\,\omega\,C}}}{\mathfrak{R}_e}\cdot\operatorname{tg}\sqrt{(R - j\,\omega\,L)\,j\,\omega\,C}\cdot l} \tag{303a}$$

Der (komplexe) Widerstand der Anordnung ergibt sich durch Division der Spannung durch den Strom nach (301 b) für $z = 0$ zu

$$\mathfrak{R} = -\sqrt{\frac{R - j\,\omega\,L}{j\,\omega\,C}} \cdot \operatorname{cotg} \sqrt{(R - j\,\omega\,L)\,j\,\omega\,C\,l'}$$

$$= \sqrt{\frac{R - j\,\omega\,L}{j\,\omega\,C}} \cdot \frac{1 + \dfrac{\sqrt{\dfrac{R - j\,\omega\,L}{j\,\omega\,C}}}{\mathfrak{R}_e} \cdot \operatorname{tg} \sqrt{(R - j\,\omega\,L)\,j\,\omega\,C} \cdot l}{\dfrac{\sqrt{\dfrac{R - j\,\omega\,L}{j\,\omega\,C}}}{\mathfrak{R}_e} - \operatorname{tg} \sqrt{(R - j\,\omega\,L)\,j\,\omega\,C} \cdot l}\,. \tag{304}$$

Die Aufspaltung dieses Ausdruckes in Real- und Imaginärteil führt im allgemeinsten Falle eines beliebigen komplexen Endwiderstandes $\mathfrak{R}_e$ zu sehr unübersichtlichen Formeln, so daß man sie besser bei der numerischen Berechnung vornimmt. Wir begnügen uns hier mit der Diskussion für einige wichtige Spezialfälle.

Zuerst behandeln wir einen Draht, der lediglich als Gegengewicht arbeiten soll; hierfür ist $\mathfrak{R}_e \to \infty$ zu setzen, so daß sich (304) vereinfacht in

$$\mathfrak{R} = -\sqrt{\frac{R - j\,\omega\,L}{j\,\omega\,C}} \cdot \operatorname{cotg} \sqrt{(R - j\,\omega\,L)\,j\,\omega\,C} \cdot l\,. \tag{305}$$

Wir führen die komplexe „numerische Drahtlänge“ ein durch die Definition

$$\sqrt{(R - j\,\omega\,L)\,j\,\omega\,C} \cdot l = \alpha + j\,\beta\,; \qquad \alpha = \omega\,l \sqrt{\frac{1}{2}\,C\left(L + \sqrt{L^2 + \frac{R^2}{\omega^2}}\right)}\,;$$

$$\beta = \omega\,l \sqrt{\frac{1}{2}\,C\left(-L + \sqrt{L^2 + \frac{R^2}{\omega^2}}\right)}\,, \tag{306}$$

womit (305) die Form annimmt

$$\mathfrak{R} = -\frac{1}{j\,\omega\,C\,l}(\alpha + j\,\beta) \cdot \frac{\sin 2\,\alpha - j\,\mathfrak{Sin}\,2\,\beta}{\mathfrak{Cof}\,2\,\beta - \cos 2\,\alpha}\,. \tag{305a}$$

Widerstand und Reaktanz ergeben sich also nach

$$R_g = \frac{1}{\omega\,C\,l} \cdot \frac{-\beta \sin 2\,\alpha + \alpha\,\mathfrak{Sin}\,2\,\beta}{\mathfrak{Cof}\,2\,\beta - \cos 2\,\alpha}\,;$$

$$\omega\,L_g = -\frac{1}{\omega\,C\,l} \cdot \frac{\beta\,\mathfrak{Sin}\,2\,\beta + \alpha \sin 2\,\alpha}{\mathfrak{Cof}\,2\,\beta - \cos 2\,\alpha}\,. \tag{305b}$$

Für hinreichend kleine α und β gilt demnach näherungsweise

$$\lim_{\substack{\alpha \to 0 \\ \beta \to 0}} R_g = \frac{2}{3}\,\frac{\alpha\,\beta}{\omega\,C\,l}\,; \qquad \lim_{\substack{\alpha \to 0 \\ \beta \to 0}} \omega\,L_g = -\frac{1}{\omega\,C\,l}\,, \tag{305c}$$

während für sehr große α und β entsteht

$$\lim_{\substack{\alpha \to \infty \\ \beta \to \infty}} R_g = +\frac{\alpha}{\omega\,C\,l}\,; \qquad \lim_{\substack{\alpha \to \infty \\ \beta \to \infty}} \omega\,L_g = -\frac{\beta}{\omega\,C\,l}\,. \tag{305d}$$

Ein solcher Gegengewichtsdraht läßt sich also stets durch die Reihenschaltung einer Kapazität mit einem Widerstand nach Abb. 114 ersetzen.

Sei jetzt der Draht als Erderspeiseleitung unmittelbar an einen Erder vom Widerstande R_0 angeschlossen, so entsteht aus (304) mit Beachtung von (306)

$$\mathfrak{R}_S = \frac{1}{j\omega Cl}\cdot(\alpha + j\beta)\frac{1 + \frac{1}{j\omega ClR_0}(\alpha + j\beta)\,\mathrm{tg}\,(\alpha + j\beta)}{\frac{1}{j\omega ClR_0}(\alpha + j\beta) - \mathrm{tg}\,(\alpha + j\beta}. \qquad (307)$$

Für sehr große numerische Drahtlängen gilt hiernach

$$\lim_{\substack{\alpha\to\infty\\ \beta\to\infty}} \mathfrak{R}_S = -\frac{1}{j\omega Cl}(\alpha + j\beta)\cdot j; \quad \lim_{\substack{\alpha\to\infty\\ \beta\to\infty}} R_S = \frac{\alpha}{\omega Cl};$$

$$\lim_{\substack{\alpha\to\infty\\ \beta\to\infty}} \omega L_S = +\frac{\beta}{\omega Cl} \qquad (307\text{a})$$

in Übereinstimmung mit (305d). Erderspeiseleitungen können also nur dann merklich den Erdern Strom zuführen, wenn die (komplexe) numerische Drahtlänge nicht zu groß wird; andernfalls erreicht die vom Zuführungspunkte eindringende Welle das Drahtende nicht mehr, der Draht wirkt lediglich als Gegengewicht, die Erder werden nicht ausgenutzt. Spezialisieren wir demgemäß auf kleine reduzierte Drahtlängen, so entsteht aus (307)

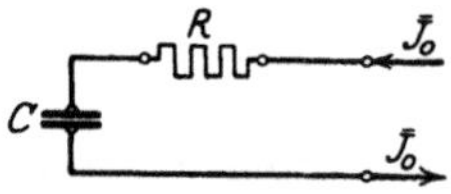

Abb. 114. Ersatzschema eines Gegengewichtsdrahtes.

$$\lim_{\substack{\alpha\to 0\\ \beta\to 0}} R_S = R_0\frac{1 + \alpha\beta\left\{\frac{2}{\omega ClR_0} + \frac{2}{3}\omega ClR_0\right\}}{1 + \omega^2 C^2 l^2\cdot R_0^2};$$

$$\lim_{\substack{\alpha\to 0\\ \beta\to 0}} \omega L_5 = -R_0\frac{2\alpha\beta + \omega ClR_0 + \frac{\beta^2 - \alpha^2}{\omega ClR_0}}{1 + \omega^2 C^2 l^2 R_0^2}, \qquad (307\text{b})$$

so daß auch eine solche Speiseleitung durch das Ersatzschema nach Abb. 114 wiedergegeben werden kann, so lange $2\alpha\beta + \omega ClR_0 + \frac{\beta^2 + \alpha^2}{\omega ClR_0} > 0$; andernfalls ist sie durch die Reihenschaltung eines Widerstandes mit einer Selbstinduktion zu ersetzen.

Wenn der Erderwiderstand sehr klein ist, erhält man mit $\mathfrak{R}_e \to 0$ aus (304) den Kurzschlußwiderstand der Leitung

$$\mathfrak{R}_k = \sqrt{\frac{R - j\omega L}{j\omega C}}\cdot\mathrm{tg}\sqrt{(R - j\omega L)j\omega Cl}$$

$$= \frac{1}{j\omega Cl}\cdot(\alpha + j\beta)\cdot\frac{\sin 2\alpha + j\,\mathfrak{Sin}\,2\beta}{\cos 2\alpha + \mathfrak{Cof}\,2\beta} \qquad (308)$$

also

$$R_k = \frac{1}{\omega C l} \cdot \frac{\beta \sin 2\alpha + \alpha \operatorname{Sin} 2\beta}{\cos 2\alpha + \operatorname{Cos} 2\beta};$$

$$\omega L_k = -\frac{1}{\omega C l} \cdot \frac{-\alpha \sin 2\alpha + \beta \operatorname{Sin} 2\beta}{\cos 2\alpha + \operatorname{Cos} 2\beta}. \qquad (308\,\mathrm{a})$$

Für kleine numerische Drahtlängen ist

$$\lim_{\substack{\alpha \to 0 \\ \beta \to 0}} R_k = \frac{2\alpha\beta}{\omega C l};$$

$$\lim_{\substack{\alpha \to 0 \\ \beta \to 0}} \omega L_k = -\frac{1}{\omega C l} \cdot (\beta^2 - \alpha^2) = +\frac{1}{\omega C l}(\alpha^2 - \beta^2), \qquad (308\,\mathrm{b})$$

während für große numerische Drahtlängen wiederum die Gl. (305d) gelten.

Mit Benutzung von (305c) und (308b) kann man (307b) schreiben

$$\lim_{\substack{\alpha \to 0 \\ \beta \to 0}} R_S = \frac{R_0 + R_k + R_g \cdot \omega^2 C^2 l^2 \cdot R_0^2}{1 + \omega^2 C^2 l^2 R_0^2};$$

$$\lim_{\substack{\alpha \to 0 \\ \beta \to 0}} \omega L_S = \frac{-R_0 \cdot 2\alpha\beta + \omega L_k - \omega C l R_0^2}{1 + \omega^2 C^2 l^2 R_0^2}. \qquad (307\,\mathrm{c})$$

Nun ist $\frac{1}{\omega C l}$ der kapazitive Widerstand des Drahtes für die Betriebsfrequenz; solange daher R_0 klein gegen $\frac{1}{\omega C l}$ bleibt, wird merklich

$$\lim_{\substack{\alpha \to 0 \\ \beta \to 0}} R_S = R_0 + R_k; \qquad \lim_{\substack{\alpha \to 0 \\ \beta \to 0}} \omega L_S = \omega L_k - 2\alpha\beta \cdot R_0 \qquad (307\,\mathrm{d})$$

und erst, sobald der Erderwiderstand die Größenordnung des kapazitiven Widerstandes des Speisedrahtes erreicht, muß man mit den genaueren Werten (307c) rechnen.

Die hier abgeleiteten Beziehungen gelten unabhängig von der Größe der Kapazität C, der Selbstinduktion L und des Widerstandes R, sofern nur diese längs des Drahtes konstant sind. Allein während man diese Größen in der Theorie der Freileitungen näherungsweise als Konstante der geometrischen Abmessungen betrachten kann, gilt dies hier nur von der Kapazität; dagegen werden Selbstinduktion und Widerstand infolge der Rückleitung des Stromes durch die Erder stark von der Frequenz abhängig.

Wir berechnen die Kapazität mittels der in Nr. 7 entwickelten Abbildung des elektrostatischen Feldes auf das Feld der stationären Strömung. Der Spannungsabfall längs der Erdoberfläche kann hierbei vernachlässigt werden; ist dann h die Höhe des Drahtes über dem Erdboden, ϱ_0 der Drahtradius, so liefert die Methode der elektrischen Bilder als äquivalentes System zwei im Abstand $D = 2h$ voneinander befindliche Drähte gleicher Querschnittsabmessungen. Der Ausbreitungsleitwert eines Drahtes beträgt nach (294a)

$$g = \frac{2\pi\varkappa}{\ln\frac{2h}{\varrho_0}}, \tag{309}$$

so daß mit $\varepsilon_0 = \frac{1}{4\pi\, 9\cdot 10^{11}}$ (Dielektrizitätskonstante des leeren Raumes) die Kapazität der Längeneinheit folgt

$$C = \frac{2\pi\varepsilon_0}{\ln\frac{2h}{\varrho_0}} = \frac{1}{18\cdot 10^{11}\ln\frac{2h}{\varrho_0}}\ \text{Farad/cm}. \tag{309a}$$

Für die Werte der Selbstinduktion und des Widerstandes sind die Entwicklungen der Nr. 37 zu benutzen. Nun ist die reduzierte Höhe der Leitung über Erde

$$\xi_0 = 2\pi h\sqrt{\varkappa f 10^{-9}}\, h \tag{310}$$

beispielsweise noch für $h = 1$ m, $\varkappa = 10^{-4}$ Siemens/cm, $f = 10^7$ Perioden/sec ($\lambda = 30$ m in Luft!)

$$\xi_0 = 2\pi\sqrt{10^{-4}\cdot 10^{7}\cdot 10^{-9}}\cdot 100 = \frac{2\pi}{10},$$

also bei Betrieb der Antenne mit nicht extrem hohen Frequenzen relativ klein. Bei Beschränkung auf solche Frequenzen kann der Widerstand aus (219), die Gesamtselbstinduktion des Luft- und Erdfeldes aus (223) entnommen werden; hierbei ist, wie praktisch meist zulässig, der Eigenwiderstand des Seiles gegen den Rückleitungswiderstand der Erde vernachlässigt; andernfalls tritt dieser Seilwiderstand unter Berücksichtigung der Stromverdrängung im Seil additiv zum Gesamtwiderstand hinzu. Als **Beispiel** behandeln wir einen Draht von 0,25 cm Durchmesser, der in $h = 100$ cm Höhe längs einer Strecke von $l = 160$ m über mittlerem Erdreich von $\varkappa = 10^{-4}$ Siemens/cm Leitfähigkeit ausgespannt ist; die Betriebsfrequenz sei $f = 100000$ Perioden/sec.

Die **Kapazität** beträgt

$$C = \frac{1}{18\cdot 10^{11}\ln\frac{2\cdot 100}{0{,}25}} = 0{,}0083\cdot 10^{-11}\ \text{Farad/cm} = \sim 0{,}075\ \text{cm/cm},$$

die **Selbstinduktion**

$$L = 2\cdot 10^{-9}\cdot\ln\frac{0{,}178}{\sqrt{10^{-4}\cdot 10^{5}\cdot 10^{-9}}\cdot 100} = 5{,}65\cdot 10^{-9}\ \text{Henry/cm} = 5{,}65\ \text{cm/cm}$$

der **Widerstand**

$$R = \pi^2\cdot 10^5\cdot 10^{-9} = 10^{-3}\ \Omega/\text{cm}.$$

Da bei diesen Verhältnissen $\frac{R^2}{\omega^2} \ll L^2$, kann man nach (306) setzen

$$\alpha = \sim \omega l \cdot \sqrt{LC}; \quad \beta = \sim \omega l \sqrt{LC} \cdot \frac{1}{2} \frac{R}{\omega L} = \alpha \cdot \frac{1}{2} \frac{R}{\omega L}, \tag{306a}$$

so daß

$$\alpha = \sim 2\pi \cdot 10^5 \cdot 16000 \cdot \sqrt{5{,}65 \cdot 10^{-9} \cdot 0{,}0083 \cdot 10^{-11}} = 0{,}218;$$

$$\beta = \sim 2\pi \cdot 10^5 \cdot 16000 \cdot \sqrt{5{,}65 \cdot 10^{-9} \cdot 0{,}0083 \cdot 10^{-11}} \cdot \frac{1}{2} \frac{10^{-3}}{2\pi \cdot 10^5 \cdot 5{,}65 \cdot 10^{-9}}$$
$$= 0{,}0306.$$

Diese Längen sind so klein, daß man (305c) benutzen kann; mit (306a) folgt zunächst

$$R_g = \sim \frac{2}{3} \cdot \frac{\omega^2 l^2 \cdot LC \cdot \frac{1}{2} \frac{R}{\omega L}}{\omega C l} = \frac{1}{3} \cdot lR; \quad \omega L_g = -\frac{1}{\omega C l},$$

also $$R_g = \frac{1}{3} \cdot 16000 \cdot 10^{-3} = 5{,}34\,\Omega;$$

$$\omega L_g = -\frac{1}{2\pi \cdot 10^5 \cdot 0{,}0083 \cdot 10^{-11} \cdot 16000} = -1200\,\Omega \text{ (kapazitiv!)}$$

Wird jetzt der Draht als Speiseleitung eines Erders von $R_0 = 6{,}25\,\Omega$ Ausbreitungswiderstand benutzt — es entspricht dies den Verhältnissen des im vorigen Abschnitte behandelten Kreisbanderders (0,313 $\cdot$ 20 $= \sim 6{,}25\,\Omega$) — so ist

$$\frac{1}{\omega C l \cdot R_0} = \frac{1}{2\pi \cdot 10^5 \cdot 0{,}0083 \cdot 10^{-11} \cdot 16000 \cdot 6{,}25} = 0{,}0052.$$

Man darf daher (307d) anwenden; da weiterhin α und β klein sind, ist nach (308b) mit (306a)

$$R_k = \frac{2\alpha\beta}{\omega C l} = \frac{\omega^2 l^2 \cdot LC \cdot \frac{R}{\omega L}}{\omega C l} = Rl;$$

$$\omega L_k = \frac{1}{\omega C l} \cdot \omega^2 l^2 \cdot LC\left(1 - \frac{1}{4} \frac{R^2}{\omega^2 L^2}\right) = \omega L l\left(1 - \frac{1}{4} \frac{R^2}{\omega^2 L^2}\right) = \sim \omega L l \tag{308c}$$

und (307d) geht über in

$$\lim_{\substack{\alpha \to 0 \\ \beta \to 0}} R_S = R_0 + R \cdot l;$$

$$\lim_{\substack{\alpha \to 0 \\ \beta \to 0}} \omega L_S = \omega L l - R_0 \cdot \omega^2 \cdot l^2 \cdot L \cdot C \cdot \frac{R}{\omega L} = \omega L l\left(1 - R_0 \cdot l R \cdot \frac{C}{L}\right). \tag{307e}$$

Zahlenmäßig wird

$$R_S = 6{,}25 + 10^{-3} \cdot 16000 = 22{,}5\,\Omega;$$

$$\omega L_S = 2\pi \cdot 10^5 \cdot 5{,}65 \cdot 10^{-9} \cdot 16000 \left(1 - 6{,}25 \cdot 16000 \cdot 10^{-3} \cdot \frac{0{,}0083 \cdot 10^{-11}}{5{,}65 \cdot 10^{-9}}\right)$$
$$= 58{,}6\,(1 - 0{,}0014) = 58{,}5\,\Omega.$$

Gehen wir jetzt zu der im vorigen Abschnitt behandelten Kreisring-Erderanlage mit 20 Speisepunkten zurück, so folgt als Gesamtwiderstand der Anlage

$$R_{20} = \frac{R_S}{20} = 1{,}13\ \Omega\,.$$

Es ist bemerkenswert, daß dieser Wert genau die gleiche Größenordnung besitzt wie der im vorigen Abschnitt berechnete Ausbreitungswiderstand des Erdersternes, für welchen wir $R_{20} = 1{,}09\ \Omega$ gefunden hatten. Man beachte hierbei, daß man diese Verhältnisse weder durch Änderung des Speisedrahtquerschnittes noch durch Änderung der Höhe des Speisedrahtes über Erde beeinflussen kann, da R_S — innerhalb der Gültigkeit unserer Näherungen — von diesen beiden Konstruktionsdaten völlig unabhängig ist. Bei der Berechnung eines Netzes von Drähten, welche sternförmig über der Erde ausgepannt sind, haben wir die gegenseitige Beeinflussung der Einzeldrähte vernachlässigt. Wir werden später (Nr. 49) zeigen, daß dieses Vorgehen berechtigt ist, solange es sich um die Beeinflussung nahe nebeneinander parallel geführter Drähte handelt, da man in diesem Falle die Drähte durch eine einzige „Ersatzleitung" hinreichend genau erfassen kann. Diese Überlegung gilt indes, strenggenommen, nicht mehr für ein strahlenförmig abgespanntes Drahtnetz. Wir wollen uns indes hier mit der skizzierten Näherung begnügen. Infolge der bisher vernachlässigten kapazitiven Rückleitung des Stromes nach der Antenne hin sind die wirklichen Verlustwiderstände stets kleiner als die hier angegebenen Größen (vgl. auch Nr. 32). Dies ist namentlich bei sehr schlechter Bodenleitfähigkeit zu beachten, da im Grenzfall $\varkappa = 0$ offenbar der Verlustwiderstand völlig verschwindet.

48. Eigenfrequenzen einer Leitung mit Erdrückleitung. Wir berechnen die Eigenfrequenzen einer homogenen Leitung der Länge l, deren Rückleitung durch die E r d e gebildet wird. Die Gesetze der Strom- und Spannungsverteilung längs der am Ende über den komplexen Widerstand $\mathfrak{R}_e$ geschlossenen Leitung sind in den Gleichungen (301 b) und (303 a) des vorigen Abschnittes enthalten.

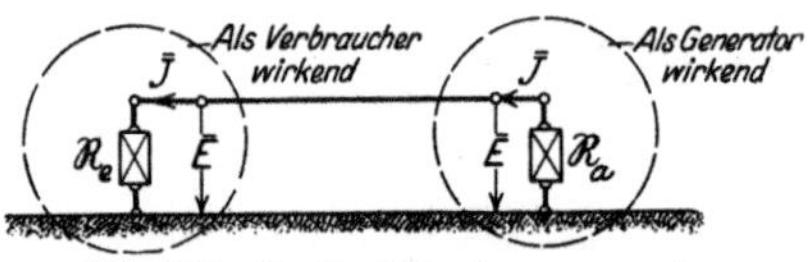

Abb. 115. Zu den Eigenfrequenzen einer Leitung mit Erdrückleitung.

Dort haben wir den Strom als e i n g e p r ä g t e K r a f t gegeben angenommen; demgegenüber sind die E i g e n s c h w i n g u n g e n dadurch definiert, daß e i n g e p r ä g t e K r ä f t e dem S y s t e m m a n g e l n: Der am Anfang der Leitung befindliche Widerstand $\mathfrak{R}_a$ ersetzt den fehlenden Generator, so daß nach Abb. 115 für $z = 0$ die Grenzbedingung statthat

$$\bar{J} \cdot \mathfrak{R}_a + \bar{E} = 0\,. \tag{311}$$

Indem man dies in (304) einsetzt, entsteht

$$\mathfrak{R}_a + \sqrt{\frac{R-j\omega L}{j\omega C}} \cdot \frac{1+\frac{\sqrt{\frac{R-j\omega L}{j\omega C}}}{\mathfrak{R}_e}\cdot \operatorname{tg}\sqrt{(R-j\omega L)\,j\omega C}\cdot l}{\frac{\sqrt{\frac{R-j\omega L}{j\omega C}}}{\mathfrak{R}_e} - \operatorname{tg}\sqrt{R-j\omega L)\,j\omega C}\cdot l} = 0 \qquad (312)$$

oder

$$\operatorname{tg}\sqrt{(R-j\omega L)\,j\omega C}\cdot l = \frac{1+\frac{\mathfrak{R}_a}{\mathfrak{R}_e}}{\frac{\mathfrak{R}_a}{\sqrt{\frac{R-j\omega L}{j\omega C}}} - \frac{\sqrt{\frac{R-j\omega C}{j\omega L}}}{\mathfrak{R}_e}} \qquad (312\,\mathrm{a})$$

Diese Beziehung enthält keinerlei Ströme oder Spannungen mehr; sie verlangt vielmehr bestimmte, im allgemeinen komplexe Werte

$$\omega = \omega_0 + j\,\delta \qquad (313)$$

als ihre Wurzeln, welche hiernach nur von den Eigenschaften des Systemes abhängen und mit den gesuchten Eigenschwingungen identisch sind.

Während die strenge Lösung der Gl. (312a) große Schwierigkeiten bereitet, läßt sich eine einfache Näherung in dem praktisch wichtigsten Falle sehr kleiner Dämpfung angeben. Wir wollen hierzu die vereinfachende Voraussetzung machen, daß sowohl $\mathfrak{R}_a$ als auch $\mathfrak{R}_e$ rein imaginär seien, so daß in ihnen keinerlei Leistung vernichtet wird. Mit Benutzung von (306) können wir dann schreiben

$$\operatorname{tg}(\alpha + j\beta) = \frac{1+\frac{\mathfrak{R}_a}{\mathfrak{R}_e}}{\frac{\mathfrak{R}_a j\omega C l}{\alpha+j\beta} - \frac{\alpha+j\beta}{\mathfrak{R}_e j\omega C l}}\,. \qquad (313\,\mathrm{a})$$

Für vernachlässigbar kleinen Widerstand verschwindet nach (306a) β, so daß diese Bedingung sich reduziert auf

$$\operatorname{tg}\alpha = \frac{1+\frac{\mathfrak{R}_a}{\mathfrak{R}_e}}{\frac{\mathfrak{R}_a j\omega C l}{\alpha} - \frac{\alpha}{\mathfrak{R}_e j\omega C l}} \qquad (313\,\mathrm{b})$$

Mit Beschränkung auf hinreichend kleine reduzierte Leitungshöhen ist hierbei

$$\left.\begin{aligned} \alpha &\equiv \omega\cdot l\cdot\sqrt{LC} = \frac{2\pi f l}{3\cdot 10^{10}}\cdot\sqrt{\frac{\ln\frac{0{,}178}{\sqrt{\varkappa f 10^{-9}}\varrho_0}}{\ln\frac{2h}{\varrho_0}}}\,;\\ \frac{\alpha}{j\omega C l} &= \frac{1}{j}\sqrt{\frac{L}{C}} = \frac{60}{j}\sqrt{\ln\frac{0{,}178}{\sqrt{\varkappa f 10^{-9}}\,\varrho_0}\cdot\ln\frac{2h}{\varrho_0}}\,. \end{aligned}\right\} \qquad (314)$$

Nachdem hieraus der Zusammenhang zwischen α und f gefunden ist, berechnet man zweckmäßig zunächst aus (313b) die Hilfsgröße α. Dies geschieht leicht graphisch, indem man über α als Abszisse $\operatorname{tg}\alpha$ und $f(\alpha)$ zeichnet, deren Schnitt die gesuchten α-Werte liefert. Nachdem man dann entsprechend Abb. 116 in das gleiche Diagramm die erste der Gleichungen (314) durch Zeichnung von α als Funktion von f einträgt, erhält man aus α die Eigenfrequenz f selbst.

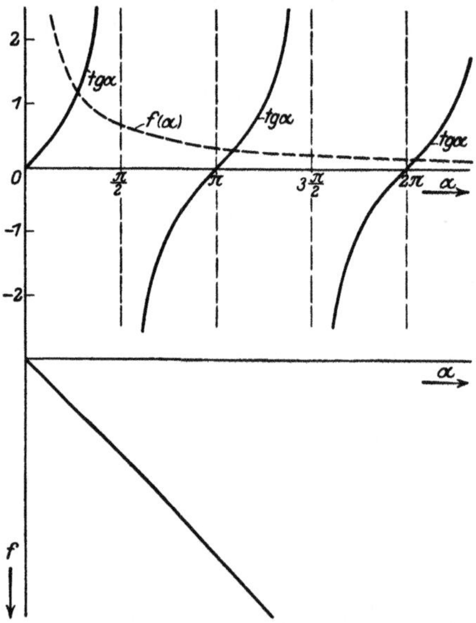

Abb. 116. Graphische Bestimmung der Eigenfrequenzen einer Leitung mit Erdrückleitung.

Von den unendlich vielen Eigenfrequenzgruppen, die sich für variable $\mathfrak{R}_a$ und $\mathfrak{R}_e$ ergeben, besitzen zwei für die Anwendungen besondere Bedeutung.

Eigenfrequenzen erster Art treten bei $\mathfrak{R}_a \to 0$ (Kurzschluß am Leitungsanfang) auf. Die Frequenzgleichung vereinfacht sich hierbei auf

$$\operatorname{tg}\alpha = -\mathfrak{R}_e \cdot \frac{j\omega C l}{\alpha}. \qquad (315)$$

Ist insbesondere die Leitung auch am Ende kurzgeschlossen, so kommt mit $\mathfrak{R}_e = 0$

$$\operatorname{tg}\alpha = 0; \quad \alpha = 0; \quad \pi; \quad 2\pi; \ \ldots \qquad (315\text{a})$$

also nach (314)

$$\frac{2\pi f l}{3 \cdot 10^{10}} \cdot \sqrt{\frac{\ln \dfrac{0{,}178}{\sqrt{\varkappa f\, 10^{-9}}\, \varrho_0}}{\ln \dfrac{2h}{\varrho_0}}} = 0; \ \pi; \ 2\pi; \ \ldots \qquad (315\text{b})$$

Wenn dagegen die Leitung am Ende offen ist, hat man mit $\mathfrak{R}_e \to \infty$

$$\operatorname{tg}\alpha = \infty; \quad \alpha = \frac{\pi}{2}; \ 3\frac{\pi}{2}; \ 5\frac{\pi}{2}; \ \ldots \qquad (315\text{c})$$

Die Eigenfrequenzen nehmen also ab gemäß

$$\frac{2\pi f l}{3 \cdot 10^{10}} \cdot \sqrt{\frac{\ln \dfrac{0{,}178}{\sqrt{\varkappa f\, 10^{-9}} \cdot \varrho_0}}{\ln \dfrac{2h}{\varrho_0}}} = \frac{\pi}{2}; \ 3\frac{\pi}{2}; \ 5\frac{\pi}{2}; \ \ldots \qquad (315\text{d})$$

In diesen einfachsten Fällen kann man somit auf die Ermittelung der Hilfsgröße α völlig verzichten.

Eigenfrequenzen zweiter Art ergeben sich für $\mathfrak{R}_a \to \infty$ (Leitungsanfang offen). Als Frequenzgleichung erhält man aus (313b)

$$\operatorname{tg} \alpha = \frac{1}{\mathfrak{R}_e} \cdot \frac{\alpha}{j\omega C l}. \tag{316}$$

Wenn die Leitung am Ende ebenfalls offen ist ($\mathfrak{R}_e \to \infty$), erhält man wiederum die Eigenfrequenzen (315a, b), während Kurzschluß am Leitungsende die Eigenfrequenzen (315c, d) liefert. Die niedrigsten (von Null verschiedenen) Eigenfrequenzen ergeben sich somit bei beiden Schwingungsformen, wenn Anfang und Ende über verschiedene Widerstände geschlossen sind.

Die entwickelten Eigenfrequenz-Formeln können dazu benutzt werden, um die Eigenschwingungszahl von Luftleitergebilden der drahtlosen Nachrichtenübermittlung zu berechnen, welche mit Gegengewichtsdrähten oder Erderspeiseleitungen entsprechend Nr. 47 ausgerüstet sind. Ihre wichtigste Anwendung finden sie indessen in der Untersuchung der Erdschlußvorgänge in Starkstromnetzen. In vielen solchen Anlagen sind die reduzierten Leitungslängen so klein, daß man in der Frequenzgleichung (313b) den Tangens mit dem Bogen vertauschen kann und dann einfacher erhält

$$\alpha = \frac{1 + \frac{\mathfrak{R}_a}{\mathfrak{R}_e}}{\frac{\mathfrak{R}_a j \alpha C l}{\alpha} + \frac{\alpha}{\mathfrak{R}_e j \omega C l}}. \tag{313c}$$

Eine weitere Vereinfachung der etwas weitläufigen Auswertung dieser Beziehung kann man dadurch erzielen, daß man mit Hinsicht auf die schwache Krümmung der den Zusammenhang zwischen f und α vermittelnden Kurve (Abb. 116) die Eigenfrequenz zunächst schätzt und hiermit in (313c) eingeht; weicht der hieraus resultierende Wert der Eigenfrequenz von dem geschätzten Wert sehr stark ab, so muß die Rechnung mit dem neuen Wert noch einmal durchgeführt werden, während man sich andernfalls mit dieser ersten Näherung begnügen darf.

X. Einfluß der Erdströme auf die Vorgänge des stationären Erdschlusses in Starkstromnetzen.

49. Ersatzbild des Erdschlusses. Bisher haben wir den Erdschlußstrom in Starkstromanlagen, der in das Erdreich übertritt und dort die im Vorangegangenen eingehend geschilderten Wirkungen hervorruft, als bekannt vorausgesetzt. Die Ergebnisse des letzten Kapitels setzen uns in den Stand, seine Größe in Abhängigkeit von den Betriebsdaten der erdgeschlossenen Anlage rechnerisch vorauszubestimmen.

Vor Eintritt des Erdschlusses herrscht zwischen der betroffenen Leitung und Erde die Spannung E; sie gleicht bei Einphasenanlagen mit gesonderter Hin- und Rückleitung (Bahnspeiseleitung) der halben Betriebsspannung, bei Einphasen-, Gleichstrom- und Drehstrombahnfahrleitungen der vollen Betriebsspannung und bei Drehstromanlagen normaler Bauart der Phasenspannung, also dem $\frac{1}{\sqrt{3}}$-fachen der Betriebsspannung.

Durch den Erdschluß wird die Spannung der betroffenen Leitung am Erdschlußorte zwangsmäßig auf einen sehr kleinen Wert heruntergedrückt, welcher dem Produkt des Erdschlußstromes mit dem Ausbreitungswiderstand des Erdschlusses gleicht. Indem wir diesen dem Gesamtwiderstand der Strombahn zuschlagen, gelangen wir zu dem Begriff des idealen Erdschlusses, welcher durch den völligen Zusammenbruch der Spannung zwischen erdgeschlossener Leitung und Erde definiert ist. Hiernach ist der Erdschluß elektrisch gleichwertig mit dem Eingriff einer am Erdschlußort tätigen Spannung bei gleichzeitigem Verschwinden aller eingeprägten Spannungen

$$E' = -E, \tag{317}$$

deren Stromsystem sich dem Stromsystem der normalen Generatorspannungen in der gesunden Anlage überlagert. Denn diesem entspricht am Erdschlußort die Spannung E, so daß die aus der Überlagerung resultierende Spannung $E_r = E + E'$ in der Tat verschwindet. Allerdings gilt dieser Satz nur mit der Einschränkung, daß man die magnetische Sättigung im Eisen der Generatoren und Transformatoren vernachlässigen darf, da andernfalls die Überlagerung nicht statthaft ist.

Für die Vorgänge im Erdreich sind die normalen Betriebsströme ohne Interesse; insoweit die Folgen eines Erdschlusses untersucht werden sollen, kann daher — innerhalb der genannten Einschränkungen — das System stets durch das Ersatzbild nach Abb. 117b dargestellt werden, in welchem die Spannung (317) auf das sonst spannungslose System einwirkt. Durch diesen Kunstgriff wird die Behandlung von Erdschlußproblemen beträchtlich vereinfacht; beispielsweise hat man beim Erdschluß von Drehstromnetzen zu-

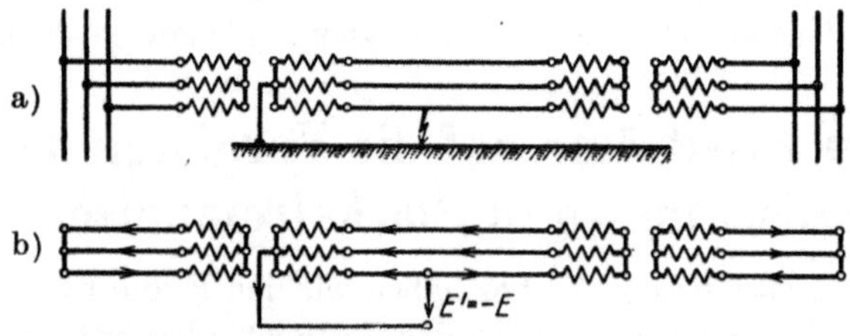

Abb. 117. Schema eines Erdschlusses und sein gleichwertiges Ersatzbild.

nächst ein unsymmetrisches Drehstromnetz zu behandeln, während das entwickelte Ersatzbild sogleich auf ein Einphasenschema bestimmter Konstitution führt, dessen Untersuchung sich wesentlich einfacher und rascher gestaltet.

50. Der Ersatzleiter einer erdgeschlossenen Leitung. Man gewinnt eine für viele Fälle ausreichende Übersicht über die Erdschlußerscheinungen, wenn man über die im allgemeinen beliebige Reaktanz der Generatoren und Transformatoren spezielle Annahmen macht. Zunächst wollen wir stets voraussetzen, daß die Reaktanz der Generatoren verschwindend klein sei gegenüber dem kapazitiven Widerstand der Leitungsbahnen, eine Annahme, welche bei hinreichender Größe der in den Erdschluß speisenden Zentralen stets zulässig ist. Die Transformatoren sind demnach auf der Generatorseite gegenüber der am Erdschlußorte tätigen Spannung E' entsprechend Abb. 117b als kurzgeschlossen zu betrachten. Über die Reaktanz der Transformatoren lassen sich derart allgemeine Angaben nicht machen; man kann indes zeigen, daß man je nach der Type, Schaltung und Erdschlußart entweder mit einer unendlich großen oder mit einer nahezu verschwindenden Transformatorreaktanz rechnen kann, um die wesentlichen Merkmale des Erdschlußvorganges zu erfassen (vgl. Nr. 53). Die vorgenannten Annahmen führen zusammen mit dem früher genannten Ersatzbild des Erdschlusses sogleich zu einer sehr einfachen Formulierung der Erdstromvorgänge längs der Leitung. Denn für diese sind offenbar die Erscheinungen, welche durch die elektromagnetische Koppelung der nebeneinander laufenden Leitungen verursacht werden, von untergeordneter Bedeutung, da hierbei die Erdfelder nur eine sehr schwache Wirkung ausüben; wir dürfen in unseren Untersuchungen, die lediglich die Bedeutung der Erdströme klären sollen, von diesen Koppelungsvorgängen absehen. Hieraus darf aber nicht etwa geschlossen werden, daß diesen Vorgängen an sich keine Bedeutung zukommt; vielmehr spielen sie eine gefürchtete Rolle bei der Ausbildung von Oberschwingungen, welche durch das Zusammenwirken der Netzkapazitäten mit der Selbstinduktion der Transformatoren und Apparate gebildet werden können, und sind bei der Nachrechnung solcher Erscheinungen wohl zu beachten.

Mit Beschränkung auf die Vorgänge, bei denen die Erdstromfelder maßgebend beteiligt sind, dürfen wir hiernach das erdgeschlossene System bei unendlich großer Transformatorreaktanz als eine leerlaufende Leitung auffassen, die am Anfang durch die Spannung E' nach (317) erregt wird; dagegen führt die Annahme verschwindender Transformatorreaktanz nach obigem zu einem System parallelgeschalteter Leiter, die am Anfang ebenfalls durch E' erregt werden. In allen Fällen dürfen wir das Erdseil völlig vernachlässigen, da dieses nach Nr. 39 einen nur unbedeutenden Teil des Erdschlußstromes führt; es ist lediglich bei der Kapazitätsberechnung zu beachten.

Wir wollen zeigen, daß man diesen wichtigsten Fall auf das System einer einzigen, am Anfang erregten Leitung zurückführen kann, welche wir die „Ersatzleitung" des erdgeschlossenen Systemes nennen; sie wird durch einen „Ersatzleiter" dargestellt, welcher im Schwerpunkt der wirklichen Leiteranordnung zu denken ist. Hierzu setzen wir voraus, daß das Leitersystem so weit von der Erde entfernt ist, daß dort ihr Feld merklich dem einer einzigen Leitung, eben der Ersatzleitung gleicht; hierdurch ist gewährleistet, daß die Ableitung der Erdströme von der Erdoberfläche nach der Ersatzleitung hin nach wesentlich den gleichen Gesetzen erfolgt wie bei dem wirklichen Leitungssystem. Damit die Ersatzleitung auch gleiche Spannung gegen Erde aufweise, muß ihre Kapazität je Längeneinheit der Gesamt-Erdkapazität des wirklichen Leitungssystemes gleichen.

Die Abmessungen des hierdurch bestimmten Ersatzleiters ergeben sich aus Anordnung und Dimensionen des vorgelegten Leitersystemes leicht mittels der Theorie des logarithmischen Potentiales nach Nr. 15. Der Allgemeinheit halber setzen wir voraus, daß das Leitungssystem aus n Drähten bestehen, deren Lage wir in einem Gaußschen Koordinatensystem $z = x + jy$ durch ihre vektoriellen Abstände z_k $(k = 1;\ 2; \ldots n)$ vom Schwerpunkt beschreiben, während ihr Querschnitt nahezu Kreisform vom Halbmesser ϱ_k aufweisen möge. Indem wir gemäß Nr. 6 in (89) den spezifischen Strom i durch die spezifische Ladung des jeweils betrachteten Leiters ersetzen und die Leitfähigkeit $\varkappa$ mit der Dielektrizitätskonstante ε_0 des leeren Raumes vertauschen, erhalten wir sogleich die Potentiale der Einzelleitungen im allseitig unendlich ausgedehnten Raume

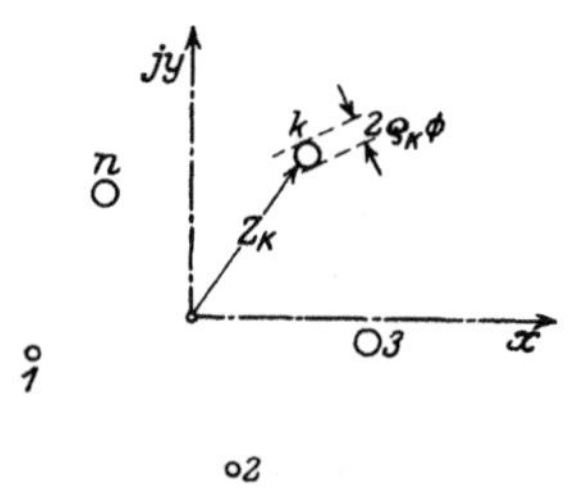

Abb. 118. Zum Ersatzleiter einer erdgeschlossenen Leitung.

$$\varphi_k = \frac{q_k}{2\pi\varepsilon_0} \Re n \cdot \ln(z - z_k); \qquad k = 1;\ 2;\ \ldots n. \tag{318}$$

Insbesondere folgt das Oberflächenpotential des $k$ten Leiters als Resultante aus Eigenpotential und Beeinflussung durch die Nachbarleiter für hinreichend große Leiterabstände

$$d_{nm} = |z_n - z_m| \tag{319}$$

mit Abb. 118 aus (318) zu

$$\varphi_{k_0} = \frac{q_k}{2\pi\varepsilon_0} \cdot \ln\varrho_k + \sum_{i=1}^{n}{}' \frac{q_i}{2\pi\varepsilon_0} \ln d_{i,k}, \tag{318a}$$

wo der Apostroph am Summenzeichen die Auslassung des Index k bei der Summierung über i andeutet.

Da das System nur wenig von der Symmetrie abweichen soll, sind die spezifischen Ladungen ϱ_k nicht viel von ihrem Mittelwert q verschieden, so daß man statt (318a) schreiben kann

$$\varphi_{k_0} = \sim \frac{q}{2\pi\varepsilon_0} \cdot \ln(\varrho_k \cdot d_{1k} \cdot d_{2k} \dots d_{nk}). \tag{318b}$$

Ebenso darf mit nur kleinem Fehler das Oberflächenpotential des $k$ten Leiters durch seinen Mittelwert φ_0 über sämtliche n Oberflächenpotentiale ersetzt werden

$$\varphi_{k_0} = \sim \varphi_0 = \frac{1}{n}\sum_{i=1}^{n}\varphi_{i_0} = \frac{q}{2\pi\varepsilon_0} \cdot \ln \sqrt[n]{(\varrho_1 \cdot {}_2\varrho \cdots \varrho_n)\prod_{i,k}{}' d_{i,k}}\,. \tag{318c}$$

Hier ist bei der Produktbildung der Faktor $d_{i,k}$ mit gleichem Index i und k auszulassen.

Der Ersatzleiter, der durch gleiche Kapazität je Längeneinheit definiert ist, muß bei gleicher Gesamtladung

$$Q = n \cdot q \tag{320}$$

gleiches Oberflächenpotential φ_0 besitzen. Nehmen wir seinen Querschnitt kreisförmig vom Radius ϱ_w an, so folgt also

$$\frac{Q}{2\pi\varepsilon_0} \cdot \ln \varrho_w = \frac{q \cdot n}{2\pi\varepsilon_0} \cdot \ln \varrho_w = \frac{q}{2\pi\varepsilon_0} \cdot \ln \sqrt[n]{(\varrho_1 \varrho_2 \cdots \varrho_n) \cdot \Pi' d_{ik}} \tag{321}$$

oder

$$\varrho_w = \sqrt[n^2]{(\varrho_1 \cdot \varrho_2 \cdots \varrho_n) \cdot \Pi' d_{ik}}\,. \tag{321a}$$

Insbesondere wird für die zweidrähtige Einphasenleitung nach Abb. 119

$$\varrho_w = \sqrt[4]{\varrho^2 d^2} = \sqrt[2]{\varrho\, d}\,. \tag{321b}$$

für die vierdrähtige Einphasen-Doppelleitung nach Abb. 120

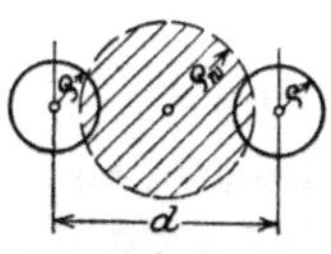

Abb. 119. Ersatzleiter einer zweidrähtigen Einphasenleitung.

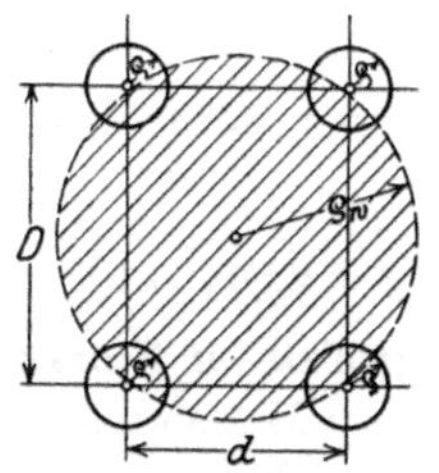

Abb. 120. Ersatzleiter einer vierdrähtigen Einphasen-Doppelleitung.

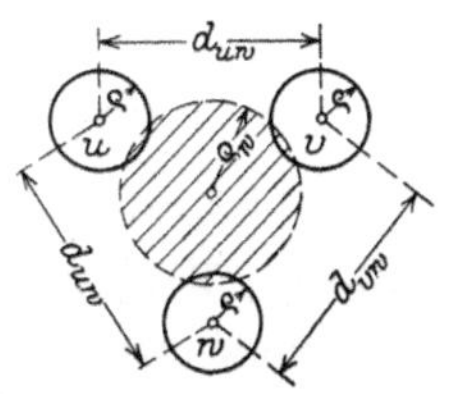

Abb. 121. Ersatzleiter einer dreidrähtigen Drehstromleitung.

$$\varrho_w = \sqrt[16]{\varrho^4 D^4 \cdot d^4 (D^2 + d^2)^2} = \sqrt[4]{\varrho D d \sqrt{D^2 + d^2}} \tag{321c}$$

für die dreidrähtige Drehstromleitung der Abb. 121

$$\varrho_w = \sqrt[9]{\varrho^3 \cdot d_{uv}^2 \cdot d_{vw}^2 \cdot d_{wu}^2} = \sqrt[3]{\varrho s^2}; \quad s^2 = \sqrt[3]{d_{uv}^2 \cdot d_{vw}^2 \cdot d_{wu}^2}\,. \tag{321d}$$

Wenn die Leitung aus einer noch größeren Zahl von Einzeldrähten besteht, teilt man das System zweckmäßig in Gruppen kleinerer Leiterzahl ein, deren Teil-Ersatzhalbmesser man zunächst einzeln berechnet, und ermittelt dann aus der Gesamtheit dieser Teil-Ersatzhalbmesser den resultierenden Gesamthalbmesser. Beispielsweise ergibt sich für eine aus 6 Drähten bestehende Drehstrom-Doppelleitung nach Abb. 122 zunächst der Teil-Ersatzhalbmesser ϱ_w jedes Drahtsatzes aus (321 d),

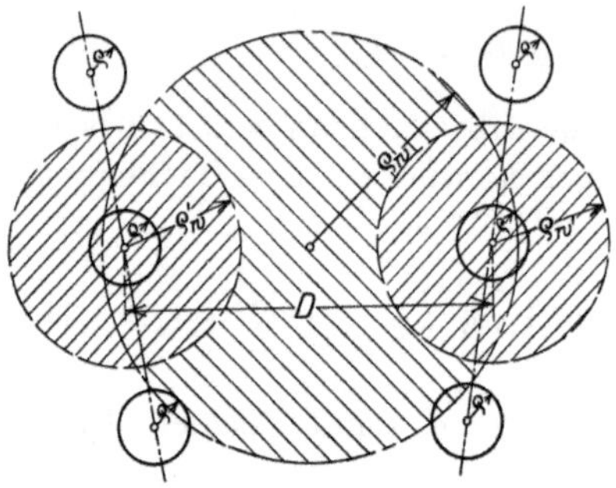

Abb. 122. Ersatzleiter einer Drehstrom-Doppelleitung.

$$\varrho_w' = \sqrt[3]{\varrho s^2}$$

und hieraus nach (321 b) der resultierende Ersatzhalbmesser

$$\varrho_w = \sqrt[2]{\varrho_w' \cdot D} = \sqrt[6]{\varrho s^2 D^3}. \qquad (321e)$$

Die Kapazität der Längeneinheit der Ersatzleitung gegen Erde folgt aus (309a), wenn ϱ_w für ϱ_0 substituiert wird, unter Vernachlässigung des Erdseiles zu

$$C = \frac{1}{18 \cdot 10^{11} \cdot \ln \dfrac{2h}{\varrho_w}} \text{ Farad/cm} = \frac{1}{18 \cdot \ln \dfrac{2h}{\varrho_w}} \, \mu\text{F/km}. \qquad (322)$$

Beispielsweise ist für eine Leitung, welche aus 3 nebeneinander im Abstand 3 m geführten Drähten von $\varrho = 1{,}5$ cm Halbmesser in $h = 12$ m mittlerer Höhe über Erde besteht nach Gl. (321 d)

$$s^2 = \sqrt[3]{3^2 \cdot 6^2 \cdot 3^2} = 14{,}28 \text{ m}^2; \quad s = 378 \text{ cm}; \quad \varrho_w = \sqrt[3]{1{,}5 \cdot 378^2} = 51{,}3 \text{ cm},$$

also ein Vielfaches des Drahthalbmessers ϱ. Aus (322) ergibt sich als Kapazität

$$C = \frac{1}{18 \cdot 10^{11} \cdot \ln \dfrac{2 \cdot 1200}{51{,}3}} = 0{,}0145 \cdot 10^{-11} \text{ Farad/cm}$$

$$= 0{,}0145 \cdot 10^{-6} \text{ Farad/km}.$$

Obwohl der Ersatzleiter hier speziell für Starkstromleitungen bestimmt wurde, kann man die abgeleiteten Beziehungen ungeändert zur Berechnung von Mehrfach-Gegengewichtsdrähten von Antennen entsprechend Nr. 57 verwenden; ebenso beruht die Berechnung der Mehrfacherder nach Nr. 16 auf diesen Überlegungen.

51. Der kapazitive Erdschlußstrom. Der Erdschlußstrom heißt kapazitiv, wenn er von der Erdoberfläche als dielektrischer Verschiebungsstrom, also über die sogenannten Erdkapazitäten der Leitung zu ihr zurückkehrt (vgl. Nr. 32).

Nachdem gezeigt werden konnte, daß grundsätzlich alle Anlagen zu dem gleichen Ersatzschema des Erdschlusses führen, dürfen wir unsere Untersuchung ohne Verletzung der Allgemeinheit insbesondere an den praktisch wichtigsten Fall des Erdschlusses in einem Drehstromnetze nach Abb. 123 anknüpfen. Es möge aus drei homogenen Leitungen u, v, w bestehen, welche über einen Transformator gespeist werden.

Das Ersatzbild des Erdschlusses beispielsweise der Leitung u ist in Abb. 124 dargestellt. Der Strom fließt von der Erdschlußstelle aus zum Teil über die Kapazität der kranken Leitung zum Erdschlußpunkt, der Rest zieht durch die Transformator-Hochspannungswicklungen

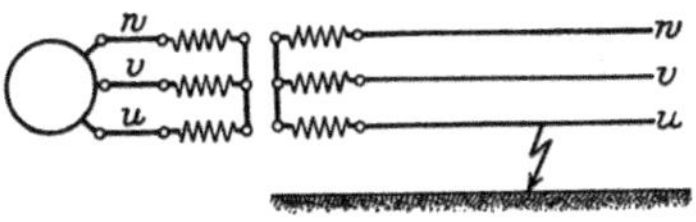

Abb. 123. Kapazitiver Erdschluß in einem Drehstromnetze.

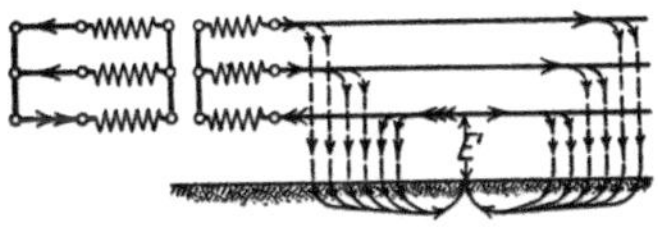
Abb. 124. Ersatzbild des kapazitiven Erdschlusses in einem Drehstromnetze.

in die gesunden Leitungen ein und kehrt dann als Verschiebungsstrom zum Fehlerorte zurück. In den Zuleitungen des Generators zum Transformator fließen niedrig gespannte Ströme, welche die Ströme der Hochspannungswicklungen voll kompensieren; daher wirkt lediglich die Streureaktanz des Transformators, welche bei hinreichender Nennleistung vernachlässigt werden darf. Somit ist die Leitung durch den im vorigen Abschnitt angegebenen Ersatzleiter darstellbar, wobei je nach Ausführung der Anlage als Einfach- oder Doppeldrehstromleitung für ϱ_w der Wert (321d) oder (321e) zu benutzen ist.

Wenn die Eigenfrequenz der Leitung sehr groß gegen die Betriebsfrequenz ist, wird die reduzierte Länge α der Leitung für die Betriebsfrequenz sehr klein; die Leitung der Länge l wirkt daher nach Gl. (305c) lediglich wie ein verlustfreier Kondensator der Größe

$$C_e = \frac{l}{18 \cdot 10^{11} \cdot \ln \frac{2h}{\varrho_w}}, \tag{323}$$

welcher definitionsgemäß der Summe der Erdkapazitäten der drei Einzelleitungen gleicht. Da der Strom vom Erdschlußpunkt aus nach beiden Seiten zieht, ist hier unter l die Gesamtlänge der Leitung zu verstehen. Die treibende Spannung E' ist in ihrem Betrage gleich dem $\frac{1}{\sqrt{3}}$-fachen der Betriebsspannung E_0, so daß der Erdschlußstrom wird

$$J_c = |E'|\,\omega\, C_e = \frac{E_0}{\sqrt{3}} \cdot \omega \cdot C_e. \tag{324}$$

Beispielsweise ist für eine $l = 100$ km lange Strecke der im vorigen Abschnitt genannten Leitung bei einer Betriebsspannung von 110 kV und 50 Perioden/sec

$$J_C = \frac{110000}{\sqrt{3}} \cdot 2\pi \cdot 50 \cdot 100 \cdot 0{,}0145 \cdot 10^{-6} = 29 \text{ Amp.}$$

Um zu prüfen, inwieweit diese Art der Berechnung zulässig ist, berechnen wir diejenige kritische Leitungslänge l_{kr}, bei welcher die niedrigste Eigenfrequenz erster Art (Nr. 48) bei offenem Leitungsende mit der Betriebsfrequenz zusammenfällt. Sie ergibt sich mittels (315d)

$$l_{\text{kr}} = \frac{3 \cdot 10^{10}}{4f} \cdot \sqrt{\frac{\ln \frac{2h}{\varrho_w}}{\ln \frac{0{,}178}{\sqrt{\varkappa \cdot f \cdot 10^{-9}} \cdot \varrho_w}}}. \tag{325}$$

Hier gibt der erste Faktor

$$l_{\text{kr}0} = \frac{3 \cdot 10^{10}}{4f} \tag{325a}$$

die kritische Länge einer Leitung mit metallischer Rückleitung an, die also für 50 Perioden/sec 1500 km beträgt; demnach schildert die Wurzel in (325) die Wirkung der Erdrückleitung auf die kritische Länge. Für unser Beispiel ist

$$\sqrt{\frac{\ln \frac{2h}{\varrho_w}}{\ln \frac{0{,}178}{\sqrt{\varkappa f\, 10^{-9}} \cdot \varrho_w}}} = \sqrt{\frac{3{,}75}{7{,}35}} = 0{,}713\,,$$

so daß also die kritische Länge auf

$$l_{\text{kr}} = 1500 \cdot 0{,}713 = 1070 \text{ km}$$

verringert wird. Obgleich diese Länge immer noch sehr groß ist, ist sie doch praktisch beträchtlich kleiner als die kritische Länge nach (325a); denn bei neuzeiltichen Höchstspannungsanlagen kann die Leitungslänge durchaus die genannte Größenordnung erreichen. Sei beispielsweise für eine solche $l = 500$ km, $E_0 = 380$ kV, so wird — unter Beibehaltung des früheren Kapazitätswertes — nach (324)

$$J_c = \frac{380000}{\sqrt{3}} \cdot 2\pi \cdot 50 \cdot 500 \cdot 0{,}0145 \cdot 10^{-6} = 500 \text{ Amp.}$$

Die genauere Formel (305b) liefert, da $\alpha = \sim \frac{1}{2}$, als „Reaktanz"

$$\omega L_g = -\frac{1}{2\pi \cdot 50 \cdot 0{,}0145 \cdot 10^{-6} \cdot 500} \cdot \frac{\frac{1}{2} \sin 1}{1 - \cos 1}$$

$$= -440 \cdot \frac{\frac{1}{2} \cdot 0{,}8403}{1 - 0{,}5422} = 404\, \Omega\,,$$

so daß der kapazitive Erdschlußstrom auf

$$J_0 = \frac{380\,000}{\sqrt{3}} \cdot \frac{1}{404} = 546 \text{ Amp.},$$

also durch die eben sich andeutende Resonanznähe schon um rund 10% vergrößert wird.

In manchen Anlagen, insbesondere für mittlere Spannungen, wird die Freileitung nach Abb. 125 über ein Kabelnetz gespeist. Da dieses sehr kleine Selbstinduktion besitzt, kann man es stets durch konzentrierte Kapazitäten darstellen; insbesondere ist es in dem Ersatzschema des Erdschlusses als ein Kondensator C_{ek} zu betrachten, dessen Größe der Summe der Erdkapazitäten der drei Phasen gleicht.

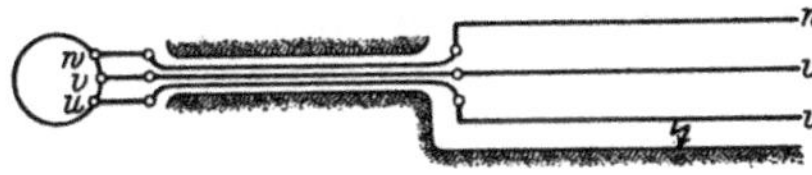

Abb. 125. Speisung eines Freileitungsnetzes über Kabel.

Wenn also der Erdschluß auf der Freileitung stattfindet, gibt das Ersatzschema des Erdschlusses eine am Anfang durch E' erregte Leitung gewisser Länge l, die am Ende durch den Kondensator C_{ek} geschlossen ist. Mit

$$\Re_e = \frac{1}{-j\,\omega\,C_{ek}} \tag{326}$$

ergibt sich aus (304) der Widerstand des Systemes gegen die treibende Spannung

$$\Re_a = j\sqrt{\frac{L}{C}}\;\frac{1 + \dfrac{j\sqrt{\frac{L}{C}}}{\frac{1}{-j\,\omega\,C_{ek}}}\cdot \mathrm{tg}(-\sqrt{L\,C}\cdot l)}{\dfrac{j\sqrt{\frac{L}{C}}}{\frac{1}{-j\,\omega\,C_{ek}}} - \mathrm{tg}(-\omega\sqrt{L\,C}\cdot l)} \tag{327}$$

wo wiederum der Leitungswiderstand vernachlässigt wurde. Für nicht zu große Leitungslängen — und nur solche kommen für derartige Anlagen in Frage — kann man $\mathrm{tg}\,\omega\,\sqrt{L\,C}\,l \equiv \mathrm{tg}\,\alpha$ durch α ersetzen und erhält dann

$$\Re_a = j\,\frac{1 - \omega^2 L\,l \cdot C_{ek}}{\omega\,(C_{ek} + C\cdot l)}\,. \tag{327a}$$

Daher folgt der kapazitive Erdschlußstrom

$$J = \frac{E'}{\Re_a} = \frac{E'\cdot\omega\,(C_{ek} + C\cdot l)}{1 - \omega^2\cdot L\,l\cdot C_{ek}} = \frac{J'}{1 - \omega^2 L\,l\,C_{ek}}\,. \tag{327b}$$

Der Zähler des erhaltenen Ausdruckes stellt den elementar berechneten kapazitiven Erdschlußstrom J' dar, für welchen lediglich die gesamte

Erdkapazität des Netzes maßgebend ist. Der wirkliche Erdschlußstrom ist jedoch noch (327b) im Verhältnis

$$\frac{J}{J'} = \frac{1}{1-\omega^2 \cdot L l \cdot C_{ek}} \tag{327c}$$

größer als dieser und wächst bei Annäherung an die kritische Frequenz ω_{kr}

$$1 - \omega_{kr}^2 L l C_{ek} = 0 \tag{327d}$$

resonanzhaft an; die Gefahrfrequenz ist jetzt nicht mehr durch die Kapazität der Leitung gegeben, sondern enthält die Selbstinduktion des Erdrückleitungsfeldes im Verein mit der Kapazität des Kabelnetzes. Hier darf man also den elementar berechneten Strom nur solange als richtig betrachten, als die Betriebsfrequenz von der kritischen Frequenz (327d) hinreichend entfernt ist.

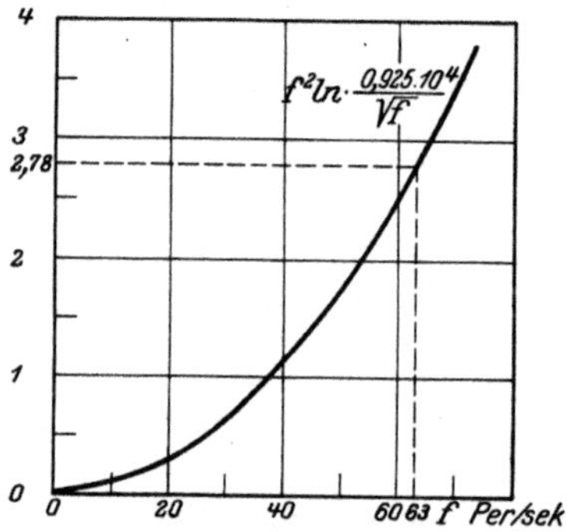

Abb. 126. Lösung der transzendenten Gleichung (327d).

Als Beispiel[1] betrachten wir die Verhältnisse in einem Freileitungsnetze von 45 km Länge, wobei wir der Einfachheit halber die oben genannten Abmessungen beibehalten wollen; das Kabelnetz soll eine Erdkapazität von 100 μF besitzen. Mit

$$L = 0{,}2 \cdot \ln \frac{0{,}178}{\sqrt{\varkappa f\, 10^{-9}}\, \varrho_\omega} \cdot 10^{-3} = 0{,}2 \cdot \ln \frac{0{,}975 \cdot 10^4}{\sqrt{f}} \cdot 10^{-3} \text{ Henry/km}$$

lautet (327d)

$$1 - 4\pi^2 \cdot f^2 \cdot 0{,}2 \cdot \ln \frac{0{,}975 \cdot 10^4}{\sqrt{f}} \cdot 10^{-3} \cdot 45 \cdot 100 \cdot 10^{-6} = 0;$$

$$f^2 \cdot \ln \frac{0{,}975 \cdot 10^4}{\sqrt{f}} = 2{,}78 \cdot 10^4.$$

Diese transzendente Gleichung ist in Abb. 126 graphisch gelöst und ergibt als kritische Frequenz $f = 63$ Perioden/sec; sie ist offenbar identisch mit der niedrigsten Eigenfrequenz erster Art, die das System ausführen kann, da für diese Frequenz nach (327a) der Anfangswiderstand der Anordnung verschwindet. Wenn die Leitung mit 50 Perioden/sec betrieben wird, ist

---

[1] Die nachfolgenden Zahlen stimmen mit einem von R. Rüdenberg: Elektrische Schaltvorgänge, S. 153 behandelten Beispiel überein, in welchem die Selbstinduktion der Erdrückleitung nicht ausdrücklich berücksichtigt wurde.

$$L = 0{,}2 \cdot \ln \frac{0{,}975 \cdot 10^4}{\sqrt{50}} \cdot 10^{-3} = 1{,}44 \cdot 10^{-3} \text{ Henry/km};$$

$$L l = 1{,}44 \cdot 10^{-3} \cdot 45 = 65 \cdot 10^{-3} \text{ Henry}$$

also

$$\frac{J}{J'} = \frac{1}{1-(2\,\pi\,50)^2 \cdot 65 \cdot 10^{-3} \cdot 100 \cdot 10^{-6}} = \frac{1}{1-0{,}65} = 2{,}86\,.$$

Die Gesamtkapazität des Netzes ist

$$C_{e\varkappa} + C \cdot l = (100 + 0{,}0145 \cdot 45)\,10^{-6} = 100{,}6 \cdot 10^{-6} \text{ Farad.}$$

Ihr entspricht

$$J' = \frac{10\,000}{\sqrt{3}}\, 2\,\pi \cdot 50 \cdot 100{,}6 \cdot 10^{-6} = 182 \text{ Amp.},$$

so daß der Erdschlußstrom durch die Resonanznähe bis auf

$$J = 182 \cdot 2{,}86 = 520 \text{ Amp.}$$

hinaufgesteigert wird. Gleichzeitig tritt am Kabel eine überlagerte Spannung auf

$$E = \frac{J}{\omega C_{ek}} = \frac{520}{2\,\pi \cdot 500 \cdot 100 \cdot 10^{-6}} = 16\,000 \text{ Volt},$$

die das Kabel weit über den Normalbetrag $\left(\frac{10000}{\sqrt{3}} \text{ Volt}\right)$ beansprucht.

52. Erdschlußlöscher. Das Ersatzschema des kapazitiven Erdschlusses in einer Drehstromanlage zeigt, daß unter dem Einfluß der überlagerten Spannung E' die Spannung der gesunden Phasen gegen Erde nach Abb. 127 heraufgeht und somit ihre Isolation erhöht beansprucht. In vielen Fällen wird der Erdschluß nicht durch eine metallische Verbindung zwischen Leitung und Erde gebildet, sondern er wird nach anfänglichem direktem Kontakt über einen Lichtbogen geschlossen. Die Gefahren des dauernden Erdschlusses können dann behoben werden, wenn es gelingt, das stationäre Brennen des Lichtbogens elektrodynamisch zu verhindern. Das Ersatzbild des Erdschlusses liefert uns sogleich das Mittel hierzu in der Forderung: Der (komplexe) Eingangswiderstand $\mathfrak{R}_a$ der Anordnung muß für die Betriebsfrequenz über alle Grenzen wachsen. Nach Nr. 48 können wir diese Bedingung auch in die Form kleiden: Es muß die Eigenfrequenz zweiter Art der Leitung mit der Betriebsfrequenz zusammenfallen.

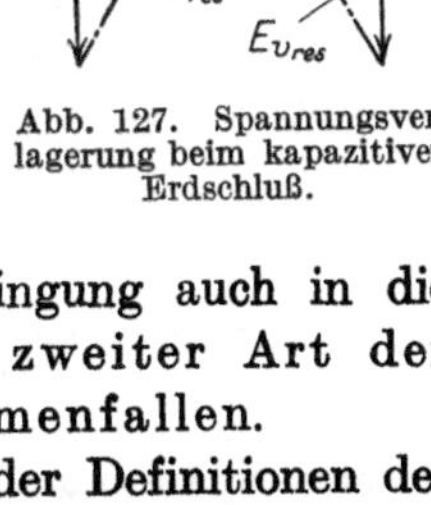

Abb. 127. Spannungsverlagerung beim kapazitiven Erdschluß.

Wenn der Erdschluß rein kapazitiv im Sinne der Definitionen des vorigen Abschnittes ist, haben wir $\mathfrak{R}_e \to \infty$ zu setzen. und erhalten dann als kritische Leitungslänge l_{kr} der homogenen Leitung, für die automatisch der Erdschluß gelöscht wird, aus (315b)

$$l_{kr} = \frac{3 \cdot 10^{10}}{2 \cdot f} \cdot \sqrt{\frac{\ln \frac{2h}{\varrho_w}}{\ln \frac{0{,}178}{\sqrt{\varkappa f \, 10^{-9}} \cdot \varrho_w}}} \,. \tag{328}$$

Sie ist genau doppelt so groß wie die kritische Resonanzlänge (325) und erreicht damit für die homogene Leitung eine Größenordnung von etwa 2000 km, die in ausgeführten Anlagen bisher nicht anzutreffen ist.

Diese Erkenntnis zwingt zum Einbau zusätzlicher Apparate in das Netz, welche $\mathfrak{R}_a$ schon für kleinere Leitungslängen auf einen unendlich hohen Wert bringen sollen; sie werden Erdschlußlöscher genannt. Das Ersatzschema des Erdschlusses lehrt sogleich, daß sie zwischen die drei Leitungen und Erde zu schalten sind. Es ist üblich, diese Erdschlußlöscher stets in unmittelbarer Nähe der speisenden Transformatoren anzuordnen, so daß wir sie analytisch durch einen (komplexen) Endwiderstand $\mathfrak{R}_e$ allgemein erfassen.

Für kleine Leitungslängen kann man in der Frequenzgleichung (316) $\operatorname{tg} \alpha$ mit α vertauschen. Man erkennt, daß dann die numerische Leitungslänge, somit die Selbstinduktion der Erdrückleitung, völlig herausfällt und man als Löschbedingung erhält

$$\mathfrak{R}_e \, j \, \omega \, C_e \, l = 1 \,. \tag{329}$$

Hieraus folgt sogleich

$$\mathfrak{R}_e = \frac{-j}{\omega C_e l}; \quad |\mathfrak{R}_e| = \frac{1}{\omega \, C_e \, l} \,. \tag{329a}$$

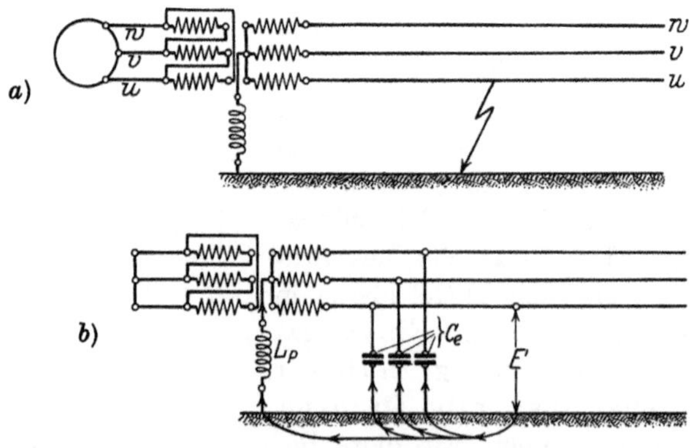

Abb. 128. Petersen-Löschspule (a) und gleichwertiges Ersatzsystem im Erdschlußfalle (b).

Der Erdschlußlöscher muß somit im wesentlichen aus einer Selbstinduktion bestehen, deren Größe L_s nach (329), (329a) so bemessen ist, daß sie zusammen mit der Erdkapazität $C_e l$ des gesamten Netzes für die am Erdschlußort tätige überlagerte Spannung E' der Betriebsfrequenz Stromresonanz ergibt; gleichzeitig ist natürlich die Schaltung so zu treffen, daß die normalen, gleichfrequenten Betriebsströme in dieser Selbstinduktion keinen Spannungsabfall erleiden.

Von den Erdschlußlöschern, welche diesen Forderungen genügen, nennen wir zuerst die **Erdschlußdrossel von Petersen**. Sie wird nach Abb. 128 zwischen den Sternpunkt des speisenden Transformators gelegt und muß nach (329a) zu

$$L_s = \frac{1}{\omega^2 C_e l} \tag{329b}$$

bemessen werden. Für das in Nr. 50 genannte 110 kV-Netz von 100 km Länge würde sich beispielsweise ergeben

$$L_s = \frac{1}{(2\,\pi \cdot 50)^2 \cdot 100 \cdot 0{,}0145 \cdot 10^{-6}} = 6{,}9 \text{ Henry}.$$

Eine zweite Anordnung zur Erdschlußlöschung wird durch den **Bauchschen Löschtransformator** nach Abb. 129a geliefert. Sie besteht aus einem Transformator mit magnetischem Rückschluß (Vier-, Fünfschenkel- oder Manteltransformator), deren Hochspannungssternpunkt geerdet ist, während die drei Niederspannungswicklungen im Dreieck über eine Selbstinduktion L_s geschlossen sind. Nehmen wir der Einfachheit halber an, daß das Übersetzungsverhältnis der Schenkelwindungszahlen 1 : 1 sei, so stellt der Transformator im Ersatzbild des Erdschlusses nach Abb. 129b einen Einphasentransformator dar mit dem Übersetzungsverhältnis 1 : 3 der Hochspannungs- zur Niederspannungswicklung. Daher geht die Selbstinduktion L_s auf der Hochspannungsseite mit $L_s' = \frac{1}{3^2} \cdot L_s = \frac{L_s}{9}$ in die Netzgleichungen ein, so daß sie sich aus

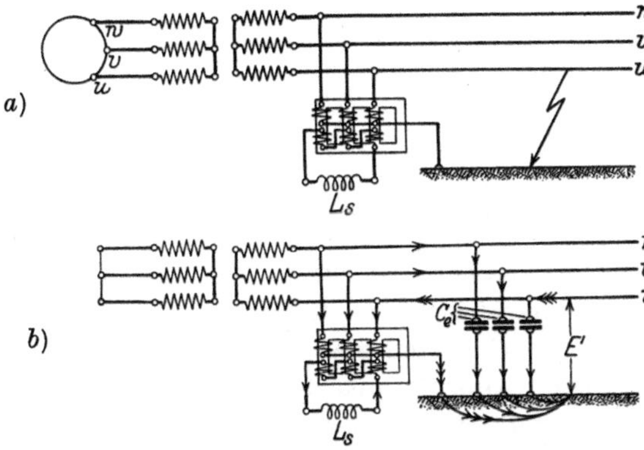

Abb. 129 a und b. Löschtransformator nach Bauch.

$$\frac{L_s}{9} = \frac{1}{\omega^2 C_e l}; \quad L_s = \frac{9}{\omega^2 C_e l} \tag{329c}$$

bestimmt. Weicht das Schenkelübersetzungsverhältnis von 1 ab, so hat man L_s in bekannter Weise quadratisch zu reduzieren. Für das oben genannte Netz würde sich ergeben

$$L_s = \frac{9}{(2\pi \cdot 80)^2 \cdot 100 \cdot 0{,}0145 \cdot 10^{-6}} = 62 \text{ Henry}.$$

Während in diesen Rechnungen vorausgesetzt wurde, daß die Erdschlußlöscher als reine Selbstinduktionen ausgeführt seien, weisen sie in Wahrheit Verluste auf, die sich in einem zur Reaktanz hinzutretenden, reellen Verlustwiderstand R_i äußern; er hält den stationär möglichen Erdschlußstrom auf einem endlichen „Reststrom"wert J_r, für den das Ersatzschema des Erdschlusses sogleich ergibt

$$J_r = E' \cdot (-j\omega C_e l) \cdot \frac{R - \frac{1}{j\omega C_e l}\, j\omega L}{R - j\omega L} = J_C \cdot \frac{R - \frac{1}{j\omega C_e l} - j\omega L}{R - j\omega L} \tag{330}$$

also, wenn insbesondere die Bedingung (329) erfüllt ist

$$J_r = E' \cdot (-j\omega C_e l) \cdot \frac{R}{R - j\omega L} = \sim J_C \cdot \frac{R}{-j\omega L}, \tag{330a}$$

wo J_C den kapazitiven Erdschlußstrom nach (324) bedeutet. Der Erdschlußstrom kann daher nur gelöscht werden, wenn die Lichtbogeneigenschaften ein stabiles Brennen bei dem Strom (330a) nicht gestatten.

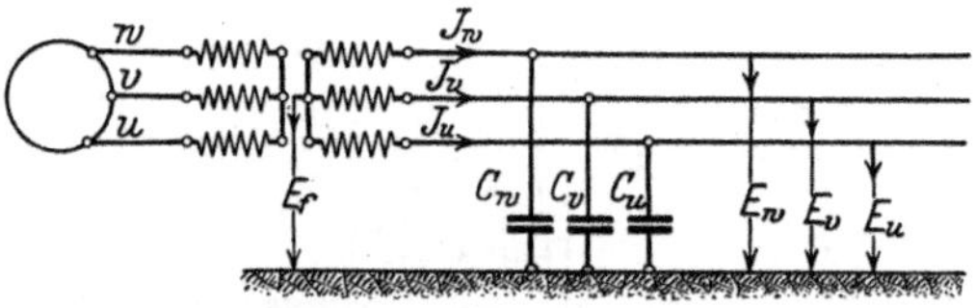

Abb. 130. Unsymmetriespannung in einem Drehstromnetze mit kapazitiver Unsymmetrie.

Unvermeidliche Unsymmetrien der Anlage bewirken, daß im gesunden Zustand der Spannungssternpunkt des ohne Erdschlußlöscher gedachten Systemes eine gewisse Spannung gegen Erde besitzt, die Unsymmetriespannung E_f. Sie folgt beispielsweise für Unsymmetrie der drei Erdkapazitäten C_u, C_v, C_w entsprechend Abb. 130 aus der Bedingung verschwindenden Sternpunktstromes im speisenden Transformator zu

$$E_f = \frac{E_u \cdot C_u + E_v \cdot C_v + E_w \cdot C_w}{C_u + C_v + C_w}. \tag{331}$$

Ihre Wirkung kann man analog Nr. 49 durch Überlagerung der von ihr erzeugten Ströme über das normale Betriebsstromsystem berechnen. Man erkennt dann, daß diese Spannung auf die Reihenschaltung aus Erdkapazität $C_e \cdot l$, Löschselbstinduktion L_s und Verlustwiderstand R einwirkt. Sie erzeugt somit den Strom

$$J' = \frac{E_f}{R - j\omega L_s - \frac{1}{j\omega C_e l}} \tag{332}$$

und dieser ruft seinerseits beim Durchströmen der Löschselbstinduktion die stationäre Spannungsverlagerung hervor

$$\varDelta E = (R - j\omega L) J' = E_f \cdot \frac{R - j\omega L}{B - j\omega L - \frac{1}{j\omega C_e l}}. \tag{332a}$$

Sie ist bei Resonanz nach (329) erheblich größer als E_f und kann dann die Vorteilo dor Erdschlußlöschung illusorisch machen; hierbei ist zu beachten, daß jede Verkleinerung des Reststromes eine Vergrößerung der Spannungsverlagerung nach sich zieht entsprechend

$$\frac{J_r}{J_0} = \frac{E_f}{\Delta E}. \tag{333}$$

Mit Rücksicht auf die Unsymmetriespannung ist es daher nicht möglich, den Reststrom allzustark zu reduzieren, sondern man muß je nach der Unsymmetrie der Anlage einen gewissen Reststrom mit in Kauf nehmen. Hierbei ist es gleichgültig, ob dieser Reststrom durch einen hinreichend großen Wert des Verlustwiderstandes, durch Abweichung von der genauen Resonanzlage (329) [Verstimmungsdrossel] oder durch Anwendung gesättigter Eisen-Löschselbstinduktionen in der notwendigen Größe gehalten wird.

Wenn beispielsweise C_w um $+3\%$ von den unter sich gleichen Kapazitäten C_v und C_w abweicht, folgt aus (331) wegen $E_u + E_v + E_w = 0$

$$E_f = \frac{E_w \cdot 1{,}03 + E_v + E_w}{3} = E_w \cdot \frac{0{,}03}{3} = E_w \cdot 0{,}01.$$

Soll also die Spannungsverlagerung nicht mehr als 10% der Phasenspannung betragen, so ergibt (333) für den Reststrom

$$\frac{J_r}{J_0} = \frac{0{,}01}{0{,}10} = 10\,^0/_0,$$

so daß man dann unter 10% des kapazitiven Erdschlußstromes nicht heruntergehen darf.

Alle diese Überlegungen lassen sich leicht sinngemäß auf Einphasenanlagen mit zwei Leitungsdrähten übertragen, sofern man nur C_e und E' entsprechend in die Rechnung einführt.

Wenn die Leitung nicht homogen ist, sondern beispielsweise aus einem Kabel- und einem Freileitungsnetz besteht, ergeben sich kompliziertere Verhältnisse, die man indes mit den Ergebnissen der beiden letzten Abschnitte leicht übersehen kann; wir übergehen sie an dieser Stelle, da sie für die grundsätzliche Erkenntnis der Erdschlußvorgänge keine neuen Beiträge liefern.

53. Der Erdkurzschlußstrom. Um die Gefahren erhöhter Isolationsbeanspruchung der gesunden Phasen beim Erdschluß einer Leitung zu vermeiden, hat man wiederholt vorgeschlagen, den Sternpunkt der Anlage dauernd zu erden, so daß die Spannungen der gesunden Phasen gegen Erde festliegen. In der Regel schließt man den hierzu notwendigen Erder an den Hochspannungssternpunkt des speisenden Transformators an, so daß als grundsätzliches Schaltbild einer solchen Anlage mit Sternpunktserdung Abb. 131 entsteht.

Das Ersatzbild des Erdschlusses zeigt als grundlegenden Unterschied einer solchen Anlage gegenüber einer Anlage mit isoliertem Sternpunkt, daß hier der Strom nicht gezwungen ist, über die Wege des dielektrischen Verschiebungsflusses zur Leitung zurückzukehren, sondern zum großen Teil über den niedrig zu haltenden Ausbreitungswiderstand des Sternpunktserders fließen kann. Geht man zu dem Idealfall eines verschwindenden Ausbreitungswiderstandes über, so ist der Sternpunkt der Anlage mit Erde **kurzgeschlossen**. Wir unterscheiden deshalb den hier auftretenden Erdschlußstrom gegen den kapazitiven Erdschlußstrom als **Erdkurzschlußstrom**.

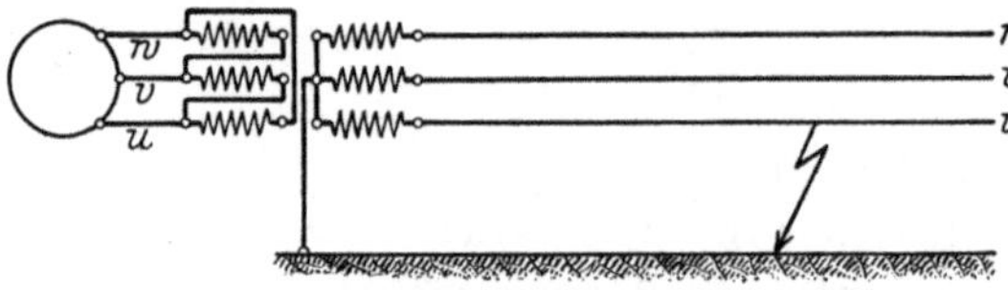

Abb. 131. Grundsätzliches Schaltbild einer Anlage mit Sternpunktsanordnung.

Um die Eigentümlichkeiten des Erdkurzschlußstromes in reiner Form zu erkennen, betrachten wir zuerst den einfachsten Fall eines Netzes sehr geringer Leitungslänge, das von einer sehr großen Zentralstation gespeist wird. Unter diesen Voraussetzungen ist der Erdkurzschlußstrom lediglich durch die Vorgänge im Transformator mit Sternpunktserdung bestimmt.

Zur Vereinfachung der Aufgabe wollen wir annehmen, daß das Übersetzungsverhältnis der Schenkelwindungszahlen 1 : 1 sei. Im Ersatzschema des Erdschlusses führt dann auf der Hochspannungsseite entsprechend Abb. 132 nur der erdgeschlossene Schenkel den Erdkurzschlußstrom J, während die anderen Schenkel stromlos bleiben. Der Erdkurzschlußstrom fordert auf der Niederspannungsseite den kompensierenden Strom J', während die Schenkel der beiden gesunden Phasen sich aus Symmetriegründen gleich verhalten müssen und den Strom J'' führen. Vernachlässigen wir den geringen Magnetisierungsstrom des Transformators, so liefert das Durchflutungsgesetz, angewandt auf einen den Schenkel der kranken Phase und einen Schenkel der gesunden Phasen umschlingenden Pfad sogleich

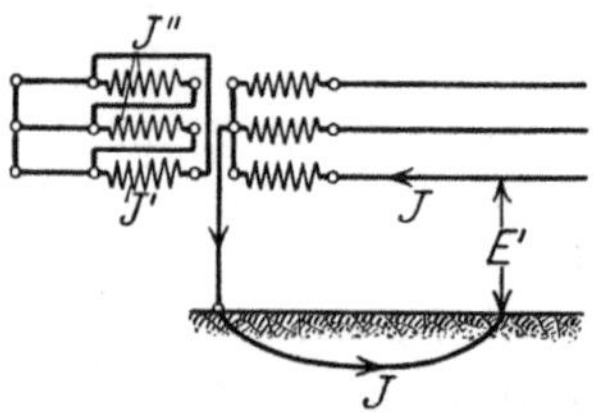

Abb. 132. Ersatzschema des Erdkurzschlusses.

$$J - J' + J'' = 0. \tag{334}$$

Sei nun die **Niederspannungswicklung** des **Transformators** in **Stern** geschaltet, so gilt

$$J' + 2\,J'' = 0; \quad J'' = -\frac{1}{2}\,J' \tag{335}$$

und aus (334) folgt

$$J - \frac{3}{2} J' = 0; \quad J' = \frac{2}{3} J; \quad J'' = -\frac{1}{3} J \tag{334a}$$

Der Erdschlußstrom wird also sogar auf dem Schenkel der kranken Phase nicht von einem entgegengesetzten Niederspannungsstrome kompensiert, sondern es bleibt eine auf allen Schenkeln gleiche unausgeglichene Magnetisierung liegen, deren Größe im Strommaße

$$J_s = J - J' = -J'' = \frac{1}{3} J \tag{334b}$$

beträgt. Sie erzeugt einen von Joch zu Joch übertretenden Luftfluß, den wir zu dem magnetisierenden Strome (334b) in Beziehung setzen durch Angabe der von ihm pro Schenkel erregten Umlaufsspannung

$$E_l = x_j \cdot J_s \tag{336}$$

Die hierdurch definierte Konstante x_j heißt Jochreaktanz des Transformators; sie ist durch die Konstruktion und Type des Transformators gegeben. In Transformatoren mit magnetischem Eisen-Rückschluß (Vier- oder Fünfschenkel-Transformatoren, drei zu einem Drehstromtransformator zusammengeschaltete Einphasenwandler, Manteltransformatoren) erzeugt schon eine sehr kleine Schenkelmagnetisierung einen außerordentlich kräftigen Jochfluß, so daß man ihre für den Erdkurzschluß typischen Merkmale mit

$$x_j \to \infty \tag{336a}$$

erfaßt; dagegen besitzen Transformatoren normaler Bauart mit drei in einer Ebene befindlichen Schenkeln eine relativ kleine Jochreaktanz. Sie kann aus der Jochlänge l und der Schenkelwindungszahl w für die Betriebsfrequenz f nach der Näherungsformel abgeschätzt werden

$$x_j = \sim 20\, l_{\text{cm}} \cdot w^2 \cdot f \cdot 10^{-9}\, \Omega = \left(\frac{f}{50}\right) \cdot \left(\frac{w}{100}\right)^2 \cdot l_{\text{m}}\, \Omega\,, \tag{336b}$$

wobei der Kesseleinfluß die Jochreaktanz bis zu etwa 30% erhöhen kann.

Nennen wir Φ' den magnetischen Induktionsfluß im erdgeschlossenen Schenkel, Φ'' die Flüsse beider gesunden Schenkel, so haben wir also allgemein

$$+\frac{d}{dt}(\Phi' + 2\,\Phi'')\, w \cdot 10^{-8} = 3\, x_j \cdot J_s \tag{337}$$

Zu den hiermit beschriebenen Eisen-Schenkelflüssen und dem Jochfluß gesellt sich nun noch der Streufluß des Transformators. Der Einfachheit halber verteilen wir die Streureaktanz gleichmäßig auf beide Wicklungen. Die Spannungsbilanz der Niederspannungswicklung lautet dann

$$-\frac{3}{2} \cdot \frac{1}{2} x_s \cdot J' + \frac{d}{dt}(\Phi' - \Phi'')\, w \cdot 10^{-8} = 0. \tag{338}$$

Aus (337) und (338) erhält man sogleich die Umlaufsspannung in den Wicklungen des kranken Schenkels

$$+\frac{d}{dt}\cdot\Phi'\cdot w\cdot 10^{-8} = x_j\cdot J_s + \frac{1}{2}\cdot x_s\cdot J', \tag{338a}$$

also als Spannungsbilanz der erdgeschlossenen Hochspannungswicklung

$$E' = \frac{1}{2}x_s\cdot J + \frac{d}{dt}\cdot\Phi'\cdot w\cdot 10^{-8} = \left(\frac{5}{6}x_s + \frac{1}{3}x_j\right)J, \tag{339}$$

wo (334b) beachtet wurde. Hieraus ergibt sich sogleich der Erdkurzschlußstrom

$$J = \frac{E'}{\frac{5}{6}x_s + \frac{1}{3}x_j}; \quad |J| = \frac{E_0}{\sqrt{3}\left(\frac{5}{6}x_s + \frac{1}{3}x_j\right)} \tag{339a}$$

Transformatoren in Stern-Stern-Schaltung, welche magnetischen Eisenrückschluß besitzen, führen daher entsprechend (336a) nur einen sehr kleinen Erdkurzschlußstrom, vorausgesetzt, daß das Transformatoreisen nicht hoch gesättigt ist; dagegen entsteht in Dreischenkel-Kerntransformatoren ein starker Erdkurzschlußstrom, der indes unter dem Einfluß der Jochreaktanz (336b) immer noch erheblich unter dem dreipoligen Dauerkurzschlußstrom $J_k = \frac{E'}{x_s}$ des Transformators liegt.

Für einen Transformator, dessen Niederspannungsseite in Dreieck geschaltet ist, gelten unverändert die Beziehungen (334) und (336); dagegen ist hier die Verteilung der Ströme in den Niederspannungswicklungen nicht sogleich bekannt. Für diese erhält man als Spannungsbilanzen

$$\left.\begin{aligned} -\frac{1}{2}x_s\cdot J' + \frac{d}{dt}\Phi'\cdot w\cdot 10^{-8} &= 0 \\ -\frac{1}{2}x_s\cdot J'' + \frac{d}{dt}\Phi''\cdot w\cdot 10^{-8} &= 0, \end{aligned}\right\} \tag{340}$$

aus welchen im Verein mit (337) folgt

$$-\frac{1}{2}x_s(J' + 2J'') + 3x_j J_s = 0. \tag{340a}$$

Mit (334) ergibt sich hieraus

$$-\frac{1}{2}x_s(3J' - 2J) + 3x_j(J - J') = 0; \quad J' = J\cdot\frac{3x_j + x_s}{3x_j + \frac{3}{2}x_s} \tag{341}$$

und

$$\frac{d}{dt}\cdot\Phi'\cdot w\cdot 10^{-8} = \frac{1}{2}x_s\cdot J\cdot\frac{3x_j + x_s}{3x_j + \frac{3}{2}x_s}. \tag{341a}$$

Das Spannungsgleichgewicht im erdgeschlossenen Schenkel fordert auf der Hochspannungsseite

$$E' = \frac{1}{2} x_s \cdot J + \frac{d}{dt} \Phi' \cdot w \cdot 10^{-8} = \frac{1}{2} x_s \cdot J \cdot \left(1 + \frac{3 x_j + x_s}{3 x_j + \frac{3}{2} x_s}\right), \tag{342}$$

so daß als Erdkurzschlußstrom sich findet

$$J = \frac{E'}{\frac{1}{2} x_s \left(1 + \frac{3 x_j + x_s}{3 x_j + \frac{3}{2} x_s}\right)} = \frac{E'}{x_s} \cdot \frac{3 x_j + \frac{3}{2} x_s}{3 x_j + \frac{5}{4} x_s}. \tag{342a}$$

Der Wert des in dieser Beziehung auftretenden Bruches ändert sich im Intervall $0 \leqq x_j < \infty$ nur zwischen $\frac{6}{5}$ und 1. Daher kann man mit praktisch ausreichender Genauigkeit für Transformatoren beliebiger Bauart mit Dreieckschaltung der Niederspannungsseite schreiben

$$J = \sim \frac{E'}{x_s}; \quad |J| = \sim \frac{E_0}{\sqrt{3}} \cdot \frac{1}{x_s} \tag{342b}$$

Der Erdkurzschlußstrom gleicht also bei Dreieckschaltung der Niederspannungsseite dem dreipoligen Kurzschlußstrom des Transformators $J_k = \frac{E'}{x_s}$. Man erkennt somit, daß der Transformator in Stern-Stern-Schaltung unter sonst gleichen Verhältnissen stets kleinere Erdkurzschlußströme liefert als der Transformator in Dreieck-Stern-Schaltung. Diesen Vorteil erkauft man jedoch mit einer Erhöhung der Spannungen der gesunden Phasen, wodurch ein Teil der mit der Sternpunktserdung gewollten Wirkung wieder verloren geht. Denn diese Erhöhung berechnet sich gleich der überlagerten Spannung der gesunden Phasen

$$\varDelta E = -\frac{d\Phi''}{dt} \cdot w \cdot 10^{-8}, \tag{343}$$

so daß man für Transformatoren mit Stern-Stern-Schaltung erhält

$$\varDelta E_{\curlywedge\curlywedge} = \left(\frac{1}{6} x_s - \frac{1}{3} x_j\right) J = E' \cdot \frac{-\frac{1}{6} x_s + \frac{1}{3} x_j}{\frac{5}{6} x_s + \frac{1}{3} x_j}, \tag{343a}$$

die also stets zwischen 20% der Phasenspannung beim ideellen Dreischenkel-Kerntransformater ($x_j = 0$) und 100% beim Transformator mit magnetischem Eisenrückschluß liegt. Dagegen findet man für Transformatoren mit Dreieck-Stern-Schaltung nur

$$\varDelta E_{\varDelta\curlywedge} = E' \cdot \frac{-\frac{1}{4} x_s}{3 x_j + \frac{5}{4} x_s}. \tag{343a}$$

Daß in der Tat Reduktion des Erdkurzschlußstromes und Anstieg der Spannungen der gesunden Phasen nicht unabhängig sind, zeigt die Beziehung

$$\frac{\Delta E}{E'} = \frac{J_k - J}{J} \tag{344}$$

welche in beiden Fällen erfüllt ist. Um die Spannungen der gesunden Phasen nicht zu erhöhen, muß man den vollen dreipoligen Kurzschlußstrom des Transformators als Erdkurzschlußstrom zulassen.

Wir wenden uns nun zur Diskussion des Erdkurzschlußstromes in Netzen mit endlicher Leitungslänge.

Die überlagerte Spannung zwischen der kranken und den gesunden Leitungen ist für Transformatoren in Stern-Stern-Schaltung

$$E' - \Delta E_{\curlywedge\curlywedge} = E' \cdot \frac{x_s}{\frac{5}{6}x_s + \frac{1}{3}x_j}. \tag{345}$$

In einem Transformator mit Stern-Stern-Schaltung und magnetischen Eisenrückschluß tritt also nur eine sehr kleine Überlagerungsspannung zwischen benachbarten Leitungen auf; ein solcher Transformator verhält sich demnach durchaus wie ein normaler, ungeerdeter Transformator, sein Erdschlußstrom gleicht bei endlicher Leitungslänge dem kapazitiven Erdschlußstrom der Anlage, die Sternpunktserdung bleibt als solche wirkungslos. Ist die Leitungslänge so klein, daß der kapazitive Erdschlußstrom gerade die Größenordnung des Transformator-Magnetisierungsstromes erreicht, so kann dieser den Ladestrom der Leitung kompensieren, so daß der Transformator als Erdschlußlöscher entsprechend Nr. 53 arbeitet; hierbei können indes im Normalzustande durch Unsymmetriespannungen unangenehme Spannungsverlagerungen eintreten, so daß man von derartigen Maßnahmen absieht.

Wenn der Transformator dagegen bei gleicher Schaltung als Dreischenkel-Kerntype konstruiert ist, herrscht zwischen der kranken und den gesunden Leitungen eine Spannung von der Größenordnung der Spannung E'. Die gesunden Leitungen führen daher im Ersatzbild des Erdschlusses nur eine vergleichsweise kleine Spannung gegen Erde, so daß man die Verschiebungsströme von diesen Leitungen nach Erde vernachlässigen darf. Zur Berechnung des Erdschlußstromes bei endlicher Leitungslänge dient daher ein System, welches aus der am Anfang durch E' erregten Einzelleitung besteht, die am Ende über die Selbstinduktion des Transformators kurzgeschlossen ist. Diese ergibt sich aus (339a) zu

$$-j\omega L_e = -j\left(\frac{5}{6}x_s + \frac{1}{3}x_j\right). \tag{339b}$$

Aus (304) folgt daher als komplexer Widerstand des Systemes gegen die Spannung E', wenn man den Ohmschen Widerstand vernachlässigt

$$\mathfrak{R}_a = j\sqrt{\frac{L}{C}}\,\frac{1+\dfrac{\sqrt{\dfrac{L}{C}}}{\omega L_e}\cdot \operatorname{tg}\omega\sqrt{LC}\,l}{-\dfrac{\sqrt{\dfrac{L}{C}}}{\omega L_e}+\operatorname{tg}\omega\sqrt{LC}\,l} \tag{346}$$

und also für kurze Leitungslängen mit Ersatz den Tangens durch sein Argument

$$\mathfrak{R}_a = -j\,\omega\,\frac{L_e + L\cdot l}{1-\omega^2 L_e C l}. \tag{346a}$$

Somit erhält man als Erdkurzschlußstrom

$$J = \frac{E'}{\mathfrak{R}_a} = \frac{E'}{-j\,\omega\,(L_e + L\,l)}(1-\omega^2 L_e C l) = \bar{J}\cdot(1-\omega^2\cdot L_e C l). \tag{346b}$$

Der Stromanteil $\bar{J}$ stellt den ideellen Erdkurzschlußstrom dar, den die Spannung E' durch die Reihenschaltung der Transformatorselbstinduktion (339b) mit der zwischen Transformator und Erdschlußpunkt liegenden Selbstinduktion der Erdrückleitung treibt; dieser Strom wird indes durch eine — im allgemeinen unvollkommene — Löschwirkung der Leitungskapazität zusammen mit der Transformatorselbstinduktion entsprechend Nr. 53 bis auf J verkleinert, wobei man als Leitungslänge l wegen des nach beiden Seiten von der Erdschlußstelle sich ausbreitenden Verschiebungsstromes wiederum die totale Leitungslänge einzusetzen hat.

In einem Dreieck-Stern geschalteten Transformator mit Sternpunktserdung ist die Spannung zwischen der kranken und den gesunden Leitungen

$$E' - \Delta E_{\Delta\curlywedge} = E'\cdot\frac{3\,x_j + \frac{3}{2}\,x_s}{3\,x_j + \frac{5}{4}\,x_s} \tag{345a}$$

sie hält sich also, unabhängig von der Ausführung des Transformators mit magnetischen Rückschluß durch Eisen oder Luft, stets in der Größenordnung der Spannung E'. Die überlagerte Spannung der gesunden Leitungen gegen Erde wird daher sehr klein, und es gelten im wesentlichen die für den Dreischenkel-Kerntransformator mit Stern-Stern-Schaltung abgeleiteten Gesetzmäßigkeiten; nur hat man als Transformatorselbstinduktion jetzt gemäß (342b) die Kurzschlußreaktanz des Transformators einzusetzen. Da diese im allgemeinen merklich kleiner ist als die Selbstinduktion (339b), erhält man nicht allein größere ideelle Erdkurzschlußströme $\bar{J}$ nach (346b), sondern auch die Löschwirkung ist, solange man sich unterhalb der Resonanzlage befindet, schwächer ausgeprägt. Man erkennt in diesem Verhalten wiederum das Bestreben des Dreieck-Stern geschalteten Transformators, den Sternpunkt des Spannungssystemes festzuhalten, wie es bereits in (343a) seinen Ausdruck fand. Wenn die Zentralen entgegen den hier gegebenen Rechnungen nur endliche Stärke im Vergleich zur Leistung des Transformators besitzen, wird der Strom durch Ankerrückwirkung in den Generatoren verkleinert; diese Erscheinungen sind indes gänzlich unabhängig von den Vorgängen des eigentlichen Erdschlusses und sind nach den bekannten Kurzschlußrechnungen für Generatoren zu behandeln.

Der Vollständigkeit halber erwähnen wir an dieser Stelle den Doppelerdschluß, welcher als gleichzeitiger Erdschluß an verschiedenen Orten der Leitung entsprechend Abb. 133 definiert ist. Er unterscheidet sich von einem normalen zweipoligen Kurzschluß lediglich dadurch, daß in die Selbstinduktion der Kurzschlußbahn ein Anteil eingeht, welcher entsprechend der Entfernung s der Kurzschlußorte die Selbstinduktion des Erdrückleitungsfeldes enthält. Für die Berechnung des Doppel-Erdschlußstromes selbst sind ebenfalls die allgemeinen Rechnungsarten des zweipoligen Generatorkurzschlusses maßgebend; die Transformatorschaltung und Bauart hat hierbei keinen Einfluß auf die Kurzschlußstromstärke.

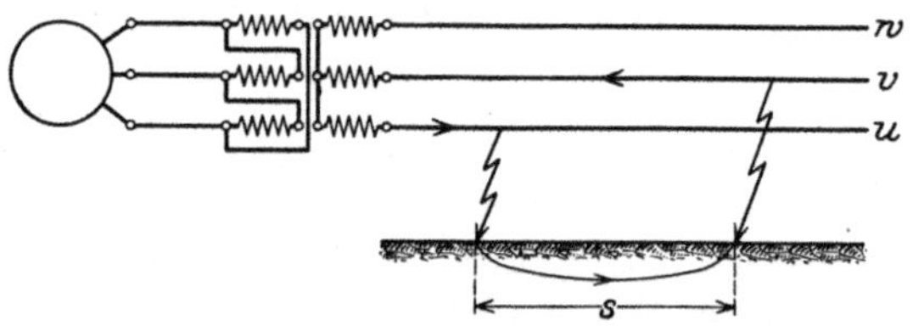

Abb. 133. Schema eines Doppelerdschlusses.

Die Erdkurzschlußströme sind — bei Ausschluß von Transformatoren in Stern-Stern-Schaltung mit magnetischem Rückschluß — erheblich stärker als die kapazitiven Erdschlußströme, die bei isoliertem Sternpunkt in der gleichen Anlage auftreten; sie können in ausgedehnten Netzen auf einige Tausend Ampere anschwellen. Man hat dort deshalb die Sternpunktserder besonders sorgfältig in bezug auf die Gefährdung von Lebewesen nach den in den Eingangskapiteln dargelegten Grundsätzen zu dimensionieren, wobei man zur Konstruktion der erforderlichen sehr kleinen Ausbreitungswiderstände stets auf Mehrfacherder geführt wird. Ebenso muß man hier die Belastungsfähigkeit des Erders beachten, welche die zulässige Dauer des Erdschlusses begrenzt und damit für die Betriebssicherheit der Anlage von grundlegender Bedeutung ist (vgl. Kap. XII).

XI. Elektromagnetische Ausgleichsvorgänge in der Erde.

54. Grundgleichung elektrischer Stoßvorgänge. Die Behandlung elektrischer Schaltvorgänge kann in Systemen, deren Differentialgleichungen linear sind, stets auf eine Kombination elektrischer Stöße zurückgeführt werden. Wir bezeichnen hierbei als Stoß die plötzliche Einwirkung einer eingeprägten, später in unveränderter Stärke nach Abb. 134 weiterbestehenden Kraft auf das vorher im Gleichgewicht befindliche System.

Abb. 134. Stoßkraft.

Der Anschaulichkeit halber können und wollen wir uns hier die ein geprägte Kraft als Spannung E_0 vorstellen, welche auf einen gegebenen Stromkreis einwirkt. Der Stoßvorgang ist bekannt, wenn der Strom J_n in einem beliebig herausgegriffenen Punkte n des Systemes für alle Zeiten bekannt ist

$$J_n = J_n(t) = E_0 \cdot i_n(t) \tag{347}$$

Die hier eingehende Funktion $i_n(t)$ kann gedeutet werden als der Leitwert der Netzstelle gegen eine Stoßspannung, die mit $t = 0$ als Stoßzeitpunkt durch

$$\left.\begin{aligned} E &= 0 \quad \text{für} \quad t < 0 \\ E &= E_0 \quad\;\, \text{„} \quad\;\; t > 0 \end{aligned}\right\} \tag{348}$$

gesetzmäßig gegeben ist. Dieser Leitwert ist durch die Struktur des Gesamtsystemes bestimmt und wird als Übergangsfunktion bezeichnet.

Die Berechnung der Übergangsfunktion bildet das Ziel der Behandlung elektrischer Stoßvorgänge; sie steht in engem Zusammenhang mit der Funktion, die das Zeitgesetz des Stromes J_n beim Eingriff einer eingeprägten Spannung

$$E(t) = E_0 \cdot e^{pt} \tag{349}$$

angibt. Dieses läßt sich stets in der Form darstellen

$$\bar{J}_n = E_0 \cdot \bar{i}_n = E_0 \cdot \frac{e^{pt}}{Z_n(p)} = \frac{E(t)}{Z_n(p)}, \tag{349a}$$

wo jetzt $Z(p)$ den Widerstand der Netzstelle gegen die Spannung (349) bedeutet; er kann analog den Wechselstromwiderständen für eine gegebene Frequenz stets leicht gefunden werden und geht aus diesen durch die Substitution

$$p = -j\omega; \qquad f = \frac{p}{-j\,2\pi} = \frac{j\,p}{2\pi} \tag{350}$$

unmittelbar hervor. Die Übergangsfunktion i_n gehorcht nun, wie zuerst Carson gezeigt hat[1], der Integralgleichung

$$\frac{1}{p \cdot Z_n(p)} = \int_0^\infty i_n(t) \cdot e^{-pt} \cdot dt. \tag{351}$$

Sie läßt sich für viele Aufgaben leicht lösen und wird von uns zur Berechnung der Übergangsfunktion elektromagnetischer und thermodynamischer Ausgleichsvorgänge in der Erde herangezogen werden.

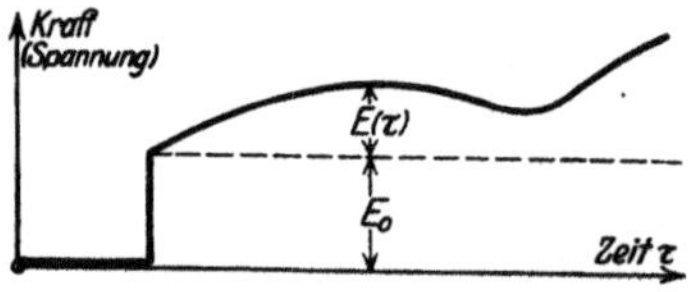

Abb. 135. Allgemeiner Stoß.

In vielen Fällen ist die eingeprägte Kraft entsprechend Abb. 135 nach plötzlichem Anstieg um E_0 zur Zeit $t = 0$ zeitlich stetig variabel

$$E = E_0 + E(\tau); \quad E(\tau) = 0 \quad \text{für} \quad \tau = 0. \tag{352}$$

Der gesamte Vorgang setzt sich dann zusammen aus einem Stoß

$$J_{n_s} = E_0 \cdot i_n(t). \tag{347a}$$

Fassen wir den in $d\tau$ stetig erfolgenden Spannungsanstieg

$$dE(\tau) = \frac{dE}{d\tau} \cdot d\tau \tag{352a}$$

als Elementarstoß zur Zeit $t = \tau$ auf, so erzeugt er nach (347) den Zusatzstrom

$$dJ_n = dE(\tau) \cdot i_n(t - \tau) = \frac{dE}{d\tau} \cdot i_n(t - \tau) \cdot d\tau. \tag{347b}$$

Durch Integration über τ in den Grenzen von 0 bis t erhält man also den Gesamtstrom

$$J_n = J_{n_s} + \int_0^t dJ_n = E_0 \cdot i_n(t) + \int_0^t \frac{dE}{d\tau} \cdot i_n(t - \tau) \cdot d\tau$$

$$= \frac{d}{dt} \int_0^t E(t - \tau)\, i_n(\tau)\, d\tau, \tag{347c}$$

so daß in der Tat auch für zeitlich beliebig variable eingeprägte Kräfte, welche plötzlich auf ruhende Systeme einwirken, aus der Übergangsfunktion der Gesamtverlauf des Stromes durch einfache Integrationen abgeleitet werden kann.

Eine für das Folgende grundlegende Lösung der Integralgleichung (351) gewinnt man durch den Ansatz der Übergangsfunktion

$$i_n(t) = t^k. \tag{353}$$

[1] Operational Calculus and Electric Circuit Theory, New York, Mc Graw Hill Book Company, 1926.

Denn hierfür ist

$$\int_0^\infty i_n(t)\, e^{-pt}\, dt \equiv \frac{1}{p^{k+1}} \int_0^\infty v^k e^{-v}\, dv = \frac{1}{p^{k+1}} \cdot \Pi k\,, \tag{354}$$

wo Πk die Gammafunktion[1] bedeutet, so daß aus (351) sogleich folgt

$$\frac{1}{p \cdot p^k} = \int_0^\infty i_n(t)\, e^{-pt}\, dt\,; \qquad i_n(t) = \frac{t^k}{\Pi k}\,. \tag{354a}$$

Indem man hier lediglich den Zusammenhang zwischen $Z(p) = \frac{1}{p^k}$ und $i_n(t)$ beachtet, kann man (354a) in der symbolischen Form schreiben

$$\frac{1}{p^k} = i(t) = \frac{t^k}{\Pi k}\,. \tag{354b}$$

Sie wird als Operatorgleichung, angewandt auf den Operator p, bezeichnet. Durch Differentiation von (354a) nach der Zeit ergibt sich

$$\frac{di_n}{dt} = \frac{n \cdot t^{n-1}}{\Pi n} = \frac{t^{n-1}}{\Pi(n-1)}, \tag{355}$$

so daß man nach (354b) erhält

$$\frac{di_n}{dt} = \frac{1}{p^{n-1}} = \frac{p}{p^n}\,. \tag{355a}$$

Multiplikation der Operatorgleichung mit dem Operator bedeutet somit zeitliche Differentiation der Lösungsfunktion; ebenso zeigt man leicht, daß Division durch den Operator die Integration der Lösungsfunktion nach der Zeit verlangt.

55. Das Erd-Schaltfeld einer kurzen Leitung. Wir untersuchen den zeitlichen Verlauf des Erdfeldes, welches von einem plötzlich beginnenden Gleichstrom J vermittels zweier nach Abb. 136 um l voneinander entfernter Erder erzeugt wird. Wir setzen hierbei, um die Untersuchung zu erleichtern, den Abstand des Aufpunktes groß gegen den Erderabstand voraus. Die Ergebnisse unserer Rechnung schildern also zunächst das Schaltfeld einer sehr kurzen Leitung; sie lassen sich aber auch auf eine langgestreckte Leitung für Aufpunkte anwenden, deren Entfernung von der Leitung groß gegen die Leitungslänge ist, und geben uns somit allgemein das Erlöschen der Erd-Schaltfelder nach außen hin an.

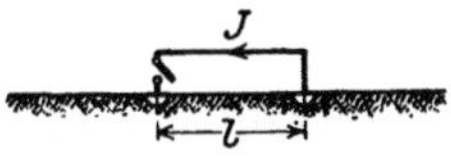

Abb. 136. Zum Schaltfeld der kurzen Leitung.

Der zeitliche Stromverlauf hängt von den Eigenschaften der Stromerzeuger und der Leitungen ab und kann nicht durch ein allgemein gültiges Gesetz in einfacher Weise erfaßt werden. Wir wollen daher

[1] Jahnke-Emde: Funktionentafeln, S. 26.

den für die Schaltspannungen in der Erde ungünstigsten Fall eines plötzlich auf seinen stationären Endwert springenden Stromes nach Abb. 134 betrachten. Wir fragen nach dem zeitlichen Gesetz der in der Erde erregten Feldstärken, welche in der gestellten Aufgabe die Folgen des Schaltprozesses in benachbarten Leitungen schildern.

In Nr. 43 haben wir die periodische Strahlung eines solchen Erderdipoles untersucht, welche umfassend durch ihre Hertzsche Funktion Π beschrieben wird. Setzen wir sogleich voraus, daß die Erder an der Erdoberfläche liegen, so daß also eine oberirdische oder dicht an der Erdoberfläche befindliche Leitung geschaltet wird, so lautet diese Funktion[1]

$$\Pi = \frac{J \cdot l}{2\pi\varkappa r} \cdot e^{\sqrt{-j} \cdot 2\pi \sqrt{\varkappa 10^{-9}} \cdot r}, \tag{356}$$

so daß (350) als Hertzsche Funktion eines mit e^{pt} veränderlichen Feldes liefert

$$\Pi = \frac{J \cdot l}{2\pi\varkappa r} \cdot e^{-\sqrt{2\pi\varkappa 10^{-9}} \cdot r \cdot \sqrt{p}}. \tag{356a}$$

Hier wurde das Vorzeichen der Wurzel so gewählt, daß im Unendlichen das Feld verschwindet.

Um auf (356a) die Ergebnisse des vorigen Abschnittes anwenden zu können, haben wir gemäß der gestellten Aufgabe, abweichend den früheren Annahmen, den Erderstrom als eingeprägte Kraft zu betrachten, als deren Folge Π entsteht. Wir setzen demgemäß

$$\Pi = \frac{J \cdot l}{2\pi\varkappa r} \cdot f(t), \tag{356b}$$

wobei $f(t)$ der Integralgleichung unterworfen ist

$$\frac{1}{p} e^{-\sqrt{2\pi\varkappa 10^{-9}} \cdot r \cdot \sqrt{p}} \equiv e^{-\sqrt{Tp}} = \int_0^\infty f(t)\, e^{-pt}\, dt. \tag{357}$$

Hier wurde zur Abkürzung die Zeit T eingeführt, welche nach

$$T = 2\pi\varkappa 10^{-9} \cdot r^2 \tag{358}$$

lediglich von der physikalischen Struktur des Erdreiches und der Entfernung des Aufpunktes abhängt, also für alle um den Ursprung geschlagenen Kugeln den gleichen Wert besitzt.

Um (357) zu lösen, entwickeln wir die Exponentialfunktion

$$e^{-\sqrt{Tp}} = 1 - \frac{\sqrt{T}\sqrt{p}}{1!} + \frac{(\sqrt{T} \cdot \sqrt{p})^2}{2!} - \frac{(\sqrt{T}\sqrt{p})^3}{3!} + - \cdots \tag{357a}$$

Durch Vergleich mit (354a) erkennt man, daß alle Glieder verschwinden, welche p in ganzer Potenz enthalten, weil die Gammafunktion für nega-

[1] Die Hertzsche Funktion Π ist natürlich nicht mit der im vorigen Abschnitt benutzten Gammafunktion zu verwechseln!

tive ganze Zahlen unendlich groß wird. Mit den Werten

$$\Pi\left(-\frac{1}{2}\right)=\sqrt{\pi};\quad \Pi\left(-\frac{3}{2}\right)=\frac{2}{1}\cdot\sqrt{\pi};\quad \Pi\left(-\frac{5}{2}\right)=\frac{2\cdot 2}{1\cdot 3}\cdot\sqrt{\pi};$$
$$\Pi\left(-\frac{7}{2}\right)=\frac{2\cdot 2\cdot 2}{1\cdot 3\cdot 5}\cdot\sqrt{\pi};\cdots \tag{359}$$

reduziert sich also (357a) auf

$$e^{-\sqrt{Tp}}=1-\frac{\sqrt{T}}{1!}\frac{1}{\sqrt{\pi t}}+\frac{(\sqrt{T})^3}{3!}\frac{1}{2\cdot\sqrt{\pi t}\cdot t}-\frac{(\sqrt{T})^5}{5!}\frac{1\cdot 3}{2\cdot 2\cdot\sqrt{\pi t}\cdot t^2}$$
$$+\frac{(\sqrt{T})^7}{7!}\cdot\frac{1\cdot 3\cdot 5}{2\cdot 2\cdot 2\cdot\sqrt{\pi t}\cdot t^7}-+\cdots \tag{357b}$$
$$=1-\frac{2}{\sqrt{\pi}}\cdot\sqrt{\frac{T}{4t}}\left[1-\left(\sqrt{\frac{T}{4t}}\right)^2\frac{1}{1!\,3}+\left(\sqrt{\frac{T}{4t}}\right)^4\cdot\frac{1}{2!\,5}-+\cdots\right]$$

Die hier auftretende Reihe ist als Krampsche Transzendente (Fehlerintegral) Φ bekannt, für welche Zahlentafeln vorliegen[1]. Somit folgt endgültig

$$f(t)=1-\Phi\left(\sqrt{\frac{T}{4t}}\right);\quad \Pi=\frac{J\cdot l}{2\pi\varkappa r}\cdot\left[1-\Phi\left(\sqrt{\frac{T}{4t}}\right)\right]. \tag{357c}$$

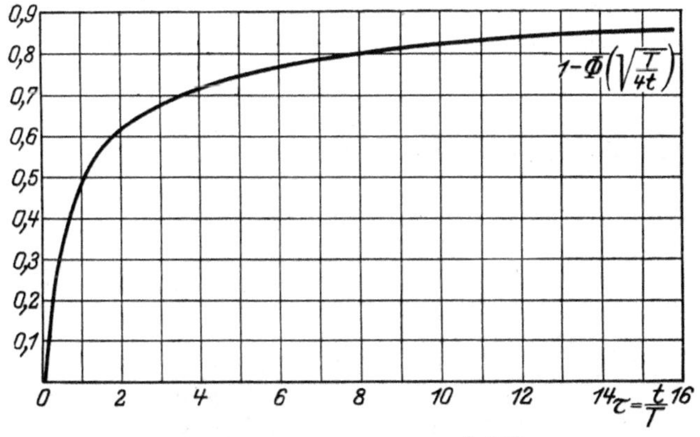

Abb. 137. Die Funktion $1-\Phi\left(\sqrt{\frac{T}{4t}}\right)$.

Abb. 137 zeigt den Verlauf der Funktion $f(t)$ in Abhängigkeit von dem Argument $\tau=\frac{t}{T}$, wobei zu beachten ist, daß nach (358) für weit entfernte Aufpunkte der Maßstab der Zeit t quadratisch mit dem Abstande wächst. Es besteht somit keine für alle Punkte einheitliche Änderungsgeschwindigkeit des Feldes in dem Sinne, wie wir es für periodische Feldschwankungen fanden, sondern die Vorgänge verlaufen nach Abb. 139

[1] Jahnke-Emde: Funktionentafeln, S. 31; sie ist in Abb. 138 graphisch dargestellt.

und 140 mit zunehmender Entfernung von der Leitung immer träger. Von einer bestimmten Fortpflanzungsgeschwindigkeit des Feldes kann

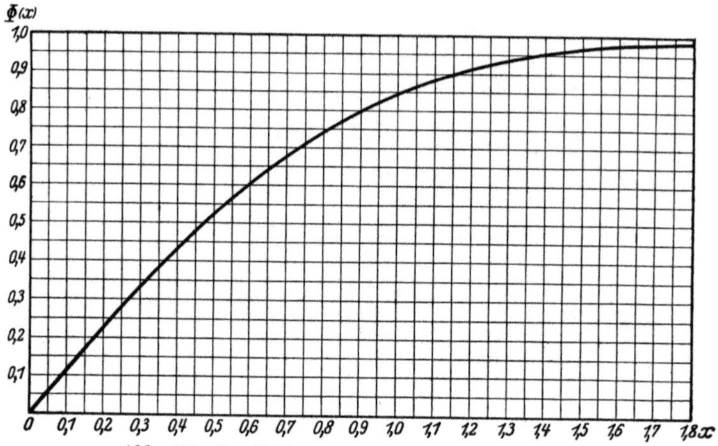

Abb. 138. Das Fehlerintegral (Krampsche Transzendente.)

indes nicht gesprochen werden, da grundsätzlich alle Raumpunkte gleichzeitig vom Feld erfaßt werden; es liegt dies daran, daß wir den dielektrischen Verschiebungsstrom nicht berücksichtigt haben.

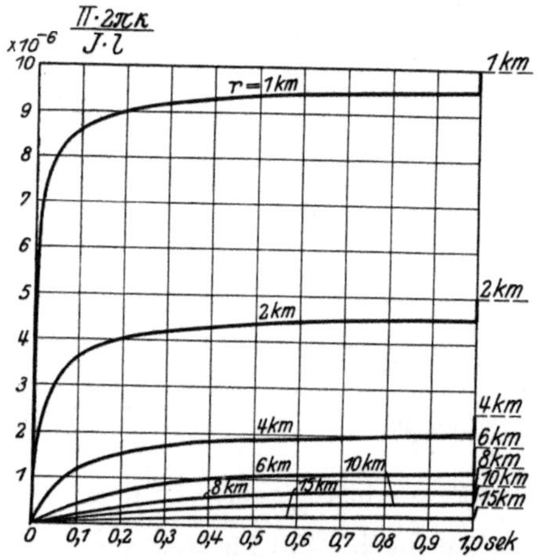

Abb. 139. Zeitlicher Anstieg des Feldes für verschiedene Entfernungen vom Erreger in mittlerem Erdreich.

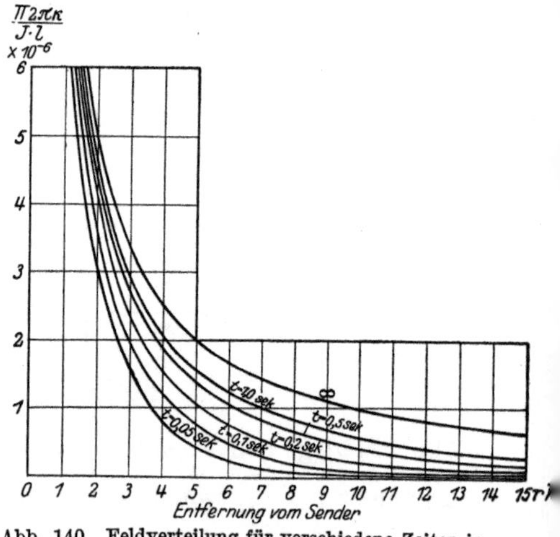

Abb. 140. Feldverteilung für verschiedene Zeiten in mittlerem Erdreich.

Für kleine t gilt die halbkonvergente Entwicklung

$$\lim_{t\to 0} \Pi = \frac{J\cdot l}{2\pi\varkappa r}\cdot\left[\frac{e^{-\sqrt{\frac{T}{4t}}}}{\sqrt{\pi}\cdot\sqrt{\frac{T}{4t}}}\left(1-\frac{1}{\frac{T}{2t}}+\frac{1\cdot 3}{\left(\frac{T}{2t}\right)}-+\cdots\right)\right] \tag{357 d}$$

während für große t die Hertzsche Funktion nach

$$\lim_{t\to\infty} \Pi = \frac{J\cdot l}{2\pi\varkappa r}\cdot\left[1-\sqrt{\frac{T}{\pi t}}+-\cdots\right] \tag{357e}$$

sich langsam ihrem stationären Wert $\frac{J\,l}{2\pi\varkappa r}$ nähert.

Der Aufbau des elektrischen Feldes ergibt sich aus den Gl. (281), nachdem die Substitution (350) eingeführt wurde.

$$\left.\begin{aligned}
\mathfrak{E}_x &= \frac{J\cdot l}{2\pi\varkappa r}\cdot e^{-\sqrt{Tp}}\left[p\,T\frac{xz}{r^4}+\sqrt{p\cdot T}\,\frac{3\,xz}{r^4}+\frac{3\,xz}{r^4}\right]\\
\mathfrak{E}_y &= \frac{J\cdot l}{2\pi\varkappa r}\cdot e^{-\sqrt{Tp}}\left[p\,T\frac{yz}{r^4}+\sqrt{p\,T}\cdot\frac{3\,yz}{r^4}+\frac{3\,yz}{r^4}\right]\\
\mathfrak{E}_z &= \frac{J\,l}{2\pi\varkappa r}\cdot e^{-\sqrt{Tp}}\left[p\,T\frac{z^2-r^2}{r^4}+\sqrt{p\,T}\cdot\frac{3z^2-r^2}{r^4}+\frac{3\,z^2-r^2}{r^4}\right]
\end{aligned}\right\} \tag{360}$$

Durch Vergleich mit der früheren Berechnung der Hertzschen Funktion erkennt man, daß man jetzt noch die Integralgleichungen

$$\frac{1}{p}\,p\cdot e^{-\sqrt{Tp}} = \int_0^\infty f_1(t)\cdot e^{-pt}\,dt\,, \tag{361}$$

und

$$\frac{1}{p}\sqrt{p}\cdot e^{-\sqrt{Tp}} = \int_0^\infty f_2(t)\,e^{-pt}\,dt \tag{362}$$

zu lösen hat.

Indem man (355a) auf jedes Glied der Entwicklung (357a) anwendet, erhält man sogleich

$$f_1(t) = \frac{d}{dt}f(t) = \frac{d}{dt}\left[1-\frac{2}{\sqrt{\pi}}\int_0^{\sqrt{\frac{T}{4t}}} e^{-v^2}\,dv\right] = \frac{1}{\sqrt{\pi\cdot t}}\sqrt{\frac{T}{4t}}\,e^{-\frac{T}{4t}}. \tag{361a}$$

Für $f_2(t)$ erhält man mit Rücksicht auf (359) die Reihe

$$\begin{aligned}
f_2(t) &= \frac{1}{\sqrt{\pi t}}\left[1-\frac{T}{2!}\cdot\frac{1}{2t}+\frac{T^2}{4!}\cdot\frac{1\cdot3}{2\cdot2\,t^2}-\frac{T^3}{6!}\cdot\frac{1\cdot3\cdot5}{2\cdot2\cdot2\cdot t^3}+-\cdots\right.\\
&= \frac{1}{\sqrt{\pi t}}\cdot e^{-\frac{T}{4t}}.
\end{aligned} \tag{362a}$$

Der Aufbau des Feldes erfolgt also nach den Gesetzen

$$\left.\begin{aligned}
\mathfrak{E}_x &= \frac{J\cdot l}{2\pi\varkappa r}\left[\frac{x\cdot z}{r^4}\cdot\frac{4}{\sqrt{\pi}}\cdot\frac{T}{4t}\cdot\sqrt{\frac{T}{4t}}e^{-\frac{T}{4t}}+\frac{3\,xz}{r^4}\,\frac{2}{\sqrt{\pi}}\sqrt{\frac{T}{4t}}e^{-\frac{T}{4t}}+\frac{3\,xz}{r^4}\left(1-\Phi\left(\sqrt{\frac{T}{4t}}\right)\right)\right]\\
\mathfrak{E}_y &= \frac{J\cdot l}{2\pi\varkappa r}\left[\frac{yz}{r^4}\cdot\frac{4\,T}{\sqrt{\pi}\,4\,t}\cdot\sqrt{\frac{T}{4t}}\cdot e^{-\frac{T}{4t}}+\frac{3\,yz}{r^4}\,\frac{2}{\sqrt{\pi}}\sqrt{\frac{T}{4t}}\cdot e^{-\frac{T}{4t}}+\frac{3\,yz}{r^4}\left(1-\Phi\left(\sqrt{\frac{T}{4t}}\right)\right)\right]\\
\mathfrak{E}_z &= \frac{J\cdot l}{2\pi\varkappa r}\left[\frac{z^2-r^2}{r^4}\,\frac{4}{\sqrt{\pi}}\,\frac{T}{4t}\sqrt{\frac{T}{4t}}\cdot e^{-\frac{T}{4t}}+\frac{3\,z^2-r^2}{r^4}\,\frac{2}{\sqrt{\pi}}\cdot\sqrt{\frac{T}{4t}}\cdot e^{-\frac{T}{4t}}+\frac{3\,z^2-r^2}{r^4}\left(1-\Phi\left(\sqrt{\frac{T}{4t}}\right)\right)\right]
\end{aligned}\right\} \tag{363}$$

Zur Veranschaulichung dieses Ergebnisses sind in den Abb. 141 und 142 die Funktionen $\frac{4}{\sqrt{\pi}}\frac{T}{4t}\sqrt{\frac{T}{4t}}e^{-\frac{T}{4t}}$ und $\frac{2}{\sqrt{\pi}}\sqrt{\frac{T}{4t}}e^{-\frac{T}{4t}}$ in Abhängigkeit von $\tau = \frac{t}{T}$ gezeichnet worden.

Für die Anwendung interessiert namentlich das maximale Feld $\mathfrak{E}_z$ in der Äquatorebene $z = 0$. Man erhält hierfür

$$|\mathfrak{E}z_{\max}| = \frac{J \cdot l}{2\pi\varkappa r^3}\left[+\frac{4}{\sqrt{\pi}}\cdot\frac{T}{4t}\cdot\sqrt{\frac{T}{4t}}\cdot e^{-\frac{T}{4t}} + \frac{2}{\sqrt{\pi}}\cdot\sqrt{\frac{T}{4t}}e^{-\frac{T}{4t}} + \left(1 - \Phi\left(\sqrt{\frac{T}{4t}}\right)\right)\right]. \quad (363a)$$

In Abb. 143 ist der Klammerausdruck, der für den zeitlichen Feldverlauf maßgebend ist, in Abhängigkeit von $\tau = \frac{t}{T}$ dargestellt. Man erkennt, daß das Feld in etwa $\tau = 0{,}3$ seinen Höchstwert erreicht, der rund 50% über dem stationären Endwert liegt, um dann rasch bis auf diesen abzufallen. Es entsteht somit im Erdreich beim Schalten eine beträchtliche Überspannung, welche auf eine etwa benachbarte Schwachstromleitung als vermehrte Störung in Erscheinung tritt. Um uns über die Größenordnung der Zeit zu orientieren, welche $\tau = 0{,}3$ entspricht, wollen wir als Zahlenbeispiel die Zeit T nach (358) für mittleres Erdreich ($\varkappa = 10^{-4}$ Siemens/cm) und eine Entfernung von $r = 1000$ m $= 10^5$ cm berechnen (vgl. auch Abb. 139 und 140).

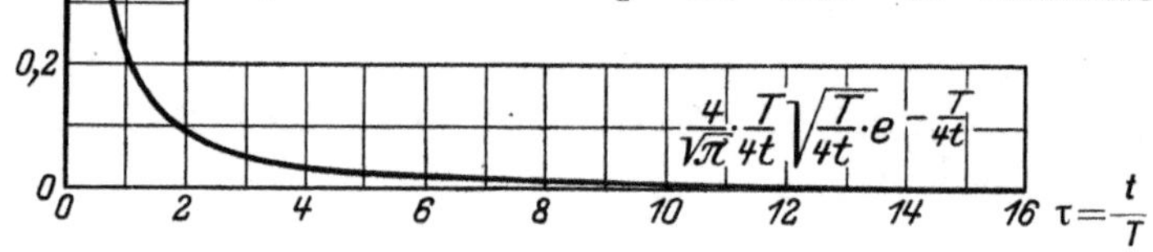

Abb. 141. Die Funktion $\frac{4}{\sqrt{\pi}}\cdot\frac{T}{4t}\cdot\sqrt{\frac{T}{4t}}\,e^{-\frac{T}{4t}}$.

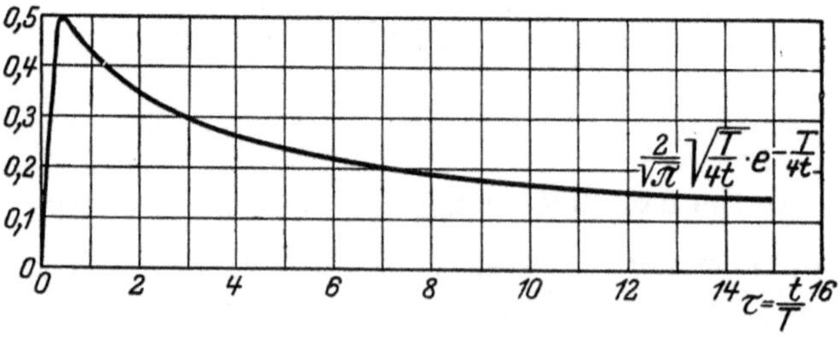

Abb. 142. Die Funktion $\frac{2}{\sqrt{\pi}}\cdot\sqrt{\frac{4t}{T}}\cdot e^{-\frac{T}{4t}}$.

$$T = 2\pi 10^{-4}\cdot 10^{-9}\cdot(10^5)^2 = 2\pi\cdot 10^{-3}\ \text{sec} = 0{,}00628\ \text{sec}.$$

Der Anstieg der Spannung erfolgt hiernach in $0{,}3 \cdot T = \sim 0{,}002$ sec, also praktisch stoßförmig. Um auch für das Abklingen der Überspannung einen einfachen zahlenmäßigen Anhalt zu gewinnen, kann man diesen Vorgang durch eine Exponentiallinie annähern, deren Zeitkonstante etwa $\tau = 1$ beträgt; man erhält daher das Schaltfeld größenordnungsmäßig richtig durch die Näherungsbeziehung

$$\mathfrak{E}_{z_{\max}} \,| = \sim \frac{J \cdot l}{2\pi\varkappa r^3}\left(1 + 0{,}5 \cdot e^{-\frac{t}{T}}\right) = \frac{J \cdot l}{2\pi\varkappa r^3} \cdot (1 + 0{,}5)\, e^{-\frac{t}{2\pi\varkappa 10^{-9} \cdot r^2}}. \tag{363b}$$

Die Amplitude des erregten Feldes nimmt hierbei mit der dritten Potenz der Entfernung außerordentlich rasch ab.

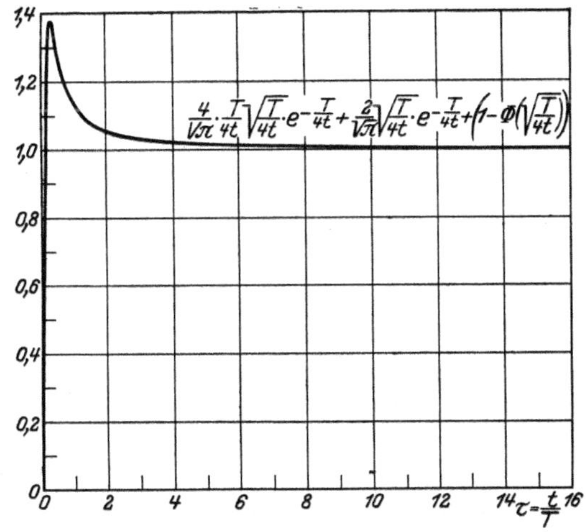

Abb. 143. Verlauf der maximalen Feldstärke in der Erde.

In vielen Fällen erreicht der Erderstrom nicht plötzlich seinen stationären Wert, sondern wächst nach Maßgabe der Eigenzeitkonstanten T_e seines Kreises gemäß

$$J_t = J\left(1 - e^{-\frac{t}{T_e}}\right) \tag{364}$$

langsam an. Um die von ihm erregte Schaltspannung zu finden, können wir (347c) anwenden, nachdem wir die dort vorkommende Spannung mit J_t, den Strom i_n dagegen mit $\mathfrak{E}_{z_{\max}}$ vertauschen. Da $J_{t=0}$ verschwindet, erhalten wir sogleich

$$|\,\mathfrak{E}_{z_{\max}}\,| = \int_0^t \frac{e^{-\frac{t}{T_e}}}{T_e}\,|\,\mathfrak{E}_{z_{\max}}(t - \tau)\,|\, d\tau\,. \tag{365}$$

Da der zeitliche Verlauf des Feldes weder für extrem kleine noch für sehr große Zeiten interessiert, wollen wir die Rechnung lediglich größenordnungsmäßig durchführen, indem wir für $\mathfrak{E}_{z_{\max}}$ die Näherung (363b) benutzen. Gl. (365) erhält dann die Form

$$\begin{aligned} |\,\mathfrak{E}_{z_{\max}}\,| &= \frac{J \cdot l}{2\pi\varkappa r^3} \cdot \frac{1}{T_e}\left[\int_0^t e^{-\frac{\tau}{T_e}} d\tau + 0{,}5 \cdot \int_0^t e^{-\frac{\tau}{T_e}} e^{-\frac{t-\tau}{T}} d\tau\right. \\ &= \frac{J \cdot l}{2\pi\varkappa r^3}\left[\left(1 - e^{-\frac{t}{T_e}}\right) + 0{,}5\,\frac{e^{-\frac{t}{T}} - e^{-\frac{t}{T_e}}}{1 - \frac{T_e}{T}}\right]. \end{aligned} \tag{366}$$

Da nun T_e in der Regel beträchtlich größer als T ist, erhält man hiernach den Verlauf der Feldstärke nach Abb. 147 mit überwiegendem ersten Glied, welches dem Stromanstiege ähnelt.

Selbstverständlich darf man die hier benutzte Annäherung nicht auf das Schalten von Wechselstrom übertragen, weil für große t die Darstellung (363b) unzulässig ist; vielmehr gilt unsere Rechnung nur für Zeitkonstanten T_e, welche zwar groß gegen T sind, aber doch noch so klein, daß (363b) größenordnungsmäßig richtig ist. Wie man sonst vorzugehen hat, wird in Nr. 57 gezeigt werden.

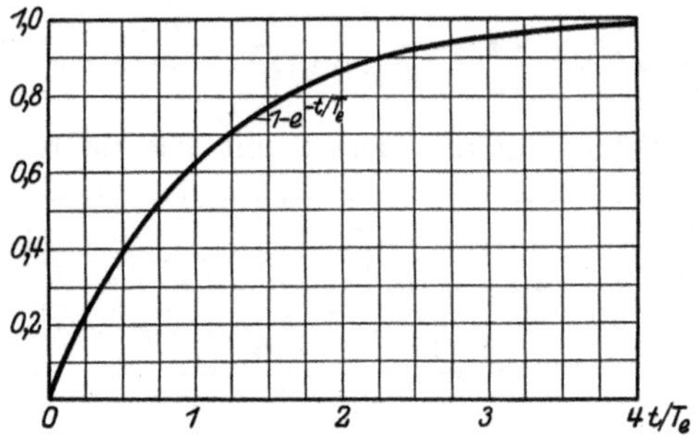

Abb. 144. Zeitgesetz des Erdfeldes für exponential anwachsenden Strom, wenn $T_e \gg T$.

56. Erd-Schaltströme langgestreckter Leitungen.

Die im vorigen Abschnitt gegebenen Beziehungen versagen für Orte, welche dicht an der Leitung liegen, weil dort der Aufpunktsabstand nicht mehr klein gegen die Leitungsabmessungen ist. Wir erkennen die hier herrschenden Gesetzmäßigkeiten in reiner Form, wenn wir zu dem Idealfall einer sehr (unendlich) langen Leitung übergehen, deren Strom zunächst zur Zeit $t = 0$ plötzlich auf seinen stationären Wert springen möge.

Um diese neue Aufgabenstellung an die im vorigen Abschnitt behandelte anzuschließen, setzen wir die stromführende Leitung aus Hertzschen Dipolen zusammen, welche in konstanter Intensität längs der Leitung verteilt sind (vgl. Nr. 43). Wir führen rotationssymmetrische räumliche Zylinderkoordinaten ϱ, ζ ein, deren ζ-Achse mit der Leitung zusammenfallen möge; der Aufpunkt liege im Abstand ϱ von der Leitung in der Ebene $\zeta = 0$. Ein Elementardipol, der im Abstand ζ vom Ursprung gelegen ist und die Länge $d\zeta$ besitzt, erzeugt dann im Aufpunkt die Hertzsche Funktion

$$d\Pi = \frac{J}{2\pi\varkappa}\cdot d\zeta\cdot\frac{1-\Phi\left(\sqrt{\frac{T}{4t}}\right)}{r} = \frac{J}{2\pi\varkappa}\,d\zeta\,\frac{1-\Phi\left(\frac{a\,r}{\sqrt{4\,t}}\right)}{r}, \tag{367}$$

wobei

$$a^2 = 2\pi\varkappa\cdot 10^{-9}; \qquad r = \sqrt{\varrho^2+\zeta^2}. \tag{367a}$$

Die gesuchte Hertzsche Funktion der gesamten Leitung ist also

$$\Pi = \int\limits_{\zeta=-\infty}^{+\infty} d\Pi = \frac{J}{2\pi\varkappa}\cdot\int\limits_{-\infty}^{+\infty}\frac{1-\Phi\left(\frac{a\,r}{\sqrt{4\,t}}\right)}{r}\,d\zeta. \tag{368}$$

Vermittels (194b) berechnet sich aus ihr die Stromdichte in der Erde

$$\mathfrak{i}_z = \varkappa\, a^2 \cdot \frac{\partial \Pi}{\partial t} = + \frac{J}{2\pi} \cdot a^2 \cdot \int\limits_{-\infty}^{+\infty} \cdot \frac{\partial}{\partial t} \left[1 - \Phi\left(\frac{a\,r}{\sqrt{4\,t}}\right)\right] \frac{d\zeta}{r}. \tag{369}$$

Aus der Definitionsgleichung der Krampschen Transzendente folgt

$$\frac{\partial}{\partial t}\, \Phi\left(\frac{a\,r}{\sqrt{4\,t}}\right) = \frac{\partial}{\partial t} \frac{2}{\sqrt{\pi}} \int\limits_0^{\frac{a\,r}{\sqrt{4\,t}}} e^{-v^2}\, d\,v = -\,2 \cdot \frac{2}{\sqrt{\pi}}\, e^{-\frac{a^2 r^2}{4\,t}} \cdot \frac{a\,r}{(4\,t)^{3/2}}$$

und da der von der Zeit unabhängige Anteil des Integrales (369) bei der Differentiation fortfällt

$$\mathfrak{i}_z = \frac{J}{2\pi} \cdot \frac{a^2}{(4\,t)^{3/2}} \cdot \frac{2}{\sqrt{\pi}} \int\limits_{-\infty}^{+\infty} \frac{2 \cdot e^{-\frac{a^2 r^2}{4\,t}} \cdot a\,r}{r}\, d\,\zeta. \tag{369a}$$

Mit Rücksicht auf (367a) ist

$$\mathfrak{i}_z = \frac{J}{2\pi} \cdot \frac{a^2}{(4\,t)^{3/2}}\, 2 \cdot \frac{2}{\sqrt{\pi}} \int\limits_0^{\infty} \frac{2 \cdot e^{-\frac{a^2 \varrho^2}{4\,t}} \cdot e^{-\frac{a^2 \zeta^2}{4\,t}}\, d \cdot \left(\frac{a\,\zeta}{\sqrt{4\,t}}\right)}{\frac{1}{\sqrt{4\,t}}}$$

$$= \frac{J}{2\pi} \cdot \frac{a^2}{(4\,t)} \cdot \frac{4}{\sqrt{\pi}} \cdot e^{-\frac{a^2 \varrho^2}{4\,t}} \cdot 2 \int\limits_0^{\infty} e^{-u^2}\, d\,u \tag{369b}$$

und mit $\int\limits_0^{\infty} e^{-u^2\,du} = \frac{1}{2}\sqrt{\pi}$ (Fehlerintegral)

$$\mathfrak{i}_z = \frac{J}{2\pi} \cdot \frac{a^2}{4\,t} \cdot 4\, e^{-\frac{a^2 \varrho^2}{4\,t}}$$

$$= \frac{J}{2\pi} \cdot \frac{4}{\varrho^2} \cdot \frac{a^2 \varrho^2}{4\,t}\, e^{-\frac{a^2 \varrho^2}{4\,t}} = \frac{J}{\pi\,\varrho^2} \cdot 2 \cdot \frac{T}{4\,t} \cdot e^{-\frac{T}{4\,t}}, \tag{369c}$$

wo die Aufpunktszeit

$$T = a^2 \varrho^2 = 2\,\pi\,\varkappa\, 10^{-9} \cdot \varrho^2 \tag{370}$$

analog (358) eingeführt wurde. Der gesamte Rückstrom durch den unteren Halbraum ist also

$$J_r = \int\limits_0^{\infty} \pi\,\varrho\, i_z \cdot d\varrho = J \cdot \frac{2}{\pi} \cdot \frac{a^2}{4\,t} \cdot \int\limits_0^{\infty} \pi\,\varrho \cdot e^{-\frac{a^2 \varrho^2}{4\,t}} \cdot d\varrho = J, \tag{371}$$

so daß in jedem Augenblick, wie es sein muß, der ganze Leitungsstrom durch die Erde zurückfließt. Daß die gewonnene Lösung (369c) die Differentialgleichung der ebenen Wirbelströmung erfüllt, verifiziert man mittels

$$\frac{\partial i_z}{\partial \varrho} = -J\cdot\frac{2}{\pi}\cdot\frac{a^2}{4t}\cdot e^{-\frac{a^2\varrho^2}{4t}}\cdot\frac{a^2}{4t}\cdot 2\varrho;\quad \frac{1}{\varrho}\cdot\frac{\partial i_z}{\partial\varrho} = -J\cdot\frac{2}{\pi}\cdot\frac{a^2}{4t}\cdot e^{-\frac{a^2\varrho^2}{4t}}\cdot\frac{a^2}{4t}\cdot 2$$

$$\frac{\partial^2 i_z}{\partial\varrho^2} = +J\cdot\frac{2}{\pi}\cdot\frac{a^2}{4t}\cdot e^{-\frac{a^2\varrho^2}{4t}}\cdot\frac{a^4}{(4t)^2}\cdot 4\varrho^2 - J\cdot\frac{2}{\pi}\cdot\frac{a^2}{4t}\cdot e^{-\frac{a^2\varrho^2}{4t}}\cdot\frac{a^2}{4t}\cdot 2$$

$$\frac{\partial i_z}{\partial t} = -J\cdot\frac{2}{\pi}\cdot\frac{a^2}{4t^2}\cdot e^{-\frac{a^2\varrho^2}{4t}} + J\cdot\frac{2}{\pi}\cdot\frac{a^2}{4t}\cdot e^{-\frac{a^2\varrho^2}{4t}}\cdot\frac{a^2\varrho^2}{4t^2},$$

so daß in der Tat

$$\Delta i_z \equiv \frac{\partial^2 i_z}{\partial\varrho^2} + \frac{1}{\varrho}\cdot\frac{\partial i_z}{\partial\varrho} = a^2\cdot\frac{\partial i_z}{\partial t} \tag{372}$$

identisch erfüllt ist. Es ist sehr bemerkenswert, daß hier das Schaltfeld eine mathematisch viel einfachere Form besitzt als das Wechselstromfeld, das wir in Nr. 43 bestimmt haben.

Wir schreiben (369c) in der Form

$$i_z = \frac{J}{\pi\varrho^2}\cdot f(t);\quad f(t) = \frac{T}{4t}\cdot e^{-\frac{T}{4t}}, \tag{369d}$$

aus welcher wir erkennen, daß die höchste in der Erde auftretende Stromstärke umgekehrt proportional mit dem Quadrat der Entfernung von der Leitung abnimmt. Das gleiche gilt für die Schaltfeldstärke

$$\mathfrak{E}_z = \frac{i_z}{\varkappa} = \frac{J}{\varkappa\pi\varrho^2}\cdot f(t).$$

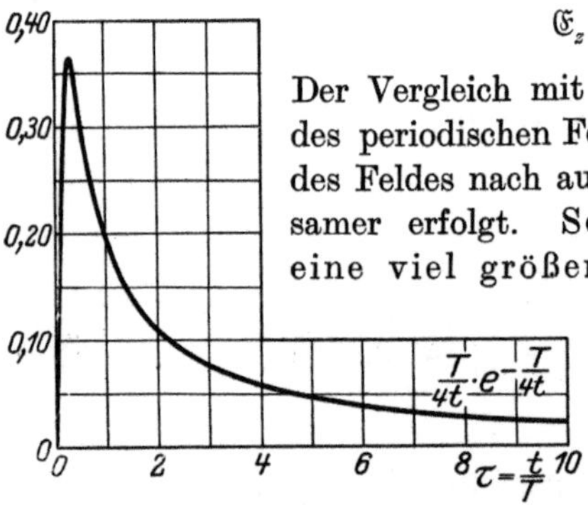

Abb. 145. Die Funktion $\frac{4t}{T}\cdot e^{-\frac{T}{4t}}$.

Der Vergleich mit den entsprechenden Beziehungen des periodischen Feldes zeigt, daß hier die Abnahme des Feldes nach außen hin außerordentlich viel langsamer erfolgt. Schaltströme besitzen somit eine viel größere Störungszone durch Erdrückleitung als periodische Ströme.

Der Verlauf der Funktion $f(t)$ ist in Abb. 145 und 146 in Abhängigkeit von der numerischen Zeit $\tau = \frac{t}{T}$ dargestellt. Sie schnellt von Null aus in der Zeit $t = 0{,}25\ T$ außerordentlich rasch auf ihren Höchstwert $f_{\max} = e^{-1} = \sim 0{,}37$, um dann etwa nach einer Exponentiallinie wiederum bis auf Null abzusinken. Durch diese Eigenschaft unterscheidet sich die

Schalt-Erdfeldstärke der sehr langen Leitung wesentlich von der der sehr kurzen Leitung, die nach Gl. (363) einem endlichen Grenzwert

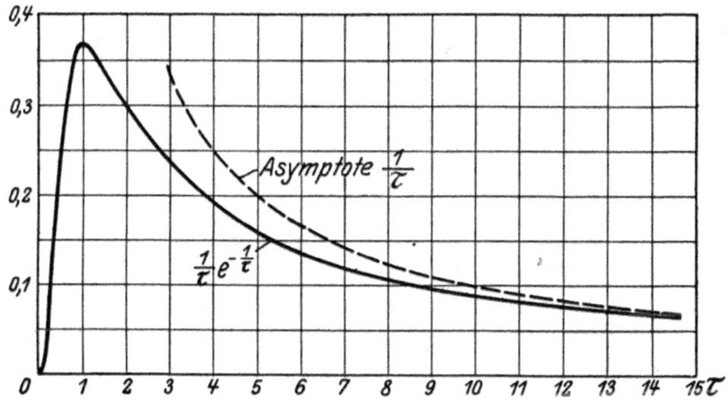

Abb. 146. Die Funktion $\frac{1}{\tau} e^{-\frac{1}{\tau}}$ samt ihrer Asymptote für mäßige Werte des Argumentes (der Abszissenmaßstab ist 4 mal so groß wie in Abb. 144!).

zustrebt. Dieser Unterschied ist in dem verschiedenen stationären Erdstromfelde beider Anordnungen begründet, welches in der Tat mit zunehmender Leitungslänge verschwindet. Bei der Anwendung auf Leitungen endlicher Länge hat man demgemäß die Nahzone von der Fernzone zu unterscheiden; in der ersten herrschen die hier genannten Beziehungen vor, während in der Fernzone die Vorgänge nach den Ergebnissen des vorigen Abschnittes verlaufen.

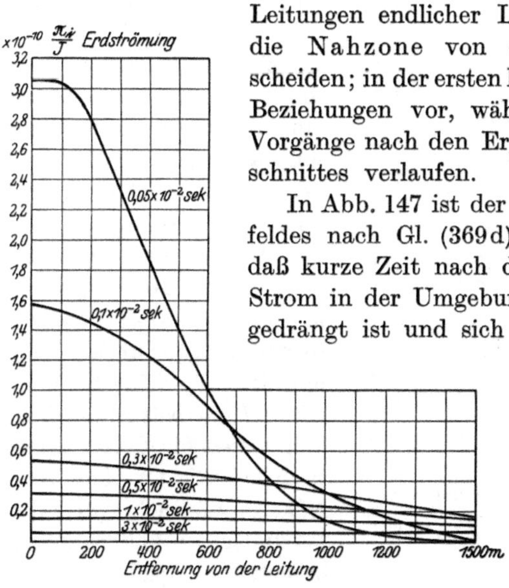

Abb. 147. Feldbild der langgestreckten Leitung für verschiedene Zeiten nach dem Einschalten für mittleres Erdreich.

In Abb. 147 ist der Aufbau des gesamten Erdfeldes nach Gl. (369d) dargestellt. Man erkennt, daß kurze Zeit nach dem Einschalten der ganze Strom in der Umgebung der Leitung zusammengedrängt ist und sich erst allmählich ausbreitet. Die maximale Erdfeldstärke ergibt sich aus dem Höchstwert der Funktion $f(t)$ zu

$$\mathfrak{E}_{z\,\max} = \frac{J}{\varkappa\,\pi\,\varrho^2} \cdot 0,37 = J \cdot R_{12}. \qquad (369\text{e})$$

Hier kann man

$$R_{1,2} = \frac{0,37}{\varkappa\,\pi\,\varrho^2}\,\Omega/\text{cm} \qquad (369\text{f})$$

als Kopplungswiderstand pro Längeneinheit ansprechen. Auch er nimmt mit dem Quadrate der Entfernung von der Leitung ab, sinkt also nur relativ langsam.

Wenn der Strom nicht plötzlich auf seinen stationären Wert springt, sondern langsam gemäß der Eigenzeitkonstante T_e seines Kreises anwächst

$$J_t = J_0\left(1 - e^{-\frac{t}{T_e}}\right) \tag{373}$$

folgt die Erd-Schaltfeldstärke nach Gl. (347c) aus

$$\mathfrak{E} = \frac{1}{\varkappa\,\pi\,\varrho^2}\int\limits_0^t \cdot\frac{d\,J}{d\,\tau}\cdot f\,(t-\tau)\cdot d\tau\,. \tag{374}$$

Führt man hier Gleichung (369d) ein, so entsteht

$$\mathfrak{E} = \frac{J_0}{T_e}\cdot 10^{-9}\cdot\int\limits_0^t \frac{e^{-\frac{\pi}{2}\cdot\varkappa\cdot 10^{-9}\cdot\frac{\varrho^2}{v}}}{v}\cdot e^{-\frac{t-v}{T_e}}\cdot dv\,. \tag{374a}$$

Dieses Integral läßt sich in geschlossener Form nicht auswerten, sondern man ist auf eine numerische oder graphische Integration angewiesen[1]. Das Ergebnis zeigt für das Beispiel $T_e = 1{,}25\cdot T$, Abb. 148 u. 149. Man erkennt, daß die Spannung sehr schnell einem Höchstwert zustrebt, um dann viel langsamer als der veränderliche Stromanteil zu verklingen. Wie aus dem vorigen Abschnitt hervorgeht, ist die Eigenzeitkonstante T stets sehr klein, so daß man für übliche Verhältnisse T_e als sehr groß gegen T zu betrachten hat. Wir wollen für diesen praktisch wichtigsten Fall eine Näherungsformel für die maximale Schaltspannung herleiten; denn hierfür kommt der genaue Verlauf der Schaltspannung für große Zeiten nicht in Frage, so daß man die Funktion (369d) entsprechend Abb. 150

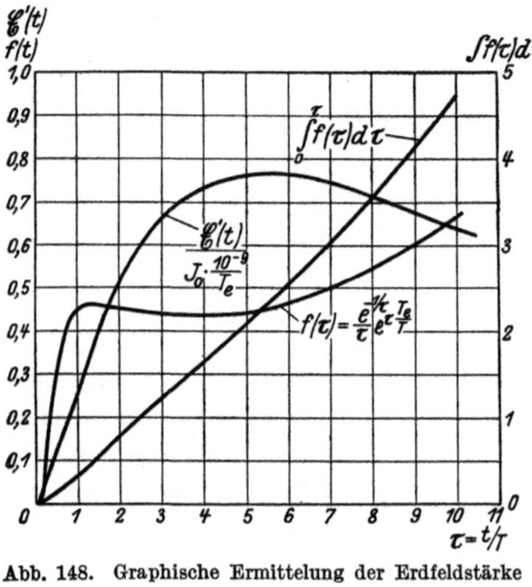

Abb. 148. Graphische Ermittelung der Erdfeldstärke für $T_e/T = 1{,}25$. [Als Abszisse ist $\tau = \frac{4t}{T}$ gewählt!]

[1] Vgl. hierzu F. Ollendorff: Elektr. Schaltströme in der Erde. El. Nachrichtentechnik 1928, Heft 3. Dort ist das Integral auf analytischem Wege abgeschätzt.

durch die Exponentiallinie annähern kann

$$\frac{1}{4\tau}\cdot e^{-\frac{1}{4\tau}} = \sim 0{,}4\cdot e^{0{,}8\tau}. \qquad \tau < 2{,}5$$

Hiermit liefert Gleichung (374a)

$$\mathfrak{E} = 0{,}4\cdot\frac{J_0}{T_e}\cdot\frac{1}{\frac{\pi}{2}\varkappa\varrho^2}\cdot e^{-\frac{t}{T_e}}\cdot\int_0^t e^{-v\left(\frac{0{,}8}{T}-\frac{1}{T_e}\right)}\cdot dv\,. \tag{375}$$

Die Auswertung des Integrals ergibt mit Beachtung von $T_e \gg T$

$$\mathfrak{E} = \sim 0{,}4\cdot\frac{J_0}{T_e}\cdot\frac{1{,}25\cdot T}{\frac{\pi}{2}\varkappa\varrho^2}\cdot e^{-\frac{t}{T_e}} \tag{375a}$$

und also mit (370)

$$\mathfrak{E} = \sim 0{,}4\cdot\frac{J_0}{T_e}\cdot\frac{1{,}25\cdot 2\pi\varkappa 10^{-9}\cdot\varrho^2}{\frac{\pi}{2}\varkappa\varrho^2}\cdot e^{-\frac{t}{T_e}} = 2\,\frac{J_0}{T_e}\cdot 10^{-9}\cdot e^{-\frac{t}{T_e}}\,. \tag{375b}$$

Es ist bemerkenswert, daß hiernach die Störspannung nicht von der Entfernung der stromführenden Leitung abhängt.

Da der Ausdruck $\frac{J_0}{T_e}\cdot e^{-\frac{t}{T_e}}$ den Betrag der Stromänderung angibt, kann man anstatt (375b) schreiben

$$\mathfrak{E} = 2\cdot 10^{-9}\cdot\left|\frac{dJ}{dt}\right| = L_{12}\cdot\left|\frac{dJ}{dt}\right|, \tag{375c}$$

wo

$$L_{12} = 2\cdot 10^{-9}\ \text{Henry/cm} = 0{,}2\cdot\text{mHenry/km}. \tag{375d}$$

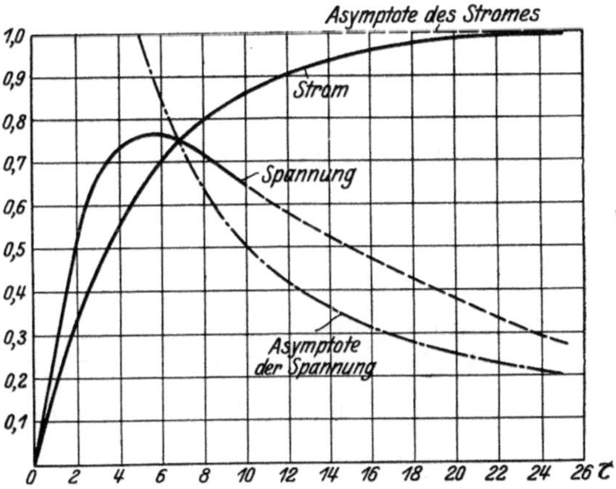

Abb. 149. Vergleich des Zeitgesetzes von Strom und Erdfeldspannung für $T_e/T = 1{,}25$.

als Gegeninduktivität benachbarter Leitungen für exponentiell verlaufende Schaltvorgänge, bezogen auf die Längeneinheit der Parallelführung, bezeichnet werden kann.

Diese ist, wie die erhaltene Formel lehrt, unabhängig vom Abstand der sich beeinflussenden Leitungen, der Leitfähigkeit der Erde und der Änderungsgeschwindigkeit des Schaltstromes, so daß (376a) universell für alle Leitungen gültig ist. Beispielsweise ergibt sich für eine Gleichstrom-Bahnleitung von $l = 19$ km Länge, auf welche ein mit der Zeitkonstanten $T_e = 0{,}13$ sec anwachsender Kurzschlußstrom von 2300 Amp. geschaltet wird, als gesamte maximale Störspannung in einer Nachbarleitung

$$E_{\max} = l \cdot \mathfrak{E}_{\max} = \frac{J_0}{T_e} \cdot L_{12} \cdot l = \frac{2300}{0{,}13} \cdot 0{,}2 \cdot 10^{-3} \cdot 19 = 67 \text{ Volt},$$

während durch Messung aus zwei Oszillogrammen $E_{\max}$ zu 65 und 70 Volt bestimmt wurde[1]. Man erhält also in solchen Anlagen durch Kurzschlußströme gewaltige Störspannungen in benachbarten Leitungen, die denen der Wechselstrombahnleitungen an Heftigkeit nicht nachstehen und wohl zu beachten sind. Daß sie trotz ihrer bedeutenden Höhe im allgemeinen weniger empfunden werden, hat seinen Grund in der eigenartigen Form des zeitlichen Spannungsverlaufes, der in etwa angeschlossenen Telephonen wesentlich nur kurzdauernde Knackgeräusche unmittelbar nach Einsetzen des Kurzschlußstromes hervorbringt.

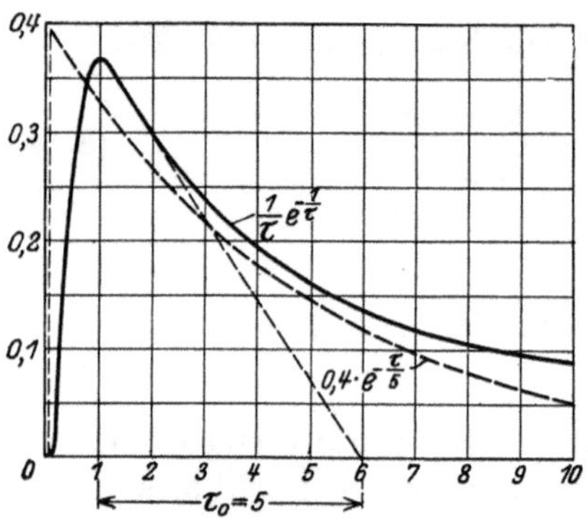

Abb. 150. Ersatz der Funktion $\frac{T}{4t} \cdot e^{-\frac{T}{4t}}$ durch eine Exponentiallinie $\left[\tau = \frac{4t}{T}\right]$.

Um die Größenordnung der Entfernung abzuschätzen, bis zu welcher die einfache Beziehung (376a) benutzt werden darf, berechnen wir die Aufpunktszeit T für mittleres Erdreich von $\varkappa = 10^{-4}$ Siemens/cm Leitfähigkeit:

$$T = 2\pi\varkappa \cdot 10^{-9} \varrho^2 = 2\pi 10^{-13} \varrho^2 .$$

Sehen wir unsere Rechnungen, insonderheit soweit sie die Abschätzung der maximalen Störspannung betreffen, als größenordnungsmäßig richtig an, solange $T \leqq \frac{1}{10} T_e$ bleibt, so ergibt sich für unser Beispiel mit $T_e = 0{,}25$ sec bereits

$$\frac{1}{10} \cdot 0{,}25 = 2{,}5 \cdot 10^{-2} = 2\pi 10^{-13} \varrho^2 ; \quad \varrho = \sim 2 \cdot 10^5 \text{ cm} = 2 \text{ km} .$$

Da für größere Entfernungen derartige Rechnungen kaum Interesse bieten, darf man also praktisch wohl stets mit der Formel (376a) rechnen. Es ist bemerkenswert, daß man eine Gegeninduktion von gleicher Größe

[1] Die Zahlen dieses Beispieles samt den Meßwerten sind entnommen aus R. Rüdenberg: Schwachstromstörungen beim Schalten von Gleichstrombahnen. Wiss. Veröff. a. d. Siemens-Konzern, Bd. 5, H. 3, S. 1. Die dort gegebene Theorie weicht indes von der hier entwickelten ab.

für dasselbe Erdreich bei Betrieb mit 50periodigem Wechselstrom erhält, wenn nach Abb. 107 die sich beeinflussenden Leitungen einen Abstand von etwa 400 m besitzen; demnach überwiegt die Wechselstrom-Gegeninduktion für Leitungsabstände, die unter den genannten Verhältnissen kleiner sind als etwa 400 m, während umgekehrt für größere Leitungsabstände der exponentiell verlaufende Schaltstrom stärkere Störspannungen liefert.

Da hiermit nachgewiesen ist, daß die Gegeninduktion des Schaltstromes praktisch unabhängig vom Abstand der sich beeinflussenden Leitungen ist, kann man die erhaltenen Beziehungen auch auf die geschaltete Leitung selbst anwenden und den Wert (376a) als Selbstinduktion des Erdfeldes für exponentiell verlaufende Schaltvorgänge ansehen, wobei man sich natürlich wiederum auf hinreichend kleine Zeiten beschränken muß. Zu ihr gesellt sich die in Nr. 37 berechnete Luftfeld-Selbstinduktion, so daß insgesamt

$$L = 2\left(\ln\frac{h}{l} + 1\right) 10^{-9}\ \text{Henry/cm} \tag{376}$$

die wirksame Selbstinduktion der Schleife Leitung—Erde gegen exponentiell anwachsenden Strom darstellt. Diese Bemerkung erlaubt es, in Umkehrung der bisher behandelten Aufgabe, in welcher das Zeitgesetz des Stromes als gegeben angenommen wurde, diesen Stromverlauf selbst aus den Daten der Anlage vorauszubestimmen. Denn hierzu hat man lediglich den Ausgleichsvorgang zu untersuchen, der sich in dem aus den speisenden Maschinen, Leitung und Erde gebildeten Kreise bei plötzlichem Kurzschluß zwischen Leitung und Erde entwickelt, eine Aufgabe, die mit Hilfe der Schleifenselbstinduktion (377) quasistationär angesetzt und demnach mittels bekannter Verfahren gelöst werden kann. Um Mißverständnisse auszuschließen, wiederholen wir, daß alle von uns gegebenen Formeln, insoweit sie näherungsweise exponentiell verlaufende Schaltvorgänge umfassen, nur für die Zeit unmittelbar nach Einsetzen des Stromes gültig sind. Demgemäß sind für größere Zeiten mehr oder minder merkliche Abweichungen des Strom- und Spannungsverlaufes von den hier zugrunde gelegten einfachen Gesetzmäßigkeiten zu erwarten; auch diese lassen sich mittels (347c) streng erfassen, wobei aber weitläufige Rechnungen nicht zu umgehen sind[1].

57. Schalt-Überspannungen beim Schalten von Wechselstrom. Wir behandeln die Erdströme beim Entstehen eines sinusförmig zur Zeit $t = 0$ beginnenden Wechselstromes. Dieser Fall beschreibt das Schaltfeld von Wechselströmen hinreichend genau, wenn man beachtet, daß sich der allgemeine Fall stets als Überlagerung eines exponentiell ver-

[1] Vgl. F. Ollendorff: Elektr. Schaltströme in der Erde, l. c.

laufenden Stromes und eines mehr oder minder gedämpften Wechselstromes auffassen läßt. Schreiben wir für den Wechselstrom

$$J = \mathfrak{Im}\,(J_0 \cdot e^{-j\omega t})\,, \tag{377}$$

so folgt als Schaltspannung mit Beachtung von (347c)

$$\mathfrak{E} = \mathfrak{Im}\left\{J_0 \cdot j\omega \cdot 10^{-9} \int\limits_0^t \frac{e^{-\frac{\pi}{2}\varkappa\, 10^{-9}\frac{\varrho^2}{v}}}{v} \cdot e^{-j\omega(t-v)} \cdot dv\,.\right\} \tag{378}$$

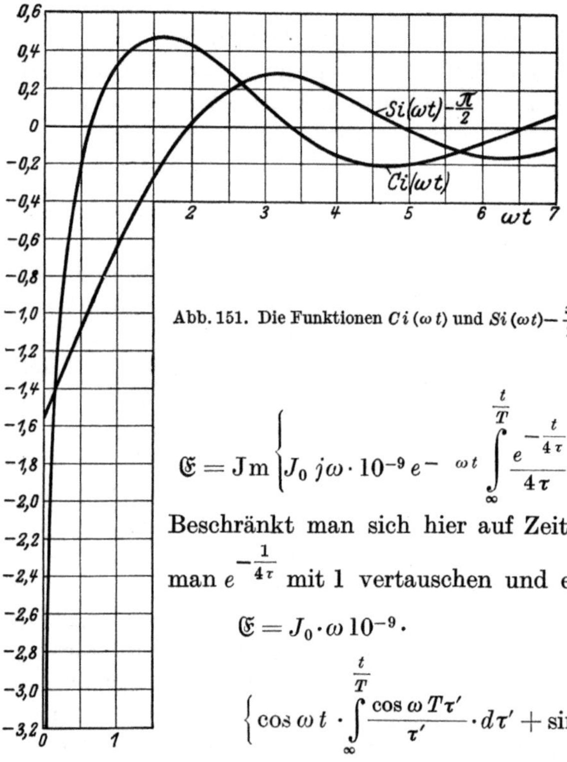

Abb. 151. Die Funktionen $Ci\,(\omega\, t)$ und $Si\,(\omega t) - \frac{\pi}{2}$.

Aus dieser Formel ergibt sich die früher berechnete periodische Erdströmung durch den Grenzübergang $t \to \infty$. Aus dieser Bemerkung erkennt man als zusätzliches Schaltfeld des Wechselstromes

$$\mathfrak{E} = \mathrm{Jm}\left\{J_0\, j\omega \cdot 10^{-9}\, e^{-\ \ \omega t} \int\limits_\infty^{\frac{t}{T}} \frac{e^{-\frac{t}{4\tau}}}{4\tau} \cdot e^{j\omega T \cdot 4\tau} \cdot d\,(4\tau)\,.\right\} \tag{379}$$

Beschränkt man sich hier auf Zeiten $t \gg 2{,}5\ T$, so kann man $e^{-\frac{1}{4\tau}}$ mit 1 vertauschen und erhält einfacher

$$\mathfrak{E} = J_0 \cdot \omega\, 10^{-9} \cdot$$

$$\left\{\cos\omega\, t \cdot \int\limits_\infty^{\frac{t}{T}} \frac{\cos\omega\, T\tau'}{\tau'} \cdot d\tau' + \sin\omega\, t \cdot \int\limits_\infty^{\frac{t}{T}} \frac{\sin\omega\, T\tau'}{\tau'}\, d\tau'\right\}$$

$$= J_0 \cdot \omega \cdot 10^{-9} \left\{\cos\omega t \cdot Ci(\omega t) + \sin\omega t \left[Si(\omega\, t) - \frac{\pi}{2}\right]\right\}, \tag{379a}$$

wobei $Ci(x)$ und $Si(x)$ die Funktionen Integralkosinus und Integralsinus nach Abb. 151 bedeuten[1]. Die Schaltspannung nimmt also entsprechend Abb. 152, ohne zu oszillieren, sehr rasch ab, um schließlich nach

$$\lim_{t\to} \mathfrak{E} = -J\,\omega\, 10^{-9} \cdot \frac{1}{(\omega\, t)^2} \tag{379b}$$

---

[1] Jahnke-Emde: Funktionentafeln S. 19.

quadratisch mit der Zeit zu verklingen. Wir wollen die **höchstauftretende Spannung** abschätzen. Hierzu dehnen wir die Grenze der Gültigkeit der Gleichung (379a) bis $t = \sim 0{,}5\ T$, was nach Abb. 146 zulässig erscheint. Der Augenblick des Spannungsmaximums ist dann gegeben durch

$$\omega t_0 = \sim 0{,}5\,\omega T = \pi\omega\varkappa\, 10^{-9} \cdot \varrho^2 . \tag{380}$$

Da dieser Wert sehr klein ist, kann man den Integralkosinus durch seine asymptotische Entwicklung ersetzen und erhält

$$\mathfrak{E}_{\max} = -J_0 \cdot \omega \cdot 10^{-9} \cdot \left(\ln \frac{1}{\gamma\pi\omega\varkappa\, 10^{-9}\varrho^2}\right); \quad \gamma = 1{,}78 . \tag{379c}$$

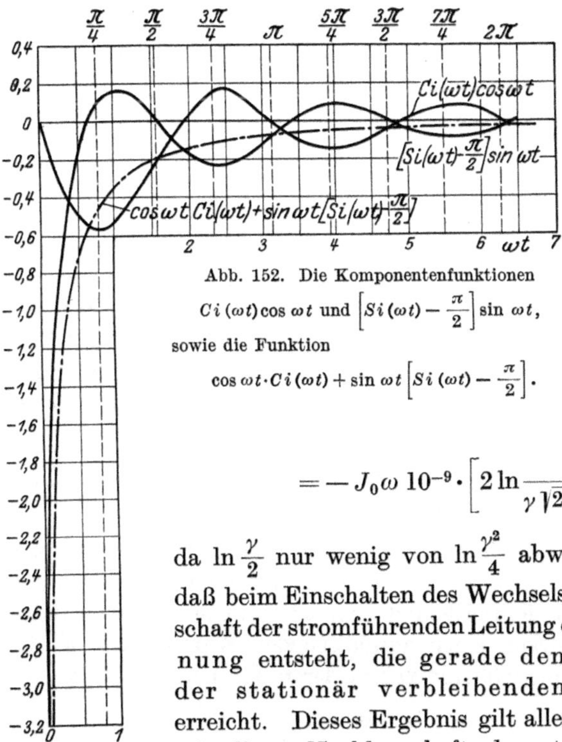

Abb. 152. Die Komponentenfunktionen $Ci\,(\omega t) \cos \omega t$ und $\left[Si\,(\omega t) - \frac{\pi}{2}\right] \sin \omega t$, sowie die Funktion $\cos \omega t \cdot Ci\,(\omega t) + \sin \omega t \left[Si\,(\omega t) - \frac{\pi}{2}\right]$.

Nun ist für kleine ϱ und kleine t nach Nr. 38 das Wechselfeld

$$\mathfrak{E}'' = -J_0 \omega\, 10^{-9} \cdot \left(2 \ln \frac{2}{\gamma \sqrt{2\pi\varkappa\omega\, 10^{-9}} \cdot \varrho}\right). \tag{381}$$

Schreibt man nun (379c) in der Form

$$\mathfrak{E}\max = -J_0\omega\, 10^{-9} \cdot \left(\ln \frac{1}{\gamma \cdot \frac{1}{2} \cdot 2\pi\varkappa\omega \cdot 10^{-9} \cdot \varrho^2}\right)$$

$$= -J_0\omega\, 10^{-9} \cdot \left[2 \ln \frac{2}{\gamma \sqrt{2\pi\varkappa\omega\, 10^{-9}}\, \varrho}\right], \tag{379d}$$

da $\ln \frac{\gamma}{2}$ nur wenig von $\ln \frac{\gamma^2}{4}$ abweicht, so erkennt man, daß beim Einschalten des Wechselstromes in der Nachbarschaft der stromführenden Leitung eine **Schaltüberspannung** entsteht, die **gerade den zweifachen Betrag der stationär verbleibenden Wechselamplitude** erreicht. Dieses Ergebnis gilt allerdings nur für die unmittelbare Nachbarschaft der stromführenden Leitung, weil sonst maximale Schaltspannung und periodischer Feldanteil eine Phasendifferenz gegeneinander besitzen, so daß sie sich nicht algebraisch addieren. Doch wollen wir diese Feinheit nicht weiter verfolgen, sondern uns mit der hier erzielten Abschätzung der größtmöglichen Schaltüberspannung begnügen.

XII. Grundzüge der Erwärmungsberechnung von Erdern.

58. Grundbegriffe der Wärmeströmung. Der einem Erder zugeführte Strom J verteilt sich nach den früher für eine Reihe von typischen Erderformen angegebenen Beziehungen nach allen Seiten hin in das Erdreich. Der Ausbreitungswiderstand R_a erzwingt eine Leistungszufuhr

$$N = R_a \cdot J^2, \tag{382}$$

welche gemäß dem Energieprinzip im Erdreich als Wärmeerzeugung wirksam wird. Die räumliche Verteilungsfunktion der Gesamtwärmeleistung wird durch das Gesetz von Joule bestimmt, welches die Wärmeerzeugung pro Raumelement $d\tau$ in der Zeiteinheit in Beziehung setzt zu der elektrischen Feldstärke $\mathfrak{E}$ und der Leitfähigkeit $\varkappa$ des betreffenden Raumpunktes

$$dn = \varkappa\, \mathfrak{E}^2\, d\tau, \tag{383}$$

wobei gilt

$$\iiint dn = N. \tag{384}$$

Durch die stetige Wärmezufuhr erhöht sich die Gesamttemperatur des Erdreiches. Nimmt man an, daß vor Beginn des Stromflusses das Erdreich konstante Temperatur besaß, so muß unmittelbar nach dem Einschalten des Stromes J in jedem Raumelement die Temperatur ϑ gemäß der spezifischen Wärme c des Bodens ansteigen

$$dn = c \cdot \frac{d\vartheta}{dt} \cdot d\tau; \quad \frac{d\vartheta}{dt} = \frac{1}{c} \cdot \frac{dn}{d\tau} = \frac{1}{c} \cdot \varkappa\, \mathfrak{E}^2. \tag{385}$$

Dieser Vorgang kann indes in reiner Form nur solange bestehen bleiben, als keine merkbaren Temperaturdifferenzen zwischen zwei Punkten im Erdreich oder dem Erdreich und angrenzenden Medien vorhanden sind; denn diese bewirken einen ausgleichenden Wärmestrom $\mathfrak{w}$, der in der Richtung von der höheren zur niederen Temperatur fließt

$$\mathfrak{w} = -\lambda \cdot \operatorname{grad} \vartheta. \tag{386}$$

Hier wird λ als Wärmeleitfähigkeit bezeichnet und neben $\varkappa$ und c als Stoffkonstante des Erdreiches betrachtet.

Unter dem Einfluß der Wärmeströmung aus dem Erdreich in die Luft bildet sich, sofern J seine Stärke unverändert beibehält, ein stationärer Temperaturzustand in der Erde aus. Er ist dadurch gekennzeichnet, daß die gesamte erzeugte Wärme nicht mehr zur Temperatursteigerung dient, sondern durch Wärmeströmung sogleich wieder abgeleitet wird. Da die Ergiebigkeit des Wärmestromes pro Raumeinheit durch den Ausdruck div $\mathfrak{w}$ gegeben ist (vgl. Nr. 2), erhalten wir also als Grundgleichung des stationären Temperaturfeldes

$$\operatorname{div} \mathfrak{w} = \frac{d n}{d \tau} = \varkappa\, \mathfrak{E}^2 \tag{387}$$

und also mit Einführung der Temperatur nach (386)

$$\operatorname{div} \operatorname{grad} \vartheta \equiv \Delta \vartheta = -\frac{\varkappa}{\lambda} \cdot \mathfrak{E}^2 . \tag{387a}$$

Hier greift die physikalische Überlegung ein, daß das Erdreich stets Bodenfeuchtigkeit enthält. Solange daher die Maximaltemperatur des Feldes unter 100° C liegt, bleibt das Erdreich in seiner thermisch-elektrischen Struktur wesentlich ungeändert. Wenn indes die Maximaltemperatur den kritischen Wert von 100° C erreicht, wird das im Erdreich enthaltene Wasser zum Sieden gebracht und verdampft. Hierdurch wird infolge der verminderten Feuchtigkeit zunächst die thermische und elektrische Leitfähigkeit herabgesetzt; Hand in Hand mit diesem Vorgang ändert sich die Stromverteilung im Sinne einer Entlastung dieses Punktes, so daß nunmehr auch die Nachbarzonen stärker erwärmt werden und dort ebenfalls das Erdreich auszutrocknen beginnt. Dieser Prozeß kann, fortschreitend, die ganze Umgebung des Erders ergreifen und findet sein Ende in der Bildung einer hart zusammengebrannten, schlechtleitenden Schale; der Erder ist dann „vergiftet" und kann nicht mehr länger benutzt werden. Für besonders große Erderströme und dadurch verursachte stürmische Dampfentwicklung wird dieser Vorgang durch explosionsartige Auflockerung der Erdmassen beschleunigt, wobei häufig Lichtbögen im Erdreich entstehen, die am Erder selbst ansetzen und auch die eigentliche metallische Elektrode zerstören.

In dem elektrischen System entspricht dem Erreichen der kritischen stationären Temperatur ein gewisser stationärer Strom J, den wir als stationäre Grenzbelastung des Erders definieren; er bildet den höchstzulässigen Dauerstrom des Erders.

Wenn der tatsächliche Erderstrom die stationäre Grenzbelastung übersteigt, würde die aus (387a) berechenbare stationäre Maximaltemperatur höher als 100° C liegen; in Wirklichkeit ist dieser Zustand nicht realisierbar, weil schon in einer endlichen, kritischen Zeit T am höchsttemperierten Punkte 100° C erreicht sein und der Erder dann, wie vorstehend geschildert, durch Verdampfung der Bodenfeuchtigkeit zerstört werden würde. Diese dynamische „Grenzzeit" T ist lediglich von dem Werte J des Erderstromes abhängig, der für den stationären Zustand eine Überlastung darstellt; sie ist daher die höchstzulässige Belastungsdauer des überlasteten Erders.

Zur Berechnung dieser Grenzzeit müssen wir das Gesetz des dynamischen Temperaturflusses kennen. Hierbei muß die Wärmeerzeugung (383) sowohl den Temperaturanstieg wie den Wärmestrom decken, so daß man an Stelle von (383) erhält

$$c \cdot \frac{d\vartheta}{dt} + \operatorname{div} \mathfrak{w} = \varkappa\, \mathfrak{E}^2 \tag{388}$$

oder mit (386)

$$\Delta \vartheta = \frac{c}{\lambda} \cdot \frac{d\vartheta}{dt} - \frac{\varkappa}{\lambda}\, \mathfrak{E}^2. \tag{388a}$$

Wir stellen uns die Aufgabe, stationäre Grenzlast und dynamische Grenzzeit für eine Reihe von einfachen Erderformen größenordnungsmäßig abzuschätzen; diese beiden Größen treten für die Konstruktion von Hochstromerdern bestimmend neben die elektrischen und physiologischen Kennziffern des Erders, deren Ermittelung wir früher gezeigt haben.

59. Grenzbedingungen der Wärmeströmung. Nachdem wir im vorigen Abschnitt die Grundgesetze der Wärmeströmung im homogenen Erdreich untersucht haben, sollen hier die Grenzbedingungen genannt werden, welche der Wärmeströmung an der Übergangsfläche gegen andere Medien auferlegt werden.

Die einfachsten Verhältnisse ergeben sich für die Grenze zweier homogener Stoffe mit den voneinander abweichenden Wärmeleitfähigkeiten λ_1 und λ_2. Zunächst muß die Temperatur längs der Grenzfläche in beiden Medien den gleichen Verlauf zeigen; bezeichnet $d\mathfrak{s}_t$ ein tangentiell zur Grenzfläche liegendes Linienelement, so gilt demnach

$$\frac{\partial \vartheta_1}{\partial \mathfrak{s}_t} = \frac{\partial \vartheta_2}{\partial \mathfrak{s}_t}. \tag{389}$$

Andererseits kann an der Grenzfläche sich kein Wärmestrom stauen, da sonst dort die Temperatur unzulässig ansteigen würde; für ein normal zur Grenzfläche orientiertes Linienelement $d\mathfrak{s}_n$ ist also

$$\mathfrak{w}_1 = \mathfrak{w}_2; \quad \lambda_1 \cdot \frac{\partial \vartheta_1}{\partial \mathfrak{s}_n} = \lambda_2 \cdot \frac{\partial \vartheta_2}{\partial \mathfrak{s}_n}. \tag{390}$$

Insbesondere ist die Wärmeleitfähigkeit eines metallischen Erders sehr groß gegen die Wärmeleitfähigkeit mittleren Erdreiches; daher kann in ihm kein merkliches Temperaturgefälle bestehen, an seiner Oberfläche herrscht die Grenzbedingung

$$\vartheta = \text{const}. \tag{391}$$

Diese Grenzbedingungen sind indes nicht sogleich anwendbar auf die Grenze des Erdreiches gegen die Luft, weil die Wärmeströmung in der Grenzschicht eines Gases gegen einen festen Körper durch den einfachen Ansatz (386) nicht befriedigend dargestellt wird. Um auch hier einfache Verhältnisse zu erhalten, betrachten wir zunächst den Fall der bewegten Luft. Man kann dann voraussetzen, daß Luftströmungen immer wieder neue Luftteilchen in Verbindung mit der Erdoberfläche bringen, so daß dort die Temperatur merklich konstant gleich dem Mittelwert ϑ_0 der Temperatur der untersten Luftschichten erhalten wird; dort gilt somit die Grenzbedingung (391). Wenn dagegen die Luft ruhig über der Erde lagert, müssen wesentlich die gleichen Luftteile die Wärmeüberleitung tragen. Die Erfahrung zeigt, daß man dieser Erscheinung in hinreichender Weise Rechnung trägt durch Annahme einer Übergangsschicht, welche das Erdreich von der konstant mit ϑ_0 temperierten oberen Luftmasse trennt; sie gestattet einem Wärmestrom den Durchtritt, welcher der Temperaturdifferenz des Erdreiches gegen die obere Luftmasse proportional ist.

$$\mathfrak{w} = h\,(\vartheta - \vartheta_0). \tag{392}$$

Hierin wird h als Konstante der Grenze Erde—Luft betrachtet und als Wärmeübergangszahl definiert.

60. Das stationäre Temperaturfeld eines kugelförmigen Tiefenerders. Wir berechnen die stationäre Grenzbelastung eines kugelförmigen Tiefenerders vom Halbmesser ϱ_0 nach Abb. 153; es wird hierbei eine so große Eingrabtiefe t vorausgesetzt, daß wir das Erdreich hinsichtlich der Wärmeströmung als unendlich ausgedehnt betrachten dürfen. In dieser Vereinfachung ist das elektrische Feld (Nr. 8)

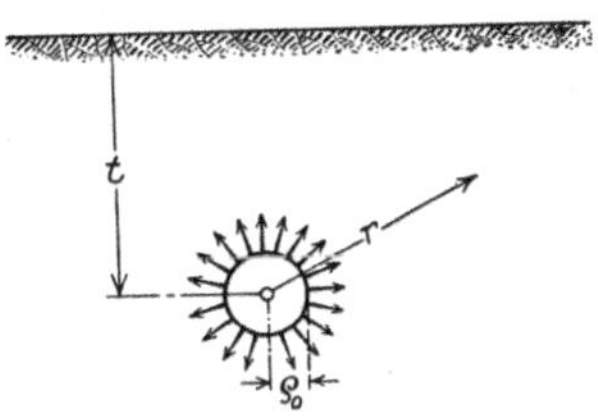

Abb. 153. Kugelförmiger Tiefenerder.

$$\mathfrak{E} = \frac{J}{4\pi\varkappa}\cdot\frac{1}{r^2}. \tag{393}$$

Mit Rücksicht auf (277) erhalten wir somit nach (387a) als Gleichung der stationären Temperaturverteilung

$$\frac{1}{r^2}\frac{d}{dr}\left(r^2\cdot\frac{d\vartheta}{dr}\right) \equiv \frac{1}{r}\,\frac{d^2(r\vartheta)}{dr^2} = -\frac{\varkappa}{\lambda}\cdot\frac{J^2}{(4\pi\varkappa)^2}\cdot\frac{1}{r^4} = -\frac{J^2}{(4\pi^2)^2\varkappa\lambda}\cdot\frac{1}{r^4}. \tag{394}$$

Ihre im Unendlichen verschwindende Lösung lautet mit einer zunächst unbestimmten Integrationskonstanten A

$$\vartheta = -\frac{J^2}{(4\pi)^2\varkappa\lambda}\cdot\frac{1}{2r^2} + \frac{A}{r}, \tag{395}$$

so daß also der Wärmestrom beträgt

$$\mathfrak{w} = -\lambda\cdot\left[\frac{J^2}{(4\pi)^2\varkappa\lambda}\cdot\frac{1}{r^3} - \frac{A}{r^2}\right]. \tag{395a}$$

Liegt nun der Erder ohne besondere Kühleinrichtung in der Erde, so muß im stationären Zustand der Wärmestrom an seiner Oberfläche verschwinden; in diesem Falle ist also

$$\mathfrak{w} = 0 \text{ für } r = \varrho_0; \quad A = \frac{J}{(4\pi)^2\varkappa\lambda}\cdot\frac{1}{\varrho_0}. \tag{396}$$

und der Temperaturverlauf ist gegeben durch

$$\vartheta = \frac{J^2}{(4\pi)^2 \varkappa \lambda} \frac{1}{r} \left[\frac{1}{\varrho_0} - \frac{1}{2r}\right]. \tag{397}$$

Die höchste Temperatur herrscht wegen (396) nach Abb. 154 unmittelbar am Erder

$$\vartheta_{\max} = \frac{J^2}{(4\pi)^2 \varkappa \lambda} \cdot \frac{1}{2\varrho_0^2}. \tag{397a}$$

Nimmt man nun an, daß die Temperatur im ganzen Erdreich vor Beginn des Stromflusses 0° C betrug, so folgt die stationäre Grenzbelastung aus

$$100^0 = \frac{J^2}{(4\pi)^2 \varkappa \lambda} \cdot \frac{1}{2\varrho_0^2};$$

$$J = 4\pi\varkappa\varrho_0 \cdot \sqrt{200\frac{\lambda}{\varkappa}}, \tag{398}$$

ein Wert, der etwa für Winterszeit zutrifft (vgl. Nr. 62).

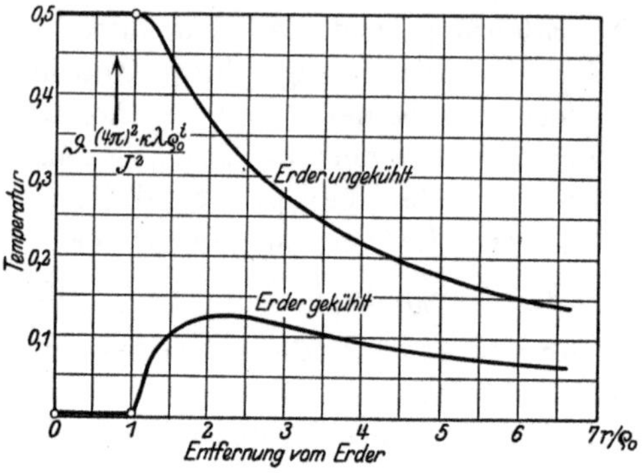

Abb. 154. Temperaturfeld eines gekühlten und eines ungekühlten Erders.

Wenn man dagegen den Erder durch eine besonders eingebaute **Kühlung** auf einer konstanten Temperatur ϑ_0 erhält, bestimmt sich A aus

$$\vartheta_0 = -\frac{J^2}{(4\pi)^2 \varkappa \lambda} \cdot \frac{1}{2\varrho_0^2} + \frac{A}{\varrho_0}; \quad A = \vartheta_0 \varrho_0 + \frac{J^2}{(4\pi)^2 \varkappa \lambda} \cdot \frac{1}{2\varrho_0}. \tag{399}$$

Wir betrachten mit der früheren Voraussetzung sogleich den Fall der **idealen Wasserkühlung** $\vartheta_0 = 0^0$; der Temperaturverlauf regelt sich dann nach

$$\vartheta = \frac{J^2}{(4\pi)^2 \varkappa \lambda} \cdot \frac{1}{r} \left(\frac{1}{2\varrho_0} - \frac{1}{2r}\right); \tag{400}$$

ihr Maximum tritt jetzt nach Abb. 154 in der Entfernung

$$r = 2\varrho_0 \tag{400a}$$

vom Kugelzentrum auf und erreicht den Betrag

$$\bar{\vartheta}_{\max} = \frac{J^2}{(4\pi)^2 \varkappa \lambda} \cdot \frac{1}{8\varrho_0^2}. \tag{400b}$$

Sie ist viermal kleiner als beim ungekühlten Erder; demnach wird die **stationäre Grenzbelastung** durch eine solche Maßnahme **verdoppelt**

$$\bar{J} = 8\pi\varkappa\varrho_0 \sqrt{200\frac{\lambda}{\varkappa}}. \tag{401}$$

Da der Ausbreitungswiderstand des Erders $\frac{1}{4\pi\varkappa\varrho_0}$ beträgt, kann man die stationäre Grenzbelastung in der Form schreiben

$$JR_a = \sqrt{200\frac{\lambda}{\varkappa}}; \quad \frac{1}{2}(J \cdot R_a) = \sqrt{200\frac{\lambda}{\varkappa}}. \tag{402}$$

Die Berührungsspannung $E = JR_a$ der stationären Grenzbelastung ist somit völlig unabhängig von den Dimensionen des Erders, und da das Verhältnis der elektrischen Leitfähigkeit zur Wärmeleitfähigkeit einen von dem speziellen Erdreich nahezu unabhängigen Wert besitzt (Gesetz von Wiedemann-Franz), gilt (402) universell für alle kugelförmigen Tiefenerder; die ideale Wasserkühlung ist hierbei theoretisch gleichwertig einer Herabsetzung der Berührungsspannung auf die Hälfte ihres wahren Wertes entsprechend einem scheinbar verdoppelten Erderhalbmesser. Daß die Kühlung in der Tat der Verdoppelung der Erderabmessungen äquivalent ist, erkennt man durch die Substitution $\varrho_0 = 2\varrho_0'$, welche (397) in (400) überführt.

61. Die stationäre Temperaturverteilung eines Kreisplatten-Tiefenerders. Wir berechnen die stationäre Grenzbelastung eines kreisplattenförmigen Tiefenerders nach Abb. 155, wobei wiederum die Erdoberfläche als sehr weit vom Erder entfernt vorausgesetzt wird.

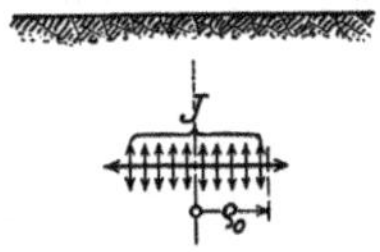

Abb. 155. Zum Temperaturfeld eines Kreisplatten-Tiefenerders.

Es werden rotationssymmetrische elliptische Koordinaten u, v eingeführt (Nr. 9), so daß der Erder vom Halbmesser ϱ_0 durch den Wert $u = \varrho_0$ gegeben ist. Nehmen wir an, daß die Temperatur lediglich von u abhängt, so erhalten wir als Gleichung des stationären Temperaturfeldes

$$\frac{\varrho_0}{uv} \cdot \sqrt{\frac{\varrho_0^2 - v^2}{u^2 - v^2}} \cdot \sqrt{\frac{u^2 - \varrho_0^2}{u^2 - v^2}} \cdot \frac{d}{du}\left(\frac{uv}{\varrho_0} \cdot \sqrt{\frac{u^2 - \varrho_0^2}{\varrho_0^2 - v^2}} \cdot \frac{d\vartheta}{du}\right) = -\frac{\varkappa}{\lambda}\mathfrak{E}^2. \tag{403}$$

Entnimmt man aus Nr. 9, Gl. (55) die Feldstärke (wobei mit Rücksicht auf die Tiefenerdung der Faktor $\frac{1}{2}$ hinzuzufügen ist)

$$\mathfrak{E} = \frac{J}{4\pi\varkappa} \cdot \frac{1}{u} \cdot \frac{1}{\sqrt{u^2 - v^2}}, \tag{404}$$

so nimmt (403) die Form an

$$\frac{d}{du}\left(u\sqrt{u^2 - \varrho_0^2}\,\frac{d\vartheta}{du}\right) = -\frac{J^2}{(4\pi)^2\varkappa\lambda} \cdot \frac{1}{u\sqrt{u^2 - \varrho_0^2}}. \tag{403a}$$

Es ist also mit einer Integrationskonstanten A

$$u \cdot \sqrt{u^2 - \varrho_0^2} \cdot \frac{d\vartheta}{du} = -\frac{J^2}{(4\pi)^2 \cdot \varkappa\lambda} \cdot \frac{\arcsin\frac{\varrho_0}{u}}{\varrho_0} + A. \tag{405}$$

Die Temperatur ergibt sich durch nochmalige Integration

$$\vartheta = -\frac{J^2}{(4\pi)^2\varkappa\lambda}\cdot\frac{1}{2\varrho_0^2}\left(\arcsin\frac{\varrho_0}{u}\right)^2 + A\cdot\arcsin\frac{\varrho_0}{u}, \qquad (405\text{a})$$

während der Wärmestrom folgt

$$\mathfrak{w} = -\lambda\cdot\frac{1}{u}\cdot\frac{d\vartheta}{du} = -\lambda\left[\frac{J^2}{(4\pi)^2\varkappa\lambda}\cdot\frac{1}{\varrho_0}\cdot\frac{\arcsin\frac{\varrho_0}{u}}{u\sqrt{u^2-v^2}} - A\frac{\varrho_0}{u\sqrt{u^2-v^2}}\right]. \qquad (405\text{b})$$

Für den ungekühlten Erder lautet die Grenzbedingung $\mathfrak{w} = 0$ für $v = 0$ und $u = \varrho_0$:

$$\frac{A}{\varrho_0} = \frac{J^2}{(4\pi)^2\varkappa\lambda}\cdot\frac{1}{\varrho_0}\cdot\frac{\frac{\pi}{2}}{\varrho_0^2}; \quad A = \frac{J^2}{(4\pi)^2\cdot\varkappa\lambda}\cdot\frac{\pi}{2\varrho_0^2} \qquad (406)$$

und hierbei tritt die Maximaltemperatur unmittelbar am Erder auf

$$\vartheta_{max} = \vartheta_{u=\varrho_0} = \frac{J^2}{(4\pi)^2\cdot\varkappa\lambda}\left[\left(\frac{\pi}{2\varrho_0}\right)^2 - \frac{1}{2}\cdot\left(\frac{\pi}{2\varrho_0}\right)^2\right] = \frac{J^2}{8^2\varkappa\lambda}\,\frac{1}{2\varrho_0^2}. \qquad (407)$$

Der ungekühlte Kreisplattenerder erträgt somit im Winter als stationäre Grenzbelastung den Strom

$$J = 8\varkappa\varrho_0\cdot\sqrt{200\frac{\varkappa}{\lambda}}. \qquad (408)$$

Wenn dagegen der Erder durch ideale Wasserkühlung auf der Temperatur Null gehalten wird, bestimmt sich die Integrationskonstante A aus $\vartheta = 0$ für $v = 0$ und $a = \varrho_0$:

$$A\cdot\frac{\pi}{2} = \frac{J^2}{(4\pi)^2\cdot\varkappa\lambda}\cdot\frac{1}{2\varrho_0^2}\cdot\left(\frac{\pi}{2}\right)^2; \quad A = \frac{J^2}{(4\pi)^2\cdot\varkappa\lambda}\cdot\frac{1}{2\varrho_0^2}\cdot\frac{\pi}{2}. \qquad (409)$$

Das Maximum der Temperatur tritt jetzt auf einem zur Kreisplatte konfokalen Ellipsoid $u = u_{max}$ auf, welches durch verschwindenden Wärmestrom bestimmt ist

$$\left.\begin{aligned} &\frac{J^2}{(4\pi)^2\varkappa\lambda}\cdot\frac{1}{\varrho_0}\cdot\frac{\arcsin\frac{\varrho_0}{u_{max}}}{u_{max}\cdot\sqrt{u_{max}^2-\varrho_0^2}} - \frac{J^2}{(4\pi)^2\cdot\varkappa\lambda}\cdot\frac{1}{2\varrho_0^2}\cdot\frac{\pi}{2}\cdot\frac{\varrho_0}{u_{max}\cdot\sqrt{u_{max}^2-\varrho_0^2}} = 0 \\ &\arcsin\frac{\varrho_0}{u_{max}} = \frac{\pi}{4}; \quad u_{max} = \varrho_0\sqrt{2} \end{aligned}\right\} \qquad (410)$$

und erreicht dort den Betrag

$$\bar{\vartheta}_{max} = \frac{J^2}{(4\pi)^2\cdot\varkappa\lambda}\cdot\frac{1}{2\varrho_0^2}\left[\frac{\pi^2}{16} - \frac{\pi^2}{8}\right] = \frac{J^2}{8^2\varkappa\lambda}\cdot\frac{1}{8\varrho_0^2} = \frac{1}{4}\vartheta_{max}. \qquad (411)$$

Die ideale Wasserkühlung wirkt also beim Kreisplattenerder genau wie beim Kugelerder, indem sie die stationäre Grenzbelastung verdoppelt

$$\bar{J} = 2\,J = 2\cdot 8\,\pi\varrho_0\cdot\sqrt{200\frac{\lambda}{\varkappa}}. \qquad (412)$$

Führt man den Ausbreitungswiderstand $R_a = \frac{1}{8\varkappa\varrho_0}$ des Erders ein, so kann man schreiben

$$J \cdot R_a = \sqrt{200\frac{\lambda}{\varkappa}}; \quad \frac{\bar{J}\cdot R_a}{2} = \sqrt{200\frac{\lambda}{\varkappa}}. \tag{413}$$

Der Vergleich mit den entsprechenden Beziehungen für den Kugelerder zeigt die Identität der erhaltenen Ausdrücke. Beide Anordnungen sind also bei gleichem Ausbreitungswiderstande elektrisch und hinsichtlich der stationären Grenzbelastung völlig gleichwertig; dagegen ist der Plattenerder, wie wir in Nr. 25 gezeigt haben, außerordentlich viel empfindlicher gegen Überlastung und Vergiftung.

62. Die stationäre Temperaturverteilung eines bandförmigen Tiefenerders. Im vorigen Abschnitt konnten wir zeigen, daß Kugel- und Plattenerder die gleiche stationäre Grenzberührungsspannung $J R_a$ besitzen; um zu prüfen, inwieweit diese einfache Gesetzmäßigkeit auch andere Erderformen beherrscht, behandeln wir hier das Temperaturfeld eines tief im Erdreich verlegten Banderders der Länge $2l$ und des Halbmessers ϱ_0; wir erfassen hiermit in guter Näherung gleichzeitig die thermischen Eigenschaften der Rohrerder und der Kreisringerder (Nr. 10, 11 und 12).

Wir führen elliptische Koordinaten des gestreckt-rotationsellipsoidischen Feldes ein (Nr. 10) und erhalten für die Wärmeströmung mit der Annahme einer nur von u abhängigen Temperatur

$$\frac{l}{\sqrt{u^2-l^2}\cdot\sqrt{l^2-v^2}} \cdot \sqrt{\frac{u^2-l^2}{u^2-v^2}} \cdot \sqrt{\frac{l^2-v^2}{u^2-v^2}} \cdot \frac{d}{du}$$

$$\cdot \left[\frac{\sqrt{u^2-l^2}\cdot\sqrt{l^2-v^2}}{l} \cdot \sqrt{\frac{u^2-v^2}{l^2-v^2}} \cdot \sqrt{\frac{u^2-l^2}{u^2-v^2}} \cdot \frac{d\vartheta}{du}\right] = -\frac{\varkappa}{\lambda}\cdot \mathfrak{E}^2. \tag{414}$$

Aus Nr. 9, Gl. (66) ergibt sich nach Hinzufügung des Faktors $\frac{1}{2}$ für die Tiefenerdung

$$\mathfrak{E} = \frac{J}{8\pi\varkappa} \cdot \frac{2}{\sqrt{(u^2-l^2)(u^2-v^2)}} = \frac{J}{4\pi\varkappa} \cdot \frac{1}{\sqrt{u^2-l^2}\sqrt{u^2-v^2}}, \tag{415}$$

so daß man aus (414) erhält

$$\frac{d}{du}\left[(u^2-l^2)\cdot\frac{d\vartheta}{du}\right] = -\frac{J^2}{(4\pi)^2\cdot\varkappa\lambda}\cdot\frac{1}{u^2-l^2}. \tag{414a}$$

Durch Integration folgt mit einer Integrationskonstante $-A$

$$(u^2-l^2)\cdot\frac{d\vartheta}{du} = \frac{J^2}{(4\pi)^2\cdot\varkappa\lambda}\cdot\frac{1}{2\cdot l}\cdot\ln\frac{u+l}{u-l} - A \tag{416}$$

und durch nochmalige Integration

$$\vartheta = -\frac{J^2}{(4\pi)^2\cdot\varkappa\lambda}\cdot\frac{1}{8l^2}\left(\ln\frac{u+l}{u-l}\right)^2 + \frac{A}{2l}\cdot\ln\frac{u+l}{u-l}. \tag{416a}$$

Schließlich folgt die Wärmeströmung

$$\mathfrak{w} = -\lambda \cdot \frac{d\vartheta}{du} = -\lambda \left[\frac{J^2}{(4\pi)^2 \varkappa \lambda} \cdot \frac{\ln \frac{u+l}{u-l}}{2l\sqrt{(u^2-l^2)(u^2-v^2)}} - \frac{A}{2l} \cdot \frac{2l}{\sqrt{(u^2-l^2)(u^2-v^2)}} \right]. \tag{416b}$$

Für den ungekühlten Erder erhalten wir die Grenzbedingung

$$\left. \begin{aligned} &\mathfrak{w} = 0 \text{ für } v = 0, \quad u = \sqrt{l^2 + \varrho_0^2} = \sim l\left(1 + \frac{1}{2}\frac{\varrho_0^2}{l}\right) \\ &\frac{A}{\varrho_0 \cdot l} = \frac{J^2}{(4\pi)^2 \varkappa \lambda} \cdot \frac{\ln \frac{4l^2}{\varrho_0^2}}{2l \cdot \varrho_0 \cdot l}; \quad A = \frac{J^2}{(4\pi)^2 \varkappa \lambda} \cdot \frac{\ln \frac{2l}{\varrho_0}}{l}, \end{aligned} \right\} \tag{417}$$

so daß sich als Maximaltemperatur findet

$$\vartheta_{\max} = \frac{J^2}{(4\pi)^2 \varkappa \lambda} \cdot \frac{1}{l^2}\left[-\frac{1}{2}\left\{\ln \frac{2l}{\varrho_0}\right\}^2 + \left\{\ln \frac{2l}{\varrho_0}\right\}^2\right] = \frac{J^2}{\left(\frac{4\pi\varkappa l}{\ln \frac{2l}{\varrho_0}}\right)^2 2} \cdot \frac{\varkappa}{\lambda} \tag{418}$$

Die stationäre Grenzbelastung ist also für die Winterzeit durch die Beziehung gegeben

$$J = \frac{4\pi\varkappa l}{\ln \frac{2l}{\varrho_0}} \cdot \sqrt{200 \frac{\lambda}{\varkappa}}. \tag{419}$$

Beim Erder mit idealer Wasserkühlung ist $\vartheta = 0$ für $v = 0$ und $u = \sqrt{l^2 + \varrho_0^2}$; daher wird jetzt

$$A = \frac{J^2}{(4\pi)^2 \varkappa \lambda} \cdot \frac{\left(\ln \frac{2l}{\varrho_0}\right)}{2l}. \tag{420}$$

Der Ort $u_{\max}$ des Temperaturmaximums folgt aus (416b) durch Differentiation

$$\left. \begin{aligned} &\frac{J^2}{(4\pi)^2 \varkappa \lambda} \cdot \left[\frac{\ln \frac{u_{\max}+l}{u_{\max}-l}}{2l\sqrt{(u_{\max}^2 - l^2)(u_{\max}^2 - v^2)}} - \frac{\left(\ln \frac{2l}{\varrho_0}\right)}{2l\sqrt{(u_{\max}^2 - l^2)(u_{\max}^2 - v^2)}} \right] = 0 \\ &\ln \frac{u_{\max}+l}{u_{\max}-l} = \ln \frac{2l}{\varrho_0}; \quad u_{\max} = l \cdot \frac{\ln \frac{2l}{\varrho_0} + 1}{\ln \frac{2l}{\varrho_0} - 1} \end{aligned} \right| \tag{421}$$

als zum Banderder konfokales Ellipsoid. Dort erreicht die Temperatur den Wert

$$\begin{aligned} \bar{\vartheta}_{\max} &= \frac{J^2}{(4\pi)^2 \cdot \varkappa \lambda} \frac{1}{l^2}\left[-\frac{1}{8}\left(\ln \frac{2l}{\varrho_0}\right)^2 + \frac{1}{4}\left(\ln \frac{2l}{\varrho_0}\right)^2\right] \\ &= \frac{J^2}{\left(\frac{4\pi\varkappa l}{\ln \frac{2l}{\varrho_0}}\right)^2 2} \cdot \frac{\varkappa}{\lambda} \cdot \frac{1}{4} = \frac{1}{4}\vartheta_{\max}. \end{aligned} \tag{422}$$

Beachtet man, daß der Ausbreitungswiderstand eines solchen Erders $R_a - \frac{1}{4\pi\varkappa l} \cdot \ln \frac{2l}{\varrho_0}$ beträgt, so kann man schreiben

$$J R_a = E = \sqrt{200 \frac{\lambda}{\varkappa}}, \qquad \frac{\overline{J} \cdot R_a}{2} = \frac{\overline{E}}{2} = \sqrt{200 \frac{\lambda}{\varkappa}}, \tag{423}$$

so daß in der Tat diese Gleichungen universell für alle vorgenannten Erderformen und für jegliches Erdreich gelten. Sei beispielsweise für mittleres Erdreich ($\varkappa = 10^{-4}$ Siemens/cm) die Wärmeleitfähigkeit $\lambda = \sim 1{,}2 \cdot 10^{-2}$ Watt/cm ^{0}C sec, so ergibt sich als stationäre Grenzberührungsspannung

$$E = \sqrt{200 \cdot \frac{1{,}2 \cdot 10^{-2}}{10^{-4}}} = \sim 150 \text{ Volt.} \tag{423a}$$

Für einen Erder vorgegebener Konstruktion ist sonach der stationäre Grenzbelastungsstrom umgekehrt proportional dem Ausbreitungswiderstande. Beispielsweise wird für $R_a = \sim 5\ \Omega$ entsprechend einem Kugelerder von $\varrho_0 = 150$ cm Halbmesser in mittlerem Erdreich ohne Kühlung

$$J = \frac{150}{5} = 30 \text{ Amp.}$$

und mit idealer Wasserkühlung

$$J = 2 \cdot \frac{150}{30} = 60 \text{ Amp.}$$

Es liegt nahe, die Beziehungen (423) zur experimentellen Bestimmung der Wärmeleitfähigkeit zu benutzen. Legt man etwa die Anordnung mit ungekühltem Erder zugrunde, so erhält man sogleich

$$\lambda = \frac{\varkappa \cdot E^2}{200}. \tag{424}$$

Hierbei ist definitionsgemäß die Berührungsspannung E so groß zu wählen, daß nach hinreichend langer Zeit im Erdreich eben 100^0 C erreicht werden, was man entweder durch unmittelbare Temperaturmessung oder durch Beobachtung des Beginnes der Wasserverdampfung festzustellen hätte. Selbstverständlich erhält man dann einen gewissen Mittelwert der Wärmeleitfähigkeit in dem untersuchten Temperaturintervall.

Bei der Anwendung der Gl. (423) hat man zu beachten, daß die Anfangstemperatur $\vartheta = 0^0$ C im Erdreich nur im Winter vorhanden ist. Im Sommer ist das Erdreich durch die Sonnenbestrahlung vorerwärmt, so daß die zulässige Temperaturerhöhung für die Erwärmung durch den Erderstrom kleiner wird: Sei $\vartheta_0 > 0$ die Temperatur der Vorerwärmung, so erhält man jetzt für den ungekühlten Erder

$$E_s = \sqrt{2\,(100^0 - \vartheta_0)\frac{\lambda}{\varkappa}} \tag{425}$$

und für den Erder mit Kühlung durch Wasser von der Temperatur ϑ_0

$$E_s = 2 \cdot \sqrt{2\,(100^0 - \vartheta_0)\,\frac{\lambda}{\varkappa}}\,. \tag{426}$$

Die stationäre Grenzbelastung ist also im Sommer im Verhältnis

$$\frac{E_s}{E_w} = \sqrt{\frac{100 - \vartheta_0}{100}} \tag{427}$$

kleiner als im Winter; beispielsweise ergibt sich für $\vartheta_0 = 20^0$ C

$$\frac{E_s}{E_w} = \sqrt{\frac{80}{100}} = \sim 90\,\%, \tag{427a}$$

so daß die stationäre Grenzbelastung durch die Vorerwärmung um rund 10% verringert wird. Entsprechend bestimmt sich allgemein die Wärmeleitfähigkeit aus

$$\lambda = \frac{\varkappa E^2}{2\,(100 - \vartheta_0)}\,. \tag{424a}$$

63. Stationäre Grenzbelastung eines Halbkugel-Oberflächenerders bei bewegter Luft. Nachdem wir bewiesen haben, daß Tiefenerder der verschiedensten Konstruktion gleiche thermische Eigenschaften hinsichtlich ihrer stationären Grenzbelastung besitzen, können wir uns bei der Untersuchung der Oberflächenerder auf nur eine Erderform beschränken, indem wir die hierbei gewonnenen Ergebnisse auf die anderen verallgemeinern; dieses Verfahren ist zwar nicht in Strenge zulässig, es liefert aber die Größenordnung der Grenzbelastungen richtig und genügt den Genauigkeitsansprüchen, die zur Zeit an derartige Überlegungen gestellt werden können.

Wir behandeln hiernach lediglich die stationäre Grenzbelastung eines Halbkugelerders vom Halbmesser ϱ_0, der nach Abb. 156 unmittelbar an der Erdoberfläche gelegen sein möge. Zuerst setzen wir voraus, daß die Luft oberhalb der Erdoberfläche bewegt sein möge, so daß dort merklich die konstante Temperatur ϑ_0 herrscht, die wir gleich der Bodentemperatur der Vorerwärmung setzen. Demnach lautet die Grenzbedingung des stationären Temperaturfeldes, welches durch den Erderstrom J erregt wird:

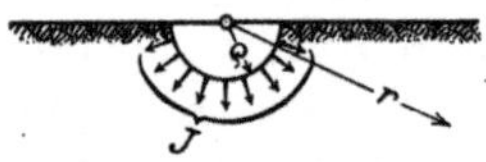

Abb. 156. Zum Temperaturfeld eines Oberflächenerders.

$$\vartheta = \vartheta_0 \text{ an der Erdoberfläche.} \tag{428}$$

Sie läßt sich leicht mittels eines Bilderverfahrens erfüllen, indem man die im unteren Halbraum befindlichen Wärmequellen der Intensität $\frac{\varkappa}{\lambda} \cdot \mathfrak{E}^2$ an der Erdoberfläche spiegelt.

Die Behandlung des Problemes läßt sich sehr erleichtern, wenn man die Temperatur unmittelbar aus den Elementarfeldern der im ganzen Raum kontinuierlich verteilten Wärmequellen dn ermittelt. Denkt man sich eine solche allein im homogenen Raum befindlich, so muß sich ihr Wärmestrom gleichmäßig nach allen Seiten ausbreiten, so daß er in der Entfernung ϱ' von der Quelle die Größe

$$d\mathfrak{w} = \frac{dn}{4\pi\varrho'^2} \tag{429}$$

aufweist; hieraus ergibt sich durch Integration längs einer Strömungslinie sogleich die Temperatur

$$d\vartheta = \frac{dn}{4\pi\varrho'\lambda} = \frac{+\mathfrak{E}^2\cdot\frac{\varkappa}{\lambda}}{4\pi\varrho}\cdot d\tau, \tag{429a}$$

wobei der Einfachheit halber die im Unendlichen vorhandene Temperatur ϑ_0 als Basis der Temperaturskala gewählt wurde. Durch Integration über sämtliche im Raum verteilten Quellpunkte ergibt sich daher ihre Gesamtwirkung

$$\vartheta = \frac{1}{4\pi}\cdot\frac{\varkappa}{\lambda}\cdot\iiint\frac{\mathfrak{E}^2\cdot d\tau}{\varrho'}. \tag{429b}$$

Sie stellt das *Temperaturfeld des ungekühlten Erders* dar.

Beschränken wir uns auf die Berechnung der stationären Grenzbelastung, so läßt sich das Integral (424b) einfach auswerten. Denn aus Symmetriegründen liegt der Ort der Höchsttemperatur auf der senkrecht zur Erdoberfläche durch das Erderzentrum gezogenen Achse, so daß wir uns auf die Temperaturverteilung längs dieser Achse beschränken können. Nun ist das elektrische Feld des Halbkugelerders in der Entfernung ϱ vom Erderzentrum nach Nr. 8

$$\mathfrak{E} = \frac{J}{2\pi\varkappa}\cdot\frac{1}{\varrho^2}, \tag{430}$$

so daß die wahren und die an der Erdoberfläche gespiegelten Wärmequellen nach Abb. 157 rotationssymmetrisch um diese Achse liegen.

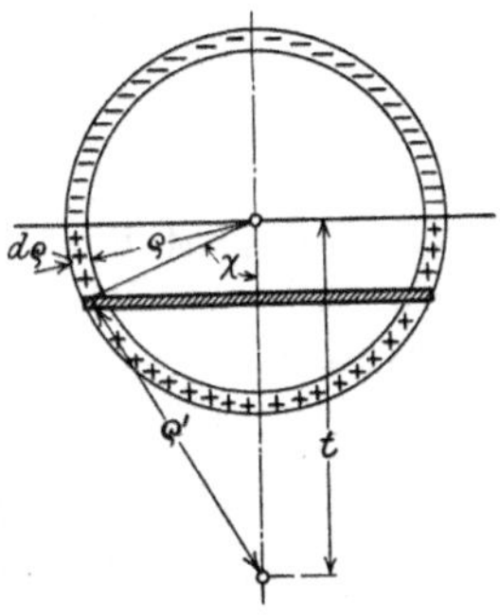

Abb. 157. Beitrag einer Kugelschale zum Temperaturfeld.

Die nach Abb. 157 auf einem Breitenkreise χ = konst im Abstand ϱ vom Erderzentrum gelegenen Wärmequellen besitzen daher von einem um z vom Erderzentrum entfernten Punkte der Achse den gleichen Abstand

$$\varrho' = \sqrt{z^2 + \varrho^2 - 2z\varrho\cos\chi}, \tag{431}$$

so daß sie zu dem Integral (429b) den Beitrag liefern

$$d\vartheta = \frac{1}{4\pi}\cdot\frac{\varkappa}{\lambda}\cdot\frac{J^2}{(2\pi)^2\cdot\varkappa^2}\cdot\frac{2\pi\varrho\cdot\sin\chi\cdot\varrho\, d\varrho\cdot d\chi}{\varrho^4}\cdot\frac{1}{\varrho'}$$
$$= +\frac{J^2}{(2\pi)^2\varkappa\lambda}\cdot\frac{1}{2}\cdot\frac{d\varrho\cdot d\mu}{\varrho^2}\cdot\frac{1}{\sqrt{z^2+\varrho^2+2z\varrho\mu}}, \tag{432}$$

wo zur Abkürzung $\mu = -\cos\chi$ substituiert ist. Eine Kugelschale der wahren und gespiegelten Wärmequellen, welche nach Abb. 157 von den Kugeln ϱ und $\varrho + d\varrho$ eingeschlossen wird, gibt also

$$d\vartheta = \frac{J^2}{(2\pi)^2\cdot\varkappa\lambda}\cdot\frac{1}{2}\cdot\frac{d\varrho}{\varrho^2}\left[\cdot\int_{-1}^{0}\frac{d\mu}{\sqrt{z^2+\varrho^2+2z\varrho\mu}} - \int_{0}^{1}\frac{d\mu}{\sqrt{z^2+\varrho^2+2z\varrho\mu}}\right]. \tag{432a}$$

Wir unterscheiden nun die Fälle $z \gtrless \varrho$. Im ersten Falle liegt z außerhalb der Kugelschale, und es stellt somit (432a) den Beitrag der „innerhalb" z gelegenen Wärmequellen dar

$$d\vartheta_i = \frac{J^2}{(2\pi)^2\cdot\varkappa\lambda}\cdot\frac{d\varrho}{\varrho^2}\cdot\frac{\sqrt{\varrho^2+z^2}-(z-\varrho)-(\varrho+z)+\sqrt{\varrho^2+z^2}}{2\varrho z}$$
$$= \frac{J^2}{(2\pi)^2\varkappa\lambda}\cdot\frac{d\varrho}{\varrho^3}\cdot\frac{\sqrt{\varrho^2+z^2}-z}{z}. \tag{432b}$$

Ähnlich ergibt sich für $z < \varrho$ der Beitrag der „außerhalb" z gelegenen Quellen

$$d\vartheta_a = \frac{J^2}{(2\pi)^2\cdot\varkappa\lambda}\cdot\frac{d\varrho}{\varrho^2}\cdot\frac{\sqrt{z^2+\varrho^2}-(\varrho-z)-(\varrho+z)+\sqrt{\varrho^2+z^2}}{2\varrho z}$$
$$= \frac{J^2}{(2\pi)^2\varkappa\lambda}\cdot\frac{d\varrho}{\varrho^3}\cdot\frac{\sqrt{\varrho^2+z^2}-\varrho}{z}. \tag{432c}$$

Indem wir jetzt über sämtlich „inneren" Kugelschalen zwischen dem Erder und dem Punkt z summieren, wird ihr Anteil an der Gesamttemperatur

$$\vartheta_i = \int_{\varrho=\varrho_0}^{z} d\vartheta_i = \frac{J^2}{(2\pi)^2\cdot\varkappa\lambda}\int_{\varrho_0}^{z}\cdot\frac{\sqrt{\varrho^2+z^2}-z}{z}\,\frac{d\varrho}{\varrho^3}, \tag{433}$$

ebenso der Anteil der äußeren Kugeln

$$\vartheta_a = \int_{\varrho=z}^{\infty} d\vartheta_a = \frac{J^2}{(2\pi)^2\cdot\varkappa\lambda}\cdot\int_{z}^{\infty}\cdot\frac{\sqrt{\varrho^2+z^2}-\varrho}{z}\cdot\frac{d\varrho}{\varrho^3}, \tag{433a}$$

also die gesuchte Gesamttemperatur

$$\vartheta = \vartheta_i + \vartheta_a = \frac{J^2}{(2\pi)^2\varkappa\lambda}\cdot\frac{1}{z}\cdot\left[\int_{\varrho_0}^{\infty}\frac{\sqrt{\varrho^2+z^2}\,d\varrho}{\varrho^3} - z\int_{\varrho_0}^{z}\frac{d\varrho}{\varrho^3} - \int_{z}^{\infty}\frac{d\varrho}{\varrho^2}\right]. \tag{433b}$$

Nun ist

$$\int \frac{\sqrt{\varrho^2+z^2}\,d\varrho}{\varrho^3} = -\frac{1}{2\varrho^2}\cdot\sqrt{\varrho^2+z^2} + \frac{1}{4z}\ln\frac{\sqrt{\varrho^2+z^2}-z}{\sqrt{\varrho^2+z^2}+z};$$

$$\int\limits_{\varrho_0}^{\infty} \frac{\sqrt{\varrho^2+z^2}\,d\varrho}{\varrho^3} = \frac{1}{2\varrho_0^2}\cdot\sqrt{\varrho_0^2+z^2} + \frac{1}{4}\ln\frac{\sqrt{z^2+\varrho_0^2}+z}{\sqrt{z^2+\varrho_0^2}-z},$$

so daß

$$\vartheta = \frac{J^2}{(2\pi)^2\varkappa\lambda}\cdot\frac{1}{2\varrho_0^2}\left[\frac{\sqrt{\varrho_0^2+z^2}}{2z^2} + \frac{\varrho_0^2}{2z^2}\ln\frac{\sqrt{z^2+\varrho_0^2}+z}{\sqrt{z^2+\varrho_0^2}-z}\right.$$
$$\left. - \left\{1-\frac{\varrho_0^2}{z^2}\right\} - \frac{2\varrho_0^2}{z^2}\right] = \frac{J^2}{(2\pi)^2\varkappa\lambda}\cdot\frac{1}{2\varrho_0^2}\cdot f\left(\frac{z}{\varrho_0}\right). \tag{433c}$$

In Abb. 158 ist die für die Temperaturverteilung maßgebende Funktion $f\left(\frac{\varrho_0}{z}\right)$ für die Umgebung der Erderoberfläche aufgetragen. Man erkennt, daß im Gegensatz zu den früher behandelten Erderformen das Maximum der Temperatur jetzt nicht mehr unmittelbar an der Erderoberfläche auftritt, sondern erst für $z/\varrho_0 = \sim 1{,}2$ erreicht wird, also um rund ein Fünftel Erderhalbmesser ins Innere des Bodens verschoben ist. Der Betrag der Funktion $f\left(\frac{z}{\varrho_0}\right)$ an diesem Punkte ist $\sim 0{,}31$, so daß man zur Berechnung der stationären Grenzbelastung (für Winterszeit) erhält

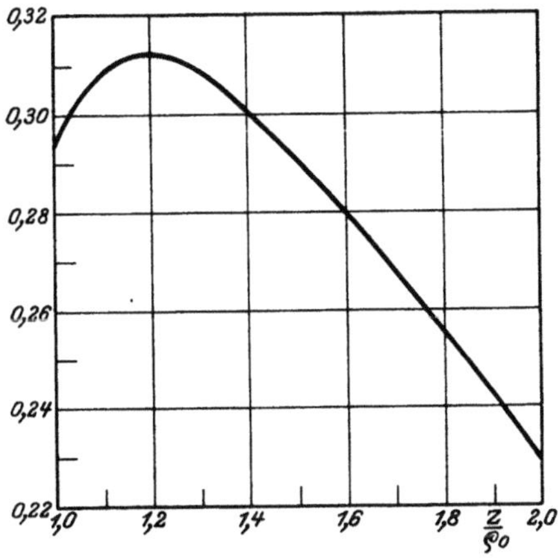

Abb. 158. Temperaturverteilung längs der Symmetrieachse eines Halbkugel-Oberflächenerders.

$$100^0 = \frac{J^2}{(2\pi)^2\varkappa\lambda}\cdot\frac{1}{2\varrho_0^2}\cdot 0{,}31;$$

$$J = 2\pi\varrho_0\cdot\sqrt{200\frac{\lambda}{\varkappa}}\cdot\sqrt{\frac{1}{0{,}31}} = 2\pi\varkappa\varrho_0\cdot\sqrt{200\frac{\lambda}{\varkappa}}\cdot 1{,}8\,. \tag{434}$$

Um nunmehr eine etwaige besondere Erderkühlung zu berücksichtigen, benutzen wir das Prinzip der räumlichen Spiegelung. Nach Nr. 29 haben wir uns hierzu den vom Halbkugelerder umschlossenen Raum kontinuierlich mit Wärmequellen erfüllt zu denken, deren Dichte im Abstand ϱ vom Erderzentrum entsprechend Gl. (163c) durch

$$-\frac{J^2}{(2\pi)^2\varkappa\lambda}\cdot\frac{1}{(\varrho_0^2/\varrho)^4}\cdot\frac{\varrho_0^5}{\varrho^5} = -\frac{J^2}{(2\pi)^2\varkappa\lambda}\cdot\frac{1}{\varrho_0^3\,\varrho} \tag{435}$$

gegeben ist. Daher wird der Beitrag der Spiegelbilder, welche innerhalb zweier um $d\varrho$ entfernter Kugelschalen eingeschlossen sind, mit (432b)

$$d\vartheta_i' = -\frac{J^2}{(2\pi)^2 \varkappa \lambda} \cdot \frac{d\varrho}{\varrho_0^3} \cdot \frac{\sqrt{\varrho^2+z^2}-z}{z} \tag{436}$$

und der Gesamtbeitrag aller an der Erderkugel gespiegelten Wärmequellen

$$\left.\begin{aligned} \vartheta' &= \int_{\varrho=0}^{\varrho_0} d\vartheta_i = -\frac{J^2}{(2\pi)^2 \varkappa \lambda} \int_0^{\varrho_0} \frac{d\varrho}{\varrho_0^3} \cdot \frac{\sqrt{\varrho^2+z^2}-z}{z} \\ &= -\frac{J^2}{(2\pi)^2 \varkappa \lambda} \frac{1}{2\varrho_0^2} \cdot \left[\frac{\sqrt{z^2+\varrho_0^2}}{z} + \frac{z}{\varrho_0} \cdot \ln \frac{\varrho_0+\sqrt{z^2+\varrho_0^2}}{z} - 2\right] \end{aligned}\right\} \tag{436a}$$

Man erhält daher für den Erder mit idealer Wasserkühlung längs der z-Achse die Temperaturverteilung

$$\left.\begin{aligned} \vartheta &= \frac{J^2}{(2\pi)^2 \cdot \varkappa \lambda} \cdot \frac{1}{2\varrho_0^2} \left[\frac{\sqrt{\varrho_0^2+z^2}}{z} + \frac{\varrho_0^2}{2z^2} \cdot \ln \frac{\sqrt{z^2+\varrho_0^2}+z}{\sqrt{z^2+\varrho_0^2}-z} - \left\{1 - \frac{\varrho_0^2}{z^2}\right\} - \frac{2\varrho_0^2}{z^2} \right. \\ &\quad \left. - \frac{\sqrt{z^2+\varrho_0^2}}{z} - \frac{z}{\varrho_0} \cdot \ln \frac{\varrho_0+\sqrt{z^2+\varrho_0^2}}{z} + 2\right] = \frac{J^2}{(2\pi)^2 \cdot \varkappa \lambda} \cdot \frac{1}{2\varrho_0^2} \\ &\quad \cdot \left[\frac{\varrho_0^2}{z^2} \cdot \ln \frac{\sqrt{z^2+\varrho_0^2}+z}{\varrho_0} + 1 - \frac{\varrho_0^2}{z^2} - \frac{z}{\varrho_0} \cdot \ln \frac{\sqrt{z^2+\varrho_0^2}+\varrho_0}{z}\right] \\ &= \frac{J^2}{(2\pi)^2 \cdot \pi \lambda} \cdot \frac{1}{2\varrho_0^2} \cdot g\left(\frac{z}{\varrho_0}\right). \end{aligned}\right\} \tag{437}$$

Die Funktion $g\left(\frac{z}{\varrho_0}\right)$ ist in Abb. 159 dargestellt. Der Ort der Maximaltemperatur ist jetzt bis zu $z/\varrho_0 = \sim 1{,}7$ weit in das Erdreich hineingeschoben; dort erreicht $g\left(\frac{z}{\varrho_0}\right)$ den Betrag 0,155, so daß die stationäre Grenzbelastung aus

$$\bar{J} = 2\pi\varkappa\varrho_0 \cdot \sqrt{200\frac{\lambda}{\varkappa}} \cdot \frac{1}{\sqrt{0{,}155}} = \sim 2\pi\varkappa\varrho_0 \cdot \sqrt{200\frac{\lambda}{\varkappa}} \cdot 2{,}5 \tag{438}$$

folgt. Der Vergleich mit (434) zeigt, daß die Kühlung des Erders den Strom der stationären Grenzbelastung im Verhältnis

$$\frac{\bar{J}}{J} = \frac{2{,}5}{1{,}8} = \sim 1{,}4 \tag{439}$$

vergrößert. Durch die besondere Kühlung wird also die Grenzbelastung um rund 40% merklich erhöht, doch ist der Effekt erheblich kleiner als bei Tiefenerdern, bei denen die gleiche Maßnahme die stationäre Grenzbelastung verdoppelt (vgl. die vorangehenden Abschnitte).

Führt man den Ausbreitungswiderstand $R_a = \frac{1}{2\pi\varkappa\varrho_0}$ des Halbkugelerders ein, so lassen sich die Beziehungen (434) und (437) mit Rücksicht auf (423a) schreiben

$$J \cdot R_a = 1{,}8 \cdot \sqrt{200 \frac{\lambda}{\varkappa}} = \sim 270 \text{ Volt} \qquad (433\,\text{a})$$

für den ungekühlten Erder und

$$\bar{J} \cdot R_a = 2{,}5 \cdot \sqrt{200 \frac{\lambda}{\varkappa}} = \sim 375 \text{ Volt} \qquad (437\,\text{a})$$

für den Erder mit idealer Wasserkühlung. Aus ihnen ist, wenn wir als Produkt von Strom und Ausbreitungswiderstand wiederum die Berührungsspannung einführen, jede Bezugnahme auf die Erderabmessungen verschwunden. Wir dürfen daher — in vorsichtiger Extrapolation — die Gl. (433 a, 437 a) als universell gültig für alle Oberflächenerder betrachten. Der Vergleich mit den früher für Tiefenerder abgeleiteten Formeln (425) und (426) läßt dann zunächst erkennen, daß die zusätzliche Kühlwirkung der Erdoberfläche den Strom der stationären Grenzbelastung um das 1,8 fache beträchtlich erhöht: Man erreicht hierbei fast die gleiche Steigerung der thermischen Leistungsfähigkeit, die beim Tiefenerder erst durch ideale Wasserkühlung eintritt. Wird jetzt noch eine besondere Kühlanordnung vorgesehen, so kann man den Strom doch nur um 25% über den höchstzulässigen Belastungsstrom eines elektrisch gleichwertigen Tiefenerders vergrößern, so daß in diesem Falle die natürliche Kühlung durch die Erdoberfläche nur unvollkommen ausgenutzt wird. Zusammenfassend wird man also zu dem Schlusse geführt, daß der Einbau besonderer Kühleinrichtungen in Oberflächenerder durch die Erhöhung der stationären Belastbarkeit nicht gerechtfertigt ist.

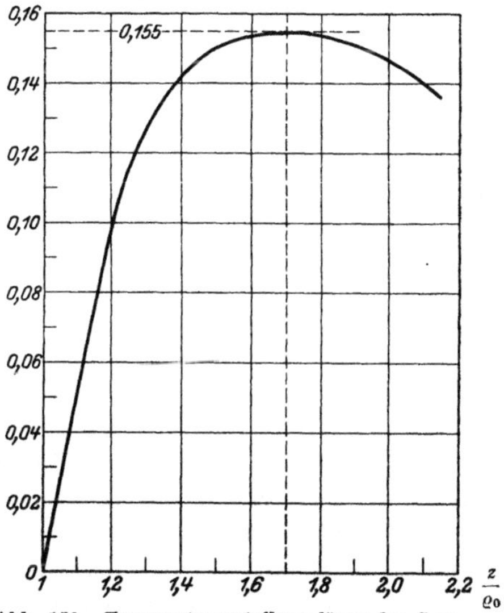

Abb. 159. Temperaturverteilung längs der Symmetrieachse eines gekühlten Halbkugel-Oberflächenerders.

Zur Berechnung der stationären Grenzbelastung für Vorerwärmung auf ϑ_0^0 (im Sommer) treten an Stelle von (434a), (437a) die Beziehungen

$$J \cdot R_a = 1{,}8 \cdot \sqrt{2 \cdot (100 - \vartheta_0) \frac{\lambda}{\varkappa}}; \quad \bar{J} R_a = 2{,}5 \cdot \sqrt{2\,(100 - \vartheta_0) \frac{\lambda}{\varkappa}}, \qquad (437\,\text{b})$$

so daß die Belastungen im Verhältnis (427) abnehmen.

64. Stationäre Grenzbelastung eines Halbkugelerders bei ruhender Luft. Nachdem im vorigen Abschnitt das stationäre Temperaturfeld eines Oberflächenerders bei bewegter Luft bestimmt wurde, soll hier die gleiche Aufgabe für ruhende Luft gelöst werden; sie unterscheidet sich von der früheren durch die physikalischen Bedingungen an der Erdoberfläche, welche jetzt durch (392) gegeben werden.

Zwei Grenzfälle lassen sich sogleich übersehen.

Wir nehmen zunächst die Wärmeübergangszahl zu Null an. Da dann jeglicher Wärmestrom senkrecht zur Erdoberfläche verschwinden muß, können wir das Temperaturfeld aus Nr. 60 entnehmen, wenn wir lediglich die in den unteren Halbraum ziehenden Wärmeströme als real betrachten. Hierbei hat man zu beachten, daß man sich einerseits dem symmetrisch zur Erdoberfläche ergänzten Halbkugelerder nach Nr. 5 den doppelten Erderstrom $J' = 2J$ zugeführt zu denken hat, während andererseits der Ausbreitungswiderstand R_a' dieses zur Vollkugel ergänzten Erders nur die Hälfte des wirklichen Ausbreitungswiderstandes R_a beträgt. Sehen wir der Einfachheit halber von Vorerwärmung ab ($\vartheta_0 = 0^0$), so folgt also aus (402)

$$J' \cdot R_a' = (2\,J) \cdot \left(\frac{1}{2} R_a\right) \equiv J \cdot R_a = \sqrt{200\,\frac{\lambda}{\varkappa}} = \sim 150\ \text{Volt} \qquad (440)$$

für den ungekühlten Erder und

$$\bar{J}' \cdot R_a' = (2\,\bar{J}) \cdot \left(\frac{1}{2} R_a\right) \equiv \bar{J} \cdot R_a = 2 \cdot \sqrt{200\,\frac{\lambda}{\varkappa}} = \sim 300\ \text{Volt} \qquad (440\text{a})$$

für den Erder mit idealer Wasserkühlung. Das sind genau die gleichen Beziehungen, die wir für Tiefenerder abgeleitet haben, und die somit für Erder beliebiger Form bei völlig mangelnder Wärmeabführung durch die Erdoberfläche gültig sind.

Sei jetzt die Wärmeübergangszahl als unendlich groß angenommen, so folgt aus der Forderung eines überall endlichen Wärmestromes sogleich $\vartheta = \vartheta_0$ an der Erdoberfläche; dieser Grenzfall wird daher durch die Rechnungen des vorigen Abschnittes erfaßt, so daß die stationäre Grenzbelastung durch (434a), (438a) gegeben ist. Im allgemeinen Falle einer endlichen Wärmeübergangszahl kann man daher setzen

$$J \cdot R_a = \alpha \cdot \sqrt{200\,\frac{\lambda}{\varkappa}}; \quad 1 \leqq \alpha \leqq 1{,}8 \qquad (441)$$

für den ungekühlten und

$$\bar{J} \cdot R_a = \bar{\alpha} \cdot 2 \cdot \sqrt{200\,\frac{\lambda}{\varkappa}}; \quad 1 \leqq \bar{\alpha} \leqq 1{,}25 \qquad (441\text{a})$$

für den Erder mit idealer Wasserkühlung.

Zur Abschätzung der „Kühlziffern" α, $\bar{\alpha}$ ermitteln wir zunächst das Temperaturfeld einer einzelnen nach Abb. 160 in der Tiefe t unter der Erdoberfläche gelegenen Wärmequelle N. Wir führen räumliche Zylinderkoordinaten z, ϱ, ψ ein, deren z-Achse senkrecht zur Erdoberfläche orientiert ist und durch die Quelle hindurchgeht; ihr Ursprung werde in den Durchstoßungspunkt mit der Erdoberfläche gelegt. Ohne Beachtung der dort wirksamen Grenzbedingungen ist dann das Temperaturfeld des Quellpunktes nach (429a)

$$\vartheta_q = \frac{N}{4\pi\varrho'\lambda}; \qquad \varrho' = \sqrt{\varrho^2 + (z+t)^2}. \tag{442}$$

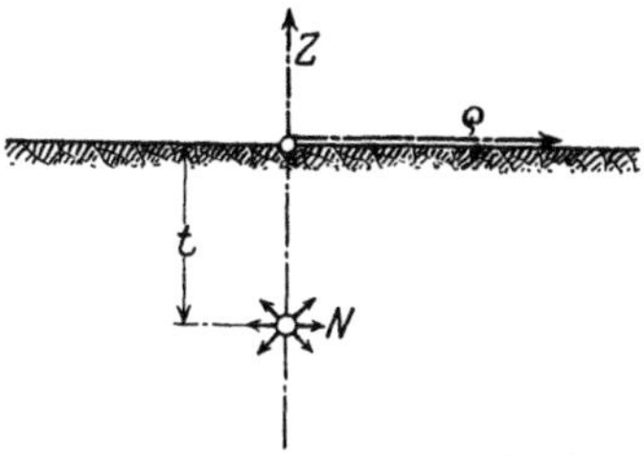

Abb. 160. Zum Temperaturfeld einer einzelnen Wärmequelle.

Um nunmehr die Grenzbedingungen zu befriedigen, überlagern wir dieser Temperatur ein Sekundärfeld ϑ_s. Es ist aus Symmetriegründen von ψ unabhängig, so daß wir analog (144 b) setzen können

$$\vartheta_s = \frac{N}{4\pi\lambda} \cdot \int_0^\infty f(\lambda)\, e^{\mu z} J_0(\mu\varrho)\, d\mu. \tag{443}$$

Nun gilt im Bereich $+\infty > z \geqq -t$ identisch

$$\vartheta_q = \frac{N}{4\pi\varrho'\lambda} = \frac{N}{4\pi\lambda}\int_0^\infty e^{-\mu(z+t)} \cdot J_0(\mu\varrho)\, d\mu = \frac{N}{4\pi}\int_0^\infty e^{-\mu t} \cdot e^{-\mu z} J_0(\mu\varrho)\, d\mu, \tag{444}$$

so daß wir als Gesamttemperatur erhalten

$$\vartheta = \vartheta_q + \vartheta_s = \frac{N}{4\pi\lambda}\int_0^\infty [f(\mu)\, e^{\mu z} + e^{-\mu t} \cdot e^{-\mu z}]\, J_0(\mu\varrho)\, d\mu. \tag{445}$$

Die axiale Komponente des Wärmestromes ist also

$$\mathfrak{w} = -\lambda \cdot \frac{\partial\vartheta}{\partial z} = -\frac{N}{4\pi\lambda} \cdot \lambda \cdot \int_0^\infty [\mu f(\mu)\, e^{\mu z} - \mu e^{-\mu t} e^{-\mu z}]\, J_0(\mu\varrho)\, d\mu. \tag{445a}$$

Die Grenzbedingung (388) bestimmt jetzt die Funktion $f(\mu)$ mittels

$$\mathfrak{w} = h \cdot \vartheta \quad \text{für} \quad z = 0 \tag{446}$$

aus

$$-\lambda\mu\, [f(\mu) - e^{-\mu t}] = h \cdot [f(\mu) + e^{-\mu t}]; \qquad f(\mu) = e^{-\mu t} \cdot \frac{\lambda\mu - h}{\lambda\mu + h} \tag{447}$$

und das Sekundärtemperaturfeld ergibt sich

$$\vartheta_s = \frac{N}{4\pi\lambda} \cdot \int_0^\infty \frac{\lambda\mu - h}{\lambda\mu + h} \cdot e^{\mu(z-t)} J_0(\mu\varrho)\, d\mu. \tag{448}$$

Wir prüfen dieses Ergebnis an den früher genannten Grenzfällen: Für $h = 0$ wird

$$\vartheta_s = \frac{N}{4\pi\lambda} \cdot \int_0^\infty (+1)\, e^{\mu(z-t)} J_0(\mu\varrho)\, d\mu = \frac{N}{4\pi\varrho''}; \quad \varrho'' = \sqrt{\varrho^2 + (z-t)^2}. \tag{448a}$$

In der Tat läßt sich also hier die Wirkung der Erdoberfläche richtig beschreiben, indem man das System wahrer Wärmequellen symmetrisch zur Erdoberfläche nach oben hin ergänzt.

Wenn dagegen $h \to \infty$, folgt aus (447)

$$\left.\begin{aligned} \vartheta_s &= \frac{N}{4\pi\lambda} \int_0^\infty (-1) \cdot e^{\mu(z-t)} J_0(\mu\varrho)\, d\mu = -\frac{N}{4\pi\varrho''}; \\ \varrho'' &= \sqrt{\varrho^2 + (z-t)^2} \end{aligned}\right\} \tag{448b}$$

so daß man jetzt die Kühlung richtig in Rechnung stellt, wenn man das System der wahren Wärmequellen an der Erdoberfläche spiegelt. Um den allgemeinen Fall einer endlichen Wärmeübergangszahl abzuschätzen, entwickeln wir für große h

$$\left.\begin{aligned} \frac{\lambda\mu - h}{\lambda\mu + h} &= \frac{\frac{\lambda\mu}{h} - 1}{\frac{\lambda\mu}{h} + 1} = -\left[1 - \frac{\lambda\mu}{h}\right]\left[1 - \frac{\lambda\mu}{h} + \left(\frac{\lambda\mu}{h}\right)^2 - \left(\frac{\lambda\mu}{h}\right)^3 + - \cdots\right] \\ &= -1 + 2\left[\frac{\lambda\mu}{h} - \left(\frac{\lambda\mu}{h}\right)^2 + \left(\frac{\lambda\mu}{h}\right)^3 - + \cdots\right] \end{aligned}\right\} \tag{449}$$

und finden

$$\begin{aligned} \vartheta_s &= -\frac{N}{4\pi\varrho''} \frac{1}{\lambda} \\ &+ \frac{N}{2\pi\lambda} \cdot \int_0^\infty \left[\frac{\lambda \cdot \mu}{h} - \left(\frac{\lambda\mu}{h}\right)^2 + \left(\frac{\lambda\mu}{h}\right)^3 - + \cdots\right] e^{\mu(z-t)} J_0(\mu\varrho)\, d\mu. \end{aligned} \tag{449a}$$

Die Wirkung der Erdoberflächenkühlung ist hiernach hauptsächlich durch die im vorigen Abschnitt behandelte Kühlung bei bewegter Luft gegeben; aber sie wird durch den mangelnden Wärmeaustausch der ruhenden Luftmassen verkleinert. Beschränken wir uns auf das erste Glied der Entwicklung (449a), so erhalten wir als Maß hierfür

$$\left.\begin{aligned} \vartheta_s' &= \frac{N}{2\pi\lambda} \cdot \frac{\lambda}{h} \int_0^\infty \mu \cdot e^{\mu(z-t)} J_0(\mu\varrho)\, d\mu = \frac{N}{2\pi\varrho} \cdot \frac{\lambda}{h} \cdot \frac{d}{dz}\left(\frac{1}{\varrho''}\right); \\ \varrho'' &= \sqrt{\varrho^2 + (z-t)^2}. \end{aligned}\right\} \tag{449b}$$

Wir können dieses Ergebnis der Anschauung näher bringen, indem wir das Temperaturfeld eines zur wahren Wärmequelle nach Abb. 161

symmetrisch gelegenen **Wärmedipoles** betrachten. Besteht dieser aus zwei in der z-Richtung orientierten Wärmequellen entgegengesetzt gleicher Stärke N, wobei l ihren sehr kleinen Abstand messe, so ist

$$\vartheta_d = \frac{N}{4\pi\lambda}\left[\frac{1}{\sqrt{\varrho^2+(z-t)^2}} - \frac{1}{\sqrt{\varrho^2+(z-\{t-l\})^2}}\right] = \frac{N\cdot l}{4\pi\lambda}\frac{d}{dz}\left(\frac{1}{\varrho''}\right) \tag{450}$$

und dies wird mit (449b) identisch, sofern wir die Länge des Dipoles aus

$$l = 2\frac{\lambda}{h} \tag{451}$$

bestimmt. Man erkennt durch Verallgemeinerung dieser Überlegung leicht, daß sich die Entwicklung (449b) als Folge von Wärmequellen steigender Ordnungszahlen deuten läßt.

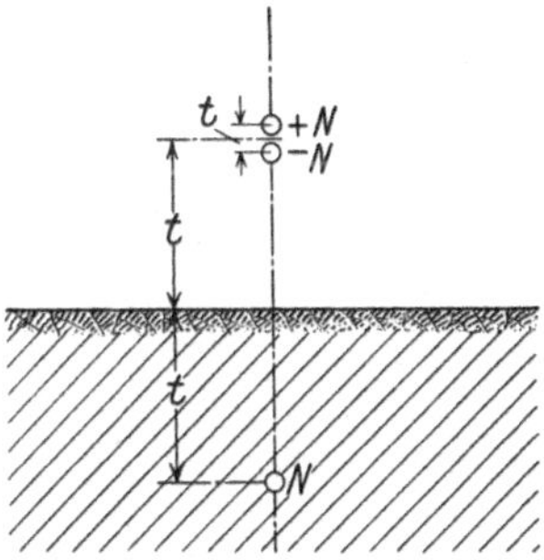

Abb. 161. Physikalische Deutung der Gl. (449b).

Wir gehen jetzt wieder zu der Temperaturverteilung des Halbkugelerders an der Erdoberfläche über, indem wir die vorstehenden Beziehungen auf die Gesamtheit der im Erdreich kontinuierlich verteilten Wärmequellen anwenden. Wir führen die Bezeichnungen des vorigen Abschnittes für die Lage des Aufpunktes ein und nennen ζ den Abstand eines symmetrisch zu einer Wärmequelle oberhalb der Erdoberfläche gelegenen Punktes von ihr. Als **erste Korrektur** des Temperaturfeldes ergibt sich dann

$$\vartheta_s = \int \frac{\varkappa\,\mathfrak{E}^2}{2\pi h}\frac{d}{d\zeta}\left(\frac{1}{\varrho''}\right)d\tau = \int\frac{\varkappa\,\mathfrak{E}^2}{2\pi h}\cdot\frac{\zeta}{\varrho''^3}\cdot d\tau\,. \tag{452}$$

Wir wollen dieses Integral lediglich für Aufpunkte auswerten, welche auf der z-Achse liegen; unter Beachtung von (432) ergibt sich dann als Beitrag der längs eines Breitenkreises verteilten Wärmedipole für den Erder ohne besondere Kühleinrichtung

$$\begin{aligned} d\vartheta_s &= \frac{1}{2\pi}\cdot\frac{\varkappa}{h}\cdot\frac{J^2}{(2\pi)^2\varkappa^2}\cdot\frac{2\pi\varrho\sin\chi\,\varrho\,d\varrho\,d\chi}{\varrho^4}\cdot\frac{\zeta}{\varrho''^3} \\ &= \frac{J^2}{(2\pi)^2\varkappa h}\,\frac{d\varrho}{\varrho}\cdot\frac{\mu\,d\mu}{(z^2+\varrho^2+2z\varrho\mu)^{3/2}}\,. \end{aligned} \tag{453}$$

Eine im oberen Halbraum von den Radien ϱ und $\varrho + d\varrho$ begrenzte Halbkugelschale gibt also

$$\begin{aligned} d\vartheta_s &= \frac{J^2}{(2\pi)^2\cdot\varkappa h}\cdot\frac{d\varrho}{\varrho}\cdot\int\limits_0^1\frac{\mu\,d\mu}{(z^2+\varrho^2+2z\varrho\mu)^{3/2}} \\ &= \frac{J_2}{(2\pi)^2\pi h}\cdot\frac{d\varrho}{\varrho}\cdot\frac{1}{2z^2\varrho^2(z+\varrho)}\cdot\left[(z+\varrho)-\sqrt{z^2+\varrho^2}\right]^2\,. \end{aligned} \tag{453a}$$

Durch Integration über den vom Erder begrenzten Raum folgt

$$\vartheta_s = \frac{J^2}{(2\pi)^2 \varkappa h} \cdot \int\limits_{\varrho_0}^{\infty} \left[\frac{d\varrho}{\varrho^3} \cdot \frac{(z+\varrho)}{2z^2} - \frac{d\varrho}{\varrho^3} \cdot \frac{2\sqrt{z^2+\varrho^2}}{2z^2} + \frac{d\varrho}{\varrho^3} \cdot \frac{z^2+\varrho^2}{2z^2(z+\varrho)}\right]. \quad (453\,\text{b})$$

Nun ist

$$\int \frac{d\varrho}{\varrho^3} \cdot \frac{z+\varrho}{2z^2} = -\frac{1}{4z\varrho^2} - \frac{1}{2z^2\varrho};$$

$$\int \frac{d\varrho}{\varrho^3} \cdot \frac{\sqrt{z^2+\varrho^2}}{z^2} = \frac{1}{4z^3}\left[-\ln\frac{\sqrt{1+\varrho^2/z^2}+1}{\sqrt{1+\varrho^2/z^2}-1} - 2\frac{\sqrt{1-\varrho^2/z^2}}{\varrho^2/z^2}\right];$$

$$\int \frac{d\varrho}{\varrho^3} \cdot \frac{z^2+\varrho^2}{2z^2(z+\varrho)} = \frac{2}{2z^3} \cdot \left[-\ln\frac{\varrho/z+1}{\varrho/z} + \frac{3}{2} + \frac{1}{2} z/\varrho - \frac{1}{4}(z/\varrho)^2\right],$$

so daß

$$\left.\begin{aligned} \vartheta_s &= \frac{J^2}{(2\pi)^2 \varkappa (h\varrho_0)} \cdot \frac{1}{2\varrho_0^2} \cdot \left[\frac{\varrho_0}{2z} + \frac{\varrho_0^2}{z^2}\right. \\ &\quad \left. + \frac{\varrho_0^3}{z^3}\left\{-\frac{1}{2}\ln\frac{\sqrt{1+\varrho_0^2/z^2}+1}{\sqrt{1+\varrho_0^2/z^2}-1} - \frac{\sqrt{1+\varrho_0^2/z^2}}{\varrho_0^2/z^2} + 2\ln\frac{\varrho_0/z+1}{\varrho_0/z} - z/\varrho_0 + \frac{1}{2}(z/\varrho_0)^2\right\}\right] \\ &= \frac{J^2}{(2\pi)^2 \varkappa (h\varrho_0)} \cdot \frac{1}{2\varrho_0^2}\left[-\frac{\varrho_0}{z}\left\{\sqrt{1+\varrho_0^2/z^2}-1\right\} + \frac{\varrho_0^3}{z^3}\left\{-\ln\frac{1+\sqrt{1+\varrho_0^2/z^2}}{\varrho_0/z}\right.\right. \\ &\quad \left.\left. + 2\ln\frac{\varrho_0/z+1}{\varrho_0/z}\right\}\right] \end{aligned}\right\} \quad (454)$$

Da diese Temperatur voraussetzungsgemäß zum Gesamtfelde nur eine Korrektur liefert, dürfen wir von der durch sie verursachten örtlichen Verschiebung des Temperaturmaximums absehen und erhalten den Betrag der Temperaturerhöhung für diesen Punkt, indem wir aus Abb. 158 $z/\varrho_0 = 1{,}2$ entnehmen

$$\vartheta_s = \frac{J^2}{(2\pi)^2 \varkappa (h\varrho_0)} \cdot \frac{1}{2\varrho_0^2} \cdot 0{,}215\,. \quad (455)$$

Für die Gesamttemperatur ergibt sich also mit Benutzung von (433c)

$$\vartheta = \frac{J^2}{(2\pi)^2 \varkappa \lambda} \cdot \frac{1}{2\varrho_0^2}\left(0{,}31 + \frac{0215\,\lambda}{h\varrho_0}\right) = \frac{J^2}{(2\pi)^2 \varkappa \lambda} \frac{1}{2\varrho_0^2} 0{,}31\left(1 + 0{,}69\frac{\lambda}{h\varrho_0}\right) \quad (456)$$

Der stationäre Grenzbelastungsstrom wird demnach, wenn von Vorerwärmung abgesehen wird, auf

$$\left.\begin{aligned} J &= 2\pi\varkappa\varrho_0\sqrt{200\frac{\lambda}{\varkappa}} \cdot 1{,}8 \cdot \frac{1}{\sqrt{1+0{,}69\dfrac{\lambda}{h\varrho_0}}} \\ &= \sim 2\pi\varkappa\varrho_0\sqrt{200\frac{\lambda}{\varkappa}}\, 1{,}8\left(1 - 0{,}35\frac{\lambda}{h\varrho_0}\right) \end{aligned}\right\} \quad (456\text{a})$$

heruntergedrückt, so daß wir für die durch (439) eingeführte Kühlziffer erhalten

$$\alpha = 1{,}8\left(1 - 0{,}35\frac{\lambda}{h\varrho_0}\right). \quad (456\,\text{b})$$

Wir führen jetzt die entsprechende Rechnung für den Erder mit idealer Wasserkühlung durch, indem wir die an der Erderkugel räumlich gespiegelten Wärmequellen nach Gl. (435) berücksichtigen. Der Beitrag aller längs eines Breitenkreises verteilten Dipole ist

$$d\vartheta_s' = -\frac{1}{2\pi}\frac{\varkappa}{h}\cdot\frac{J^2}{(2\pi)^2\varkappa^2}\cdot\frac{2\pi\varrho\cdot\sin\chi\cdot\varrho\, d\varrho\, d\chi}{\varrho\cdot\varrho_0^3}\frac{\zeta}{\varrho''^3}$$

$$= -\frac{J^2}{(2\pi)^2\varkappa h}\frac{\varrho^2\, d\varrho}{\varrho_0^3}\frac{\mu\, d\mu}{(z^2+\varrho^2+2z\varrho\mu)^{3/2}}, \qquad (457)$$

so daß sich durch Integration über alle in der Halbkugelschale $(\varrho, \varrho + d\varrho)$ eingeschlossenen Raumelemente nach (453b) ergibt

$$d\vartheta_s' = -\frac{J^2}{(2\pi)^2\varkappa h}\cdot\frac{d\varrho}{\varrho_0^3}\cdot\frac{1}{2z^2(z^2+\varrho)}\left[(z+\varrho) - \sqrt{z^2+\varrho^2}\right]^2. \qquad (457\text{a})$$

Wir summieren nun über den von der Erderkugel begrenzten Raum

$$\left.\begin{aligned}\vartheta_s' &= -\frac{J^2}{(2\pi)^2\cdot\varkappa(h\varrho_0)}\cdot\frac{1}{2\varrho_0^2}\cdot\frac{1}{z^2}\int_0^{\varrho_0}\Big[d\varrho(z+\varrho) - 2\,d\varrho\sqrt{z^2+\varrho^2} \\ &\qquad + d\varrho\cdot\frac{z^2+\varrho^2}{z+\varrho}\Big] \\ &= -\frac{J^2}{(2\pi)^2\varkappa(h\varrho_0)}\cdot\frac{1}{2\varrho_0^2}\cdot\Big[\frac{\varrho_0^2}{z^2} - \frac{\varrho_0}{z}\sqrt{1+\frac{\varrho_0^2}{z^2}} \\ &\qquad - \ln\left(\varrho_0/z + \sqrt{1+\varrho_0^2/z^2}\right) + 2\ln(1+\varrho_0/z)\Big].\end{aligned}\right\} \qquad (458)$$

Der Punkt des Temperaturmaximums liegt jetzt nach Abb. 159 in der Entfernung $z = 1{,}7\,\varrho_0$ vom Erderzentrum. Hierfür folgt aus (455) und (458)

$$\vartheta_s = \frac{J^2}{(2\pi)^2\varkappa(h\varrho_0)}\cdot\frac{1}{2\varrho_0^2}\cdot 0{,}046\,; \qquad \vartheta_s' = \frac{J^2}{(2\pi)^2\varkappa(h\varrho_0)}\cdot\frac{1}{2\varrho_0^2}\cdot 0{,}031\,, \qquad (459)$$

so daß also die gesamte Temperaturänderung beträgt

$$\bar{\vartheta}_r = \vartheta + \vartheta_s' = \frac{J^2}{(2\pi)^2\varkappa(h\varrho_0)}\cdot\frac{1}{2\varrho_0^2}\cdot 0{,}015\,. \qquad (460)$$

Mit Rücksicht auf (438) erhalten wir also für die Maximaltemperatur

$$\begin{aligned}\bar{\vartheta} &= \frac{\bar{J}^2}{(2\pi)^2\varkappa\lambda}\frac{1}{2\varrho_0^2}\left(0{,}155 + 0{,}015\cdot\frac{\lambda}{h\varrho_0}\right) \\ &= \frac{\bar{J}^2}{(2\pi)^2\varkappa\lambda}\cdot\frac{1}{2\varrho_0^2}\cdot 0{,}155\left(1 + 0{,}10\frac{\lambda}{h\varrho_0}\right).\end{aligned} \qquad (461)$$

Der höchstzulässige stationäre Strom sinkt auf

$$\begin{aligned}\bar{J} &= \sim 2\pi\varkappa\varrho_0\cdot\sqrt{200\frac{\lambda}{\varkappa}}\,\frac{2{,}5}{\sqrt{1+0{,}10\frac{\lambda}{h\varrho_0}}} \\ &= \sim 2\pi\varkappa\varrho_0\cdot\sqrt{200\frac{\lambda}{\varkappa}}\cdot 2{,}5\left(1 - 0{,}05\frac{\lambda}{h\varrho_0}\right).\end{aligned} \qquad (461\text{a})$$

so daß die Kühlziffer wird

$$\bar{\alpha} = \frac{1}{2} \cdot 2{,}5\left(1 - 0{,}05 \cdot \frac{\lambda}{h\,\varrho_0}\right) = 1{,}25 \cdot \left(1 - 0{,}05\,\frac{\lambda}{h\,\varrho_0}\right). \qquad (461\,\mathrm{b})$$

Der Erder mit besonderer Kühleinrichtung ist, wie durch Vergleich mit (456b) hervorgeht, viel unempfindlicher gegen mangelnde Kühlung der Erdoberfläche, wie auch unmittelbar leicht verständlich.

Führt man die Berührungsspannung der stationären Grenzbelastung ein, so lauten die Beziehungen (456a) und (461a)

$$\left.\begin{aligned} E &= \sqrt{200\,\frac{\lambda}{\varkappa} \cdot 1{,}8 \cdot \left(1 - 0{,}35\,\frac{\lambda}{h\,\varrho_0}\right)}\,; \\ \bar{E} &= \sqrt{200\,\frac{\lambda}{\varkappa} \cdot 2{,}5 \cdot \left(1 - 0{,}05\,\frac{\lambda}{h\,\varrho_0}\right)}\,. \end{aligned}\right\} \qquad (462)$$

Sie unterscheiden sich von den früheren grundlegend dadurch, daß in den Kühlziffern die Erderabmessungen enthalten sind, so daß verschiedene Erderformen elektrisch gleicher Eigenschaften in ihren thermischen Eigenschaften voneinander abweichen: Je größer die Erderabmessungen, desto unempfindlicher ist die Anordnung gegen die an der Erdoberfläche wirksame Kühlung. Um daher auch bei ruhender Luft leistungsfähige Erder zu erhalten, muß man die Erder über möglichst weite Flächen verteilen, sofern man nicht besondere Kühlung des Erders anwendet.

Zahlenmäßig kann man für ruhende Luft etwa setzen

$$h = 2{,}3 \cdot 10^{-4}\ \mathrm{Watt/cm^2\ {}^0C/sec}\,.$$

Demnach erhält man beispielsweise für einen Halbkugelerder von $\varrho_0 = 150$ cm Radius mit dem früher angegebenen Werte $\lambda = 1{,}2 \cdot 10^{-2}$ Watt/cm ^{0}C sec als Kühlziffern der Erdoberfläche nach Gl. (456b) und (461b)

$$\alpha = 1{,}8\left(1 - 0{,}35 \cdot \frac{1{,}2 \cdot 10^{-2}}{2{,}3 \cdot 10^{-4} \cdot 150}\right) = 1{,}8\,(1 - 0{,}12) = 1{,}58$$

$$\bar{\alpha} = 1{,}25\left(1 - 0{,}05 \cdot \frac{1{,}2 \cdot 10^{-2}}{2{,}3 \cdot 10^{-4} \cdot 150}\right) = 1{,}25\,(1 - 0{,}0174) = 1{,}22\,.$$

Während hiernach der gekühlte Erder, sobald die Erderabmessungen nicht zu klein sind, praktisch unabhängig von dem Zustand der Luft ist, setzt ruhende Luft die Grenzbelastung des nicht gekühlten Erders um etwa 12% bereits merklich herab.

65. Größenordnung der dynamischen Grenzzeit eines Erders. Nachdem wir im Vorangegangenen für eine Reihe wichtiger Anordnungen die stationäre Grenzbelastung angegeben haben, soll jetzt die dynamische Grenzzeit berechnet werden, welche der Erder bei übermäßiger Stromzufuhr ertragen kann. Wir wollen uns hierbei mit einer Abschätzung begnügen, welche uns die Größenordnung der Grenzzeit richtig liefert;

sie läßt sich leicht im Anschluß an das Temperaturfeld eines kugelförmigen Tiefenerders definieren: In Nr. 60 konnten wir zeigen, daß Heizdichte und stationäre Temperatur eines ungekühlten Tiefenerders von der Erderoberfläche nach außen hin entsprechend Abb. 162 steil abfällt; gleiche Beziehungen gelten für den Tiefenerder mit künstlicher Kühlung, sofern man die Kugel maximaler Temperatur als thermisch wirksame Oberfläche des Erders betrachtet (vgl. Gl. (397) und (400). Es liegt daher nahe, von der räumlich kontinuierlich verteilten Heizung durch die vom Erder ausgehenden Stromfäden zu einer idealisierten Heizung überzugehen, welche innerhalb der Fläche stationärer Höchsttemperatur konzentriert ist und im ganzen Außenraume verschwindet; hierbei muß, damit die Heizung im ganzen die gleiche bleibt, die Gesamtleistung N als Wärmequelle im Innern jener Fläche angenommen werden (vgl. Abb. 162, gestrichelte Linie).

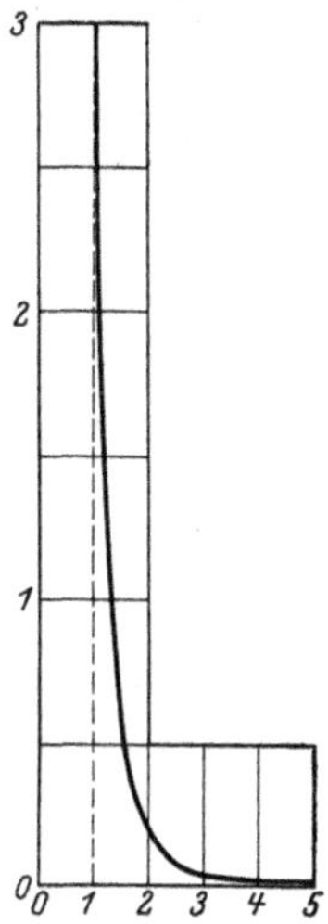

Abb. 162. Räumliche Verteilung der Heizdichte in der Umgebung der Oberfläche eines Kugelerders.

Wir haben hiernach zur Abschätzung der dynamischen Grenzzeit das Temperatur-Schaltfeld in einem zunächst die gleichmäßige Temperatur ϑ_0 besitzenden Raume zu bestimmen, welcher von einer plötzlich beginnenden und sodann in konstanter Stärke anhaltenden Heizung mit Wärme gespeist wird. Auf diese Aufgabe lassen sich die in Nr. 54 entwickelten Verfahren anwenden. Demgemäß untersuchen wir zuerst die Wirkung einer exponentiell anklingenden Heizung

$$N = N_0 \cdot e^{pt}. \tag{463}$$

Da im Wärmeströmungsfeld voraussetzungsgemäß keine räumlich verteilte Heizung wirkt, lautet die Differentialgleichung der Temperatur

$$\Delta\,\vartheta = \frac{c}{\lambda} \cdot \frac{\partial \vartheta}{\partial t} \tag{464}$$

und wenn wir ϑ in der Form $\vartheta = \vartheta_0 \cdot e^{pt}$ ansetzen

$$\Delta\,\vartheta_0 = \frac{c}{\lambda} \cdot p \cdot \vartheta_0. \tag{464a}$$

Indem wir jetzt auf radiale, symmetrische Strömung spezialisieren, wird mit Beachtung von (275)

$$\frac{1}{r^2}\frac{d}{dr}\left(r^2 \cdot \frac{d\vartheta_0}{dr}\right) \equiv \frac{1}{r}\frac{d^2(r\,\vartheta_0)}{dr^2} = \frac{c}{\lambda}\,p\,\vartheta_0;$$

$$\frac{d^2(r\,\vartheta_0)}{dr^2} - \frac{c}{\lambda} \cdot p \cdot (r\,\vartheta_0) = 0, \tag{464b}$$

Die im Unendlichen verschwindende Lösung dieser Gleichung lautet mit einer Integrationskonstanten A

$$(r\,\vartheta_0) = A\cdot e^{\sqrt{\frac{c}{\lambda}}\cdot\sqrt{p\,r}}; \qquad \vartheta_0 = A\cdot\frac{e^{-\sqrt{\frac{c}{\lambda}}\cdot\sqrt{p}\,r}}{r} = A\cdot\frac{e^{-\sqrt{T\,p}}}{r}, \tag{465}$$

wo die **Aufpunktszeit**

$$T = \frac{c}{\lambda}\cdot r^2 \tag{466}$$

substituiert ist. Durch Differentiation ergibt sich der **Wärmestrom**

$$\mathfrak{w}_0 = -\lambda\cdot\frac{d\vartheta_0}{dr} = A\cdot\lambda\cdot\left[\frac{e^{-\sqrt{T\,p}}}{r^2} + \sqrt{\frac{c}{\lambda}}\,\sqrt{p}\,\frac{e^{-\sqrt{T\,p}}}{r}\right]$$

$$= A\cdot\lambda\cdot e^{-\sqrt{T\,p}}\left[\frac{1}{r^2} + \frac{\sqrt{T\,p}}{r^2}\right] \tag{466a}$$

und daher ist der gesamte, die Fläche maximaler stationärer Temperatur $r = \varrho_0$ durchdringende Wärmestrom

$$N_0 = 4\,\pi\,\varrho_0^2\,\mathfrak{w}_{0_{r=\varrho_0}} = 4\,\pi\,A\cdot\lambda\cdot e^{-\sqrt{T_0\,p}}\left[1 + \sqrt{T_0\,p}\right];$$

$$T_0 = \frac{c}{\lambda}\,\varrho_0^2, \tag{466b}$$

wo T_0 als **Eigenzeit** des Erders bezeichnet sei.

Aus (457) folgt sogleich die Integrationskonstante

$$A = \frac{N_0}{4\,\pi\,\lambda}\,\frac{e^{\sqrt{T_0\,p}}}{1+\sqrt{T_0\,p}} \tag{467}$$

und also die Temperatur

$$\vartheta_0 = \frac{N_0}{4\,\pi\,\lambda}\cdot\frac{e^{(\sqrt{T_0}-\sqrt{T})\,\sqrt{p}}}{r\,(1+\sqrt{T_0\,p})}\,. \tag{468}$$

Das **Schaltfeld** unterliegt demnach der Integralgleichung

$$\frac{N_0}{4\,\pi\,\lambda}\cdot\frac{e^{(\sqrt{T_0}-\sqrt{T})\,\sqrt{p}}}{p\,r\,(1+\sqrt{T_0\,p})} = \int_0^\infty \vartheta_0\,(t)\cdot e^{-p\,t}\,dt$$

$$= \frac{N_0}{4\,\pi\,\lambda\,r}\cdot\int_0^\infty f\,(t)\,e^{-p\,t}\,dt\,. \tag{469}$$

Um die Funktion $f(t)$ zu bestimmen, entwickeln wir

$$\frac{1}{1+\sqrt{T_0\,p}} = 1 - \sqrt{T_0\,p} + (\sqrt{T_0\,p})^2 - (\sqrt{T_0\,p})^3 + - \cdots \tag{470}$$

so daß die Integralgleichung für $f(t)$ die Form annimmt

$$\frac{e^{(\sqrt{T_0}-\sqrt{T})\sqrt{p}}}{p}\left(1-\sqrt{T_0 p}+(\sqrt{T_0 p})^2-+\cdots\right) = \int_0^\infty f(t)\, e^{-pt}\, dt. \tag{469a}$$

Auf eine Beziehung ähnlicher Art sind wir bei der Untersuchung des Erdstrom-Schaltfeldes einer kurzen Leitung gestoßen. Dort fanden wir für

$$\frac{1}{p}\, e^{-\sqrt{T'}\sqrt{p}} = \int_0^\infty f_1(t)\, e^{-pt}\, dt : f_1 = 1-\Phi\left(\sqrt{\frac{T'}{4t}}\right) \tag{471}$$

$$\frac{1}{p}\cdot\sqrt{p}\, e^{-\sqrt{T'}\sqrt{p}} = \int_0^\infty f_2(t)\cdot e^{-pt}\, dt : f_2 = \frac{1}{\sqrt{\pi t}}\, e^{-\frac{T'}{4t}}. \tag{472}$$

Mit Beachtung der Regel (355a) ist also

$$\left.\begin{aligned} f(t) &= \left[1+T_0\cdot\frac{d}{dt}+T_0^2\frac{d^2}{dt^2}+\cdots\right]\left[1-\Phi\left(\frac{\sqrt{T}-\sqrt{T_0}}{\sqrt{4t}}\right)\right] \\ &-\left[1+T_0\frac{d}{dt}+T_0^2\frac{d^2}{dt^2}+\cdots\right]\sqrt{\frac{T_0}{\pi t}}\, e^{-\frac{(\sqrt{T}-\sqrt{T_0})^2}{4t}}. \end{aligned}\right\} \tag{473}$$

Am meisten interessiert der Temperaturverlauf auf der Fläche stationärer Maximaltemperatur. Hier ist $T = T_0$, so daß

$$\begin{aligned} f(t) &= 1-\left[1+T_0\frac{d}{dt}+T_0^2\cdot\frac{d^2}{dt^2}+\cdots\right]\sqrt{\frac{T_0}{\pi t}} \\ &= 1-\sqrt{\frac{T_0}{\pi t}}\left[1-\frac{1}{2}\frac{T_0}{t}+\frac{1}{2}\cdot\frac{3}{2}\cdot\frac{T_0^2}{t^2}-+\cdots\right]. \end{aligned} \tag{473a}$$

Die hier auftretende Reihe läßt sich mittels der Krampschen Transzendente[1] summieren:

$$\begin{aligned} &1-\frac{1\cdot 1}{2\, t/T_0}+\frac{1\cdot 3}{2\cdot 2\cdot t^2/T_0^2}-+\cdots \\ &= \sqrt{\pi}\cdot\sqrt{\frac{t}{T_0}}\cdot e^{\frac{t}{T_0}}\cdot\left\{1-\Phi\left(\sqrt{\frac{t}{T_0}}\right)\right\} \end{aligned} \tag{474}$$

und also

$$f(t) = 1-e^{\frac{t}{T_0}}\cdot\left\{1-\Phi\left(\sqrt{\frac{t}{T_0}}\right)\right\}. \tag{473b}$$

[1] Vgl. Abb. 138.

Diese Funktion ist in Abb. 163 in Abhängigkeit von der numerischen Zeit $\tau = \frac{t}{T_0}$ dargestellt. Für kleine τ schnellt sie von Null aus mit der Wurzel aus τ außerordentlich rasch empor,

$$\lim_{\tau \to 0} f(t) = \frac{2}{\sqrt{\pi}} \cdot \sqrt{\frac{t}{T_0}}, \tag{473c}$$

um sich mit wachsendem τ gemäß

$$\lim_{\tau \to \infty} f(t) = 1 - \sqrt{\frac{T_0}{\pi t}} \tag{473d}$$

nur schleichend ihrem Grenzwert 1 zu nähern. Die Funktion $f(t)$ gibt daher unmittelbar das Verhältnis der Temperatur in der Zeit t zu der stationären Temperatur an

$$f(t) = \frac{\vartheta_0(t)}{\vartheta_0(\infty)}. \tag{475}$$

Hierbei hat man zu beachten, daß diese stationäre Temperatur selbst durch die Gl. (462) mit

$$\vartheta_0(\infty) = \frac{N_0}{4\pi\lambda\varrho_0} = \frac{J^2}{(4\pi)^2 \varkappa \lambda \varrho_0^2} \tag{476}$$

infolge der vereinfachenden Annahme einer innerhalb der Fläche konstanter Maximaltemperatur konzentrierten Heizung genau doppelt so groß ist als die wahre stationäre Temperatur (397a) bei räumlich verteilter Heizung; daher darf man die Formel (475) lediglich für das Verhältnis der Temperaturen benutzen, nachdem man die stationäre Grenztemperatur für die jeweils vorliegende Anordnung nach den früher mitgeteilten Beziehungen berechnet hat.

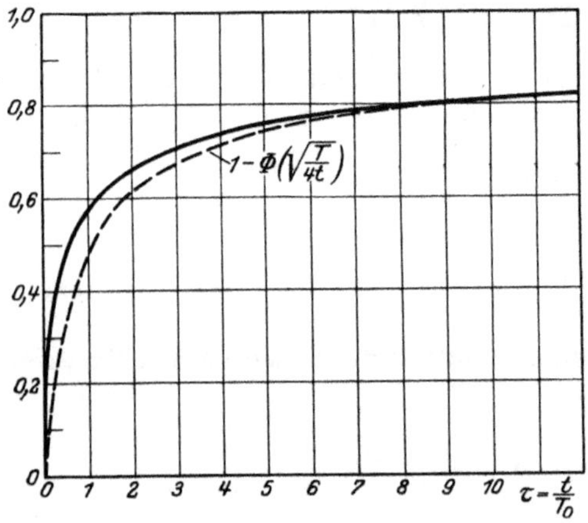

Abb. 163. Zeitlicher Temperaturaufstieg an der Oberfläche (ausgezogen) und in der Umgebung (gestrichelt) eines Kugelerders.

Sei J der entsprechende stationäre Grenzbelastungsstrom, so würde sich für eine $\ddot{u}$-fache Überbelastung mit

$$J_{\ddot{u}} = \ddot{u} \cdot J \tag{477}$$

als stationäre Grenztemperatur

$$\vartheta(\infty) = \ddot{u}^2 \cdot 100^0 \tag{478}$$

ergeben, falls nicht schon vorher die Erdfeuchtigkeit beginnen würde zu verdampfen; die hierzu erforderliche Zeit t_g bestimmt sich aus $\vartheta(t_g) = 100^0$. Setzt man dies in (475) ein, so erhält man

$$f(t_g) = \frac{100^0}{\ddot{u}^2 \cdot 100^0} = \frac{1}{\ddot{u}^2}. \tag{479}$$

Die hiernach bestimmten numerischen Grenzzeiten $\tau_g = \frac{t_g}{T_0}$ sind in Abb. 164 als Funktion der Stromüberlastung $\ddot{u}$ dargestellt. Man erkennt, daß mit wachsender Überlastung die dynamische Grenzzeit außerordentlich rasch absinkt. Denn mit Benutzung der asymptotischen Näherung (473c) erhält man für sehr große Überlastungen

$$\lim_{\ddot{u}\to\infty} \frac{2}{\sqrt{\pi}} \cdot \sqrt{\frac{t_g}{T_0}} = \frac{1}{\ddot{u}^2}; \quad \frac{t_g}{T_0} = \frac{\pi^2}{4} \cdot \frac{1}{\ddot{u}^4}. \tag{480}$$

Dagegen schwillt für mäßige Überlastungen die Grenzzeit entsprechend

$$\lim_{\ddot{u}\to 1} \left(1 - \sqrt{\frac{T_0}{\pi\, t_g}}\right) = \frac{1}{\ddot{u}^2}; \quad \frac{t_g}{T_0} = \frac{1}{\pi^2} \cdot \frac{\ddot{u}^4}{(1-\ddot{u}^2)^2} \tag{481}$$

sehr stark an: Der Erder ist gegen mäßige Überlastung außerordentlich unempfindlich, gegen starke Überlastung höchst empfindlich.

Für eine vorgegebene Stromüberlastung ist die dynamische Grenzzeit stets proportional der Eigenzeit T_0 des Erders. Da diese nach (466b) in bestimmtem Erdreich mit dem Quadrate aus den Hauptabmessungen des Erders wächst, müssen hoch überlastbare Erder große Abmessungen aufweisen, um hinreichend lange die Belastung ertragen zu können; beispielsweise setzt eine Verdoppelung der Hauptabmessungen bei konstanter Höchsttemperatur zunächst die stationäre Grenzbelastung auf das Doppelte herauf und vervierfacht die Eigenzeit. Bezeichnet $\ddot{u}$ die Stromüberlastung und T_0 die Eigenzeit des ursprünglichen Erders, so ergibt sich also für den Erder mit verdoppelten Hauptabmessungen die dynamische Grenzzeit t_g aus

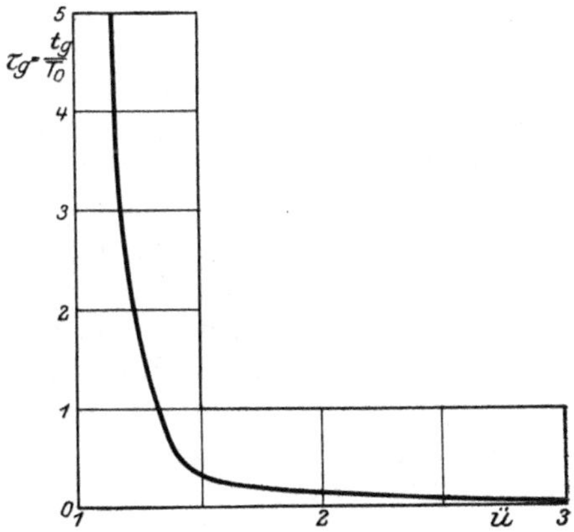

Abb. 164. Abhängigkeit der zulässigen Belastungsdauer eines Erders von der Überlastung.

$$f\left(\frac{t_g}{4\,T_0}\right) = \frac{1}{(\ddot{u}/2)^2} \tag{482}$$

und für große Überlastungen mit Beachtung von (480)

$$\frac{t_g}{4\,T_0} = \frac{\pi^2}{4} \cdot \frac{1}{(\ddot{u}/2)^4}; \quad \frac{t_g}{T_0} = 64 \cdot \frac{\pi^2}{4} \cdot \frac{1}{\ddot{u}^4}, \tag{482a}$$

so daß die dynamische Grenzzeit auf das 64fache außerordentlich stark anwächst. Den gleichen Erfolg hat der Einbau einer idealen Wasserkühlung in den Erder, da er nach Nr. 60 einer Verdoppelung der Erderabmessungen sowohl hinsichtlich der stationären Grenzbelastung wie hinsichtlich der Lage der höchsttemperierten Fläche gleichwertig ist. Während somit Vergrößerung der Erderabmessungen oder Einbau einer besonderen Kühlung die Dauerbelastbarkeit nur mäßig steigert, bildet eine solche Maßnahme ein höchst wirksames Mittel zur Erhöhung der kurzzeitigen Belastbarkeit von Hochstromerdern.

In einiger Entfernung vom Erder nähert sich der Temperaturanstieg (473) für Zeiten $t \gg T_0$ dem asymptotischen Grenzwert

$$\lim_{t\to\infty} f(t) = 1 - \Phi\left(\sqrt{\frac{T}{4\,t}}\right) = \sim 1 - \sqrt{\frac{T}{\pi\,t}}. \tag{483}$$

Diese Funktion ist in Abhängigkeit $\tau = \frac{t}{T}$ ebenfalls in Abb. 163 eingezeichnet. Man erkennt, daß der Temperaturanstieg für hinreichend große Zeiten in allen Punkten des Feldraumes nach wesentlich dem gleichen Gesetze verläuft; hierbei ist indes zu beachten, daß mit zunehmender Entfernung vom Erderzentrum der Zeitmaßstab quadratisch wächst. Für kleine Zeiten wird die Näherung (483) unzulässig; die Beachtung der weiteren Glieder in (473) zeigt indes, daß auch hier der zeitliche Temperaturanstieg ähnlich verläuft. Wir können daher näherungsweise die Funktion (473b) für das gesamte Feld benutzen, nachdem wir die Eigenzeit T_0 des Erders durch die Aufpunktszeit T nach (466) ersetzt haben.

Wir benutzen diese Verallgemeinerung, um den Einfluß der Kühlung durch die Erdoberfläche auf die dynamische Grenzzeit abzuschätzen. Denn in den vorangegangenen Abschnitten konnten wir zeigen, daß die Nähe der Erdoberfläche den Punkt maximaler Temperatur in das Erdreich hinein verschiebt. Indem wir den zeitlichen Temperaturanstieg sogleich für diesen Punkt untersuchen, können wir daher, analog dem Vorgehen beim wassergekühlten Erder, die Kühlwirkung der Erdoberfläche als Vergrößerung der Eigenzeit des Erders in Rechnung stellen, welche jetzt aus der Entfernung jenes Punktes vom Erderzentrum zu bestimmen ist.

Als Beispiel vergleichen wir die dynamische Grenzzeit eines an der Erdoberfläche angeordneten Halbkugelerders mit einem elektrisch gleichwertigen Tiefenerder.

Die stationäre Grenzbelastung des ungekühlten Erders wird durch die Nähe der Erdoberfläche auf das 1,8fache erhöht; bei konstantem Erderstrom sinkt also die Überlastung auf den 1,8ten Teil. Gleichzeitig rückt der Punkt maximaler Temperatur in die Entfernung $z = 1{,}2\varrho_0$ vom Erderzentrum, so daß die Eigenzeit auf das 1,44fache vergrößert erscheint. Seien mit T_0 und $\ddot{u}$ die Daten des Tiefenerders bezeichnet, so folgt die dynamische Grenzzeit t_g des Oberflächenerders aus

$$f\left(\frac{t_g}{1{,}44\,T_0}\right) = \frac{1}{(\ddot{u}/1{,}8)^2} \tag{484}$$

oder mit (473c)

$$\frac{t_g}{T_0} = 1{,}44 \cdot 1{,}8^4 \cdot \frac{\pi}{4}\,\frac{1}{\ddot{u}^4} = \sim 15 \cdot \frac{\pi}{4} \cdot \frac{1}{\ddot{u}^4}, \tag{484a}$$

so daß die dynamische Grenzzeit eines solchen Erders durch die Zusatzkühlung der Erdoberfläche auf das 15fache vergrößert wird.

Für den Erder mit Kühlanordnung steigt die stationäre Grenzbelastung durch die Nähe der Erdoberfläche auf das 1,25fache an, während der Punkt maximaler stationärer Temperatur in die Entfernung $z = 1{,}7\,\varrho_0$ vom Erderzentrum verschoben wird. Man erhält also seine dynamische Grenzzeit aus

$$f\left(\frac{t_g}{1{,}7^2 \cdot T_0}\right) = \frac{1}{(\ddot{u}/1{,}25)^2} \tag{485}$$

und mit (473c)

$$\frac{t_g}{T_0} = 1{,}7^2 \cdot 1{,}25^4 \cdot \frac{\pi}{4} \cdot \frac{1}{\ddot{u}^4} = \sim 7 \cdot \frac{\pi}{4} \cdot \frac{1}{\ddot{u}^4}. \tag{485a}$$

Die Zusatzkühlung durch die Erdoberfläche ist also hier viel weniger wirksam als beim ungekühlten Erder, wie leicht verständlich. Absolut ist natürlich die nach (485a) bestimmte dynamische Grenzzeit des Erders mit idealer Wasserkühlung um das rund 16fache viel größer als die des ungekühlten Erders nach (484a), weil bei gegebenem Strom die Überlastung des gekühlten Erders nur halb so groß ist als die des ungekühlten.

Die starke Abhängigkeit der dynamischen Grenzzeit von den Erderabmessungen weist darauf hin, daß man die hier abgeleiteten Beziehungen nur größenordnungsmäßig werten darf. Nur in dieser Beschränkung darf man sie auf andere Erder übertragen, nachdem man aus ihrem Ausbreitungswiderstand R_a den gleichwertigen Kugelhalbmesser ϱ_0 aus

$$\varrho_0 = \frac{1}{4\,\pi\,\varkappa\,R_a} \tag{486}$$

bestimmt hat. Es wird indes zahlreicher Versuche bedürfen, um den Gültigkeitsbereich derartiger Abschätzungen zu prüfen. Die Theorie vermag im allgemeinen nicht wesentlich über die von uns gegebenen Andeutungen hinauszugehen, da mit der Verfeinerung des physikalischen Ansatzes die Schwierigkeiten der mathematischen Behandlung derart wachsen, daß die Ergebnisse keine allgemeinen Folgerungen mehr gestatten.

Die Größenordnung der hier berechneten Zeiten möge an einem **Zahlenbeispiel** veranschaulicht werden. Wir benutzen hierzu als Mittelwert der spezifischen Wärme

$$c = 1{,}75 \text{ Wattsec/cm}^3 .$$

Die Eigenzeit eines Kugelerders von $\varrho_0 = 100$ cm Halbmesser ist dann nach Gl. (460b) mit Benutzung des Wertes $\lambda = 1{,}2 \cdot 10^{-2}$ Watt/cm °C sec

$$T_0 = \frac{1{,}75}{1{,}2 \cdot 10^{-2}} \cdot 100^2 \text{ sec} = 1{,}46 \cdot 10^6 \text{ sec} = \sim 400 \text{ Stunden} = \sim 17 \text{ Tage.}$$

Die Erwärmung bis zur stationären Temperatur beansprucht also ganz außerordentlich große Zeiten, so daß man im Betrieb **den Erder weit über die sonst üblichen Maße hinaus überlasten darf**; beispielsweise ergibt sich als zulässige Überlastung für 1 Stunde („**Stundenlast**") aus (480)

$$\frac{1}{400} = \frac{\pi^2}{4} \cdot \frac{1}{u^4}; \quad ü^4 = \sim 1000; \quad ü = 5{,}65 \text{fache Überlastung.}$$

Da dieser Erder ohne Kühleinrichtung einen stationären Grenzbelastungsstrom von etwa $\frac{150}{8} = \sim 19$ Amp. besitzt, berechnet sich also sein „**Stundenstrom**" zu

$$J_{st} = 5{,}65 \cdot 19 = \sim 110 \text{ Amp.}$$

Würde man umgekehrt den Erder so hoch belasten, daß er pro Quadratmeter Oberfläche 100 Amp. in das Erdreich überführt[1], so wäre sein Gesamtstrom

$$J = 4\,\pi \cdot 100 = 1260 \text{ Amp.}$$

entsprechend einer

$$ü = \frac{1260}{19} = 66 \text{fachen Überlastung.}$$

Hierbei reduziert sich die Grenzzeit nach Gl. (474) auf

$$t_g = 400 \cdot \frac{\pi^2}{4} \cdot \frac{1}{66^4} = 0{,}525 \cdot 10^{-4} \text{ Std.} = \sim 0{,}2 \text{ sec.}$$

Der Erder würde also, wenn nicht fast momentane Abschaltung der Belastung erfolgte, sogleich nach dem Einsetzen des Stromes explosionsartig zerstört werden. Wird der Erder dagegen als elektrisch gleichwertiger Halbkugelerder an die Erdoberfläche verlegt, so wächst nach Gl. (478a) bei gleicher Strombelastung diese Zeit auf das 15fache an

$$t_g' = 15 \cdot 02 = 7{,}5 \text{ sec}$$

eine Zeit, die man unter Umständen noch zulassen können wird. Man kann daher den angegebenen Wert von 100 Amp/Quadratmeter als eben noch zulässige Stoßbelastung von Oberflächenerdern ansehen.

---

[1] **Rüdenberg, R.**: Sternpunktserdung bei Hochspannungsleitungen, einige grundsätzliche Betrachtungen. ETZ. Bd. 47, H. 11 und 12. 1926.

Literaturverzeichnis nebst ergänzenden Arbeiten.

(Abgeschlossen September 1927; spätere Arbeiten sind nur teilweise berücksichtigt.)

Allgemeines, Lehrbücher.

Cohn, E.: Das Elektromagnetische Feld. 1. Aufl. Leipzig: Hirzel 1900.

Debye, P.: Stationäre und quasistationäre Felder. Enzyklopädie der math. Wissenschaften Bd. 5, Art. 17 (mit zahlreichen Literaturangaben).

Kirchhoff, G.: Vorlesungen über mathematische Physik Bd. 3. Leipzig 1891.

Michalke, C.: Vagabundierende Ströme elektr. Bahnen. Braunschweig: Vieweg & Sohn 1904.

—: Erdung. Dingler Bd. 334, S. 57. 1919.

Einleitung.

Ruppel, S.: Erdungen zur Erreichung eines hohen Schutzwertes. ETZ 1913, S. 1221.

Meier, O.: Elektrische Schürfmethoden und ihre Anwendung in Schweden. Z. öst. Ing.-V. 1925, S. 217.

I. Stationäre Strömung in der Erde.

II. Einfache Erder im homogenen Erdreich.

Albrecht, D.: Über die Messung von Erdungswiderständen. Siemens-Z. Bd. 6, S. 248. 1926.

Behrend, H.: Ladeströme und Schutzerdungen in Überlandzentralen. ETZ 1917, S. 329.

—: Zur Erdungsfrage. ETZ 1921, S. 311 (nach O. S. Peters).

Bolliger, B.: Probleme der Potentialtheorie. Arch. Elektrot. Bd. 7, S. 156. 1917.

Howe, G. W. O.: Effective Resistance of earth plates. Electr. Bd. 76, S. 353.

Kühn, L.: Die Spannungsgefahren an geerdeten eisernen Masten. Diss. Hannover 1920. Auszug: Elektr. Kraftbetr. d. Bahnen 1911, S. 156.

Lichtenstein, L.: Erdstromfragen in Theorie und Praxis. ETZ 1921, S. 447.

Peters, O. S.: Ground connections for electrical systems. Washington Government Printing Office 1918 (mit vielen Literaturangaben).

Pohlhausen, K.: Grundlagen der Bemessung von Starkstromerdern. Fachberichte der 32. Jahresversammlung des VDE. Kiel 1927.

Rüdenberg, R.: Elektrische Schaltvorgänge. 2. Aufl. Berlin: Julius Springer 1926.

—: Sternpunktserdung bei Hochspannungsleitungen, einige grundsätzliche Betrachtungen. ETZ Bd. 47, H. 11 u. 12. 1926.

Sekutowicz, L.: Le retour du courant par la terre et les dispositifs de mise à la terre. Rev. gén. électr. 1923, S. 281, 311, 359 (mit weiteren Literaturangaben). ETZ 1924, S. 1282.

Schiesser: Erdungsfragen. Bull. SEV. Bd. 14, S. 370 u. 409. 1923; ETZ 1924, S. 498.

Ulbricht, R.: Über die zweckmäßige Anordnung von Erdleitungen. ETZ 1883, S. 18.

III. Mehrfacherder im homogenen Erdreich.

IV. Tiefenerder im homogenen Erdreich.

Gabor, D.: Berechnung der Kapazität von Sammelschienenanlagen. Arch. Elektrot. Bd. 14, S. 247. 1924.

Levi-Civita, T.: Sopra un problema di elettrostatica usw. Rendiconti del Circolo matematico di Palermo Bd. 20, S. 173. 1905.

Lichtenstein, L.: Erdstromfragen in Theorie und Praxis. ETZ 1921, S. 447.

Pohlhausen, K.: Grundlagen der Bemessung von Starkstromerdern. Fachberichte der 32. Jahresversammlung des V. D. E. Kiel 1927.

Sekutowicz, L.: Le retour du courant par la terre et les dispositifs de mise à la terre. Rev. gén. électr. 1923. S. 281, 311, 359 (Versuchsresultate).

V. Wirkung Ohmscher Spannungsabfälle im Erdersystem.

Behrend, H.: Der Einfluß von Isolationsfehlern auf Ableitungs- und Kapazitätsströme bei Dreiphasenfernleitungen usw. ETZ 1916, S. 114.

Kuhlmann, K.: Moderne Schutzeinrichtungen gegen gefahrbringende Ströme. ETZ 1908, S. 316.

Lichtenstein, L.: Erdstromfragen in Theorie und Praxis. ETZ 1921, S. 447.

Noether, F.: Über Stromaufnahme in Metallrohrleitungen und verwandte Erdungsfragen. Wiss. Veröff. a. d. Siemens-Konzern Bd. 1, H. 3, S. 35. 1921.

Ollendorff, F.: Der Stromübergang aus langgestreckten Leitern in die Erde. Wiss. Veröff. a. d. Siemens-Konzern Bd. 5, H. 3, S. 8. 1927.

Petersen, W.: Der Schutzwert von Blitzseilen. ETZ 1914, S. 1.

Pfiffner, E.: Die Schirmwirkung des geerdeten Schutzdrahtes. El. u. Maschinenb. 1914, S. 261.

Rüdenberg, R.: Über den räumlichen Verlauf von Erdschlußströmen. ETZ 1921, S. 847 und Bull. SVE. 1921, S. 363.

VI. Inhomogenitäten im Erdreich.

Debye, P.: Stationäre und quasistationäre Felder. Enzyklopädie der math. Wiss. Bd. 5, Art. 17 (enthält Angaben über ältere Literatur).

Noether, F.: Über Stromaufnahme in Metallrohrleitungen und verwandte Erdungsfragen. Wiss. Veröff. a. d. Siemens-Konzern Bd. 1, H. 3, S. 35. 1921.

—: Über eine Aufgabe der Kapazitätsberechnung. Wiss. Veröff. a. d. Siemens-Konzern Bd. 2, S. 198. 1922.

Ollendorff, F.: Die Lösung technischer Potentialaufgaben mittels des Prinzips der räumlichen Spiegelung. Wiss. Veröff. a. d. Siemens-Konzern Bd. 6, H. 1, S. 1. 1927.

—: Potentialtheorie der Hängeisolatoren, II. Teil. Arch. Elektrot. Bd. 14, S. 247. 1924; III. Teil. Arch. Elektrot. Bd. 17, S. 242. 1926.

—: Elektrische Stromleitung an feuchten Gebäudewänden. Arch. Elektrot. Bd. 19, S. 124. 1927.

Vereinigte Erdstromkommission: Vorschriften zum Schutze der Gas- und Wasserröhren usw. ETZ 1910 H. 19, S. 491.

VII. Wirkungen zeitlicher Feldschwankungen.

Koenigsberger, J.: Das magnetische Feld einer Stromquelle im Raum. Phys. Z. 1927, S. 342.

Lichtenstein, L.: Über ein Problem der Stromleitung. Z. ang. Math. Mech. Bd. 1, S. 42. 1921.

Noether, F.: Über ein Problem der Stromleitung. Z. ang. Math. Mech. Bd. 2, S. 274. 1922.

VIII. Quasistationäre Erdströmung.

Brauns, O.: Störungen von Schwachstromleitungen durch Wechselstrombahnen. Arch. Post Telegr. 1914, H. 2, S. 33.

—: Telegraphenstörungen durch Wechselstrombahnen mit Schienenrückleitung ETZ 1915, S. 213, 230, 256.

Brauns, O. und Wechmann: Fernmeldeleitungen beim elektrischen Zugbetrieb der deutschen Reichsbahn.

Breisig, F.: Theoretische Telegraphie. 2. Aufl., S. 513. Braunschweig: Vieweg 1924.

—: Über die Berechnung d. magn. Induktion auf Wechselstromleitungen mit Erdrückleitung. Tel.- u. Fernspr.-Techn. Bd. 14, H. 4. 1925.

Californische Eisenbahnverwaltung: Inductive interference between electric power and communication circuits. ETZ 1921, S. 1261.

Carson, J. R.: Wave Propagation in Overhead Wires with Ground Return. The Bell System Technical Journ. Bd. 5, S. 539. 1926.

Dahlander, R.: Induktionsstörungen in Schwachstromleitungen durch Einphasen-Wechselstrombahnen. ETZ 1909, S. 42.

Girousse, G.: La traction monophasée et les lignes a courant faible. Lumiére électrique Bd. 12, S. 249. 1923.

Haberlandt, G.: Theorie d. Leitung von Wechselstrom durch die Erde. Z. ang. Math. Mech. Bd. 6, S. 366. 1926.

Harlé, Barbillon, Brylinski: Etude du retour par la terre des courants industriels. Allier fréres. Grenoble 1908.

Jäger, P.: Beeinflussung eines Lichtnetzes durch Wechselstrombahnbetrieb. ETZ 1924, S. 364.

Kgl. Schwedische Eisenbahn-Direktion: Untersuchungen über Schwachstromstörungen bei Einphasenwechselstrombahnen. München und Berlin: R. Oldenburg 1920.

Krause, G. u. A. Zastrow: Über die Schutzwirkung des Kabelmantels bei Induktionsbeeinflussungen usw. Wiss. Veröff. a. d. Siemens-Konzern Bd. 2, S. 422. 1922.

Levi-Civita, T.: Stromleitung in einer Platte. Rendiconti della R. Accademia dei Lincei Bd. 11. 1902.

Mauduit, A.: L'Electrification des chemins de fer usw. Annales PTT. Bd. 7, S. 499. 1918.

Mayr, O.: Die Erde als Wechselstromleiter. ETZ 1925, S. 1352 u. 1436. Arch. Elektrot. Bd. 17, S. 163. 1926.

Oldenberg, O.: Stromverdrängung beim Seekabel. Arch. Elektrot. Bd. 9, S. 290. 1920.

Ollendorff, F.: Elektr. Abschirmung von Freileitungen durch Bäume. El. Nachrichtentechnik Bd. 4, S. 405. 1927.

Pohlhausen, K. u. A. Zastrow: Bestimmung der Fernwirkung von Wechselströmen auf Schwachstromleitungen. Fachberichte der 31. Jahresversammlung des V. D. E. 1926, S. 330, 36.

Pollaczek, F.: Über das Feld einer unendlich langen, wechselstromdurchflossenen Einfachleitung. El. Nachrichtentechnik Bd. III, S. 339. 1926; Bd. 4, S. 18. 1927.

Rüdenberg, R.: Die Ausbreitung der Erdströme in der Umgebung von Wechselstromleitungen. Z. ang. Math. Mech. Bd. 5, S. 361. 1925.

Schuler, H. W.: Die bei elektrischen Bahnen angewandten Mittel zur Verhütung der Schwachstromstörungen. ETZ 1925 H. 36, S. 1361.

IX. Erdstrahlung.

Abraham, M.: Induktion von Wechselströmen in einer ebenen, leitenden Schicht. Z. ang. Math. Mech. Bd. 2, S. 109. 1922.
Barecca, P.: Zweiter Beitrag zur Frage n. d. Strahlungsfähigkeit d. Antennen. Jahrb. drahtl. Telegr. u. Telef. Bd. 5, S. 285. 1912.
Burstyn, W.: Über d. Einfl. d. Gegengewichtes auf die Dämpfung d. Luftdrahtes i. d. drahtl. Tel. ETZ 1906, S. 1117.
Fleming, J. A.: Principles of Electric Wave Telegraphie 1906, S. 599.
Hoerschelmann, H. v.: Über die Wirkungsweise des geknickten Marconischen Senders in d. drahtl. Telegraphie. Jahrb. drahtl. Telegr. u. Telef. Bd. 5, S. 14. 1911.
Kiebitz, F.: Versuche über drahtlose Telegraphie mit versch. Antennenformen. Ann. Physik Bd. 32, S. 941.
Mayer, R.: Ein Beitrag zur Berechnung von Erdverlusten in Antennenanlagen. Z. f. Hochfrequenztechnik 1927, H. 3, S. 71.
Meissner, A.: Über den Erdwiderstand von Antennen. Jahrb. drahtl. Telegr. u. Telef. Bd. 18, S. 322. 1921.
Ollendorff, F.: Die Grundlagen der Hochfrequenztechnik. S. 497 u. 563. Berlin: Julius Springer 1926.
Reich, M.: Über die Strahlung einer Antenne in Abh. von ihrer Form. Phys. Z. Bd. 13, S. 228. 1912.
Sommerfeld, A.: Über die Fortpflanzung elektrodynamischer Wellen längs eines Drahtes. Ann. Phys. Bd. 67, S. 233. 1899.
Rausch v. Traubenberg, Abraham, Pusch: Spezifische Leitfähigkeit des Erdbodens. Phys. Z. Bd. 20, S. 145.
True, H.: Über die Erdströme in der Nähe einer Sendeantenne für drahtl. Telegr. Jahrb. drahtl. Telegr. u. Telef. Bd. 5, S. 125. 1911.

X. Erdschluß in Starkstromnetzen.

Arnold, R. u. P. Bernett: Beitrag zur Erdschlußfrage. ETZ 1925, S. 1263.
Bauch, R.: Vorgänge bei Erdschluß. Siemens-Z. 1921, H. 8, S. 261.
—: Vorbeugender Schutz durch den Löschtransformator. Siemens-Z. 1925, H. 7, S. 279; H. 8, S. 336.
Behrend, H.: Ein allgemeines Schaulinienbild ... Siemens-Z. 1922, H. 8, S. 369.
Bekku: Calculations of short-circuit-ground currents. El. Review Bd. 28, S. 472. 1925.
Benischke, J.: Resonanzspule, Dissonanzspule, Löschtransformator. ETZ 1921, H. 26, S. 695.
Biermanns, J.: Berechnung des Kurzschlußstroms in Hochspannungsnetzen. AEG-Mitteilungen 1926, S. 185.
—: Überströme in Hochspannungsnetzen. Berlin: Julius Springer 1926.
Grünholz, H.: Spannungsverlagerungen an Erdschlußspulen. El. u. Maschinenb. 1924, S. 194.
Lewis, W. W.: Berechnung des einphasigen Kurzschlußstromes. ETZ 1925. S. 1856.
Mauduit: Mise indirecte du neutre à la terre. Rev. gén. électr. Bd. 16, S. 693. 1924.
Noether, F.: Löschspulen. ETZ 1922, S. 385.
Ollendorff, F.: Berechnung des ein-, zwei- und dreipoligen Dauerkurzschlußstromes. ETZ 1925, S. 761.
—: Die Erdung des Transformatornullpunkts. Fachber. d. 31. Jahresvers. d. V. D. E. 1926, S. 28.

Panzerbieter, Th.: Kurzschlußstrom bei Doppelerdschluß. ETZ 1924, S. 719.
Petersen, W.: Die Begrenzung des Erdschlußstromes. ETZ 1919, S. 5 u. 17.
—: Beseitigung von Freileitungsstörungen. El. u. Maschinenb. Bd. 36, S. 237. 1918.
—: Erdschlußströme in Hochspannungsnetzen. ETZ 1916, S. 493 u. 512.
—: Überströme und Überspannungen in Netzen mit hohem Erdschlußstrom. ETZ 1916, S. 129 u. 148.
Roth, A.: Hochspannungstechnik. Berlin: Julius Springer 1927.
Rüdenberg, R.: Die Ausbreitung der Luft- und Erdfelder um Hochspannungsleitungen. ETZ 1925, S. 1342.
—: Kurzschlußströme im Betrieb von Großkraftwerken. Berlin: Julius Springer 1926.

XI. Elektromagnetische Ausgleichsvorgänge in der Erde.

Carson, J. R.: Electric circuit theory and the operational calculus. New York MacGraw-Hill Book Company 1926.
Ollendorff, F.: Elektrische Schaltströme in der Erde. El. Nachrichtentechnik 1928, H. 3.
Riemann-Weber: Die Differentialgleichungen der Physik. 7. Aufl. Leipzig: Teubner 1927.
Rüdenberg, R.: Schwachstromstörungen beim Schalten von Gleichstrombahnen. Fachber. d. 31. Jahresvers. d. V. D. E. 1926, S. 38; Wiss. Veröffentl. a. d. Siemens-Konzern Bd. 5, H. 3, S. 1. 1927.
Salinger, F.: Die Heavisidesche Operatorenrechnung. El. Nachrichtentechnik. Bd. 2 1925, S. 365.

XII. Abriß einer Erwärmungstheorie.

Gröber, H.: Einführung in die Lehre von der Wärmeübertragung. Berlin: Julius Springer 1926.
Riemann-Weber: Die partiellen Differentialgleichungen der mathematischen Physik. 6. Aufl. Braunschweig: Vieweg 1919. 7. Aufl. Leipzig: Teubner 1927.
Roth, A.: Hochspannungstechnik S. 440. Berlin: Julius Springer 1927.
Sekutowicz: Travaux récents sur le retour du courant par la terre et les dispositifs de mise à la terre. Rev. gén. électr. Bd. 15, Nr. 21, S. 949.

Berechnungsblatt für einfache Erder.

Erderform	Anordnung	Ausbreitungswiderstand	Bedingungen	Bemerkungen
Halbkugel Halbmesser ϱ_0	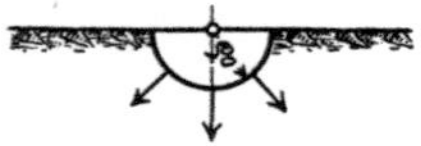	$R = \frac{1}{2\pi\varkappa\varrho_0}$		
Kreisplatte Halbmesser ϱ_0	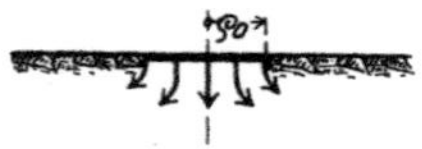	$R = \frac{1}{4\varkappa\varrho_0}$		
Rohr Länge l Halbmesser ϱ_0	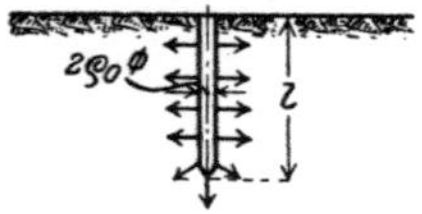	$R = \frac{\ln\frac{2l}{\varrho_0}}{2\pi\varkappa l}$	$l \gg \varrho_0$	Auch für Erdbohrer anwendbar
Gestrecktes Band Halbe Länge l Halbmesser ϱ_0	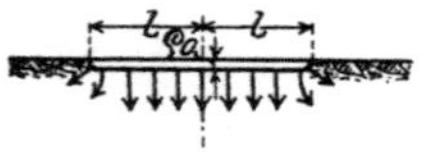	$R = \frac{\ln\frac{2l}{\varrho_0}}{2\pi\varkappa l}$	$l \gg \varrho_0$	Für Flachband der Breite b ist zu setzen: $\varrho_0 = \frac{1}{4} b$
Kreisband Kreishalbmesser ϱ_t Bandradius ϱ_0	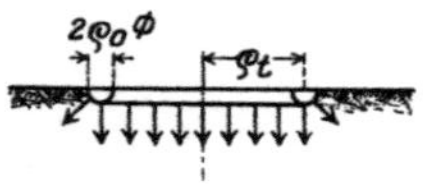	$R = \frac{\ln\frac{8\varrho_t}{\varrho_0}}{2\pi\varkappa\cdot\pi\varrho_t}$	$l \gg \varrho_0$	Für Flachband der Breite b ist zu setzen: $\varrho_0 = \frac{1}{4} b$
Kugel im Erdreich Halbmesser ϱ_0 Eingrabtiefe t	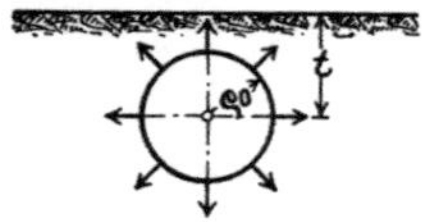	$R = \frac{1}{2\pi\varkappa\varrho_0} \cdot \frac{1 + \frac{\varrho_0}{2t}}{2}$	$t > \varrho_0$	

Kreisplatte im Erdreich Halbmesser ϱ_0 Eingrabtiefe t	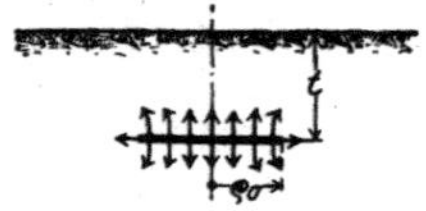	$R = \frac{1}{4\varkappa\varrho_0} \frac{1 + \frac{2}{\pi} \arcsin \frac{\varrho_0}{\sqrt{(2t)^2 + \varrho_0^2}}}{2}$	$t > \varrho_0$	
Rohr im Erdreich Halbe Länge l Halbmesser ϱ_0 Eingrabtiefe t	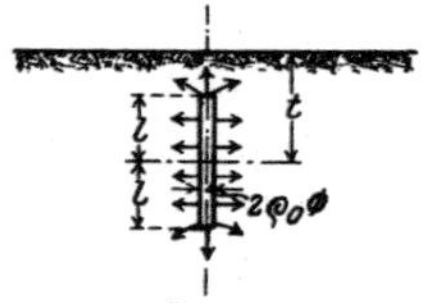	$R = \frac{\ln \frac{4l}{\varrho_0}}{2\pi\varkappa \cdot 2l}$ $\frac{\ln \frac{2l}{\varrho_0} + \frac{1}{2} \ln \frac{2t+l}{2t-l}}{\ln \frac{4l}{\varrho_0}}$	$l \gg \varrho_0$ $t \gg \frac{l}{2}$	
Gestrecktes Band im Erdreich Halbe Länge l Halbmesser ϱ_0 Eingrabtiefe t	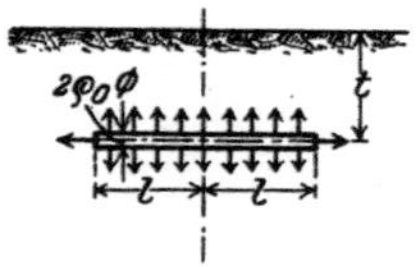	$R = \frac{\ln \frac{2l}{\varrho_0}}{2\pi\varkappa l} \cdot \frac{1 + \frac{\ln l/t}{\ln 2l/\varrho_0}}{2}$	$l \gg \varrho_0$ $t \ll \frac{l}{2}$	**Für Flachband der Breite b ist zu setzen:** $\varrho_0 = \frac{1}{4} b$
		$R = \frac{\ln \frac{2l}{\varrho_0}}{2\pi\varkappa l} \cdot \frac{1 + \frac{l/2t}{\ln^2 l/\varrho_0}}{2}$	$l \gg \varrho_0$ $t \gg \frac{l}{2}$	
Kreisband im Erdreich Kreishalbmesser ϱ_t Bandradius ϱ_0	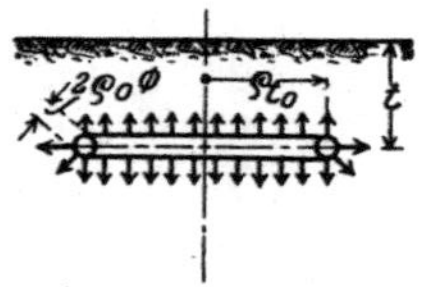	$R - \frac{\ln \frac{8\varrho_t}{\varrho_0}}{2\pi\varkappa \cdot \pi\varrho_t} \cdot \frac{1 + \frac{\ln \pi\varrho_t/t}{\ln 8\varrho_t/\varrho_0}}{2}$	$\varrho_t \gg \varrho_0$ $t \ll \varrho_t$	**Für Flachband der Breite b ist zu setzen:** $\varrho_0 = \frac{1}{4} b$
		$R = \frac{\ln \frac{8\varrho_t}{\varrho_0}}{2\pi\varkappa \cdot \pi\varrho_t} \cdot \frac{1 + \frac{\pi\varrho_t/2t}{\ln 8\varrho_t/\varrho_0}}{2}$	$\varrho_t \gg \varrho_0$ $t \gg \varrho_t$	

Verzeichnis der in den Kurven dargestellten Transzendenten.

Namen- und Sachverzeichnis.

Verlag von Julius Springer in Berlin W 9

Die Grundlagen der Hochfrequenztechnik. Eine Einführung in die Theorie von Dr.-Ing. **Franz Ollendorff,** Charlottenburg. Mit 379 Abbildungen im Text und 3 Tafeln. XVI, 640 Seiten. 1926.
Gebunden RM 36.—

Einführung in die Elektrizitätslehre. Von Prof. Dr. **R. W. Pohl,** Göttingen. Mit 393 Abbildungen. VII, 256 Seiten. 1927.
Gebunden RM 13.80

Vorlesungen über Elektrizität. Von Prof. **A. Eichenwald,** Dipl.-Ing. (Petersburg), Dr. phil. nat. (Straßburg), Dr. phys. (Moskau). Mit 640 Abbildungen. VIII, 664 Seiten. 1928. RM 36.—; gebunden RM 37.50

Lehrbuch der Elektrodynamik. Von Dr. **J. Frenkel,** Professor für theoretische Physik am Polytechnischen Institut in Leningrad.

Erster Band: **Allgemeine Mechanik der Elektrizität.** Mit 39 Abbildungen. X, 365 Seiten. 1926. RM 28.50; gebunden RM 29.70

Zweiter Band: **Makroskopische Elektrodynamik der materiellen Körper.** Mit 50 Abbildungen. XIII, 505 Seiten.
Etwa RM 37.50; gebunden etwa RM 39.—

Die wissenschaftlichen Grundlagen der Elektrotechnik. Von Prof. Dr. **Gustav Benischke,** Berlin. Sechste, vermehrte Auflage. Mit 633 Abbildungen im Text. XVI, 682 Seiten. 1922. Gebunden RM 18.—

Kurzes Lehrbuch der Elektrotechnik. Von Prof. Dr. **Adolf Thomälen,** Karlsruhe. Neunte, verbesserte Auflage. Mit 555 Textabbildungen. VIII, 396 Seiten. 1922. Gebunden RM 9.—

Das elektromagnetische Feld. Ein Lehrbuch von **Emil Cohn,** ehemals Professor der theoretischen Physik an der Universität Straßburg. Zweite, völlig neubearbeitete Auflage. Mit 41 Textabbildungen. VI, 366 Seiten. 1927. Gebunden RM 24.—

Elektrizität und Magnetismus. Redigiert von **W. Westphal.** Bildet Band XII—XVII des „Handbuch der Physik", herausgegeben von H. Geiger und Karl Scheel.

Jeder Band des Handbuches ist einzeln käuflich.

Band XII: **Theorien der Elektrizität. Elektrostatik.** Bearbeitet von **A. Güntherschulze, F. Kottler, H. Thirring, F. Zerner.** Mit 112 Abbildungen. VII, 564 Seiten. 1927. RM 46.50; gebunden RM 49.—

Band XIII: **Elektrizitätsbewegung in festen und flüssigen Körpern.** Bearbeitet von **E. Baars, A. Coehn, G. Ettisch, H. Falkenhagen, W. Gerlach, A. Güntherschulze, E. Grüneisen, B. Gudden, G. v. Hevesy, G. Laski, F. Noether, H. v. Steinwehr.** Mit 222 Abbildungen. VII, 672 Seiten. 1928. RM 55.50; gebunden RM 58.—

Band XIV: **Elektrizitätsbewegung in Gasen.** Bearbeitet von **G. Angenheister, R. Bär, A. Hagenbach, K. Przibram, H. Stücklen, E. Warburg.** Mit 189 Abbildungen. VII, 444 Seiten. 1927. RM 36.—; gebunden RM 38.10

Band XV: **Magnetismus. Elektromagnetisches Feld.** Bearbeitet von **E. Alberti, G. Angenheister, E. Gumlich, P. Hertz, W. Romanoff, R. Schmidt, W. Steinhaus, S. Valentiner.** Mit 291 Abbildungen. VII, 532 Seiten. 1927. RM 43.50; gebunden RM 45.60

Band XVI: **Apparate und Meßmethoden für Elektrizität und Magnetismus.** Bearbeitet von **E. Alberti, G. Angenheister, E. Baars, E. Giebe, A. Güntherschulze, E. Gumlich, W. Jaeger, F. Kottler, W. Meißner, G. Michel, H. Schering, R. Schmidt, W. Steinhaus, H. v. Steinwehr, S. Valentiner.** Mit 623 Abbildungen. IX, 801 Seiten. 1927. RM 66.—; gebunden RM 68.40

Band XVII: **Elektrotechnik.** Bearbeitet von **H. Behnken, F. Breisig, A. Fraenckel, A. Güntherschulze, F. Kiebitz, W. O. Schumann, R. Vieweg, V. Vieweg.** Mit 360 Abbildungen. VII, 392 Seiten. 1926. RM 31.50; gebunden RM 33.60

Elektronen- und Ionen-Ströme. Experimental-Vortrag bei der Jahresversammlung des Verbandes Deutscher Elektrotechniker am 30. Mai 1922. Von Prof. Dr. **J. Zenneck,** München. Mit 41 Abbildungen. 48 Seiten. 1923. RM 1.50

Überströme in Hochspannungsanlagen. Von **J. Biermanns,** Chefelektriker der AEG-Fabriken für Transformatoren und Hochspannungsmaterial. Mit 322 Textabbildungen. VIII, 452 Seiten. 1926. Gebunden RM 30.—

Hochspannungstechnik. Von Dr.-Ing. **Arnold Roth,** Technischer Direktor der Ateliers de Constructions Electriques de Delle in Villeurbanne (Rhône), früher Leiter der Apparaten- und Transformatoren-Versuchsabteilung von Brown, Boveri & Cie in Baden. Mit 437 Abbildungen im Text und auf 3 Tafeln, sowie 75 Tabellen. VIII, 534 Seiten. 1927. Gebunden RM 31.50

Elektrische Durchbruchfeldstärke von Gasen. Theoretische Grundlagen und Anwendung. Von **W. O. Schumann,** a. o. Professor der technischen Physik an der Universität Jena. Mit 80 Textabbildungen. III, 246 Seiten. 1923. RM 7.20; gebunden RM 8.40

Kurzschlußströme beim Betrieb von Großkraftwerken. Von Prof. Dr.-Ing. und Dr.-Ing. e. h. **Reinhold Rüdenberg,** Chefelektriker, Privatdozent, Berlin. Mit 60 Textabbildungen. IV, 75 Seiten. 1925. RM 4.80

Elektrische Schaltvorgänge und verwandte Störungserscheinungen in Starkstromanlagen. Von Prof. Dr.-Ing. und Dr.-Ing. e. h. **Reinhold Rüdenberg,** Chefelektriker, Privatdozent, Berlin. Zweite, berichtigte Auflage. Mit 477 Abbildungen im Text und einer Tafel. VIII, 510 Seiten. 1926. Gebunden RM 24.—

Elektrische Hochspannungszündapparate. Theoretische und experimentelle Untersuchungen. Von Professor, Dipl.-Ing. **Viktor Kulebakin,** Moskau. Mit 100 Textabbildungen. 89 Seiten. 1924. RM 4.20

Theorie der Wechselstromübertragung. (Fernleitung und Umspannung.) Von Dr.-Ing. **Hans Grünholz.** Mit 130 Abbildungen im Text und auf 12 Tafeln. VI, 222 Seiten. 1928. Gebunden RM 36.75

Anleitungen zum Arbeiten im Elektrotechnischen Laboratorium von **E. Orlich.** Erster Teil. Zweite, durchgesehene Auflage. Mit 74 Textbildern. IV, 94 Seiten. 1927. RM 3.15

Hilfsbuch für die Elektrotechnik. Unter Mitwirkung namhafter Fachgenossen bearbeitet und herausgegeben von Dr. **Karl Strecker.** Zehnte, umgearbeitete Auflage.

Starkstromausgabe. Mit 560 Abbildungen. XII. 739 Seiten. 1925. Gebunden RM 13.50

Schwachstromausgabe. (Fernmeldetechnik.) Mit 1057 Abbildungen. XXII, 1137 Seiten. 1928. Gebunden RM 42.—

Der Poulsen-Lichtbogengenerator. Von **C. F. Elwell.** Ins Deutsche übertragen von Dr. **A. Semm** und Dr. **F. Gerth.** Mit 149 Textabbildungen. X, 180 Seiten. 1926. RM 12.—; gebunden RM 13.50

Die Grundlagen der Hochvakuumtechnik. Von Dr. **Saul Dushman.** Deutsch von Dr. phil. **R. G. Berthold** und Dipl.-Ing. **E. Reimann.** Mit 110 Abbildungen im Text und 52 Tabellen. XII, 298 Seiten. 1926. Gebunden RM 22.50

Aussendung und Empfang elektrischer Wellen. Von Prof. Dr.-Ing. und Dr.-Ing. e. h. **Reinhold Rüdenberg.** Mit 46 Textabbildungen. VI, 68 Seiten. 1926. RM 3.90

Taschenbuch der drahtlosen Telegraphie und Telephonie. Bearbeitet von zahlreichen Fachleuten. Herausgegeben von Dr. **F. Banneitz.** Mit 1190 Abbildungen und 131 Tabellen. XVI, 1253 Seiten. 1927. Gebunden RM 64.50

Drahtlose Telegraphie und Telephonie. Ein Leitfaden für Ingenieure und Studierende von **L. B. Turner.** Ins Deutsche übersetzt von Dipl.-Ing. **W. Glitsch,** Darmstadt. Mit 143 Textabbildungen. IX, 220 Seiten. 1925. Gebunden RM 10.50

Die wissenschaftlichen Grundlagen des Rundfunkempfanges. Unter Mitwirkung mehrerer Mitarbeiter veranstaltet durch das Außeninstitut der Technischen Hochschule zu Berlin, den Elektrotechnischen Verein und die Heinrich-Hertz-Gesellschaft zur Förderung des Funkwesens. Herausgegeben von Prof. Dr.-Ing. e. h. Dr. **K. W. Wagner,** Mitglied der Preußischen Akademie der Wissenschaften, Präsident des Telegraphentechnischen Reichsamts. Mit 253 Textabbildungen. 1927. Gebunden RM 25.—

Für die Mitglieder der Heinrich-Hertz-Gesellschaft, des Elektrotechnischen Vereins Berlin sowie für die Beamten der Reichspost- und Telegraphenverwaltung Vorzugspreis.

Der Radio-Amateur (Radio-Telephonie). Ein Lehr- und Hilfsbuch für die Radio-Amateure aller Länder. Von Dr. **Eugen Nesper.** Sechste, bedeutend vermehrte und verbesserte Auflage. Mit 955 Textabbildungen. XXVIII, 858 Seiten. 1925. Gebunden RM 18.—

Radiotelegraphisches Praktikum. Von Dr.-Ing. **H. Rein.** Dritte, umgearbeitete und vermehrte Auflage von Prof. Dr. **K. Wirtz,** Darmstadt. Mit 432 Textabbildungen und 7 Tafeln. XVIII, 560 Seiten. 1922. Neudruck 1927. Gebunden RM 24.—

GPSR Compliance

The European Union's (EU) General Product Safety Regulation (GPSR) is a set of rules that requires consumer products to be safe and our obligations to ensure this.

If you have any concerns about our products, you can contact us on ProductSafety@springernature.com

In case Publisher is established outside the EU, the EU authorized representative is:

Springer Nature Customer Service Center GmbH
Europaplatz 3
69115 Heidelberg, Germany

Batch number: 10682323

Printed by Printforce, the Netherlands